管道科学研究论文选集
（2019—2023）

中国石油天然气管道科学研究院有限公司
油气管道输送安全国家工程研究中心　编
河北省油气管道焊接技术创新中心

U0364567

石油工业出版社

内 容 提 要

本书收录2019—2023年中国石油天然气管道科学研究院科研论文54篇,内容涉及焊接、装备、检测、材料、防腐、信息、综述、党建等。

本书适合从事油气管道建设的科技人员及工程人员阅读。

图书在版编目（CIP）数据

管道科学研究论文选集 . 2019—2023 / 中国石油天
然气管道科学研究院有限公司等编 .—北京：石油工业
出版社，2024.3

ISBN 978-7-5183-6571-5

Ⅰ . ① 管… Ⅱ . ① 中… Ⅲ . ① 石油管道—石油输送—
文集 Ⅳ . ① TE832-53

中国国家版本馆 CIP 数据核字（2024）第 043166 号

出版发行 : 石油工业出版社
　　　　　（北京安定门外安华里 2 区 1 号　　100011）
　　　　　网　　址 : www.petropub.com
　　　　　编辑部 :（010）64523687　　图书营销中心 :（010）64523633
经　　销 : 全国新华书店
印　　刷 : 北京中石油彩色印刷有限责任公司

2024 年 3 月第 1 版　　2024 年 3 月第 1 次印刷
787 × 1092 毫米　开本 : 1/16　印张 : 28.25
字数 : 1376 千字

定价 : 150.00 元

（如出现印装质量问题，我社图书营销中心负责调换）
版权所有，翻印必究

《管道科学研究论文选集（2019—2023）》
编 委 会

主　任：王基翔

委　员：隋永莉　张　锋　吴江桥　胡　可　刘　帅

　　　　刘厚平　刘全利　尹长华　王新升

编 审 组

主　任：张　锋

副主任：赵忠刚　张　倩

成　员：隋永莉　邹　峰　刘全利　尹长华　王新升

　　　　薛增欢　楚　萧　古　彤　岳莎莎　李　森

序　言

　　中国石油天然气管道科学研究院有限公司（以下简称管道研究院），作为油气管道领域科学技术研究的专业机构，全院员工始终秉承全力保障好管道产业链的技术支撑，全力解决好管道施工领域的急难险问题，全力担当起引领管道行业技术进步的责任和使命。多年来一直以挑战的精神、精细的态度、创新的思维、团队的力量为载体，实现高水平科技自立自强，持续提升创新创效水平。

　　这部论文选集，是管道研究院广大员工秉持行业科技引领与助力管道局核心竞争力提升相融合、科研—设计—施工相融合的理念，坚持"科研面向生产、服务工程、应用实践"原则，聚焦工程建设一线需求和工程技术难题，矢志奋斗所涌现出创新成果的集中体现，全面展示了管道研究院在管道焊接、装备、检测、材料、防腐、实验检验、标准信息、党建等方面的卓越研究成果。

　　《管道科学研究论文选集（2019—2023）》的出版，不仅是对过去五年管道科研人员辛勤工作的总结，更是对未来科研工作的一份展望和期许。尤其是在管道研究院建院40周年的重要时刻，这本书的出版意义重大。这将激励一代又一代的管道研究院人不断践行"博学、求实、厚德、远志"的核心价值观和"科研立本，推广为道"的发展理念，不断拓展对外合作共赢空间，不断发挥对内技术支撑作用，让管道研究院科技型骨干企业的引领作用和技术实力持续彰显。

　　最后，我要向所有参与这部选集编撰的人员表示最深的敬意和感谢。同时，也感谢广大读者对于研究院的支持和关注。让我们共同期待一个更加美好的未来。

目　录

焊　接　篇

装　备　篇

检测篇

材料篇

防腐篇

信息篇

综述篇

党建篇

焊 接 篇

大口径 X80 钢级管道环焊缝断裂韧性需求研究

杨　叠[1,3]　苗　绘[2]　邓　俊[1,3]　马本特[4]　石晓松[1,3]　侯　宇[2]

（1. 中国石油天然气管道科学研究院有限公司；2. 国家管网集团建设项目管理分公司；
3. 油气管道输送安全国家工程研究中心；4. 中石化石油工程设计有限公司）

摘　要　采用有限元方法建立了 D1422 厚壁 X80 钢管自动焊焊接接头数值模型，通过环焊缝强度匹配、母材屈强比等参数对焊缝裂纹驱动力的影响规律研究，确定在不同管材强度等级以及焊缝特性等工况下的韧性指标。结果表明：提高焊缝区强度匹配能够有效减小接头的裂纹扩展驱动力，降低断裂韧性需求，降低母材屈强比会使相同强度匹配条件下的裂纹扩展驱动力更小。目前工程标准中的断裂韧性值能够满足管道断裂控制要求。

关键词　X80；自动焊；环焊缝；断裂韧性

中俄东线南段（永清—上海）天然气管道工程南通—甬直段采用了 D1422，32.1mm 壁厚的大口径 X80 级钢管，在国内属首次。借鉴中俄东线北段（黑河—长岭）、中段（长岭—永清）的施工经验[1-2]，为了保证焊缝焊接质量，自动焊仍然是中俄东线南段重点采用的焊接工艺。

裂纹对管道的安全运行造成严重威胁，管道中的裂纹有多种形式，如轴向裂纹、环向裂纹和斜裂纹等，根据位置的不同，每种形式的裂纹又可分为贯穿裂纹、埋藏裂纹、内表面裂纹和外表面裂纹等。而管道环焊缝中的裂纹按照成因可分为热裂纹、冷裂纹、层状裂纹和再加热裂纹四个基本类型，按位置可分为中心线裂纹、热影响区裂纹和横跨裂纹。在管道设计阶段，通常考虑管道中存在无损检测能够检测出的最大尺寸的裂纹。因此，对于含裂纹管道，随着断裂力学理论的发展，比较有效的手段是采用基于断裂力学的方法对含裂纹管道结构进行评价[3-5]。基于断裂力学理论，含裂纹体结构是否发生断裂失效可以通过裂纹扩展驱动力与材料断裂韧性的大小来判断，即当裂纹扩展驱动力大于材料断裂韧性时，认为结构发生失效。裂纹尖端张开位移（CTOD）是弹塑性断裂力学中的一个重要参量。在变形后的裂纹尖端顶点处作一等腰直角三角形，其直角边与裂纹的两表面相交于两点，这两点之间的距离，通常在数值仿真中用于 CTOD 的计算。

南通—甬直段工程管道沿线经过水网地段，主要有连片水稻田、鱼塘、泥鳅塘、蟹塘等，其特点是地表、地下水丰富，加上特有的粉土、粉质黏土、粉砂地质条件，受水长时间浸泡后表层土质松软，为自动焊的施工带来挑战。此外 D1422、32.1mm 规格单根钢管重量高达 13.5t，在软弱地基情况下，较易遭受施工安装和运行期不均匀沉降带来较大附加应力，有必要对环焊缝技术指标的适用性尤其是断裂韧性进行深入研究。

综上，考虑环焊缝完整的几何形貌、焊缝和热影响区不同区域的材料特性，建立三维有限元数值仿真模型，研究环焊缝强度匹配、母材屈强比等参数对裂纹驱动力的影响规律，确定在满足应力设计和一定应变条件（0.5%应变能力）下的韧性要求指标，为管道的安全运行提供保障。

1 有限元模型建立

针对外径 1422mm、壁厚 32.1mm 的 X80 钢管，采用复合型坡口的全自动焊焊接方式。表 1 为坡口形式和典型的详细参数，图 1 为焊接完成后的典型金相照片。

表 1　坡口形式

坡口形式	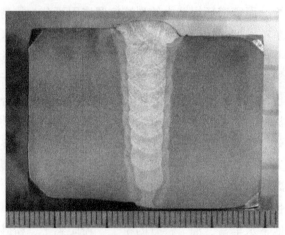
详细参数	坡口面角度：β=5°±1.5°，α=45°±1.5°，γ=37.5°±1.5° 钝边（P）：（1.3±0.3）mm 钝边至变坡口拐点高度（H）：（2.3±0.3）mm 内坡口高度（h）：（1.7±0.3）mm 对口间隙（b）：0～0.5mm

图 1　环焊缝典型金相照片

在管道的焊接过程中，尤其是在根焊的位置，由于错边等几何结构的影响，更易产生未熔合、未焊透等缺陷。结合目前发生的多起环焊缝断裂失效事故，考虑根焊与热影响区交界位置存在一表面裂纹型缺陷。根据现行无损检测的要求，裂纹尺寸设为

25mm×2.5mm。同时出于保守的考虑，假设结构存在设计允许的最大错边 3mm。

本研究采用静裂纹的方法模拟环焊缝处存在的裂纹型缺陷。静裂纹的模拟方法在含裂纹结构的安全性的有限元计算方面相较于基于损伤或孔洞理论失效的 GTN 模型具有更高的计算效率，这种基于静裂纹计算管道裂纹扩展驱动力的方法被众多标准规范以及研究机构所采用[6-7]。在结构受到外载发生变形的过程中，裂纹面区域附近产生较大的塑性变形，因此裂尖区域附近的网格采用局部加密的方法。同时为更好地模拟裂纹的钝化过程，在裂尖部分采用圆孔的建模方法，圆孔环向共划分 24 个单元，径向划分为四层，这种对裂纹的模拟方法被证明能够有效地模拟出裂纹在张开过程中裂尖的钝化行为，从而准确得到相应的断裂参数。模型网格均采用 C3D8RH 单元以提高收敛性。

考虑管道受到拉伸或弯曲载荷，根据分析模型的对称性，建立了二分之一模型进行计算，对管道对称 XY 面施加对称约束，模型共包含两个载荷步骤：第一步，对管道两端全固支，对管道内施加内压并保持不变；第二步，放松一端管道端面的轴向位移，并对该端面施加轴向拉伸应力。

2 材料特性的确定

2.1 母材应力应变曲线

采用 Ramberg–Osgood 方程描述母材的应力应变曲线，考虑母材抗拉强度为 625MPa，屈强比分别为 0.89、0.93 两种情况，得到两种母材的应力应变曲线如图 2 所示。

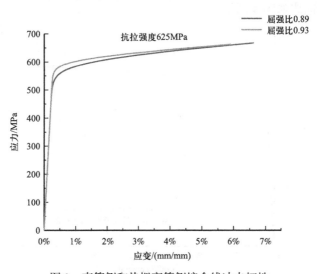

图 2　直管侧和热煨弯管侧熔合线冲击韧性

2.2 焊缝区应力应变曲线

对于焊缝区来说，基于 CRES[8] 研究给出焊缝区应力应变关系（无屈服平台）计算。在母材的性能参数以及应力应变曲线确定之后，可根据强度匹配确定焊缝的抗拉强度，然后确定焊缝区的屈服强度、屈强比和硬化指数，进而可确定焊缝区的应力应变曲线。不同强度匹配系数下焊缝区真实应力—应变关系如图 3 所示。

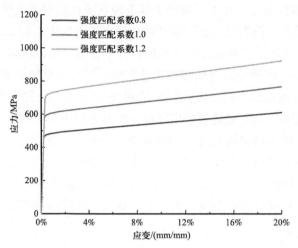

图 3 不同强度匹配系数下焊缝区真实应力—应变关系

2.3 热影响区的应力应变曲线

对于热影响区来说，认为其与母材具有相同的硬化特性。根据软化率的不同，采用母材的屈服强度乘以（1- 软化率）得到热影响区的屈服强度，同时认为热影响区与母材的屈强比一致，从而得到热影响区的材料曲线。以软化率为 10% 为例，计算得到热影响区的材料应力—应变曲线如图 4 所示。

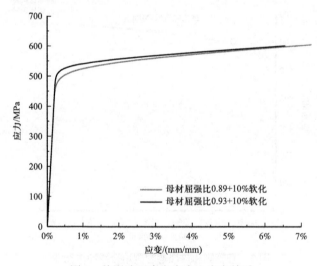

图 4 热影响区真实应力—应变关系

3 断裂韧性需求分析

针对直径 1422mm、壁厚 32.1mm 管道焊缝断裂韧性指标要求进行分析。分别选取了

0.89、0.93 两个母材屈强比，热影响区软化率为 10%，焊缝抗拉强度匹配系数为 0.8、1.0、1.2。分析时，内压选取为设计内压 12MPa。

3.1 0.9 倍管材最小屈服强度的轴向载荷条件

如图 5 所示管道所受轴向应力与裂纹驱动力 CTOD 的变化关系。可以看出，在载荷处于较低水平时，不同屈强比对应的 CTOD 几乎相同，随着载荷水平的不断增加，材料进入屈服阶段后，不同屈强比的结果开始显现出区别。母材的抗拉强度一定时，屈强比越大，对应的母材屈服强度也越大，材料进入屈服之前焊接接头整体强度越大，0.9 倍管材最小屈服强度的轴向载荷条件下对应的韧性指标要求越小。焊缝抗拉强度匹配系数越大，焊缝屈强比一定，对应的焊缝屈服强度也越大，材料进入屈服之前焊接接头整体强度越大，0.9 倍管材最小屈服强度的轴向载荷条件下对应的韧性指标要求越小。韧性指标要求见表 2。

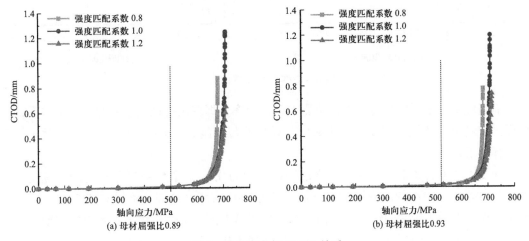

图 5 轴向应力与 CTOD 关系

表 2 断裂韧性要求

壁厚 /mm	母材屈强比	强度匹配系数	CTOD 韧性要求 /mm	
			0.9 倍 X80 最小屈服强度 （555×0.9=499.5MPa）	0.5% 应变需求
32.1	0.89	0.8	0.015	0.085
		1.0		0.075
		1.2		0.073
	0.93	0.8	0.013	0.179
		1.0		0.101
		1.2		0.090

注：工程断裂韧性要求 ≥0.254mm。

3.2 0.5% 应变需求条件

如图 6 所示 CTOD 随应变的变化关系。可以看出，在应变小于 0.25% 左右时，整体结构主要处于弹性阶段，焊缝区强度匹配系数对 CTOD 值影响较小，裂纹扩展驱动力几乎一致。韧性指标要求见表 2。

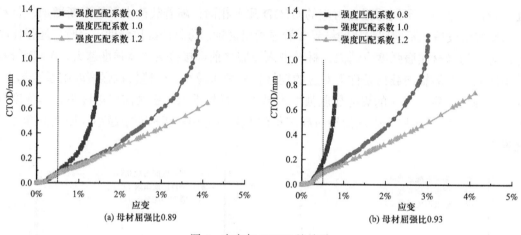

图 6　应变与 CTOD 的关系

而当应变大于 0.25% 时，相同热影响区软化率、焊缝区抗拉强度匹配系数条件下，母材屈强比越大，相同的应变条件下裂纹尖端张开位移越大，0.5% 应变需求条件对应的韧性指标要求越大。

应变大于 0.25% 时，焊缝抗拉强度匹配系数为 0.8，其裂纹扩展驱动力随着应变的增加呈指数增加，很小的应变增加量就已经使 CTOD 值超过允许的临界 CTOD 值，这主要是由于模型考虑了较大的错边，且由于焊缝处于低匹配，综合作用下导致裂纹驱动力呈指数增加，远端加载的弯曲变形几乎全被裂纹面所承担。随着强度匹配系数的增加，裂纹扩展驱动力随之降低，0.5% 应变需求条件对应的韧性指标也明显降低。

4　结论

（1）基于有限元仿真方法，建立了中俄东线 D1422mm 管道环焊缝根部裂纹的有限元模型，结合基于应力设计的要求，考虑管道轴向存在 0.9 倍 X80 管材最小屈服强度的载荷；结合基于应变设计的要求，考虑管道满足 0.5% 应变需求。系统分析了管道环焊缝中母材屈强比、焊缝抗拉强度匹配系数对管道环焊缝裂纹驱动力的影响规律。

（2）通过有限元方法分别确定在满足应力设计和一定应变条件（0.5% 应变能力）下的韧性要求指标。目前工程标准中的断裂韧性值能够满足管道断裂控制要求。

参考文献

[1] 隋永莉. 新一代大输量管道建设环焊缝自动焊工艺研究与技术进展 [J]. 焊管, 2019, 42（7）: 83-89.

［2］隋永莉，王鹏宇.中俄东线天然气管道黑河—长岭段环焊缝焊接工艺［J］.油气储运，2020，39（9）：961-970.

［3］KIM J S, SONG T K, KIM Y J, JIN T E. Strength mis-match effect on limit loads for circumferential surface cracked pipes［J］. Engineering Fracture Mechanics, 2009, 76: 1074-1086.

［4］张振永，张文伟，周亚薇，等.中俄东线OD 1422mm埋地管道的断裂控制设计［J］.油气储运，2017，36（9）：1059-1064.

［5］ZHAO H S, LIE S T, ZHANG Y. Fracture assessment of mismatched girth welds in oval-shaped clad pipes subjected to bending moment［J］. International Journal of Pressure Vessels and Piping, 2018, 160: 1-13.

［6］张宏，吴锴，刘啸奔，等.直径1422mmX80管道环焊接头应变能力数值模拟方法［J］.油气储运，2020，39（2）：1629-168.

［7］WU K, LIU X B, ZHANG H, et al. Fracture response of 1422-mm diameter pipe with double-V groove weld joints and circumferential crack in fusion line［J］, Engineering Failure Analysis, 2020, 115: 1-16.

［8］LIU M, WANG Y Y, ZHANG F, KOTIAN K. Realistic strain capacity models for pipeline construction and maintenance：DTPH56-06-T000016 final report［R］. Dublin：Center for Reliable Energy Systems，2013：A1-10.

原文刊登于《焊接技术》2022年第51卷第5期

X80 管线钢环焊热影响区脆化倾向的热模拟试验研究

刘 宇 [1, 2]

（1. 中国石油天然气管道科学研究院有限公司；2. 油气管道输送安全国家工程研究中心）

摘 要 采用焊接热模拟方法，结合夏比冲击、维氏硬度、显微金相等物理测试手段，对比研究了 3 种不同化学成分 X80 管线钢模拟单道焊和多道焊热影响区的低温韧性、维氏硬度和显微组织，分析了不同焊接热输入（5kJ/cm、10kJ/cm、15kJ/cm）下 X80 管线钢单道焊粗晶区（CGHAZ）、多道焊临界粗晶区（IRCGHAZ）、过临界粗晶区（SRCGHAZ）、亚临界粗晶区（SCCGHAZ）的脆化倾向。结果表明，X80 管线钢模拟多道焊临界粗晶区均出现显著脆化，金相组织中粗大的贝氏体（GB）和沿晶界分布的链状 M–A 是导致脆化的主要原因；随着焊接热输入量的增大，X80 管线钢环焊热影响区的脆化程度显著增加；具有较高 Mn、Cr、Mo 等合金元素含量及碳当量（CE_{Pcm}=0.18）的 X80 管线钢模拟环焊热影响区脆化倾向更为显著，环焊热输入工艺窗口较窄；较低碳当量（CE_{Pcm}=0.16）的 X80 管线钢模拟环焊热影响区具有较大的软化倾向。

关键词 焊接热模拟；焊接热输入；环焊热影响区；脆化倾向

X80 管线钢已在我国大口径、高压天然气长输管道中获得广泛应用，现场环焊也由半自动焊工艺发展至性能更加稳定、工效更高的自动焊工艺，X80 管线钢实心焊丝全自动焊工艺热输入量较小，坡口较窄、热影响区小，环焊接头强韧性良好。但从目前 X80 环焊工艺评定和工程现场口检验数据来看，自动焊工艺的环焊热影响区仍存在部分试样韧性较低导致不合格的情况。

为了进一步分析自动焊环焊热影响区出现韧性低值的原因，本文采用焊接热模拟、夏比冲击测试、金相组织分析等方法，系统对比分析了不同化学成分 X80 管线钢环焊热影响区的脆化倾向及其组织转变特征，为 X80 管线钢成分设计和环焊工艺优化提供一定的技术参考。

1 试验方法

采用 3 个不同厂家生产的 X80 螺旋埋弧焊钢管母材为试验用钢，钢管规格为 D1219mm × 18.4mm，其化学成分见表 1。由此可知，3 种试验钢的 C、S、Ni、Nb 含量相近，而 Si、Mn、P、Cr、Cu、Mo 含量及碳当量 CE_{Pcm} 均存在一定差异，其中 X80–3 试验钢的 Mn、Cr、Mo、P、Nb 含量均高于 X80–1 和 X80–2 试验钢，而 Si 含量低于其他两种试验钢；X80-2 试验钢的 Cu 含量高于其他两种试验钢；试验钢按碳当量 CE_{Pcm} 的排序为：X80-1＜X80-2＜X80-3。

表 1　试验用钢的化学成分　　　　　　　　　　　　单位：%（质量分数）

编号	C	Si	Mn	P	S	Cr	Ni	Cu	Mo	Nb	CE_{Pcm}
X80-1	0.05	0.25	1.69	0.007	0.001	0.19	0.18	0.02	0.15	0.06	0.16
X80-2	0.05	0.23	1.65	0.010	0.002	0.26	0.19	0.05	0.20	0.06	0.17
X80-3	0.05	0.22	1.80	0.012	0.002	0.27	0.19	0.02	0.25	0.07	0.18

　　试验钢厚度截面的金相组织如图 1 所示。由此可知，3 种试验钢的金相组织均主要由针状铁素体（AF）、准多边形铁素体（QF）、粒状贝氏体（GB）等组成，晶粒细小。对比可知，X80-1 试验钢金相组织中以 QF 为主，含少量多边形铁素体（PF），而 X80-2 和 X80-3 试验钢金相组织中的 AF 和 GB 多于 X80-1 试验钢，晶粒尺寸更为细小，组织呈带状分布的特征更为显著。

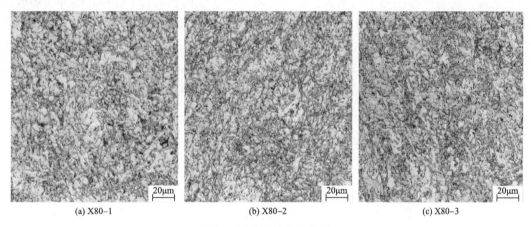

(a) X80-1　　　　　　　　　(b) X80-2　　　　　　　　　(c) X80-3

图 1　试验钢的金相组织

　　采用 Gleeble 3500 热模拟试验机，对 3 种 X80 试验钢进行单道焊和多道焊热影响区的热循环模拟，热循环曲线采用 Ryklin-2D 模型计算，模拟采用的焊接热循环参数如图 2 所示。

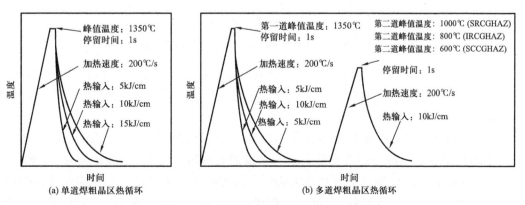

(a) 单道焊粗晶区热循环　　　　　　　　　(b) 多道焊粗晶区热循环

图 2　X80 管线钢模拟焊接热循环参数

焊接热模拟试样规格为 10.5mm×10.5mm×75mm，取样方向为管体母材纵向。每条热循环曲线模拟 4 个试样，其中 3 个试样在热模拟后加工为 10mm×10mm×55mm 标准夏比 "V" 形缺口试样，进行 −10℃低温夏比冲击试验；对另 1 个试样的厚度截面进行砂纸研磨、机械抛光后，采用体积分数为 4% 的硝酸酒精溶液进行浸蚀，然后采用蔡司 Imager.M1m 型光学金相显微镜对热模拟试验厚度截面的金相组织进行观察，最后采用 HBV–30A 型维氏硬度计对热模拟试样厚度截面进行维氏硬度 HV10 测试。

2 试验结果与分析

2.1 X80 模拟环焊热影响区的低温冲击韧性

图 3 为不同焊接热输入对 X80 试验钢模拟单道焊粗晶区（CGHAZ）低温冲击吸收功的影响。由此可知，当焊接热输入由 5kJ/cm 增大至 10kJ/cm 时，X80–1 试验钢模拟 CGHAZ 的冲击吸收功略有增大，当焊接热输入进一步增大至 15kJ/cm 时，其冲击吸收功显著下降。随着焊接热输入的增大，X80–2 和 X80–3 试验钢模拟 CGHAZ 的冲击吸收功呈逐步下降趋势。当焊接热输入达到 10kJ/cm 时，X80–3 试验钢模拟 CGHAZ 的冲击吸收功显著下降，韧性恶化，而 X80–2 试验钢模拟 CGHAZ 的冲击吸收功下降幅度较小，韧性良好；当焊接热输入达到 15kJ/cm 时，3 种试验钢模拟 CGHAZ 均出现显著脆化。对比可知，X80–3 试验钢 CGHAZ 的脆化倾向高于 X80–1 和 X80–2 试验钢。

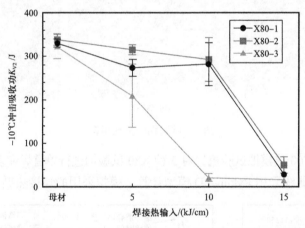

图 3 焊接热输入对 X80 模拟 CGHAZ 低温冲击吸收功的影响

图 4 为 X80 试验钢模拟多道焊粗晶区低温冲击吸收功的对比。由此可知，3 种试验钢的模拟临界粗晶区（IRCGHAZ）均出现显著脆化，且随着第一道焊接热输入的增大，冲击吸收功均呈下降趋势。

由图 4 可知，当第一道焊接热输入为 5kJ/cm 时，3 种试验钢模拟 SRCGHAZ 的冲击吸收功均高于 200J，冲击韧性良好；当第一道焊接热输入增大至 10kJ/cm 时，X80–3 试验钢模拟 SRCGHAZ 的冲击吸收功显著降低，而 X80–1 和 X80–2 试验钢模拟 SRCGHAZ 的冲击吸收功仍具有较高水平；当第一道焊接热输入增大至 15kJ/cm 时，X80–2 试验钢模拟 SRCGHAZ 的冲击吸收功显著降低，而 X80-1 试验钢模拟 SRCGHAZ 的冲击吸收功略有增大，冲击韧性良好。对比可知，试验钢按模拟 SRCGHAZ 脆化倾向的排序为 X80-1 ＜X80-2＜X80-3。

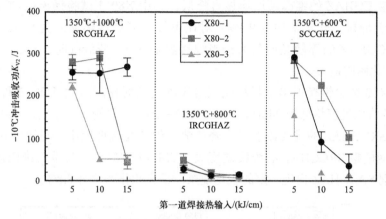

图 4　X80 模拟多道焊粗晶区低温冲击吸收功的对比

由图 4 可知，随着第一道焊接热输入的增大，3 种试验钢模拟 SCCGHAZ 的冲击吸收功均呈逐步下降趋势。当第一道焊接热输入为 5kJ/cm 时，X80-3 试验钢模拟 SCCGHAZ 的冲击吸收功为 157J，其明显低于 X80-1 和 X80-2 试验钢；当第一道焊接热输入增大至 10kJ/cm 时，X80-1 和 X80-3 试验钢模拟 SCCGHAZ 的冲击吸收功显著降低，其中 X80-3 试验钢模拟 SCCGHAZ 显著脆化；当第一道焊接热输入增大至 15kJ/cm 时，X80-2 试验钢模拟 SCCGHAZ 的冲击吸收功仍大于 100J，而 X80-1 试验钢模拟 SCCGHAZ 的冲击吸收功显著降低，出现显著脆化。对比可知，试验钢按模拟 SCCGHAZ 脆化倾向的排序为 X80-2＜X80-1＜X80-3。

2.2　X80 模拟环焊热影响区的维氏硬度

图 5 为不同焊接热输入对 X80 试验钢模拟单道焊粗晶区（CGHAZ）维氏硬度的影响。由此可知，当焊接热输入为 5kJ/cm 时，3 种 X80 试验钢模拟 CGHAZ 的维氏硬度均

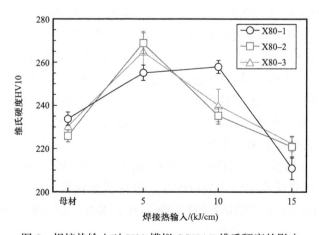

图 5　焊接热输入对 X80 模拟 CGHAZ 维氏硬度的影响

高于母材，其中 X80-2 和 X80-3 试验钢模拟 CGHAZ 淬硬倾向高于 X80-1 试验钢；当焊接热输入增大至 10kJ/cm 时，X80-2 和 X80-3 试验钢模拟 CGHAZ 的维氏硬度显著降低，而 X80-1 试验钢模拟 CGHAZ 的维氏硬度略有增大；当焊接热输入增大至 15kJ/cm 时，3 种试验钢模拟 CGHAZ 的维氏硬度均显著降低，其中 X80-1 试验钢模拟 CGHAZ 的维氏硬度明显低于母材，软化率约为 9.8%。对比可知，当焊接热输入为 5kJ/cm 时，X80-2 试验钢模拟 CGHAZ 的淬硬倾向最大；当焊接热输入为 15kJ/cm 时，X80-1 试验钢模拟 CGHAZ 的软化倾向最大。

图 6 为 X80 试验钢模拟多道焊粗晶区维氏硬度的对比。由此可知，3 种试验钢模拟 SRCGHAZ 的维氏硬度均低于 240HV10，随着第一道焊接热输入的增大，X80-1 和 X80-2 试验钢模拟 SRCGHAZ 的维氏硬度呈下降趋势，但变化幅度较小。对比可知，X80-2 和 X80-3 试验钢模拟 SRCGHAZ 的维氏硬度大于 X80-1 试验钢。与母材维氏硬度相比较，X80-1 试验钢 SRCGHAZ 出现一定的软化现象，最大软化率约为 8.8%。

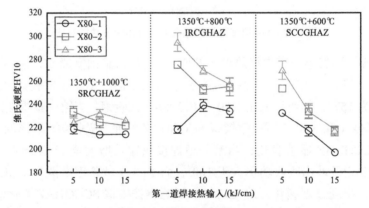

图 6　X80 模拟多道焊粗晶区维氏硬度的对比

由图 6 可知，X80-2 和 X80-3 试验钢模拟 IRCGHAZ 出现显著硬化现象。当第一道焊接热输入为 5kJ/cm 时，X80-3 试验钢模拟 IRCGHAZ 的维氏硬度接近 300HV10，而 X80-1 试验钢模拟 IRCGHAZ 的维氏硬度小于 220HV10，处于较低水平；当第一道焊接热输入增大至 10kJ/cm 时，X80-2 和 X80-3 试验钢模拟 IRCGHAZ 的维氏硬度有所降低，而 X80-1 试验钢模拟 IRCGHAZ 的维氏硬度有所增大，与母材维氏硬度相近；当第一道焊接热输入增大至 15kJ/cm 时，X80-3 试验钢模拟 IRCGHAZ 的维氏硬度进一步降低，但仍高于母材维氏硬度，硬化率约为 11.5%。对比可知，X80-2 和 X80-3 试验钢模拟 IRCGHAZ 的维氏硬度明显高于 X80-1 试验钢，X80-3 试验钢模拟 IRCGHAZ 的淬硬倾向最大。

由图 6 可知，随着第一道焊接热输入的增大，3 种试验钢模拟 SCCGHAZ 的维氏硬度均呈逐步降低趋势。当第一道焊接热输入为 5kJ/cm 时，X80-2 和 X80-3 试验钢模拟 SCCGHAZ 的维氏硬度高于 X80-1 试验钢，存在一定的硬化现象；当第一道焊接热输入增大至 15kJ/cm 时，3 种试验钢模拟 SCCGHAZ 的维氏硬度均低于母材，其中 X80-1 试验钢模拟 SCCGHAZ 的维氏硬度低于 200HV10，出现明显软化，软化率约为 15.6%。对比可知，X80-1 试验钢模拟 SCCGHAZ 的软化倾向高于 X80-2 和 X80-3 试验钢。

2.3　X80 模拟环焊热影响区的金相组织

　　图 7 为 X80 模拟单道焊粗晶区（CGHAZ）金相组织的对比。由此可知，当焊接热输入为 5kJ/cm 时，3 种 X80 试样钢模拟 CGHAZ 的金相组织均主要由板条状的贝氏体铁素体（BF）、针状铁素体（AF）和少量粒状贝氏体（GB）组成，其中呈条状或点状的马氏体—奥氏体组元（M-A）分布于 BF 的板条间，X80-2 和 X80-3 试验钢模拟 CGHAZ 金相组织中 BF 板条宽度比 X80-1 试验钢更细密、M-A 数量更多，该组织特征具有良好的低温冲击韧性；当焊接热输入增大至 10kJ/cm 时，3 种 X80 试验钢模拟 CGHAZ 金相组织中的 BF 减少、GB 增多、M-A 减少，BF 板条间距变宽，晶粒尺寸增大，其中 X80-3 试验钢模拟 CGHAZ 金相组织中较多的粗大 GB，导致其低温冲击韧性恶化；当焊接热输入增大至 15kJ/cm 时，3 种 X80 试验钢模拟 CGHAZ 金相组织中的 BF 进一步减少，板条间距宽度显著增大，粗大的 GB 明显增多，导致组织显著脆化、硬度降低。

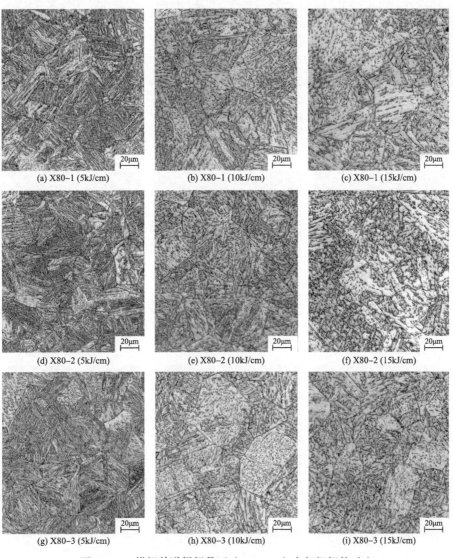

(a) X80-1 (5kJ/cm)　　　　(b) X80-1 (10kJ/cm)　　　　(c) X80-1 (15kJ/cm)

(d) X80-2 (5kJ/cm)　　　　(e) X80-2 (10kJ/cm)　　　　(f) X80-2 (15kJ/cm)

(g) X80-3 (5kJ/cm)　　　　(h) X80-3 (10kJ/cm)　　　　(i) X80-3 (15kJ/cm)

图 7　X80 模拟单道焊粗晶区（CGHAZ）金相组织的对比

图 8 为 X80 模拟多道焊过临界粗晶区（SRCGHAZ）金相组织的对比。由此可知，当第一道焊接热输入为 5kJ/cm 时，3 种试验钢模拟 SRCGHAZ 的金相组织均主要由 QF、AF 和 GB 组成。与模拟单道焊 CGHAZ 的金相组织相比，经过第二道峰值温度为 1000℃的热循环后，显微组织发生明显改变，板条状的 BF 组织转变为近等轴状的 QF 和 GB，M–A 数量减少，晶粒明显细化，冲击韧性良好，硬度有所降低；当第一道焊接热输入增大至 10kJ/cm 时，X80–1 和 X80–2 试验钢模拟 SRCGHAZ 的金相组织中的 GB 略有增多，M–A 数量减少，晶粒尺寸略有增大，而 X80–3 试验钢模拟 SRCGHAZ 受单道焊 CGHAZ 组织遗传影响，其金相组织中存在较多的粗大 GB，导致冲击韧性显著降低；当第一道焊接热输入增大至 15kJ/cm 时，3 种 X80 试验钢 SRCGHAZ 金相组织的晶粒尺寸进一步增大，其中 X80–2 和 X80–3 试验钢 SRCGHAZ 金相组织中的粗大 GB 进一步增多，导致冲

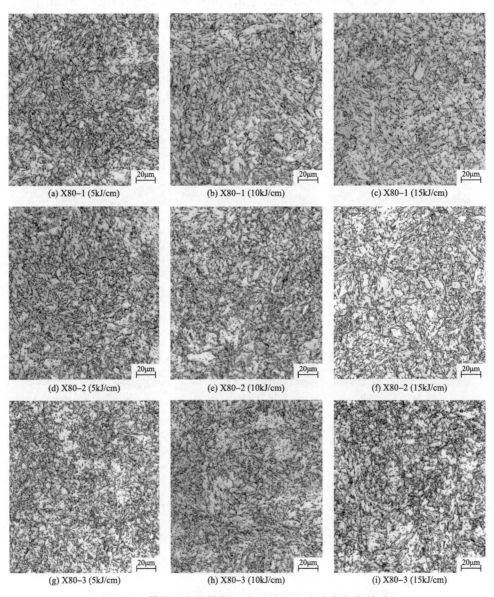

(a) X80–1 (5kJ/cm) (b) X80–1 (10kJ/cm) (c) X80–1 (15kJ/cm)

(d) X80–2 (5kJ/cm) (e) X80–2 (10kJ/cm) (f) X80–2 (15kJ/cm)

(g) X80–3 (5kJ/cm) (h) X80–3 (10kJ/cm) (i) X80–3 (15kJ/cm)

图 8　X80 模拟过临界粗晶区（SRCGHAZ）金相组织的对比

击吸收功下降。这一方面是由于在较大焊接热输入条件下,冷速较慢,第二道峰值温度为1000℃热循环后的冷却组织转变更为充分,形成更多的 GB,另一方面受到 CGHAZ 组织遗传的影响。

图 9 为 X80 模拟多道焊临界粗晶区(IRCGHAZ)金相组织的对比。由此可知,当第一道焊接热输入为 5kJ/cm 时,X80-1 试验钢模拟 IRCGHAZ 的金相组织主要由板条状 BF、GB 和少量 AF 组成,M-A 沿晶界呈链状分布,晶粒较粗大,而 X80-2 和 X80-3 试验钢模拟 IRCGHAZ 金相组织中板条状 BF 数量更多,板条更为细密,GB 更少,因此硬度较高。随着第一道焊接热输入的增大,3 种 X80 试验钢模拟 IRCGHAZ 金相组织中的板条状 BF 数量逐步减少,板条宽度增大,粗大的 GB 增多。由于 X80 模拟 IRCGHAZ 金相组织中粗大的 BF 和 GB,以及链状 M-A,导致其严重脆化。

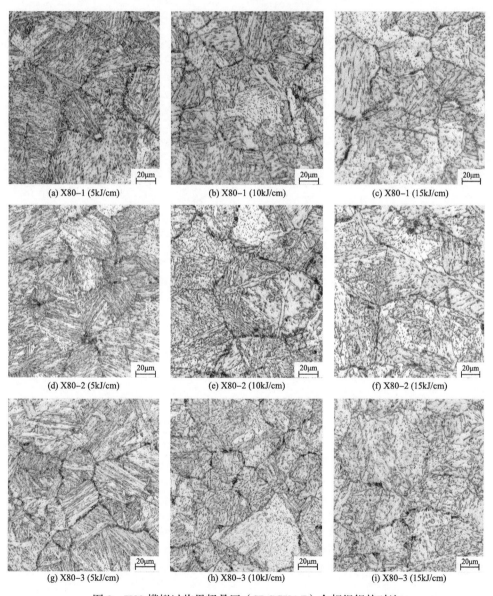

(a) X80-1 (5kJ/cm) (b) X80-1 (10kJ/cm) (c) X80-1 (15kJ/cm)

(d) X80-2 (5kJ/cm) (e) X80-2 (10kJ/cm) (f) X80-2 (15kJ/cm)

(g) X80-3 (5kJ/cm) (h) X80-3 (10kJ/cm) (i) X80-3 (15kJ/cm)

图 9 X80 模拟过临界粗晶区(SRCGHAZ)金相组织的对比

图 10 为 X80 模拟多道焊亚临界粗晶区（SCCGHAZ）金相组织的对比。由此可知，当第一道焊接热输入为 5kJ/cm 时，X80-1 试验钢模拟 SCCGHAZ 的金相组织主要由板条状 BF、GB 和少量 AF 组成，而 X80-2 和 X80-3 试验钢模拟 SCCGHAZ 金相组织中 BF 板条更为细密，M-A 数量更多，因此具有较高的硬度；当第一道焊接热输入增大至 10kJ/cm 时，3 种 X80 模拟 SCCGHAZ 金相组织中的 BF 数量减少，板条宽度增大，GB 数量显著增大，其中 X80-3 模拟 SCCGHAZ 晶粒尺寸显著增大，导致冲击韧性恶化、维氏硬度降低；当第一道焊接热输入增大至 15kJ/cm 时，X80-1 模拟 SCCGHAZ 金相组织中的 BF 和 M-A 数量显著减少，粗大的 GB 增多，导致显著的软化和脆化。由于 X80-3 模拟 SCCGHAZ 金相组织的粗大 BF 和 GB 显著增多，以及第一道 CGHAZ 组织遗传的影响，造成其冲击韧性显著降低。

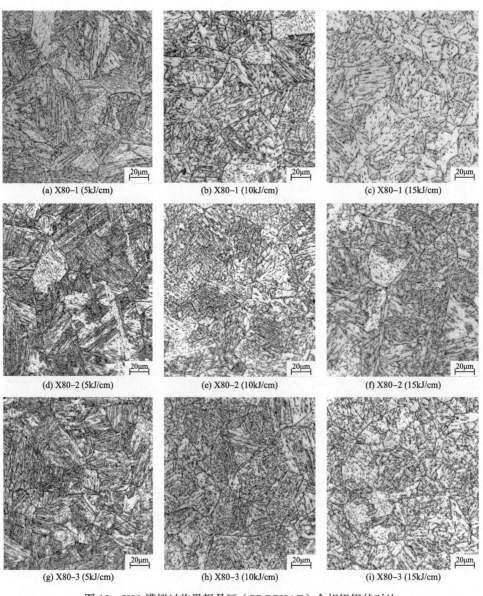

(a) X80-1 (5kJ/cm)　　(b) X80-1 (10kJ/cm)　　(c) X80-1 (15kJ/cm)

(d) X80-2 (5kJ/cm)　　(e) X80-2 (10kJ/cm)　　(f) X80-2 (15kJ/cm)

(g) X80-3 (5kJ/cm)　　(h) X80-3 (10kJ/cm)　　(i) X80-3 (15kJ/cm)

图 10　X80 模拟过临界粗晶区（SRCGHAZ）金相组织的对比

3 结论

（1）当焊接热输入为 5kJ/cm 时，X80 试验钢模拟单道焊粗晶区（CGHAZ）、多道焊过临界粗晶区（SRCGHAZ）、多道焊亚临界粗晶区（SCCGHAZ）的低温冲击韧性良好。

（2）X80 试验钢模拟多道焊临界粗晶区（IRCGHAZ）均出现显著脆化，其金相组织中粗大的贝氏体（GB）和沿晶界分布的链状（M-A）是导致脆化的主要原因。

（3）随着焊接热输入的增大，X80 试验钢模拟单道焊和多道焊粗晶区的脆化和软化倾向呈增大趋势。

（4）较高碳当量（$CE_{Pcm}=0.18$）的 X80-3 试验钢模拟单道焊和多道焊粗晶区的脆化倾向更大，其焊接热输入的工艺窗口较窄。

（5）较低碳当量（$CE_{Pcm}=0.16$）的 X80-1 试验钢模拟单道焊和多道焊粗晶区具有较大的软化倾向。

原文刊登于《第二十七届全国焊接学术会议论文集》（2023 年）

焊接工艺措施对 L555 管道环焊接头性能的影响研究

隋永莉[1]　孙　哲[2]　徐维章[3]　冯大勇[1]

（1.中国石油天然气管道科学研究院有限公司 2.中国石油管道局工程有限公司第一分公司；3.中国石油管道局工程有限公司燃气分公司）

摘　要　近20年来我国建设的高钢级油气管道大量地采用了半自动焊工艺，部分焊口在施焊过程中存在着种种不符合焊接工艺纪律的现象，导致环焊接头的性能稳定性变差。本文通过不同预热温度、道间温度和焊道数量对环焊接头拉伸强度、弯曲性能、低温冲击韧性和显微组织影响的研究发现，实施预热、道间温度和多层多道焊等工艺措施，可不同程度地改善焊缝金属和热影响的组织，防止晶粒粗大，从而提高环焊接头的弯曲性能和低温冲击韧性。同时，预热温度、道间温度和不同壁厚的最佳焊道数量等工艺措施有其合理范围，应通过焊接工艺评定来确定，才能有效保证环焊接头综合力学性能的稳定性。

关键词　L555管道；环焊接头；焊接工艺；预热；道间温度

1999年至2016年期间，我国建设的X65、X70和X80等高钢级油气管道大量地采用了纤维素焊条（或STT、RMD）根焊与自保护药芯焊丝填充、盖面焊的组合半自动焊工艺，该工艺对野外焊接施工时多变的气候环境、地质环境和人文环境适应性强，与以往的焊条电弧焊工艺相比，焊接熔敷效率和合格率大幅度提高[1-5]。近几年，通过在役高钢级管道环焊缝质量风险排查和隐患整治工作，发现部分半自动焊工艺的环焊缝存在预热措施不到位、道间温度不足及焊接层数/道数少于焊接工艺规程规定的最小数量、单道焊缝厚度过厚，焊接方向错误、焊接顺序错误等违反焊接工艺纪律的问题，导致环焊接头的性能稳定性变差，甚至部分焊口中含有施工期阶段留存的裂纹[6-9]。

本文采用STT根焊与自保护药芯填充、盖面的组合半自动焊工艺对管径1219mm、壁厚18.4mm的L555M直缝埋弧焊钢管进行环焊缝焊接，通过力学性能和金相试验对比分析不同预热温度、道间温度和焊道数量对环焊接头强度、弯曲性能、低温冲击韧性和微观组织的影响，研究了不同环焊缝焊接工艺措施对环焊接头性能的影响。

1　试验材料及方法

1.1　试验材料

母材为GB/T L555M直缝埋弧焊钢管，管径1219mm，壁厚18.4mm。焊接材料分别为用于根焊的实心焊丝，丝径 ϕ1.2mm，型号ISO 14341-A G46 5 M21 3Si1，以及用于填充焊和盖面焊自保护药芯焊丝，丝径 $\phi 2.0mm$，型号 GB/T 36233 E63 3 T8–Ni2。钢管和焊接材料熔敷金属的化学成分见表 1，力学性能见表 2。

表 1　钢管和焊接材料熔敷金属的化学成分　　　　单位：%（质量分数）

材料		C	Si	Mn	P	S	Cr	Ni	Mo	Nb	Al	Cu	Ti	V	P_{cm}①
钢管	L555	0.05	0.21	1.69	0.011	0.003	0.19	0.01	0.006	0.004	0.03	0.1	0.02	0.003	0.17
实心焊丝	G46 5 M21 3 Si1	0.08	0.82	1.53	0.009	0.006	0.048	0.032	0.003	—	—	0.11	0.06	0.001	
自保药芯焊丝	E63 3 T8–Ni2	0.06	0.03	1.58	0.009	0.004	0.059	4.04	0.021	—	0.90	—		0.003	

①P_{cm}为化学成分裂纹敏感系数。

表 2　钢管和焊接材料熔敷金属的力学性能

材料		屈服强度 $R_{t0.5}$/MPa	抗拉强度 R_m/MPa	延伸率 A_{50}/%	屈强比 $R_{t0.5}/R_m$	"V"形缺口夏比冲击① 冲击吸收功 /J （10mm×10mm×55mm）			
						1	2	3	平均
钢管	L555	570	717	38	0.86				285
实心焊丝	G46 5 M21 3Si1	559	637	22	—	115	103	90	103
自保药芯焊丝	E63 3 T8–Ni2	591	690	25	—	119	130	127	125

①钢管的试验温度为 –10℃，焊接材料熔敷金属的试验温度为 –30℃。

1.2　试验方法

分别采用不同的预热温度、不同的道间温度和不同的焊道数量进行环焊缝的焊接。焊接使用的焊接设备，根焊为具有表面张力过渡能力的脉冲直流焊接电源及相匹配的送丝机，送丝速度 3.8m/min，焊接速度 200mm/min，焊接热输入量 1.0kJ/mm，焊接极性为直流反极性接法；填充、盖面焊为具有平外特性的直流焊接电源及相匹配的送丝机，送丝速度 90～100in/min，焊接速度为 200～260mm/min，焊接热输入量 1.5～2.0kJ/mm，焊接极性为直流反极性接法。环焊接头性能试验的试验设备，拉伸试验设备为 SHT5106–P 1000kN 微机控制电液伺服万能试验机，弯曲试验设备为 BHT5106 1000kN 弯曲试验机，冲击试验设备为 ZBC2452–C 450J 冲击试验机和 LDT–80T 铁素体落锤低温槽，金相检验设备为 Imager.M1m 金相显微镜。

预热温度对环焊接头性能影响的试验方案为：在道间温度不变（100℃）的条件下，焊件分别进行不预热（5℃）、预热 50℃、预热 100℃及预热 150℃的处理，焊接位置为平焊，然后对环焊接头进行拉伸、弯曲、低温夏比冲击韧性试验和微观组织分析，对比试验结果。

道间温度对环焊接头性能影响的试验方案为：在预热温度保持不变（100℃）的条件

下，将道间温度分别设定为室温（5℃）、50℃、100℃和150℃，焊接位置为平焊，然后对环焊接头进行拉伸、弯曲、低温夏比冲击韧性试验和微观组织分析，对比试验结果。

焊道数量对环焊接头性能影响的试验方案为：在预热温度（100℃）和道间温度（100℃）保持不变的条件下，分别采取5道、7道、9道和11道的焊道数量完成环焊缝焊接，焊接位置为平焊，然后对环焊接头进行拉伸、弯曲、低温夏比冲击韧性试验和微观组织分析，对比试验结果。

2 试验结果与分析

2.1 预热温度对环焊接头性能的影响

2.1.1 环焊接头力学性能

不同预热温度条件下焊接完成的环焊接头，其拉伸和侧弯试验结果见表3，低温夏比冲击韧性试验结果如图1所示，其中图1（a）是"V"形缺口位置在焊缝金属的试验结果，图1（b）是"V"形缺口位置在熔合线的试验结果。

表3 不同预热温度条件下的环焊接头拉伸、侧弯试验结果

预热条件		不预热（5℃）	50℃	100℃	150℃
环焊接头抗拉强度	T1	687MPa	690MPa	693MPa	685MPa
	T2	690MPa	688MPa	688MPa	684MPa
环焊接头侧弯试验	S1	未见明显缺欠	未见明显缺欠	未见明显缺欠	未见明显缺欠
	S2	未见明显缺欠	未见明显缺欠	未见明显缺欠	未见明显缺欠
	S3	未见明显缺欠	0.6mm开裂一处	未见明显缺欠	未见明显缺欠
	S4	2.8mm开裂一处	未见明显缺欠	1.0mm开裂一处	未见明显缺欠

从表3可见，环焊接头抗拉强度范围为684~693MPa，不同预热温度的接头拉伸性能无明显的差异性变化，说明预热温度对自保护药芯焊丝半自动焊的抗拉强度无显著影响；不同预热温度的环焊接头弯曲性能有差异性变化，预热温度较低或不预热时，更容易在弯曲试验过程中出现表面开裂现象，特别是不预热焊接时，在弯曲拉伸表面出现了2.8mm长的表面开裂，已接近GB/T 31032—2014《钢质管道焊接及验收》所允许的上限值，说明不预热或预热温度较低对自保护药芯焊丝半自动焊的弯曲性能有影响。

从图1（a）可见，−10℃时焊缝金属的夏比冲击韧性范围为90~155J，−20℃时焊缝金属的夏比冲击韧性范围为75~155J，焊缝金属的低温冲击韧性随试验温度的降低而降低，但不同预热温度的焊缝金属冲击韧性无明显差异。从图1（b）可见，−10℃时熔合线的夏比冲击韧性范围为185~265J，−20℃时熔合线的夏比冲击韧性范围为110~265J，熔合线的低温冲击韧性随试验温度的降低而离散性增加，但不同预热温度的熔合线冲击韧性

无明显差异。说明预热温度对自保护药芯焊丝半自动焊的环焊接头低温冲击韧性无显著影响。

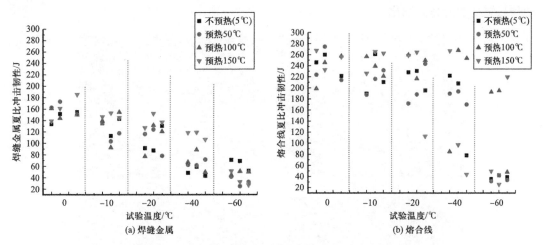

图1　不同预热温度的环焊接头夏比冲击韧性试验结果

2.1.2　环焊接头组织

不同预热温度的环焊接头，其根焊层、填充层在焊缝中心和热影响区位置的显微组织如图2至图5所示。

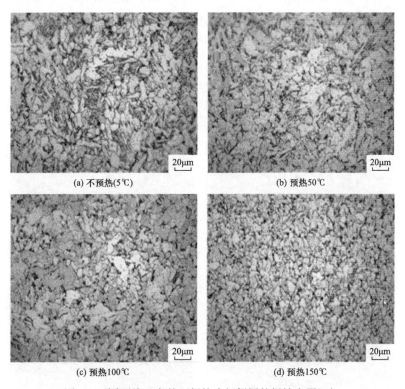

(a) 不预热(5℃)

(b) 预热50℃

(c) 预热100℃

(d) 预热150℃

图2　不同预热温度的环焊接头根焊层的焊缝金属组织

图 2（a）的组织以多边形铁素体为主，含少量珠光体，且多边形铁素体有形成魏氏组织的趋势。图 2（b）至图 2（d）的组织以多边形铁素体为主，含少量珠光体，晶粒度随预热温度的升高而细化。

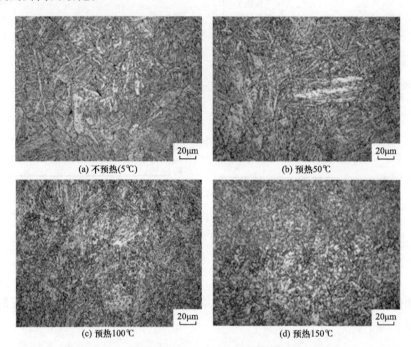

图 3　不同预热温度的环焊接头填充层的焊缝金属组织

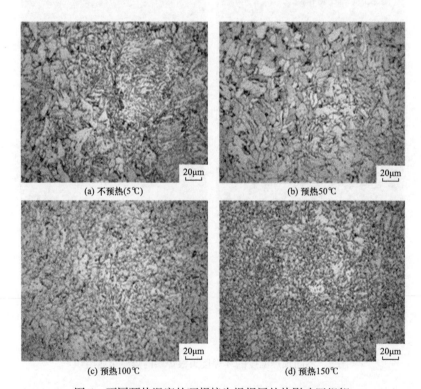

图 4　不同预热温度的环焊接头根焊层的热影响区组织

填充层的焊缝金属中可见粗大的柱状晶组织，柱状晶内分布着以贝氏体为主的组织，包括板条贝氏体、粒状贝氏体及贝氏体晶界上的马氏体—奥氏体岛。

图4（a）中左上侧的块状组织是焊缝金属的多边形铁素体组织，右下侧的粗大晶粒是热影响区的粗大粒状贝氏体和晶界M-A。图4（b）中左上侧的块状组织是焊缝金属的多边形铁素体和少量珠光体组织，右下侧是热影响区的针状铁素体和少量珠光体组织。图4（c）中为针状铁素体和少量珠光体组织。图4（d）中为粒状贝氏体和晶界M-A。

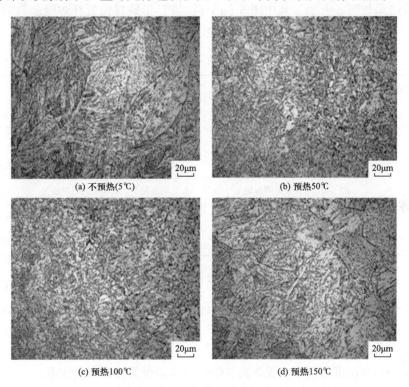

(a) 不预热(5℃)   (b) 预热50℃

(c) 预热100℃   (d) 预热150℃

图5 不同预热温度的环焊接头填充层的热影响区组织

填充层熔合线附近的热影响区组织主要为板条贝氏体、粒状贝氏体和少量马氏体—奥氏体岛（M-A岛）组织。

2.1.3 预热温度的影响分析

对比分析上述试验结果可以发现，采用不同的预热温度时，自保护药芯焊丝半自动焊的环焊接头拉伸性能和低温冲击韧性未出现较大差别，但在预热温度较低或不预热时环焊接头的弯曲拉伸表面更易出现开裂现象。通过金相组织分析发现，不预热时，根焊层由于冷速过大，焊缝金属和热影响区的显微组织更为粗大，且焊缝金属中的多边形铁素体组织有形成魏氏体组织的倾向。这些粗大的晶粒组织对环焊接头的弯曲性能产生影响，是导致弯曲拉伸面发生开裂现象的原因之一。

50℃和100℃预热条件下，自保护药芯焊丝半自动焊的焊缝金属和热影响区的显微组织未出现较大差别。当预热温度达到150℃时，焊缝金属及热影响区中的M-A组元数量增加，且焊缝中心的M-A开始沿贝氏体晶界呈链状，但晶粒尺寸变得较为细小。说明过高的预热温度可能对焊缝金属的低温冲击韧性产生不利影响。

2.2 道间温度对环焊接头性能的影响

2.2.1 环焊接头力学性能

不同道间温度条件下焊接完成的环焊接头，其拉伸和侧弯试验结果见表4，夏比冲击韧性试验结果如图6所示，其中图6（a）是"V"形缺口位置在焊缝金属的试验结果，图6（b）是"V"形缺口位置在熔合线的试验结果。

表4　不同道间温度条件下的环焊接头拉伸、侧弯试验结果

道间温度条件		室温（5℃）	50℃	100℃	150℃
环焊接头抗拉强度	T1	689MPa	684MPa	689MPa	683MPa
	T2	689MPa	684MPa	689MPa	685MPa
环焊接头侧弯试验	S1	0.8mm 开裂一处	未见明显缺欠	未见明显缺欠	未见明显缺欠
	S2	未见明显缺欠	未见明显缺欠	未见明显缺欠	未见明显缺欠
	S3	未见明显缺欠	未见明显缺欠	未见明显缺欠	未见明显缺欠
	S4	1.0mm 开裂一处	未见明显缺欠	未见明显缺欠	未见明显缺欠

从表4可见，环焊接头的抗拉强度范围为684～689MPa，不同道间温度的接头拉伸性能无明显的差异性变化，说明道间温度对自保护药芯焊丝半自动焊的接头抗拉强度无显著影响；不控制道间温度（5℃）的环焊接头，在弯曲试验过程中出现表面开裂现象，控制道间温度为50℃、100℃和150℃的环焊接头，其弯曲性能无明显的差异性变化，说明不小于50℃的道间温度有利于自保护药芯焊丝半自动焊的接头弯曲性能。

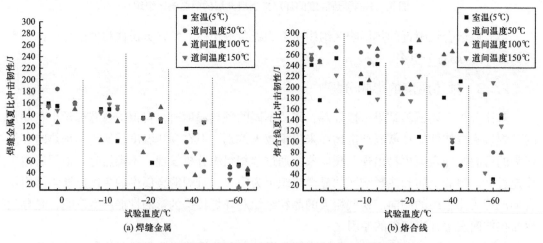

图6　不同道间温度的环焊接头夏比冲击韧性试验结果

从图6（a）可见，-10℃时焊缝金属的夏比冲击韧性值范围为90～170J，-20℃时焊缝金属的夏比冲击韧性值范围为55～155J，焊缝金属的夏比冲击韧性随试验温度的降低

而降低，但不同道间温度的焊缝金属夏比冲击韧性无明显差异。从图6（b）可见，–10℃时熔合线的夏比冲击韧性值范围为90～265J，–20℃时熔合线的夏比冲击韧性值范围为110～275J，熔合线的夏比冲击韧性随试验温度的降低而离散性增加，但不同道间温度的熔合线夏比冲击韧性无明显差异。说明道间温度对自保护药芯焊丝半自动焊接头的夏比冲击韧性无显著影响。

2.2.2 环焊接头组织

不同道间温度的环焊接头，其根焊层、填充层在焊缝中心和热影响区位置的显微组织如图7至图10所示。

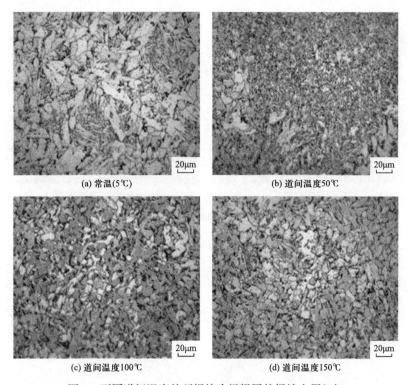

(a) 常温(5℃)   (b) 道间温度50℃

(c) 道间温度100℃   (d) 道间温度150℃

图7　不同道间温度的环焊接头根焊层的焊缝金属组织

图7（a）的组织以多边形铁素体为主，含有少量的珠光体组织，多边形铁素体有形成魏氏组织的趋势。图7（b）的组织为针状铁素体，含少量的多边形铁素体和珠光体组织。图7（c）和图7（d）的组织以多边形铁素体为主，含少量珠光体组织。

图8（a）的组织以粗大的板条贝氏体组织为主，图8（b）的组织为粒状贝氏体和板条贝氏体混合组织，图8（c）和图8（d）的组织以粒状贝氏体为主，含少量M-A，晶粒较前两种情况细小。

根焊层的热影响区主要为粒状贝氏体、块状铁素体组织和少量针状铁素体组织，随着道间温度的提高，根焊层热影响区的显微组织和晶粒尺寸变化不明显。

填充层的热影响区主要为粒状贝氏体、块状铁素体、少量针状铁素体和马氏体—奥氏体组元，随着道间温度的提高，填充层热影响区的组织中马氏体—奥氏体组元的数量增多、尺寸增大。

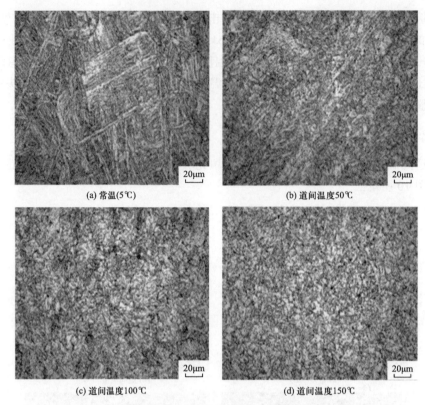

(a) 常温(5℃)

(b) 道间温度50℃

(c) 道间温度100℃

(d) 道间温度150℃

图 8　不同道间温度的环焊接头填充层的焊缝金属组织

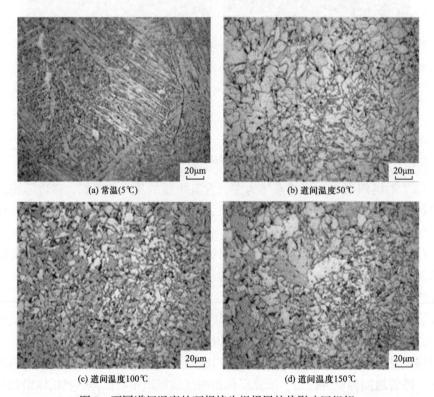

(a) 常温(5℃)

(b) 道间温度50℃

(c) 道间温度100℃

(d) 道间温度150℃

图 9　不同道间温度的环焊接头根焊层的热影响区组织

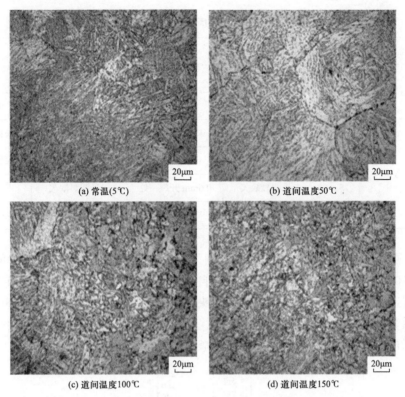

图 10　不同道间温度的环焊接头填充层的热影响区组织

2.2.3　道间温度的影响

不同道间温度的环焊接头力学性能和显微组织结果表明，采用不同的道间温度时，自保护药芯焊丝半自动焊的环焊接头拉伸性能和低温冲击韧性未出现较大差别，不小于50℃的道间温度有利于自保护药芯焊丝半自动焊的接头弯曲性能，但在不控制道间温度（5℃）时，环焊接头的弯曲拉伸表面易出现开裂现象。通过金相组织分析发现，不控制道间温度（5℃）时，根焊层的焊缝金属组织以多边形铁素体为主，且有形成魏氏组织的趋势，该现象与未采取预热措施的环焊缝显微组织和弯曲拉伸表面开裂现象相类似。

随着道间温度的增加，自保护药芯焊丝半自动焊的根焊层焊缝金属和热影响区的显微组织、晶粒尺寸变化不明显，而填充层焊缝金属的显微组织变得较为细小，局部热影响区位置的显微组织却变得粗大。说明过高的道间温度可能对熔合线的低温冲击韧性产生不利影响。

2.3　焊道数量对环焊接头性能的影响

2.3.1　环焊接头力学性能

不同焊道数量条件下焊接完成的环焊接头，其拉伸和侧弯试验结果见表5，夏比冲击韧性试验结果如图11所示，其中图11（a）是"V"形缺口位置在焊缝金属的试验结果，图11（b）是"V"形缺口位置在熔合线的试验结果。

表5 不同焊道数量条件下的环焊接头拉伸、侧弯试验结果

道间温度条件		5道	7道	9道	11道
环焊接头抗拉强度	T1	690MPa	683MPa	720MPa	711MPa
	T2	693MPa	670MPa	711MPa	699MPa
环焊接头侧弯试验	S1	0.6mm开裂一处	未见明显缺欠	未见明显缺欠	未见明显缺欠
	S2	未见明显缺欠	1.4mm开裂一处	未见明显缺欠	未见明显缺欠
	S3	未见明显缺欠	0.6mm开裂一处	未见明显缺欠	未见明显缺欠
	S4	2.4mm开裂一处	未见明显缺欠	0.8mm开裂一处	未见明显缺欠

从表5可见，环焊接头的抗拉强度范围为683~720MPa，不同焊道数量的接头拉伸性能无明显的差异性变化，说明焊道数量对自保护药芯焊丝半自动焊的接头抗拉强度无显著影响；焊道数量为5道和7道时，环焊接头在弯曲试验过程中出现相对较多的表面开裂现象，焊道数量为9道和11道的环焊接头，其弯曲性能相对良好，说明采用较多的焊道数量有利于自保护药芯焊丝半自动焊的接头弯曲性能。

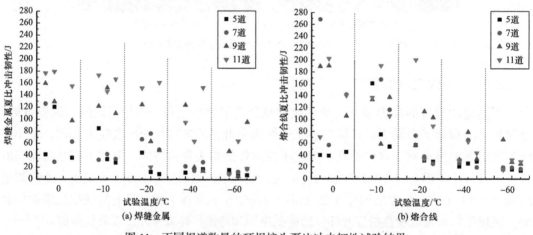

(a) 焊缝金属　　　　　　　　　　(b) 熔合线

图11 不同焊道数量的环焊接头夏比冲击韧性试验结果

从图11（a）可见，-10℃时焊缝金属的夏比冲击韧性值范围为25~170J，-20℃时焊缝金属的夏比冲击韧性值范围为9~165J。从图11（b）可见，-10℃时熔合线的夏比冲击韧性值范围为50~190J，-20℃时熔合线的夏比冲击韧性值范围为25~200J。相同焊道数量的焊缝金属和熔合线的冲击韧性随试验温度的降低而下降明显，但相同试验温度条件下的焊缝金属和熔合线的冲击韧性随焊道数量的增加而有较大改善。对于18.4mm壁厚的X80钢管，在焊道数量不小于9道时，-20℃及以上试验温度的冲击韧性趋于稳定。这说明不同焊道数量对自保护药芯焊丝半自动焊的冲击韧性影响显著，焊道数量越多，接头的低温冲击韧性越好。

2.3.2　环焊接头组织

焊道数量不同的环焊接头，其填充层在焊缝中心和热影响区位置的显微组织如图12和图13所示。

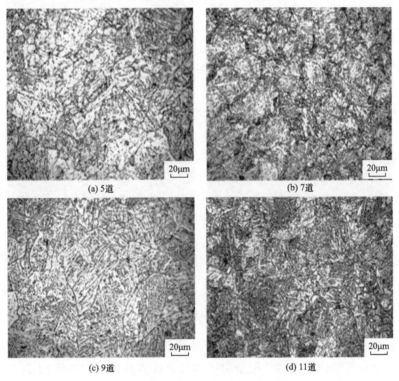

图12　不同焊道数量的环焊接头填充层的焊缝金属组织

从图12中可见，焊缝金属为柱状晶组织，柱状晶内分布着以贝氏体为主的显微组织，且随着焊道数量的增加，柱状晶尺寸变得破碎和细小。焊道数量5道时，焊缝金属组织为粒状贝氏体和少量板条贝氏体组织。焊道数量7道时，焊缝金属组织为粒状贝氏体和少量板条贝氏体组织，贝氏体晶界存在链状M-A组织。焊道数量9道时，焊缝金属组织为板条贝氏体和粒状贝氏体组织。焊道数量11道时，焊缝金属组织为细小的粒状贝氏体和少量板条贝氏体组织。

从图13中可见，焊道数量5道时，热影响区组织为粗大的板条贝氏体组织。焊道数量7道时，热影响区组织为粒状贝氏体和M-A。焊道数量9道和11道时，热影响区组织为细小的粒状贝氏体和M-A。

2.3.3　焊道数量的影响

环焊接头力学性能和显微组织结果表明，采用不同的焊道数量时，自保护药芯焊丝半自动焊的环焊接头拉伸性能未出现较大差别。焊道数量更多的环焊接头（9道和11道），弯曲性能表现相对良好。相同试验温度条件下，焊缝金属和熔合线的冲击韧性随焊道数量的增加而有明显改善。

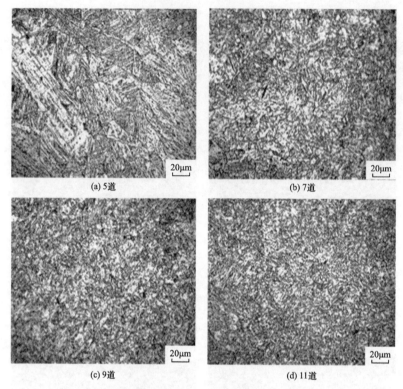

(a) 5道	(b) 7道
(c) 9道	(d) 11道

图 13 不同焊道数量的环焊接头填充层的热影响区组织

通过金相组织分析发现，自保护药芯焊丝半自动焊的焊缝金属中为粗大的柱状晶组织，柱状晶内分布着粒状贝氏体、板条贝氏体及贝氏体晶界上的链状 M-A 组织等。随着焊道数量的增加，后续焊道对前一焊道的热处理作用显著，使得焊缝金属的柱状晶变得破碎和细小，柱状晶内的贝氏体组织也相对细小，并使得热影响区中的沿晶界的链状 M-A 数量减少、尺寸变细，从而改善了环焊接头的塑性和韧性。

3 结论

通过本文的研究发现，对于自保护药芯焊丝半自动焊工艺，采取合理的预热、道间温度和多层多道焊等工艺措施，可不同程度地改善焊缝金属和热影响的组织，防止晶粒粗大，从而提高环焊接头的弯曲性能和低温冲击韧性。同时，预热温度、道间温度和不同壁厚的最佳焊道数量等工艺措施有的合理范围，应通过焊接工艺评定来确定，才能有效保证环焊接头综合力学性能的稳定性。

（1）道间温度不变（100℃）的条件下，不同预热温度［不预热（5℃）、50℃、100℃和150℃］对环焊接头的拉伸性能、夏比冲击韧性和显微组织的影响相对微小，但对环焊接头的弯曲性能有影响，不预热或预热温度过低时，容易在弯曲表面出现开裂现象。

当预热温度达到150℃时，焊缝金属及热影响区中的 M-A 数量增加，焊缝中心的 M-A 开始沿贝氏体晶界呈链状分布，说明过高的预热温度可能对焊缝金属的低温冲击韧性产生不利影响。

（2）预热温度不变（100℃）的条件下，不同道间温度（5℃、50℃、100℃和150℃）对环焊接头拉伸性能、弯曲性能、夏比冲击韧性的影响相对微小，对焊缝金属和焊接热影响区的组织有一定的影响。随着道间温度的提高，填充层焊缝金属的显微组织变得较为细小，局部热影响区的显微组织却变得更为粗大，说明过高的道间温度可能对熔合线的低温冲击韧性产生不利影响。

（3）预热温度100℃、道间温度100℃的条件下，不同焊道数量（5道、7道、9道和11道）对环焊接头拉伸性能的影响微小，对环焊接头弯曲性能有一定影响，对焊缝金属夏比冲击韧性和显微组织有明显影响。焊道数量更多的环焊接头（9道和11道），环焊接头弯曲性能表现相对良好，焊缝金属和熔合线的冲击韧性明显改善，焊缝金属的柱状晶尺寸变得细小，热影响区中的沿晶界的链状 M-A 数量减少、晶粒变细。

参 考 文 献

［1］隋永莉.油气管道环焊缝焊接技术现状及发展趋势［J］.电焊机，2020，50（9）：53-59.

［2］刘运生.大口径管道自保护药芯焊丝自动焊技术［J］.焊接，2018（2）：54-57，64.

［3］姜海峰.长输油气管道焊接工艺及施工过程中应用分析［J］.化工管理，2017（10）：216.

［4］房子辉.浅谈我国油气管道施工技术的发展趋势［J］.中国石油石化，2016（S1）：54.

［5］隋永莉，薛振奎，杜则裕.西气东输二线管道工程的焊接技术特点［J］.电焊机，2009，39（5）：18-21.

［6］董绍华.中国油气管道完整性管理20年回顾与发展建议［J］.油气储运，2020，39（3）：241-261.

［7］刘硕，张强，佟倡，等.油气长输管道线路失效管理标准及现状研究［J］.中国石油和化工标准与质量，2020，40（11）：5-6.

［8］童帅，贾书君，刘清友，等.X80自保护药芯焊丝半自动焊焊缝夹杂物特征分析［J］.焊管，2019，42（9）：12-19.

［9］杨叠，杨柳青，白世武，等.X80钢管自保护药芯焊丝环焊缝成分及组织研究［J］.焊接技术，2016，45（12）：28-31.

原文刊登于《焊接》2021年第6期

异种镁合金搅拌摩擦焊接头组织及力学性能研究

崔成武[1] 曾惠林[1] 王 斌[2] 周培山[2] 王 良[2]

（1.中国石油天然气管道科学研究院有限公司；2.西南石油大学）

摘 要 采用不同工艺参数制备了 AZ40M/AZ61A 异种镁合金搅拌摩擦焊（FSW）接头，借助体视显微镜、光学显微镜、扫描电镜、显微硬度仪与万能试验机研究了焊接接头的宏观形貌、显微组织、力学性能及断口特征。结果表明：使用锥形螺纹搅拌针可获得致密的焊接接头，而使用无螺纹搅拌针获得的接头焊核区存在孔洞及隧道型缺陷。FSW 接头焊核区因动态再结晶而形成较细小的等轴晶，且因板厚方向上的温度差异，焊核区厚度方向上晶粒尺寸存在偏差。使用螺纹搅拌针在 1200r/min，70mm/min 工艺下获得的接头抗拉强度与延伸率最高，分别为 235MPa、6%；焊缝横截面上硬度分布呈现"W"形状，硬度最低值出现在焊缝两侧热影响区附近。

关键词 异种镁合金；搅拌摩擦焊；焊接接头；显微组织；力学性能

镁合金因其密度小，比强度高，稳定性高等优点已广泛应用于汽车工业、航空航天、军工等领域[1-2]。采用传统熔焊方法焊接镁合金易形成裂纹、夹渣等缺陷，接头性能恶化[3-5]。搅拌摩擦焊（FSW）作为一种固相连接技术已成功应用于轻质合金（铝合金、镁合金等）的焊接[6-7]。

目前关于同种镁合金搅拌摩擦焊的相关研究[8-14]已较为成熟，而对于应用前景较广泛的异种镁合金搅拌摩擦焊，因其合金成分及性能的差异导致焊接中存在较多的问题[15-18]。本文主要研究工艺参数与搅拌针形状对 AZ40M/AZ61A 异种镁合金搅拌摩擦焊接头的宏观、微观组织及其力学性能的影响，以期为实际工程提供指导[19]。

1 试验材料与方法

1.1 试验材料

试验采用厚度为 6.2mm 的 AZ40M 镁合金与 AZ61A 镁合金板，尺寸为 200mm×100mm×6.2mm，其化学成分与力学性能见表 1。

表 1　母材化学成分及力学性能

合金类型	Si	Cu	Fe	Ni	Al	Mn	Zn	Mg	极限抗拉强度 UTS/MPa	伸长率 e/ %
	质量分数 /%									
AZ40M	0.026	0.002	0.0023	0.00047	3.6	0.29	0.47	剩余	300	11
AZ61A	≤0.08	≤0.01	≤0.003	≤0.001	5.9	0.38	0.89	剩余	315	6

1.2　FSW 焊接工艺

试验使用 FSW–058 型搅拌摩擦焊机进行焊接，焊前对待焊面进行打磨处理以去除工件表面杂质与氧化层。FSW 过程中 AZ40M 置于前进侧（AS），AZ61A 置于返回侧（RS）；搅拌头倾角为 3°，轴肩下压量为 0.3mm。试验采用两种形状不同的搅拌针，一种为锥形螺纹搅拌针，另一种为锥形无螺纹搅拌针，两种搅拌头尺寸相同；轴肩为内凹型螺纹轴肩，轴肩直径为 15mm；搅拌针底部直径为 6.4mm，端部直径为 4mm，长 5.9mm。具体 FSW 工艺参数见表 2。

表 2　FSW 工艺参数

试样编号	搅拌头形状	焊接工艺参数
1	锥形螺纹搅拌针	1200r/min，50mm/min
2	锥形螺纹搅拌针	1200r/min，70mm/min
3	锥形螺纹搅拌针	1200r/min，90mm/min
4	锥形螺纹搅拌针	1200r/min，110mm/min
5	锥形螺纹搅拌针	1200r/min，120mm/min
6	锥形无螺纹搅拌针	1200r/min，70mm/min
7	锥形无螺纹搅拌针	1200r/min，90mm/min

1.3　FSW 焊接接头组织观察及力学性能试验

沿垂直于焊接方向截取金相试样，分别使用 240# 至 5000# 水砂纸打磨后进行机械抛光；使用酒精清洗抛光后的金相试样，冷吹干后待侵蚀。分别使用 10% 高氯酸酒精溶液与 10% 硝酸水溶液对母材与焊缝进行侵蚀，借助体视显微镜与 DMIE200M 型光学显微镜（OM）对 FSW 焊接接头宏观形貌与显微组织进行观察。

根据 GB/T 2651—2008《焊接接头拉伸试验方法》，使用线切割垂直于焊缝截取拉伸试样。每个焊缝上截取三个拉伸试样，最终抗拉强度与延伸率取其平均值。拉伸试样尺寸如图 1 所示。利用美特斯工业 600kN 液压万能试验机进行常温（25℃左右）拉伸试验。拉伸试验后使用保鲜膜对拉伸断口进行保护，以避免杂质污染断口；采用蔡司 EV018 型扫描电镜对断口形貌进行观察。

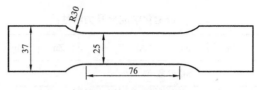

图 1　拉伸试样示意图（单位：mm）

使用显微硬度仪对焊接接头不同区域进行显微硬度测量。硬度试验试样采用侵蚀后的金相试样，以便于确定测试位置。试验加载质量为 100g，加载时间为 10s，测试点间隔为 1mm。测试位置位于板厚中心位置，包括焊缝两侧母材（BM）、热影响区（HAZ）、热机械影响区（TMAZ）、焊核区（NZ）。

2　结果与讨论

2.1　FSW 接头表面形貌观察

不同工艺下获得的 FSW 接头表面形貌如图 2 所示，图 2（a）至图 2（g）分别对应 1# 至 7#FSW 焊接接头。由图 2 可知，1#、7#FSW 焊接接头表面飞边较少［图 2（a）、图 2（g）］；但 1#FSW 接头表面出现较长的裂纹，这可能是由于在该工艺参数下（1200r/min、50mm/min）焊接热输入较高，焊核区材料发生液化，液化材料在凝固过程中形成裂纹。其余 FSW 接头表面飞边较多，且焊接初期阶段飞边较少，而焊接中期与结束阶段飞边较多，这可能是由于焊接初始阶段焊核区温度较低，散热快；而在中期与后期焊接温度稳定，且高于焊接初期温度。

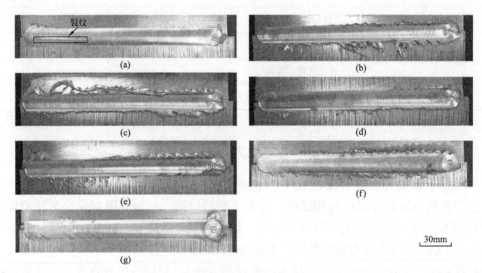

图 2　焊缝表面形貌

2.2　FSW 接头宏观形貌分析

工艺参数影响 FSW 焊缝两侧材料的塑性流动，进而在焊核区形成不同的材料流动方式（也就是不同的材料混合程度）。为了研究工艺参数对材料塑性流动的影响，对不同工艺参数下获得的 FSW 接头横截面宏观形貌进行观察，图 3 示出了不同工艺参数下 FSW 接头横截面宏观形貌，其中图 3（a）至图 3（g）分别对应 1# 至 7#FSW 焊接接头的宏观形貌。由图 3（a）可知，1#FSW 接头焊核区靠近前进侧中部位置出现隧道型缺陷，这可能是由于该条件下（1200r/min、50mm/min，锥形螺纹搅拌针）焊接热输入较高，焊核区材料产生液化；搅拌头对液化材料的流动促进作用较差，致使搅拌头前部材料不能较好地填充搅拌头后部孔洞而形成。6#、7#FSW 接头［图 3（f）、图 3（g）］靠近焊核区前进侧根部发现孔洞和隧道型缺陷。6#FSW 接头焊核区根部孔洞的形成可能是由于使用锥形无螺纹搅拌针不能促进材料的良好流动；而 7#FSW 接头焊核区根部隧道型缺陷的形成，一方面与搅拌针有关，另一方面也与该工艺参数（1200r/min、90mm/min）下热输入较小，材料未能达到良好塑性状态有关，两者共同作用导致了缺陷的形成。1#、6#、7#FSW 焊接接头横截面宏观缺陷均出现在前进侧中部或者下部，这可能是由于返回侧少量金属越过焊缝中心线进入前进侧所致[20]；同时这三种条件下材料发生液化或使用锥形无螺纹搅拌针，焊核区材料因塑性流动不充分而导致宏观缺陷形成。2# 至 5#FSW 接头焊核区材料塑性流动均较好，焊核区顶部材料由于直接受搅拌头轴肩的加热与旋压作用，后退侧与前进侧材料均延伸至对面的焊核区边缘，焊缝两侧材料混合程度优于 NZ 中部与下部；在焊核区中部与下部可观察到明显的洋葱环形貌，进一步说明了焊缝两侧材料在焊核区混合良好。

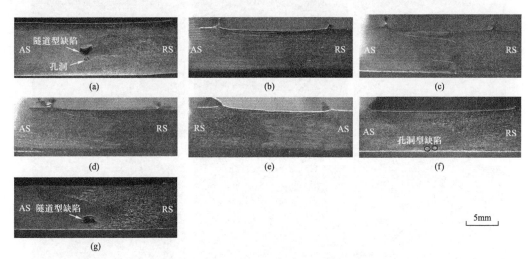

图 3　不同工艺下 FSW 焊接接头的横截面宏观形貌

2.3　FSW 焊接接头的显微组织

5#FSW 接头不同区域显微组织见图 4。图 4（a）、图 4（i）分别为 AZ40M 与 AZ61 母材的显微组织，由图 4 可知，两种母材的晶粒均较粗大；AZ40M 镁合金的晶粒尺寸分布较均匀，而 AZ61A 镁合金中晶粒尺寸分布不均匀，在一些较大晶粒之间分布着细小的等轴晶。母材晶粒尺寸的不均匀性可能与其加工工艺有关。

图 4（b）为前进侧的 HAZ 显微组织，对比 AZ40M 镁合金母材可观察到该区域组织发生粗化；图 4（c）为前进侧 TMAZ 显微组织，由图 4 可见该区域晶粒在搅拌头的机械

搅拌与热输入下出现拉长。图4（d）至图4（f）分别为NZ顶部、中部与底部显微组织，可见三个区域晶粒均呈等轴状，且晶粒尺寸由上至下依次减小，这可能由于焊核区材料在搅拌头的搅拌与热输入的作用下发生了动态再结晶，形成了较母材细小的等轴晶[21]。NZ不同位置晶粒尺寸的差异可归因于在板厚方向上热输入的差异。轴肩产热为FSW过程中主要的热量来源，NZ顶部材料由于直接受轴肩的挤压与热输入的共同作用其晶粒较为粗大。NZ中部与底部材料受轴肩热输入的影响小于焊核区顶部，这两个区域材料虽然在搅拌头的搅拌与热输入的共同作用下达到了动态再结晶的程度，但其晶粒尺寸小于焊核区顶部。后退侧TMAZ与HAZ显微组织与前进侧材料类似，均出现拉长或长大的现象。

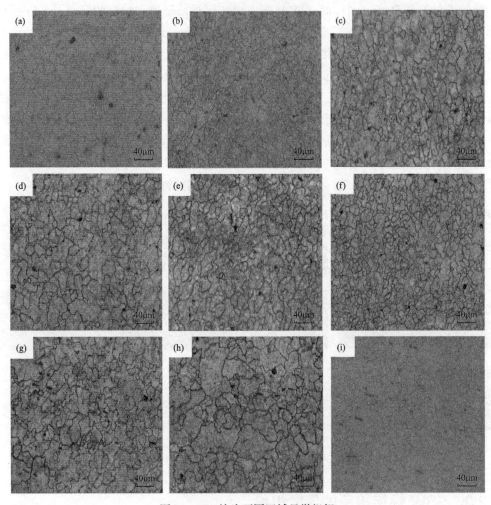

图4　FSW接头不同区域显微组织

（a）AS-BM；（b）AS-HAZ；（c）AS-TMAZ；（d）NZ上部；（e）NZ中部；（f）NZ底部；（g）RS-TMAZ；
（h）RS-HAZ；（i）RS-BM

2.4　FSW接头拉伸性能分析

为了研究不同焊接工艺对FSW接头拉伸性能的影响，对7组FSW接头进行拉伸试验。FSW焊接接头拉伸性能、拉伸试验应力应变曲线及不同工艺参数对FSW焊接接头抗拉强度与延伸率的影响分别如表3、图5、图6所示。由表3可知，2#FSW接头（1200r/min、70mm/min，锥形螺纹搅拌针）的抗拉强度与延伸率最高，分别为235MPa与6%；1#FSW接头（1200r/min、50mm/min，锥形螺纹搅拌针）的抗拉强度与延伸率最低，分别为143MPa与1.66%；7#FSW接头抗拉强度与1#FSW接头差异不大；其余FSW接头抗拉强度与延伸率差异不大，均维持在210MPa与4%左右。不同FSW工艺参数对接头抗拉强度与延伸率的影响如图6所示，由图6可知，1#至7#FSW接头抗拉强度与延伸率变化趋势基本一致；1#至7#FSW接头抗拉强度与延伸率最低，主要是由于这两种工艺参数下获得的接头NZ出现隧道型缺陷，破坏了接头的完整性，使接头抗拉强度与延伸率恶化。

表3　焊接接头拉伸性能

试样编号	1	2	3	4	5	6	7
抗拉强度 /MPa	143	235	205	204	207	213	148
延伸率 /%	1.66	6	4.34	3.34	4.34	4.66	2.34

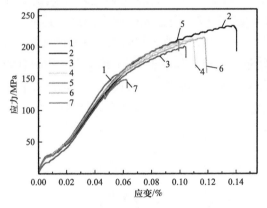

图5　1#至7#FSW试样应力—应变曲线

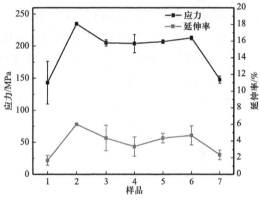

图6　不同工艺参数对FSW焊接接头抗拉强度与延伸率的影响

为了研究不同工艺参数对FSW接头拉伸试验断裂机制的影响，借助扫描电镜观察了断口表面形貌，其结果如图7所示，其中图7（a）至图7（e）分别为2#至6#FSW接头断口形貌。图7（a）至图7（d）为2#至5#FSW接头拉伸试样断口形貌，可见这四种工艺下获得的FSW接头拉伸试样断口表面形貌主要由韧窝与撕裂棱组成，呈现韧性断裂特征；而6#FSW接头拉伸试样断口表面形貌主要为解理面，呈现脆性断裂特征。不同FSW工艺获得的接头拉伸试验呈现了不同的断裂形式，这可能是由于使用锥形螺纹搅拌针进行FSW可获得致密的接头（2#至5#），且焊缝两侧材料在焊核区混合良好，因而形成较好的机械交锁效应，有助于FSW接头抗拉强度与延伸率的提高；而使用锥形无螺纹搅拌针（6#）获得的FSW接头根部存在孔洞型缺陷，且焊缝两侧材料在焊核区相互混合程度较弱，因此在拉伸试验过程中易出现脆断。可见搅拌针形状对焊接接头拉伸性能的影响较大。

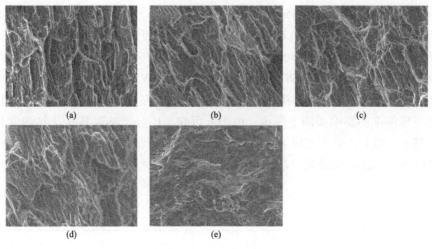

(a)   (b)   (c)

(d)   (e)

图 7　拉伸试样断口形貌

2.5　FSW 接头显微硬度分析

为了研究不同工艺参数对 FSW 接头硬度的影响，选取无较明显宏观缺陷的 2# 至 6#FSW 接头横截面（包括两侧母材、HAZ、TMAZ 与 NZ）进行显微硬度测试，其结果见图 8。由图 8 可知，接头横截面硬度分布整体呈"W"状，焊核区与两侧母材显微硬度差异不大，而硬度最低值出现在焊缝两侧的 HAZ 附近。这可能是由于 FSW 接头中，两侧 HAZ 附近较母材出现了晶粒粗化，而 NZ 由于发生了动态再结晶形成了较细小的等轴晶，不同区域显微组织的差异影响接头的显微硬度分布。搅拌针形状对接头显微硬度的影响不大。

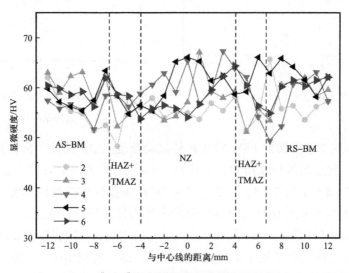

图 8　2# 至 6#FSW 焊接接头横截面硬度分布

3　结论

（1）较高的焊接热输入导致 1# FSW 接头表面出现较长的裂纹；热输入状态的差异使

得焊接初期阶段飞边较少，而焊接中期与结束阶段飞边较多。

（2）使用锥形无螺纹搅拌针获得的 FSW 接头在焊核区中下部形成了孔洞及隧道型缺陷；焊核区材料在热输入与机械搅拌共同作用下发生动态再结晶，形成了较为细小的等轴晶；焊缝两侧 HAZ 与 TMAZ 晶粒发生了粗化与拉长。

（3）使用螺纹搅拌针在 1200r/min，70mm/min 工艺下获得的接头抗拉强度与延伸率最高，分别为 235MPa、6%；使用锥形螺纹搅拌针获得的 FSW 接头拉伸断口呈现韧性断裂特征，而使用锥形无螺纹搅拌针获得的 FSW 接头断口形貌呈现脆性断裂特征。

（4）接头显微硬度试验结果表明：焊缝厚度中心位置横截面呈现"W"状，焊核区硬度与两侧母材差异不大，硬度最低值出现在焊缝两侧热影响区附近。

参 考 文 献

[1] AGHION E, BRONFIN B, ELIEZER D. The role of the magnesium industry in protecting the environment [J]. Journal of Materials Processing Technology, 2001, 117 (3): 381-385.

[2] 陈振华. 变形镁合金 [M]. 北京：化学工业出版社, 2005.

[3] 周海，丁成钢，胡飞，等. 不同电流下 AZ31 镁合金交流钨极氩弧焊焊接接头的显微组织与力学性能 [J]. 机械工程材料，2011, 35 (5): 47-50.

[4] LIU L, DONG C. Gas tungsten-arc filler welding of AZ31magnesium alloy [J]. Materials Letters, 2006, 60 (17-18): 2194-2197.

[5] GPADMANABAN. Effects of laser beam welding parameters on mechanical properties and microstructure of AZ31B magnesium alloy [J]. 中国有色金属学报（英文版），2011, 21 (9): 1917-1924.

[6] 栾国红，郭德伦，张田仓，等. 铝合金的搅拌摩擦焊 [J]. 焊接技术，2003, 32 (1): 1-4.

[7] MA Z Y. Friction stir processing technology: A review [J]. Metallurgical and Materials Transactions A, 2008, 39 (3): 642-658.

[8] 于思荣，陈显君，刘耀辉. AZ31B 镁合金搅拌摩擦焊工艺优化 [J]. 热加工工艺，2009, 38 (15): 88-89.

[9] 张华，吴林，林三宝，等. AZ31 镁合金搅拌摩擦焊研究 [J]. 机械工程学报，2004, 40 (8): 123-126.

[10] 杨素媛，张保垒. 厚板 AZ31 镁合金搅拌摩擦焊焊接接头的组织与性能 [J]. 焊接学报，2009, 30 (5): 1-4.

[11] 戴鸿滨，郭立伟，刘立君，等. 搅拌摩擦焊工艺对镁合金焊接接头机械性能的影响 [J]. 哈尔滨理工大学学报，2003, 8 (6): 14-16.

[12] 李波. 搅拌摩擦加工和搅拌摩擦焊接 AZ31 镁合金微观组织、织构与性能研究 [D]. 重庆：重庆大学, 2011.

[13] 刘冬冬. 镁合金搅拌摩擦焊接工艺与接头的组织性能研究 [D]. 北京：北京理工大学, 2015.

[14] 沈长斌，杨野，陈影. AZ31 镁合金搅拌摩擦焊焊缝电化学性能的分析 [J]. 焊接学报，2014, 35 (9): 101-104.

[15] LIU D, NISHIO H, NAKATA K. Anisotropic property of material arrangement in friction stir welding of dissimilar Mg alloys [J]. Materials & Design, 2011, 32 (10): 4818-4824.

[16] TSUJIKAWA M, SOMEKAWA H, HIGASHI K, et al. Fatigue of Welded Magnesium Alloy Joints [J]. Materials Transactions, 2004, 45 (2): 419-422.

［17］LIU Z，LIU D，XU J，et al. Microstructural investigation and mechanical properties of dissimilar friction stir welded magnesium alloys［J］. Science & Technology of Welding & Joining，2015，87：1362171815Y. 000.

［18］王希靖，张永红，张忠科. 异种镁合金 AZ31B 与 AZ61A 的搅拌摩擦焊工艺［J］. 中国有色金属学报，2008，18（7）：1199-1204.

［19］杨洪浪，杨洌，杨眉，等. 热处理对 X90 激光 –MAG 复合焊焊接接头组织性能的影响［J］. 热加工工艺，2021，50（5）：116-120.

［20］赵旭东，张忠科，傅应霞. 异种铝合金搅拌摩擦焊塑性流场的实验研究［J］. 现代制造技术与装备，2009（3）：19-20.

［21］邢丽，柯黎明，孙德超，等. 镁合金薄板的搅拌摩擦焊工艺［J］. 焊接学报，2001，22（6）：18-20.

原文刊登于《石油工程建设》2021 年第 47 卷 S1 期

管道自由口连头自动焊接工艺

刘晓文[1] 梁明明[1] 李永春[2] 牛连山[1] 李 阳[1] 姜艳朋[1]

（1. 中国石油天然气管道科学研究院有限公司；2. 中国石油管道局工程有限公司第一分公司）

摘 要 为了提高管道自由口连头的焊接质量和焊接效率，降低人工劳动强度，试验采用 CPP900–W1A 单焊炬管道自动焊进行自由口连头焊接。试验优化并设计了双 "V" 形复合坡口，根据相控阵超声波检测（Phased Array Ultrasound Testing，PAUT）、射线检测（Radiographic Testing，RT）结果和缺陷焊口的宏观金相图，对接头典型缺陷进行了分析，优化了施工方法和工艺方法，进行了焊接工艺的焊接时效验证和焊口接头力学性能测试，试验结果表明：双 "V" 形坡口相比单 "V" 形坡口可减少金属填充量约 30%；采用实芯焊丝气保护下向焊（根焊、热焊）+ 药芯焊丝气保护上向焊（填充焊、盖面焊）工艺方法的焊接用时为 2.8～3.5h，相比传统连头工艺的焊接可节省时间约 50%，采用该工艺方法连续焊接 5 道口并检测合格，焊口的接头力学性能均满足工艺规程的相关标准要求，试验得到了满足管道自由口连头的焊接施工方法和焊接工艺，为中俄东线管道自由口连头焊接提供了高效、可靠的焊接工艺方法。

关键词 自由口连头；焊接效率；力学性能；焊接缺陷

自由口连头为两连头主管之间增加整管或管段（长度不小于 1 倍管径），增加管段一侧的原始坡口和主线路管口首先进行组对焊接的焊道，称为自由口连头[1]。长输管道受到线路上地区的复杂环境变化和征地等因素的制约，造成了自由口连头普遍存在[2-3]。目前，国内的多数管线工程自由口连头焊接主要采用手工焊或半自动焊[4-5]，该工艺一般为"纤维素焊条 + 气保药芯半自动焊""低氢焊条 + 气保药芯半自动焊"或"手工 TIG+ 药芯自保护半自动焊"，该工艺方法普遍存在着焊接效率低、焊接质量受外界因素影响大、焊层厚度和焊层道数不受控制等问题[6-8]。

随着中俄东线智慧管道的建设[9-10]，全线推广应用自动焊接技术，将主线路施工的大规模机组流水焊接作业及其焊接工艺应用到自由口连头焊接上得不偿失[11-13]。目前中俄东线自由口连头采用的焊接工艺为"STT 根焊 + 气保护药芯焊丝填充盖面焊"（半自动 + 自动）或"氩弧焊根焊 + 气保护药芯焊丝填充盖面焊"（手工 + 自动）的组合焊形式，坡口形式为坡口面角度 22°～25° 的单 "V" 形坡口[14-15]。该组合焊方式的填充量大、焊接效率不高、自动化程度较低，且工人劳动强度大，单道自由口连头焊接时长达到 6～8h。

为了进一步提高中俄东线自由口连头的焊接效率和自动化程度，试验从坡口形式优化、典型接头缺陷分析、工艺优化和接头力学性能评定等方面进行了研究。

1 试验方法

试验选用焊丝为伯乐 SG3-P1.0mm 实芯焊丝和伯乐 Ti70-FD1.2mm 药芯焊丝，保护气体为 80%Ar+20%CO_2 混合气体，气体流量为 15～25L/min，选用直径为 1219mm、壁厚为 27.5mm 的 X80 管线钢作为试验管材，试验采用 CPP900-W1A 管道自动外焊系统（简称 CPP900-W1A）进行自由口连头焊接，该设备具备管道单面焊双面成形根焊技术和多种方法的填充盖面焊接工艺[16]。

采用与中俄东线现有自由口连头焊接工艺相同的坡口形式，使用 CPP900-W1A 气保护药芯焊丝上向自动焊的焊接时间长达 7～8h，焊接效率较低。根据测试结果深入优化坡口形式，确定了坡口形式为上下坡口面角度分别为 15° 和 22°、拐点高度为 6mm、钝边厚度为 1～1.5mm 的双 "V" 形坡口，组对间隙为 2～2.5mm，组对错边量小于 1.5mm，如图 1 所示。相比单 "V" 形坡口形式，优化后的双 "V" 形坡口形式可减少填充量约 30%，且开口宽度减小，填充层不需进行排焊，提高了焊接效率。

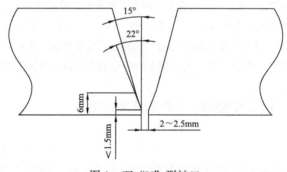

图 1 双 "V" 形坡口

试验根焊采用实芯焊丝下向焊接工艺，为 CPP900-W1A 的 "wiseroot+" 功能；填充和盖面焊采用药芯焊丝上向焊接工艺，为 CPP900-W1A 的 MIG（metal inert-gas arc welding）焊功能。焊接参数是保证焊接质量的前提，根据管道全位置自动焊接低热输入和薄层多道焊接的特点，按壁厚对焊层进行划分，如图 2 所示，制定的初期焊接工艺参数见表 1。

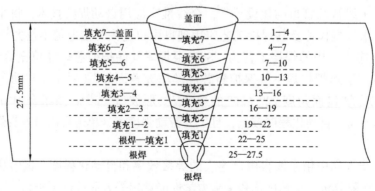

图 2 焊层划分

表 1　CPP900–W1A 自由口连头焊接工艺参数

焊道	焊接速度 v_w/（mm/min）	送丝速度 v_f/（m/min）	焊接电流 I/A	焊接电压 U/V	摆宽 B/mm
根焊	250～350	4.5～6	100～160	14～16	2～3
填充	140～290	5～7	160～230	21～25	2～12
盖面	140～230	5.5～7	150～230	22～25	12～15

2　试验结果与分析

2.1　焊口缺陷分析

试验使用双"V"形坡口和表 1 制定的焊接工艺参数进行管道自由口连头焊接，焊缝成形如图 3 所示，焊接完成后采用 PAUT 和 RT 的方法进行无损检测，无损检测验收标准为 SY/T 4109—2020《石油天然气钢质管道无损检测》，试验共计焊接并检测 8 道口，仅合格 1 道口。

图 3　CPP900–W1A 自由口连头焊缝

为了深入分析焊接缺陷形成原因，结合无损检测评定记录，对不合格焊口中典型的焊接缺陷进行金相分析。为了确定具体焊接缺陷／缺欠位置（缺欠是指焊接产生的金属不连续、不致密或连接不良的现象；焊接缺陷为超过规定限制的缺欠定义为缺陷，缺欠在规定范围内是可以允许存在的；缺陷是构成危险的，必须予以去除或修复），将平焊、立焊、仰焊采用空间钟点位置进行标记如图 4 所示。

试验分别截取了不同焊口、不同深度缺陷位置的金相试样，如图 5 所示。

图 5（a）中缺陷位于根部位置，缺陷在金相剖面上呈不规则走向，与坡口形状无法对应，且能看到根部焊层有上下两条熔合线，因此推断该位置为根焊接头位置，该缺陷是

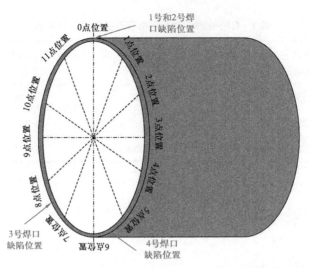

图4 不同焊口缺陷的空间钟点位置

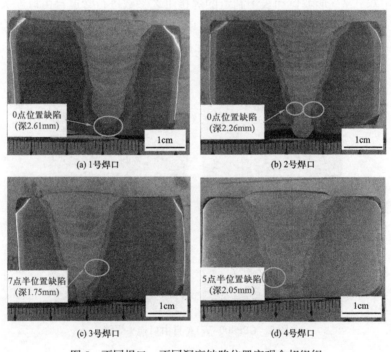

图5 不同焊口、不同深度缺陷位置宏观金相组织

在根焊接头打磨后的斜坡上形成的,可能是根焊接头打磨过陡、过窄和根焊起弧后焊接速度过慢导致的。图5(b)中位置的缺陷为填充1层与根焊层的层间未熔合和夹渣,该位置虽处于0点位置附近,但未发现该位置有接头的特征,推断该位置的缺陷应该为工艺参数与坡口尺寸不匹配导致的,由图5中可大致测得两个缺陷横向的间距大约为5mm,而使用药芯焊丝焊接时,自身电弧前部宽度已经超过5mm,不适宜在窄间隙坡口内施焊,因此,该位置的夹层未熔合与夹渣为热焊焊接时根部区域太窄导致。图5(c)中位置的缺陷为填充2与填充1层间的夹层未熔合,缺陷出现在斜爬坡位置,在该位置施焊坡口宽度

较窄或焊速较快时，焊道两侧容易出现夹角和咬边，结合金相图片可见，在缺陷位置填充1层熔合线相对两侧坡口有不规则的凸出，因此推断该位置的填充1层焊后出现咬边，而填充2层焊接时未能将该位置完全熔合，从而出现的夹层未熔。图5（d）中位置的缺陷与3号焊口中的缺陷基本一致，均为填充2与填充1层间的夹层未熔合，因此推断该位置的缺陷同样是由于填充1层焊后出现咬边导致的。而两道口检测结果中给定的缺陷深度不同，可能与填充1层焊层厚度不同有关。

2.2 典型缺陷产生机理分析

根据PAUT检测结果，对不同深度缺陷/缺欠进行统计分析见表2，该8道焊口共计有24处缺陷/缺欠，结合金相分析可知，缺陷/缺欠多为夹层未熔合和夹渣。

表2 不同深度缺陷统计及分析

焊层	深度 D/mm	缺陷/缺欠数量	缺陷/缺欠评级	位置	缺陷/缺欠类型
根焊	25～27.5	2	不合格0处	0点	夹渣，未熔合
根焊—填充1	21～25	4	不合格2处	0点	夹渣，未熔合
填充1—填充2	17～21	14	不合格8处	0点，3点，4点，5点	夹渣，未熔合
填充2—填充3	14～17	0	—	—	—
填充3—填充4	11～14	1	不合格0处	6点	夹渣
填充4—填充5	8～11	1	不合格0处	5点	未熔合
填充5—填充6	5～8	2	不合格0处	1点，6点	夹渣，未熔合
填充6—填充7	2～5	0	—	—	—
填充7—盖面	0～2	0	—	—	—

未熔合缺陷的原因是：焊接电流、焊接电压和焊接速度不匹配导致热输入过低；焊接速度过慢导致熔覆金属流淌到电弧前面；坡口过小，电弧不能熔合坡口两侧等。夹渣形成的原因是：坡口清理不到位或焊接工艺与坡口形式不匹配，导致焊缝金属内部或熔合线内部存在非金属夹杂。结合焊接缺陷/缺欠分析可知，使用该工艺方法进行焊接时，填充1层是比较容易出现缺陷或导致后续焊层产生缺陷的焊层，因为焊接工艺的组对间隙相对较小，而焊接时热收缩会引起组对间隙进一步缩小，从而导致根部区域较窄。使用药芯焊丝上向焊接工艺焊接填充1层焊接时，由于电弧自身宽度较宽，对窄间隙坡口焊接适应能力较差，电弧电压设置较小时，焊渣不易浮出，容易出现夹渣缺陷；电弧电压设置较大时，容易出现咬边缺陷，会影响下一层焊接时坡口熔合。摆宽设置较小时，3点到5点位置两侧容易出现夹角，而摆宽设置较大时，容易出现咬边，导致后续施焊时出现焊接缺陷，这使得参数设置与焊工操作的难度大大增加。

2.3 工艺优化

为了解决该工艺方法填充 1 层易产生夹渣和未熔合缺陷等问题,从焊接施工作业方法和工艺方法两方面对该自由口连头工艺进行优化。

2.3.1 施工方法优化

焊接收缩变形是导致根部焊缝区域变窄的主要原因,而根部焊缝区域变窄可能会引起后续焊层焊接参数不匹配等一系列问题。根焊焊接时,熔化的液态金属在急速冷却过程中收缩会引起间隙的缩减,间隙缩减量与焊接顺序、拘束条件(对口器对自由口支撑压力的大小)、焊缝冷却速度、焊接热输入等因素相关。焊缝冷却速度越快、焊接热输入越大、对口器支撑压力越小,间隙的缩减量越大。先焊接区域对后焊接区域有一定的拘束作用,对称位置的拘束焊缝对控制间隙缩减有较好的效果。因此从四方面控制组对间隙缩减量:(1)焊接时组对间隙的收缩量在组对间隙中进行补偿,组对时控制顶点位置间隙为2~2.5mm,仰焊位置间隙为3~3.5mm;(2)使用具有大支撑压力的间隙可调内对口器,在保证组对精度和效率的前提下,减小根焊时组对间隙的缩减;(3)焊前对焊口进行充分预热,坡口两侧各75mm范围内预热温度控制在100~150℃;(4)焊接顺序调整,一侧焊工 A 可提前在 1 点钟位置夹入楔铁,从 3 点钟位置起弧,另一侧焊工 B 在 4 点半位置夹入楔铁,可同时或稍后从 0 点位置起弧。焊工 A 焊接至 6 点钟位置收弧,并完成收弧接头打磨,随后进行顶点和立缝接头打磨、取出楔铁,完成 0 点位置到 3 点钟位置的根焊焊接。焊工 B 焊至 4 点钟位置时熄弧,完成熄弧接头打磨,随后将楔铁取出,完成 4 点钟位置到 6 点钟位置的焊接。采用以上的方法施焊,根焊时间隙缩减量可控制在 1.5mm以内,能够满足根焊方法的焊接要求。

2.3.2 工艺方法优化

药芯焊丝上向焊电弧自身宽度较宽,不适合在窄坡口内施焊,因此使用对窄间隙坡口适应性更强的实芯焊丝下向焊工艺进行热焊焊接。采用实芯焊丝下向(根焊、热焊)+药芯焊丝上向焊(填充焊、盖面焊)的工艺,通过焊接试验得到最佳焊接工艺参数见表 3,连续焊接 5 道口并使用 PAUT 和 RT 进行焊缝无损检测,检测结果均合格。

表 3 优化后的 CPP900–W1A 自由口连头焊接工艺参数

焊道	焊接速度 v_w(mm/min)	送丝速度 v_f(m/min)	焊接电流 I/A	焊接电压 U/V	摆宽 B/mm
根焊	250~350	4.5~6	100~160	14~16	2~3
热焊	350~550	8~11	160~220	22~25	2~5
填充	150~280	5~8	160~240	22~25	3~14
盖面	150~250	6~8	160~240	22~25	12~16

2.3.3 焊接工效测试

为测试实芯焊丝下向焊(根焊、热焊)+药芯焊丝上向焊(填充焊、盖面焊)工艺方法的实际工效，对现场焊接试验 5 道焊口各层焊接用时进行现场测试和记录见表 4，每一层的焊接用时计算方法为从前一层焊接结束开始计时到该层焊接结束计时停止。其中填充1 层焊接用时包括更换焊丝用时，盖面层焊接用时包括焊后接头处理用时，得到 CPP900-W1A 进行自由口连头焊接的综合用时为 2.8～3.5h。

表 4　试验焊口工效测试记录

焊层	1 号口用时 / min	2 号口用时 / min	3 号口用时 / min	4 号口用时 / min	5 号口用时 / min	平均用时 / min
根焊	20	19	22	27	24	22.4
热焊	8	9	8	8	8	8.2
填充 1 层	18	17	16	17	17	17
填充 2 层	16	15	14	14	14	14.6
填充 3 层	16	17	16	18	19	17.2
填充 4 层	21	19	22	19	21	20.4
填充 5 层	22	23	21	22	22	22
填充 6 层	26	25	26	27	29	26.6
盖面层	34	36	34	33	33	34
热焊 + 填充、盖面层	161	161	157	158	163	159
总计	181	180	179	185	187	182.4

2.3.4　接头力学性能评定

根据《中俄东线天然气管道工程技术规范》《油气管道工程焊接技术规定》CDP—G—OGP—OP—081.01—2016—1 和国家标准 GB/T 31032—2014《钢质管道焊接及验收》要求，切割 3 道试验焊口进行力学性能测试，其中力学性能试验项目和测试结果见表 5 至表 7。试验结果表明接头各项力学性能指标均满足相关标准要求。

表 5　焊口缺陷位置冲击韧性测试结果（12 件）

温度 $T/℃$	焊缝 / 熔合线冲击吸收能量（内外表面）A_{KV1}/J		
	1 号口均值	2 号口均值	3 号口均值
0	113.5	123.5	130.5
−10	114.5	126.0	108.5
−20	100.0	113.5	108.0
−30	101.5	89.0	101.0
−45	70.5	88.5	72.5
−60	44.5	43.5	49.0

表6 断裂韧性测试结果

表6 断裂韧性测试结果

试验项目	CTOD（-10℃）/mm		-20℃冲击吸收能量（内表面，36件）A_{KV2}/J
	焊缝中心（3件）	热影响区（3件）	
1号口均值	0.390	0.390	92.5
2号口均值	0.358	0.358	105.5
3号口均值	0.451	0.451	100.5

表7 常规力学性能测试结果

试验项目	抗拉强度 R_m（4件）/MPa	刻槽锤断［三面刻槽］（4件）	侧弯（8件）	背弯（4件）	硬度 HV10（3件）	抗拉强度［全焊缝金属拉伸试验（ϕ10圆棒），2件］R_m/MPa
1号口均值	647.25	未见明显缺欠	未见明显裂纹、缺欠	未见明显裂纹、缺欠	232	714.5
2号口均值	637.5	未见明显缺欠	未见明显裂纹、缺欠	未见明显裂纹、缺欠	231	689.0
3号口均值	634.25	未见明显缺欠	未见明显裂纹、缺欠	未见明显裂纹、缺欠	227	691.0

分别对3道试验口取不同位置宏观金相组织，如图6所示。宏观金相组织与检测结果对应，未发现夹渣、未熔合等缺陷，从宏观金相组织中可以看出0点和6点位置根焊的焊缝宽度差别不大，表明施工方案的优化保证了坡口间隙，根部焊缝区域收缩变形得到了明显改善；采用实心焊丝的热焊层熔宽明显小于图2药芯焊丝上向焊填充1层的熔宽（图2），解决了药芯上向焊在窄间隙坡口焊接时易产生夹渣、咬边等缺陷问题，提高了焊口质量和焊接效率。

3 结论

（1）双"V"形复合坡口较单"V"形坡口金属填充量减小30%，且开口宽度减小，填充层不需进行排焊，提高焊接效率。

（2）采用CPP900-W1A实芯焊丝下向（根焊＋热焊）＋药芯焊丝上向（填充焊＋盖面焊）焊接进行管道自由口连头焊接用时为2.8～3.5h，相比传统连头工艺焊接用时可节省约50%。

（3）优化的施工方法和工艺方法有效地解决了根焊焊缝区收缩变形和药芯上向焊在窄间隙焊接的质量问题，保证了焊口组对间隙大小和焊接质量，工艺优化不仅限应用于管道自由连头口焊接，对主管线路的焊接同样有着重要的借鉴价值。

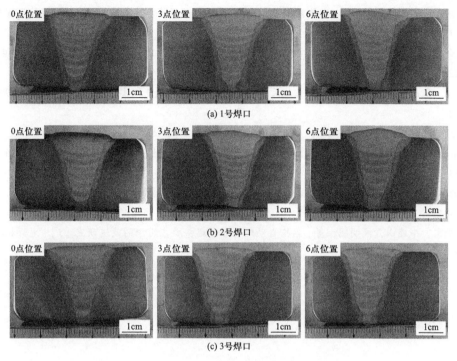

图 6　不同焊口、不同焊接位置宏观金相组织

参 考 文 献

［1］朱文学.中俄天然气管道东线固定口连头工艺研究及应用［J］.金属加工（热加工），2019（8）：24-26.

［2］葛华，黄海滨，蒋毅，等.X80管道环缝焊接残余应力数值模拟［J］.焊接，2021（12）：17-23.

［3］张毅，刘晓文，张锋，等.管道自动焊装备发展现状及前景展望［J］.油气储运，2019，38（7）：721-726.

［4］Zhang Yinhui, Shuai Jian, Ren Wei, et al. Investigation of the tensile strain response of the girth weld of high-strength steel pipeline［J］. Journal of Constructional Steel Research, 2022, 188: 107047.

［5］鹿锋华，李曾珍，张世杰，等.管道自动焊典型缺陷焊接预制方法分析研究［J］.焊接技术，2020，49（4）：90-93.

［6］Dong Shaohua, Sun Xuan, Xie Shuyi, et al. Automatic defect identification technology of digital image of pipeline weld［J］. Natural Gas Industry B, 2019, 6（1）: 399-403.

［7］Nie Hailiang, Ma Weifeng, Xue Kai, et al. A novel experiment method for mechanical properties of characteristic zones of girth welds［J］. International Journal of Pressure Vessels and Piping, 2021, 194: 104533.

［8］Lu Keqing, Lin Jiaqi, Chen Zhanfeng, et al. Safety assessment of incomplete penetration defects at the root of girth welds in pipelines［J］. Ocean Engineering, 2021, 230: 109003.

［9］张小强，蒋庆梅，李朝.自动焊在中俄东线天然气管道工程试验段的应用［J］.焊接技术，2017，46（9）：92-94.

［10］袁吉伟，张敬洲，朱文学.中俄东线长输管道自动焊焊接难点解析［J］.金属加工（热加工），2020（3）：30-32.

［11］吕健，马子健，王亮，等．中俄东线D1422mm管道自动焊装备应用及分析［J］．焊接设备与材料，2019，48（6）：61-64.

［12］殷剑锋．中俄东线大口径管道机械化作业工效及成本研究［J］．石油工程建设，2018，44（S1）：123-126.

［13］潘总，张东，张俊华，等．中俄东线天然气管道的焊接工艺［J］．焊接技术，2021，50（9）：158-160.

［14］Zeng Huilin，Wang Changjiang，Yang Xuemei，et al. Automatic welding technologies for long-distance pipelines by use of all-position self-shielded flux cored wires［J］．Natural Gas Industry B，2014，1（1）：113-118.

［15］隋永莉，王鹏宇．中俄东线天然气管道黑河—长岭段环焊缝焊接工艺［J］．油气储运，2020，39（9）：961-969.

［16］刘晓文，牛连山，梁明明，等．单枪自动焊在管道连头口应用中的改进研究［J］．电焊机，2021，51（11）：82-88.

原文刊登于《焊接》2023 年第 6 期

中俄东线天然气管道黑河—长岭段环焊缝焊接工艺

隋永莉[1]　王鹏宇[2]

（1.中国石油天然气管道科学研究院有限公司；2.国家管网集团建设项目管理分公司）

摘　要　针对中俄东线天然气管道北段（黑河—长岭段）高钢级、大口径、高压力、大输量、环境温度低等特点，介绍了其环焊缝焊接工艺的确定过程，从 L555M 钢管的焊接性、环焊接头性能指标、环焊工艺及质量管控等方面，总结了 D1422 L555M 天然气管道的焊接施工特点，阐述了环焊接头强度、韧性、硬度、塑性等指标要求的意义及试验检验方法，说明了焊接方法、焊接材料、焊接坡口等工艺参数的选择原则和实际应用，指出了坡口尺寸和组对精度、预热温度和道间温度以及无损检测技术对焊接质量控制的影响。上述成果作为工程建设的经验性总结，可为后续油气管道工程建设的焊接施工管理提供经验。

关键词　油气管道；环焊工艺；环焊接头；自动焊

中俄东线天然气管道黑河—长岭段，起自黑龙江省黑河首站，止于吉林省长岭末站，设计输量 $380 \times 10^8 m^3/a$，设计压力 12MPa。管道沿线地处中国东北寒冷地区，冬季最冷月平均气温 –24～–14℃，极端最低温度 –48.1℃[1-3]。埋地管道施工期的极端温度低至 –40℃左右，地上钢管、管件的设计温度低至 –45℃。管道线路工程用钢管为 GB/T 9711—2017《石油天然气工业管线输送系统用钢管》规定的 L555 低合金高强度管线钢管，厚度 21.4～30.8mm，管径 1422mm。本工程具有设计输量大、运行压力高、管径和壁厚大、钢管强度等级高、施工期环境温度低等特点。其中，环焊缝是管道整体质量的薄弱环节，其焊接质量是管道施工过程质量管控的核心环节[4-6]。

1　D1422 L555 钢管面临的焊接技术难点

管线钢的发展历史表明，钢管强度等级的提高源于在冶金成分设计和组分精确添加、轧制工艺和冷却过程精确控制等方面取得的重大技术进步[7-8]。运用上述生产工艺制造的管线钢在解决冷裂纹和热影响区脆化现象方面优势明显，但在环焊缝焊接过程中仍面临一些钢管焊接性方面的技术难点：

（1）钢的屈强比增大，应变硬化能力降低。随着管线钢强度的提高，屈强比增大，表明钢的应变硬化能力降低，使管线抗侧向弯曲能力降低，导致管道在土质不稳定区、不连续冻土区及地震断裂带等区域的不安全性增大[9]。这对环焊接头的焊接工艺和性能提出了更高的要求，如焊接接头需要具备高强匹配、高韧匹配等性能。

（2）钢管实际强度水平和冶金成分的差异性较大。受钢厂轧制能力、管厂制管能力等因素影响，不同供货商、不同时间段供货的 L555 钢管，其实际强度水平和冶金成分含量通常存在一定的波动范围，部分钢管的强度波动范围甚至超过 200MPa，个别冶金成分几乎不添加。由此带来钢管实际强度过高而造成事实上的环焊接头低强匹配问题，以及冶金成分差异影响焊接性的现象。

（3）热影响区脆化和软化现象。受高强度管线钢材料特性影响，在焊接过程中极易出现晶粒长大倾向，主要集中在热影响区，由此使热影响区出现不同程度的脆化现象[10]，同时还会发生软化，降低焊接接头的整体力学性能。特别是焊接热输入量较大时，软化现象更为明显。这对焊接工艺施工提出了较高的要求，即严格控制焊前预热温度，严格控制焊接热输入量在较小范围内。

（4）焊接施工的高质量、高效率。随着钢管管径和壁厚的增大，焊接材料消耗和焊工劳动强度大大增加。其中，根焊技术是制约焊接质量和施工效率的关键因素，根焊焊接需要有效避免熔合不良、未焊透及内咬边，保证根部质量，同时具有良好的焊接工艺性能和较高的焊接效率。

2　D1422 L555 钢管环焊接头性能要求的确定

焊接质量是否能够得到保证，是无法通过随后的检验而得到完整、充分的验证的，因此需要提前对焊接过程进行周密策划、准备、安排、监控，进行焊接工艺评定，并依据标准和设计要求对环焊接头力学性能进行验收是其中的主要内容。为此，依据中国石油天然气集团有限公司第三代管线钢及钢管应用关键技术研究重大专项的科研成果，制定了 Q/SYGD 0503.12—2016《中俄东线天然气管道工程技术规范线路焊接》、CDP-G-OGP-OP-081.01-2016-1《油气管道工程焊接技术规定 第 1 部分》等技术规范，用于指导 D1422 L555 钢管的焊接工艺评定。

2.1　环焊接头强度要求

2.1.1　环焊接头横向拉伸试验

本工程规定的 L555 钢管屈强比要求为不大于 0.93，属于较高的水平。为增强管道的抗侧向弯曲能力，提高管道安全，要求环焊接头具有与母材等强或高强匹配的性能。为了使环焊缝的强度与 L555 钢管强度相匹配，需要针对不同的焊接工艺选用不同的焊接材料，且选择的焊接材料经过焊接工艺评定达到合格要求。环焊接头横向拉伸试验的目的，就是用来考核环焊缝与 L555 钢管的强度匹配程度是否达到等强或高强的要求。

环焊接头横向拉伸试样从垂直于环焊缝的方向制取，需要在拉伸载荷下拉断（图 1）。试样断裂在焊缝或熔合线位置时，要求其抗拉强度不小于 L555 钢管的名义抗拉强度，即 625MPa。试样断裂在母材位置时，要求其抗拉强度不小于 L555 钢管名义抗拉强度的 95%，即 594MPa[11-13]。

钢管管体在不同方向上的强度分布是具有各向异性的，例如：满足使用要求的直缝埋弧焊钢管，其管体纵向强度可能略低于横向强度。GB/T 9711—2017《石油天然气工业管线输送系统用钢管》规定的钢管强度通常是指钢管管体的横向强度。环焊接头横向拉伸时，拉伸方向是管体的纵向，有时会出现拉伸断裂位置在管体而抗拉强度值低于 L555 钢管名义抗拉强度的现象。这种情况下，钢管和环焊接头的强度均满足使用要求，为此规定：拉伸试验断裂在母材时的抗拉强度验收值，为不小于 95% 钢管名义抗拉强度。

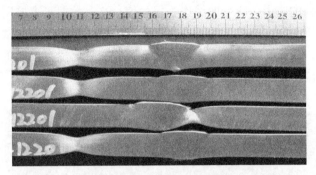

图 1　环焊接头横向拉伸试验及断裂位置实物图

油气管道用钢管的强度，有名义强度和实际强度之分。名义强度是 GB/T 9711—2017《石油天然气工业　管线输送系统用钢管》规定的最小强度，实际强度是供货钢管的实物水平。图 2 为某 X80 天然气管道钢管强度实物水平，其波动范围大，近 50% 钢管达到了 X90 甚至更高等级钢管的水平。为避免因部分钢管实际强度过高而造成事实上的环焊接头低强匹配，本工程制定了中俄东线天然气 L555 级直缝埋弧焊管技术条件（Q/SYGD 0503.4—2016），从环焊缝焊接的角度规定 L555 钢管的实际强度波动范围不应超过 140MPa，并针对一些重要的淬透性元素同时规定了下限值和上限值的要求，同时规定若钢管 P_{cm}、C% 的变化值超出规定范围，则需重新进行焊接工艺评定。

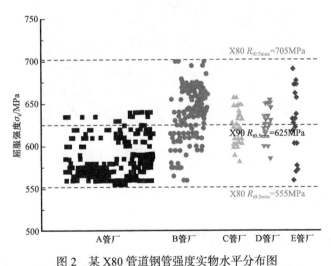

图 2　某 X80 管道钢管强度实物水平分布图

2.1.2　环焊缝纵向拉伸试验

基于应变设计地段使用的钢管是抗大变形钢管，对管体的横向、纵向强度均有严格的规定，并且规定了较严格的屈强比、均匀延伸率、硬化指数等指标要求。只有满足这些指标要求的钢管，才有可能防止管道承受外部载荷时在环焊缝处发生破坏，确保钢管拥有足以抵抗管道破坏的变形能力，避免突发性灾难事故。

因此，基于应变设计地段的环焊接头除了进行环焊接头的横向拉伸试验外，还需进行环焊缝纵向拉伸试验。环焊缝纵向拉伸是从环向制取试样的，需在拉伸载荷下拉断，试验过程中采集拉伸过程的应力—应变曲线作为报告值。这一数据可直接用于设计过程中的管道应变校核。环焊接头横向拉伸试验不应在焊缝或近缝区断裂，如果试样是在低于钢管名义抗拉强度下断裂，或试样断裂位置在焊缝及近缝区上，均视为焊接工艺不合格。图3是拉伸后断裂位置均位于母材上的试样。

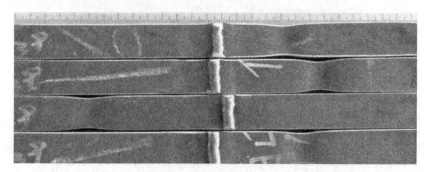

图3　环焊接头横向拉伸断裂位置在母材上的实物图

如果抗大变形钢管具有较大程度的热影响区软化现象，可采用补强覆盖的焊接措施（图4）来保证焊接接头的整体强度，即在环焊缝的表面焊接一个具有足够宽度和高度的盖面层，焊缝宽度应能覆盖热影响区，焊缝高度应能与母材圆滑过渡。

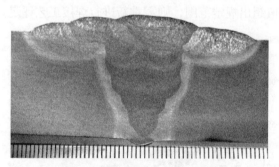

图4　补强覆盖焊接措施实物图

2.2　环焊接头韧性要求

2.2.1　环焊接头夏比冲击韧性要求

为了保证环焊缝在运行期间具有足够的不开裂能力，要求进行环焊接头夏比冲击韧性试验。试样分别在环焊接头的焊缝中心和熔合线两个位置制取，每个标准试样的冲击吸收功最小值应不小于38J，3个试样的平均值应不小于50J[14-17]，试验温度为-20℃，同时需报告-30℃试验温度条件下的吸收功值。

本工程设计温度为-5℃，一般段埋地钢管夏比冲击试验温度取-10℃，而环焊缝在埋地工况下的环境条件与管体一致，通常应要求进行与管体相同温度（-10℃）的夏比冲击试验。但考虑到管道途经地区的冬季环境条件及施工计划安排，为避免冬季焊接施工、管道吊装及下沟作业中环焊缝开裂风险，将环焊缝的夏比冲击试验温度降至 -20℃，同时报告 -30℃试验温度条件下的吸收功值。这一规定存在一定的不合理性，因为钢管管体、制管焊缝及环焊缝是同时承受低温施工考验的，具有相同的开裂风险。并且，钢管管体和焊缝按 -10℃的试验条件验收，而环焊缝按 -20℃的试验条件验收，如若焊接热影响区出现离散性低值，将难以分辨不合格原因。好在最后工程的实物韧性水平，不管是钢管、制管焊缝还是环焊缝的韧性都足够好，工程实施期间未发生矛盾和争议。

2.2.2 环焊接头韧脆转变温度要求

管道吊装下沟时，在合理布置吊管机吊点间距的情况下，其轴向应力值最高可达屈服强度的 80%，管道环焊缝与轴向应力正好相交，成为管道吊装下沟过程中的最薄弱环节。本工程位于中国东北高寒地区，冬季漫长，气温低，管道沿线最冷月平均气温为 -23.3℃，白天气温基本在 -30～-20℃之间，在此低温环境下进行吊装作业可能发生环焊缝脆性断裂的情况，需要特别关注。

为此，要求测定环焊接头韧脆转变温度曲线和转变温度点。试验温度分别为 0℃、-10℃、-20℃、-30℃、-45℃、-60℃，需提供相应试验温度的冲击吸收功和剪切面积，为适应冬季施工计划，建议每种焊接工艺的韧脆转变温度不高于 -30℃。最后，依据不同焊接工艺的环焊接头韧脆转变温度试验结果，合理确定防止发生管道脆性断裂的安全施工温度。

2.2.3 环焊接头断裂韧性要求

本工程在焊接工艺评定过程还针对典型焊接工艺的部分焊件进行了 -5℃、-20℃、-30℃试验温度的最大载荷裂纹尖端张开位移（CTOD）试验。CTOD 试样可在环焊接头的任意位置制取，疲劳裂纹分别预制在焊缝垂直中心线和熔合区上（图 5）。在试验过程中，带裂纹的试样在外加载荷作用下，裂纹尖端在未开裂前随着载荷的增加而逐渐钝化，形成张开位移。环焊接头韧性越好，尖端张开位移值越大。将得到的最大载荷条件下裂纹尖端张开位移值作为报告值。

(a) CTOD试样形式　　　　　　　　　　　(b) 试样顶部预制的疲劳裂纹

图 5　CTOD 试样及试样尖端的疲劳裂纹实物图

CTOD 试验及数值是基于工程临界评估（ECA）的焊接缺陷验收替代准则而提出的，是衡量环焊接头对裂纹扩展抵抗能力的断裂韧性量化指标。GB/T 31032—2014《钢质管道焊接及验收》附录 A 等标准给出了以查图表方式确定焊接缺陷可验收极限的情况。

中国目前管道建设期的焊接缺陷都是采取以质量控制为基础的验收，无损检测执行 SY/T 4109—2015《石油天然气钢质管道无损检测》和 GB/T 50818—2013《石油天然气管道工程全自动超声波检测技术规范》，而非采用工程临界评估方法。但在管道运行时期，不可避免地需要对管道内检测、外检测发现的焊缝缺陷进行风险评估和验收，此时将工程期留下的环焊接头 CTOD 值作为输入条件，具有非常重要的工程实际意义。

2.3 环焊接头硬度要求

硬度代表了环焊接头的一种机械性能，是指焊缝受到力的侵入时所呈现的抵抗弹性变形、塑性变形及破裂的综合能力。检测环焊接头断面的母材、焊缝及热影响区的硬度，可判断钢管的焊接性及工艺的适用性，如是否形成了淬硬组织，是否具有较大的应力，是否适合于含湿 H_2S 或其他引起应力腐蚀的输送介质的管道运行工况等。

环焊接头硬度试样是从垂直于焊缝的方向制取的，通常选择在焊接热输入量较小的位置进行，焊接方向为下向焊时一般在立焊位置进行，焊接方向上向焊时一般在仰焊位置进行。本工程输送介质为干气，L555 钢管环焊接头的硬度值要求为所有测试点的维氏硬度值（HV10）不大于 300。

2.4 环焊缝的缺欠检验

2.4.1 环焊接头弯曲试验

环焊接头弯曲试验的目的有两个：（1）检验含有近表面焊接缺欠的焊缝金属抵抗开裂的能力；（2）考核焊缝金属的整体塑性变形能力。环焊缝是由电弧熔化凝固的"铸态"组织，晶粒一般比较粗大，塑性较差，破坏时很少发生屈服，经常表现为直接开裂（断裂），拉伸试验过程中难以测定屈服强度。因此，通常采用弯曲试验的方法来衡量环焊接头的塑性能力。

环焊接头弯曲试样是从垂直于焊缝的方向制取的，依据钢管壁厚可分别进行面弯、背弯或侧弯，分别考核焊缝不同位置的塑性。试验后，在试样的拉伸弯曲表面上焊缝和热影响区所发现的开裂等缺陷尺寸应不大于钢管壁厚的 1/2，且不大于 3mm（图 6）。

(a) 弯曲试验过程   (b) 侧弯试验后的试样

图 6 环焊接头弯曲试验实物图

2.4.2 环焊接头刻槽锤断试验

环焊接头弯曲试样是从垂直于焊缝的方向制取的，沿焊缝三面或四面刻槽，可采取锤断或拉断的方法使其断裂，观察每个断裂面的形态和缺欠（图7）。每个试样的断裂面应完全焊透和熔合，气孔、夹渣、白点等缺欠符合相关标准要求。

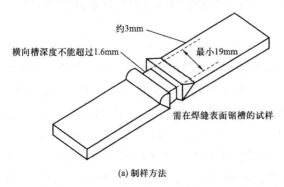
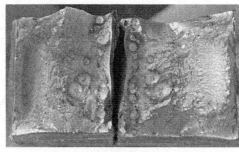

(a) 制样方法　　　　　　　　　　　　　　　(b) 断口表面的氢白点

图7　环焊接头刻槽锤断试验制样方法及实物图

氢白点是分布在拉伸断口或弯曲断口上的亮白圆点或光亮条形物，是由于焊缝金属中存在有大量的扩散氢，并在静载荷拉伸或弯曲试验的速度条件所引起的变形条件下导致的。氢白点的直径一般为0.5~4.0mm，圆白点中间通常是非金属夹杂物。大量实践证明，只要严格控制氢的来源，如彻底清除焊丝及坡口附近的油污、潮湿环境中注重保持焊前预热和道间温度、按要求储存焊接材料避免受潮、焊条使用前进行充分烘干等，氢白点是完全可以避免的。在25℃的常温条件下，环焊接头静置40天及以上，焊缝金属中的扩散氢含量将会大大降低[18]。对于L555M这样的高强度管线钢管，应防止氢白点产生，避免由此引发的氢脆或延迟裂纹现象。

2.4.3 环焊接头宏观金相检验

环焊接头宏观金相试样是从垂直于焊缝的方向制取的，经研磨、腐蚀出焊缝和热影响区轮廓后，检测环焊接头断面的焊缝成形、缺欠及焊接道数。检验面不应有裂纹、未熔合、未焊透，不应有严重焊偏，焊接层道数需符合要求。

2.5 环焊缝的耐腐蚀性能要求

本工程的输送介质为干燥、纯净的天然气，设计文件未要求环焊接头的耐腐蚀性能。在选择焊接材料、制定焊接工艺时，未特别考虑环焊接头的抗应力腐蚀（SCC）能力及抗氢致裂纹（HIC）能力。

3　D1422 L555钢管环焊工艺的确定

3.1 焊接特点

本工程是中国首次采用1422mm管径，L555M级管线钢建设的天然气管道工程，具有管径最大、钢级最高、低温工况等特点，对于中国管道建设是一项全新的挑战[2]。考虑到管道焊接施工特点，焊接时需注意：（1）使用高品质、高稳定性的 L555M 钢管，焊前避免热影响区出现脆化现象和软化现象；（2）选择高强度、高韧性的焊接材料，实现与 L555 钢管等强或高强匹配；（3）确保大管径、大壁厚钢管结构稳定性，避免强力组对；（4）充分考虑低温环境施工条件，避免出现冷裂纹、焊缝金属晶粒脆化现象。

3.2 焊接方法选择

考虑环焊缝综合性能、焊接效率、现场质量管理难度等因素，以往的半自动、手工焊等焊接工艺已不能满足本工程建设需要。根据工程实际情况，钢管管径和壁厚相对较大，焊接坡口较深，采用全自动焊（熔化极气体保护实心焊丝电弧焊）、组合自动焊（熔化极气体保护药芯焊丝电弧焊）、手工焊（焊条电弧焊）等作为主要焊接方法，采取环焊缝下向焊、上向焊及其组合的方式，遵循多层多道焊接的原则（表 1）。焊接工艺评定时，焊件在 −30℃ 的低温实验室内完成焊接，并自然冷却至室温。随后，对这些焊件进行焊接接头力学性能试验、韧脆转变温度测试及低温断裂韧性评价等。

表 1　中俄东线天然气管道北段环焊缝焊接工艺统计表

焊接部位	焊接方法	焊接工艺、焊接方向、焊材类型					
		根焊工艺和焊材类型		热焊工艺和焊材类型		填盖工艺和焊材类型	
线路焊接	全自动焊	内焊机自动焊，下向	实心焊丝	单焊炬自动焊，下向	实心焊丝	双焊炬自动焊，下向	实心焊丝
自由口连头焊接	组合自动焊	STT 半自动焊，下向	实心焊丝	—	—	单焊炬自动焊，上向	药芯焊丝
		RMD 半自动焊，下向	粉芯焊丝				
		手工焊条焊，上向	低氢焊条				
		手工氩弧焊，上向	实心焊丝				
内斜坡口变壁厚焊接		手工焊条焊，上向	低氢焊条				
		钨极氩弧焊，上向	实心焊丝				
固定口连头焊接		手工焊条焊，上向	低氢焊条				
		钨极氩弧焊，上向	实心焊丝				
返修焊接	手工焊	手工焊条焊，上向	低氢焊条	—	—	低氢焊条手工焊，上向	低氢焊条

全自动焊工艺的主要焊接设备为内焊机和双焊炬外焊机，自动化程度属于机动焊，焊材为实心焊丝，保护气体为 80% 氩气与 20% 二氧化碳的混合气。该工艺优点是环焊接头的强韧性最好，韧脆转变温度达 −60℃ 及以下；缺点是由于焊接电弧的特性使得熔宽窄、熔深浅，对焊接坡口的容错性差，易产生坡口壁未熔合。该工艺用于线路段焊口的顺序焊接，要求必须在现场采用坡口机加工坡口，且对坡口加工尺寸、管口组对精度要求严格。

组合自动焊工艺的主要焊接设备为单焊炬外焊机，自动化程度属于机动焊，焊材为药芯焊丝，保护气体为 80% 氩气与 20% 二氧化碳的混合气体。该工艺优点是环焊接头强韧性良好，韧脆转变温度达 -30℃，且对焊接坡口的容错性强，不易产生未熔合；缺点是由于焊接冶金过程有造渣、造气机制，为方便熔渣和一氧化碳气体浮出，不适宜使用过窄的坡口，焊接填充量大，也影响焊接效率，主要焊接缺欠是气孔、夹渣。该工艺用于固定口连头、金口、变壁厚焊口等坡口尺寸精度难以控制的场合，本工程为保证焊接质量要求，焊接坡口在现场用坡口机加工。

由于当前中国除内焊机以外的其他根焊自动焊方法尚不够成熟，缺少工程中规模应用的经验，因此，本工程选择 STT 和 RMD 半自动焊、钨极氩弧焊、低氢焊条电弧焊等方法，作为组合自动焊配套的根焊工艺。这些单面焊双面成型的根焊工艺各有优势和不足，其中，钨极氩弧焊的根焊质量好，焊接工艺稳定，但焊接效率低，受环境风速、管内外温差影响大；低氢焊条电弧焊的根焊质量好，焊接工艺稳定，焊接效率一般，但飞溅、熔渣等常常落至仰焊焊缝及其附近，影响无损检测评判；STT 和 RMD 半自动焊的焊接效率高，操作容易，但热输入量小，当操作姿势不当、坡口钝边或组对间隙误差大时，易产生根部未熔合。

手工焊工艺对焊接设备要求不高，具有陡降外特性的电焊机即可满足焊接要求，自动化程度属于手工焊，焊材为低氢型焊条，不需要保护气体。该工艺优点是环焊接头强韧性良好，韧脆转变温度达 -45℃，对焊接坡口、施工环境的适应性强；缺点是不适宜使用窄坡口，焊接效率低，劳动强度大，主要焊接缺欠是气孔、夹渣。该工艺主要用于返修焊接，焊接坡口是在现场用角向磨光机修磨出来的。为避免返修焊接过程因拘束应力过大而产生裂纹，规定了 100mm 的最小返修长度，及不大于 1.45 的修磨坡口深宽比。

3.3 焊接材料选择

尽管 L555 管线钢管的整体焊接性较好，但钢管强度和屈强比较高，需采用低氢型焊接材料，并考虑环焊接头的整体强度与母材的等强或高强匹配性。其中，根焊焊接材料可选择塑性和延伸率好、抗拉强度稍低的焊接材料，避免打底焊时出现淬硬组织而引发冷裂纹。填充、盖面焊接材料可根据焊接材料类型及其抗拉强度选择，确保与钢管形成等强或稍高强匹配。例如：实心焊丝的焊缝金属强度通常比熔敷金属强度高 100MPa 左右，通常选择比母材抗拉强度低一个等级的焊丝；药芯焊丝的焊缝金属强度通常与熔敷金属强度相当，通常选择与母材抗拉强度相等的焊丝；低氢焊条的焊缝金属强度通常比熔敷金属强度稍低，通常选择与母材强度高一个强度等级的焊条（表 2，其中实心焊丝、金属粉芯焊丝、气保护药芯焊丝及低氢焊条的扩散氢含量均低于 5mL/100g，属于低氢型焊材）。

全自动焊工艺使用的是实心焊丝。该工艺对焊丝的质量波动较为敏感，如焊丝表面粗糙度、丝径偏差、送丝挺度、丝盘层绕条理、镀铜厚度、焊丝与导电嘴磨损程度等，均将影响送丝稳定性和电弧燃烧稳定性，从而对自动焊质量产生影响。有时仅仅因更换焊丝或变化焊丝批号而发生电弧飞溅突然增大、电弧稳定性变差，导致未熔合缺欠率增加。因此，有些自动焊设备通常使用专门定制的实心焊丝，如 CRC 使用 CRC 焊丝，SERIMAX 使用 SERIMAX 焊丝等。

表 2　中俄东线天然气管道北段环焊缝焊接材料统计表

根焊工艺	焊材型号	填充盖面工艺	焊材型号
内焊机，下向	AWS A5.18 ER70S-G	双焊炬，下向	AWS A5.28 ER80S-G
STT 焊，下向	AWS A5.18 ER70S-G	单焊炬自动焊	AWS A5.29 E91T1
RMD 焊，下向	AWS A5.28 E80C-Ni1		AWS A5.29 E101T1
钨极氩弧焊，上向	AWS A5.18 ER70S-G		
低氢焊条焊，上向	AWS A5.1 E7016	低氢焊条，上向	AWS A5.5 E10018

　　本工程中的单焊炬自动焊使用的是药芯焊丝。该工艺对施工环境、保护气体较为敏感，如果施工环境潮湿，或焊丝储存条件不好，或保护气体纯度、配比、流量不正确，均会导致产生条状或虫状的一氧化碳气孔。

　　低氢型焊条对施工环境、焊条的烘干和保温条件较为敏感，如果焊条未烘干或施工过程中焊条保护不好，将产生圆形的氢气孔。

3.4　焊接设备选择

　　本工程针对采用的焊接方法选择适用的焊接设备（表 3）。由于不同品牌自动焊设备产品的焊接电源外特性、熔滴过渡方式有所不同，因此，针对自动焊设备品牌进行了焊接工艺评定。因手工焊、半自动焊所用的焊接电源外特性相同或类似，故没有针对该因素单独进行焊接工艺评定。

表 3　中俄东线天然气管道北段环焊缝焊接设备统计表

焊接方法	工艺类型			自动焊设备品牌
	根焊设备	热焊设备	填充、盖面焊设备	
全自动焊	内焊机	单焊炬外焊机	双焊炬外焊机	CPP900 W2 系列 CRC P600/P625 系列 熊谷 A610 系列
组合自动焊	STT 特性电源	—	单焊炬外焊机	CPP900 W1 CRC M300/P260 熊谷 A-300X
	RMD 特性电源			
	陡降外特性焊接电源			
	钨极氩弧焊电源			
手工焊	陡降外特性焊接电源	—	单焊炬外焊机	—

3.5　焊接坡口设计

　　全自动焊的坡口（图 8）的关键坡口参数有 3 个，分别是坡口表面宽度 $W/2$、拐点至

内壁高度 H、钝边高度 P。进行全自动焊坡口设计时，可根据 3 个关键参数值及钢管壁厚适当调节上坡口角度 β 的取值。通常坡口表面宽度为 8mm左右，最佳范围为 7.8～8.3mm，以保证双焊炬可一次性完成盖面焊道成型；拐点至内壁高度通常为 5.25mm 左右，该数值的确定原则是热焊层完成后，其表面刚好覆盖住变坡口的拐点处；钝边高度通常为 1.0mm 左右，其主要目的是保证热焊层能够将其完全熔透，并与内焊机完成的根焊缝良好熔合（表 4）。另外，内焊机的内坡口角度和高度均为固定值，能够保证完成的内焊道具有良好的成形和适合的余高。

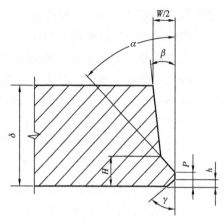

图 8　全自动焊焊接坡口形式示意图

表 4　全自动焊的焊接坡口参数表

坡口表面宽度 $W/2$/mm	拐点至内壁高度 H/mm	钝边高度 P/mm	内坡口高度 h/mm	对口间隙 b/mm	下坡口角度 α/(°)	上坡口角度 β/(°)	内坡口角度 γ/(°)
3.5～4.5	5.1 ± 0.3	1.3 ± 0.3	1.3 ± 0.3	0～0.5	45 ± 1.5	5 ± 1.5	37.5 ± 1.5

对于组合自动焊的坡口（图 9），坡口面角度 α 为 22°～25°，钝边 P 为（1.6 ± 0.4）mm，对口间隙 b 为 2.5～3.5mm。

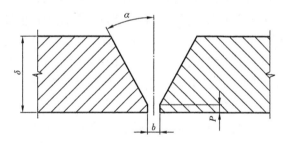

图 9　组合自动焊焊接坡口形式示意图

3.6　预热及后热措施确定

预热主要是为了防止裂纹，同时兼有一定的改善接头性能的作用。对于强度级别高或有淬硬倾向的钢材、导热性能特别好的材料、厚度较大的焊件，以及当焊接区域周围环境温度太低时，焊前往往需要对焊件进行预热。要求预热焊接的钢材需要进行多层焊时，其道间温度的作用与预热作用相当。但预热会恶化劳动条件，延长焊接周期，增加制造成本，过高的预热温度和道间温度反会使接头韧性下降。因此，焊前是否需要预热和预热多少温度，应慎重考虑。

预热温度的确定取决于钢材的化学成分、焊接结构形状、拘束度、环境温度、焊后热处理措施等。根据预热温度理论计算及焊接冷裂纹敏感性试验，L555M 管线钢管的最小预热温度确定为 100℃，最高预热温度的确定以不破坏钢管防腐层为宜，为 150℃。多层多道焊的最小道间温度确定为 60℃[19-20]。

火焰加热、环形火焰加热等方法通常采用丙烷气体作为燃料。丙烷的气化与温度有关，若温度降至 -15℃，丙烷气化明显变慢；若温度降至 -40℃，丙烷完全停止气化。因此，环境温度越低，使用丙烷作燃料加热的效果越差，而在有风的情况下，使用丙烷加热将很难保证焊口加热均匀。本工程冬季施工不可避免，冬季风大，环境温度普遍低于 -15℃，且钢管管径和壁厚大，使用火焰加热方法很难达到要求的预热温度和预热效果，故规定采用中频感应加热方法，并要求焊接过程中采用电伴热措施，以保证预热温度和道间温度。预热温度的监测在距管口 25mm 处的母材上均匀测量，道间温度的监测在距施焊点 200mm 范围内的焊缝上进行。如果焊接中断，重新开始焊接前应将焊口重新加热至预热温度。

焊后热处理的作用是焊后消氢、焊后消应力及改善接头组织和性能。本工程用 L555M 钢管属于形变热处理钢，不适合进行焊后热处理。其焊接工艺评定的焊件是在 -30℃ 的低温环境实验室内焊接完成的，并自然冷却至 -30℃ 的室温。经环焊接头微观组织分析、力学性能试验及断裂韧性评价等多方面评价均认定合格。据此，规定在 -30℃ 及以上的焊接环境温度条件下施焊，无需采取焊后保温、焊后热处理等后热措施。

3.7 焊接施工措施规定

全自动焊和组合自动焊的焊接坡口应在施工现场使用坡口机加工，加工好的坡口宜在 24h 内使用。坡口两侧 150mm 范围内应清理干净，符合随后 AUT 检测工序对钢管表面的质量需求。坡口两侧 20mm 范围内应打磨出金属光泽，满足焊接前坡口准备的质量需求。

内焊机和外焊机焊接前需调节好焊丝位置，确保与坡口中心保持对齐的状态。采用专用卡具将地线与被焊钢管牢固接触，确保不产生电弧灼伤母材。引弧在坡口内或已完成的焊缝表面进行，禁止在钢管表面引弧。全自动焊和组合自动焊在全封闭的防风棚内进行，遵循多层多道焊的原则。焊道排布要具有一致性，在坡口两边依次交替排列，严格控制焊接热输入量，采用薄层焊的方式可避免母材边缘咬边现象。当内焊机出现焊枪漏焊现象时，可在原内坡口上重新焊接。当出现成型不良、气孔等缺陷时，将缺陷处打磨去除，修磨出坡口后采用内焊机所配备的补焊枪进行内修补焊接。内补焊单个长度应不小于 100mm，总长度应不大于 1/3 管周长。内对口器应在根焊道全部完成后方可撤离。外对口器应在根焊道均匀对称完成 50% 以上且每段焊道长度不小于 100mm 后方可撤离。对口吊具则应在钢管完全稳定在管墩上后方可撤离。

固定口连头地点宜选择在地势平坦的直管段上，不允许设置在热煨弯管、冷弯管及不等壁厚焊缝处。固定口连头施工前，应预留足够的两侧未回填长度。当现场需要切割焊口时，切割宽度应至少比盖面焊道每侧宽 5mm，以去除原焊缝热影响区。切割后形成的焊口，应根据新焊口的分类类别，按照管理人员指定的焊接工艺规程进行焊接。全壁厚返修时应进行整口预热，非全壁厚返修时可对返修部位及其上下各 100mm 范围内进行局部预热。返修焊总长度应不大于 1/3 管周长。

4 焊接质量控制关键点

4.1 坡口尺寸和组对精度控制

全自动焊的实心焊丝气保护焊，对坡口尺寸和组对精度的容错能力较差，若坡口和组对精度存在超过 0.5mm 的偏差，即容易引发坡口壁的未熔合。因此，全自动焊质量控制的第一个关键点是管端尺寸、坡口加工、管口组对 3 个因素所影响的焊接坡口尺寸、形状的控制。加工好的坡口，钝边和内坡口应均匀一致，拐点处无凹槽，钝边和拐点高度符合焊接工艺规程要求。组对好的管口，错边量应不大于 2.0mm 且沿管口均匀分布，坡口宽度符合工艺规程要求。

组合自动焊的药心焊丝气保护焊，对坡口尺寸和组对精度的容错能力较好，坡口和组对精度存在超过 2.0mm 的偏差时易引发坡口壁的未熔合。该工艺的焊接坡口不能过小，否则易产生夹渣缺欠。

手工焊条电弧焊对坡口尺寸和组对精度的容错能力很强，坡口尺寸、角度的变化均可通过操作姿态、摆动幅度来适应。需注意：全自动焊和组合自动焊的焊缝返修时，打磨的焊接坡口不能过窄过深，避免因坡口形状不适合而引起过大的焊接拘束应力及焊接熔渣浮出不顺利。

4.2 温度和应力控制

L555M 钢管的冷裂纹敏感性较低，但本工程由于管径和壁厚大，钢管自重沉，流水作业和野外低温施工环境，而根焊缝的焊层相对较薄，因此在冷裂纹控制方面将经受较大考验。选择强度稍低的焊接材料、焊前预热可避免在根焊缝出现淬硬组织，从而避免出现冷裂纹。为此，需做好焊接前的准备工作，对焊口采取预热措施，并严格管控预热温度、道间温度，从而控制温差，减缓焊后冷却速度，最终达到降低焊接残余应力的效果。

同时，焊接作业避免强力组对，采取多层多道错位焊接的方式，从而有效控制焊接热输入，降低焊接应力。且在上一层焊道施焊后，便完成了对下一层焊道的热处理，从而有效消除柱状晶，使焊接接头处的应力得到降低。

4.3 焊接缺欠控制

本工程采用与焊接工艺相适应的无损检测方法和工艺进行焊接缺欠控制。全自动焊的主要焊接缺欠是未熔合和气孔，因此选用全自动超声波检测（AUT）方法，缺欠验收按GB/T 50818—2013《石油天然气管道工程全自动超声波检测技术规范》执行。组合自动焊的主要焊接缺欠是气孔和夹渣，因此选用射线检测，或含有超声波衍射时差法（TOFD）功能的相控阵超声波检测（PAUT）方法。手工焊条电弧焊主要焊接缺欠是夹渣和气孔，因此选用射线检测，或含有 TOFD 功能的相控阵超声波检测（PAUT）方法。固定口连头、金口、三穿等特殊焊口，要求双百检测的，采用 RT（射线检测）、PAUT 和 UT（超声波检测）方法。

AUT 检测技术目前已经非常成熟和完善，但该技术只局限于油气管道建设行业的应用，从业人员比例相对较小，不像其他无损检测方法那样被大多数检测人员、管理人员、焊接技术人员，甚至焊工所熟知和掌握。为确保 AUT 检测执行过程的可靠性，采取使用射线检测（RT）监测 AUT 检测结果的工程做法。该做法的初衷是辅助管理人员管控 AUT 检测过程，纠正 AUT 检测过程中出现的偏差。但这一做法反倒带来一系列争议，包括 RT 和 AUT 对不同焊接缺欠的适应性问题、RT 和 AUT 的缺欠检出率和置信度问题，以及不同检测标准对焊接缺欠验收的差异性问题等，最后演变成为 RT 和 AUT 各自检测、各自评判，发现问题的环焊缝全部返修。环焊缝的大量返修，实际上带来了更大的不安全风险。

本工程对返修焊缝的无损检测进行了非常详尽的规定。全自动焊的环焊缝是采用 AUT 进行检测的，返修焊接后由于原坡口破坏及焊接方法的改变，返修焊缝是采用 RT 进行检测的。为避免由于原焊缝和返修焊缝的无损检测方法不一致导致的漏检，规定返修焊接前采用同为超声波检测方法的 PAUT 进行焊接缺欠位置和尺寸的确认，返修焊接后同时采用 RT 和 PAUT 进行检测，PAUT 检测的目的是确认原焊接缺陷已完全打磨去除，以及新完成的返修焊缝满足质量验收要求。RT 的目的是检查新完成的返修焊缝满足质量验收要求。

4.4　危害性缺欠定义

全自动焊工艺的环焊缝无损检测方法为 AUT 检测，执行标准为 GB/T 50818—2013《石油天然气管道工程全自动超声波检测技术规范》。该标准 7.2.1 条规定：超过评定闸门的信号均应进行评定，低于评定闸门的信号，当判定为危害性缺欠时也应进行评定。其中，"评定闸门信号""危害性缺欠"的定义不明确。在条文解释中，将危害性缺欠解释为：裂纹、有一定自身高度的缺欠和有较大尺度的未熔合。其中，"有一定自身高度的缺欠""有较大尺度的未熔合"定义模糊。这使得 AUT 检测人员在执行该条款时存在较大的主观性，检测结果存在不一致和争议。

为此，针对本工程中同壁厚 1422mm×21.4mm 钢管、全自动焊对接环焊缝，按 API 1104 附录 A 的方法 1 进行 ECA 评估，并依据评估结果和宽板拉伸试验验证结果，给出如下危害性缺欠明确定义及评判方法。限于 ECA 评估方法的输入条件限制，该定义和评判方法只适用于同壁厚 1422mm×21.4mm 钢管、全自动焊对接环焊缝。

（1）若 A 扫显示低于 40%FSH，可认定为低于评定闸门的信号。

（2）A 扫显示信号低于评定闸门的下列缺欠是危害性缺欠，应进行评定：判定为裂纹的缺欠；能够测量且自身高度不小于 1.5mm 的缺欠；自身高度小于 1.5mm，但单个长度不超过 150mm 或 300mm 范围内累加长度不超过 200mm 的未熔合缺欠。

（3）A 扫显示信号低于评定闸门的缺欠，且自身高度小于 1.5mm、单个长度小于 150mm、300mm 范围内累加长度小于 200mm 的未熔合缺欠可不进行评定。

5　结束语

（1）当前的 L555M 管线钢管制造工艺在解决冷裂纹和热影响区脆化现象方面优势明

显，但在环焊缝焊接过程中仍面临强韧性匹配困难、钢管强度和冶金成分波动范围影响环焊缝焊接质量、热区软化和脆化倾向对焊接热输入要求严格，以及高质量和高效率焊接方法的选择等技术难点。这些技术问题的解决需要钢管制造与环焊缝施工紧密结合，通力合作，从钢铁冶金、钢管制造、环焊工艺、现场施工等多方面共同解决高强度钢管的焊接问题。

（2）为保证管道的顺利建设，工程前期开展了大量的研究工作，并以科研成果和工程要求为基础，提出了环焊接头强度、韧性、硬度、塑性等技术指标要求，作为工程建设的技术基石，为工程设计和建设施工提供了有力支撑。

（3）工程用环焊缝焊接工艺的确定借鉴了以往管道工程的焊接施工经验，同时也考虑了不同焊接方法的环境适用特点、焊缝性能水平、操作方便程度、焊接缺欠情况。环焊缝焊接工艺方案、焊接工艺评定成果及焊接工艺规程的发布等环节均经过专家组的审核和评议。

（4）中俄东线天然气管道黑河—长岭段工程建设过程中积累了大量的焊接施工和质量管理经验，尤其是一些关键的焊接质量管控环节的做法值得推广和发扬，但在无损检测管理方面也存在着技术和管理上的争议，并由此给管道工程引入了不确定的安全风险。

参 考 文 献

［1］姜昌亮.中俄东线天然气管道工程管理与技术创新［J］.油气储运，2020，39（2）：121-129.

［2］蒲明，李育天，孙骥妹.中俄东线天然气管道工程前期工作创新点及创新成果［J］.油气储运，2020，39（4）：371-378.

［3］程玉峰.保障中俄东线天然气管道长期安全运行的若干技术思考［J］.油气储运，2020，39（1）：1-8.

［4］帅健，王旭，张银辉，等.高钢级管道环焊缝主要特征及安全性评价［J］.油气储运，2020，39（6）：623-631.

［5］沙胜义，冯庆善，燕冰川，等.高钢级管道环焊缝安全评价研究进展［J/OL］.油气储运：1-6［2020-06-24］.https：//kns.cnki.net/kcms2/article/abstract?v=HboJJBuTKtS75IC5lO7K8Sl8Cs0JTXkn8p9qo6LuYSidxyoY_n_7qK7V-uJLt-VDnVXLl13jccCBDWnzrs_BjUEzgh8QxRBjI4NoeBFxujmEsBz_GuHVrsKYYufsvCfa75J_pYjFl0E=&uniplatform=NZKPT&language=CHS.

［6］张振永.高钢级大口径天然气管道环焊缝安全提升设计关键［J］.油气储运，2020，39（7）：740-748.

［7］毕宗岳.新一代大输量油气管材制造关键技术研究进展［J］.焊管，2019，41（7）：10-25.

［8］李鹤林，吉玲康，田伟.高钢级钢管和高压输送：我国油气输送管道的重大技术进步［J］.中国工程科学，2010，12（5）：84-90.

［9］中华人民共和国石油天然气行业标准.基于应变设计地区油气管道用直缝埋弧焊钢管：SY/T 7042-2016［S］.北京：中国标准出版社，2016：1-20.

［10］American Petroleum Institute. Specification for line pipe：API SPEC 5L-2018［S］. Forty-sixth edition. Washington D C：API，2018：162-177.

［11］American Petroleum Institute. Welding of pipelines and related facilities：API 1104-2013［S］. 21st Edition. Washington D C：API，2013：26-34.

［12］中国石油天然气股份有限公司企业标准.中俄东线天然气管道工程技术规范第12部分 线路焊接：SY/T 0503.12—2016［S］.北京：中国标准出版社，2016：8-17.

［13］中石油管道设计与工程实践 CDP. 油气管道工程焊接技术规定第 1 部分 线路焊接：CDP-G-OGP-OP-081.01-2016-1［S］. 北京：中国标准出版社，2016：6-17.

［14］周亚薇，张振永. 中俄东线天然气管道环焊缝断裂韧性设计［J］. 油气储运，2018，37（10）：1174-1179，1191.

［15］蒋庆梅，张小强，张弥，等. 中俄东线天然气管道环焊缝断裂韧性的确定［J］. 焊接技术，2017，46（9）：82-85.

［16］张振永. 中俄东线 X80 钢级 φ1422 管道工程设计关键技术应用［J］. 焊管，2019，42（7）：64-71.

［17］张振永，周亚薇，张金源. 采用失效评估图确定新建油气管道环焊缝断裂韧性的方法［J］. 焊接技术，2017，46（7）：72-76.

［18］隋永莉，杜则裕，黄福祥，等. 氢对自保护药芯焊丝焊缝金属韧度的影响［J］. 焊接学报，2006(12)：74-76，116.

［19］隋永莉. 国产 X80 管线钢焊接技术研究［D］. 天津：天津大学，2008：19-48.

［20］严春妍，李琛，元媛，等. X80 管线钢焊接冷裂纹敏感性研究［J］. 电焊机，2018，48（8）：30-33.

原文刊登于《油气储运》2020 年第 39 卷第 9 期

15万立方米大型储罐厚壁边缘板焊接工艺研究

鹿锋华[1]　李曾珍[1]　秦　伟[2]　闫新宇[1]　袁中明[2]

（1.中国石油天然气管道科学研究院有限公司；2.中国石油天然气管道局工程有限公司第四分公司）

摘　要　根据某大型 $15 \times 10^4 m^3$ 储罐设计要求的边缘板材质壁厚进行了焊接性分析，预制了相应的填充焊丝，并采用新型填充焊丝的焊接方法，对其储罐边缘板进行了焊接工艺研究和对比。结果表明，该 $15 \times 10^4 m^3$ 储罐边缘板焊接性优良，经力学性能试验测试后焊缝性能合格，研发的新型焊接工艺可行。与传统焊接工艺相比，新型焊接工艺降低了焊工劳动强度，提高了焊接效率，可以用于现场进行推广应用。

关键词　大型储罐；填充焊丝；新型焊接工艺；力学性能试验

某大型 $15 \times 10^4 m^3$ 储罐项目边缘板材质为12MnNiVR，壁厚为23mm，属于高强钢中等厚度钢板。根据经验，普遍采用钨极氩弧焊根焊、焊条电弧焊填充盖面工艺对边缘板进行焊接，此种焊接工艺效率低，劳动强度大。

针对本项目边缘板钢板进行焊接性能、组织性能分析，包括碳当量分析、斜Y坡口焊接冷裂纹试验等。结合储罐底板常用的碎焊丝工艺，提出边缘板适用的碎焊丝规格及型号，开展系列焊接性试验，为大型储罐边缘板焊接施工提供一种可行新型工艺选择。

1　边缘板钢板

试验采用某 $15 \times 10^4 m^3$ 储罐项目供货商宝山钢铁股份有限公司生产的12MnNiVR边缘板钢板，其成分（质量分数）为：0.08%C，0.18%Si，1.38%Mn，0.24%Ni，0.028%Cr，0.08%1Mo，0.041%V，0.011%Ti，0.0025%S，0.007P%，$C_{eq}=0.36$，$P_{cm}=0.18$。该钢板以碳—锰钢为基础，通过添加适量合金元素并经调质处理（淬火＋回火），使合金元素充分固溶、析出，所得成品的抗拉强度不低于610MPa，能承受大线能量焊接（焊接热输入不大于100kJ/cm）。使用体积分数为4%的硝酸酒精溶液对试样进行侵蚀，通过光学显微镜观察，显微组织为均匀的回火索氏体。钢板在热轧过程中，温度已达到奥氏体化温度，奥氏体晶粒长大很快，在高温停留阶段，合金元素固溶于奥氏体基体。在随后快速冷却条件下，粗大的奥氏体组织过冷后形成了淬火马氏体组织，并有可能析出少量的先共析铁素体。由于12MnNiVR钢具有良好的淬透性，组织中只有较少的残余奥氏体。经过高温回火后，组织中的各种合金元素重新排列，淬火马氏体组织和绝大多数残余奥氏体转变为具有高强度、高韧性的回火索氏体，淬火应力大为降低，组织趋于稳定。

2　焊接性分析

2.1　碳当量分析

试验用钢为项目储罐边缘板用 12MnNiVR 钢板，其化学成分见表 1。按照国际焊接学会 IIW、日本标准 JIS 和美国焊接学会 AWS 分别计算碳当量 C_{eq} 和冷裂纹敏感系数 P_{cm}。通过计算，项目用钢板 $C_{eq} \leqslant 0.45$，$P_{cm} \leqslant 0.30$，表明该钢板可焊性好，不易产生冷裂纹，推荐预热温度为 40～100℃。

表 1　12MnNiVR 钢板化学成分

元素	C	Mn	Si	P	S	Al	Cu	Ni	Cr	Nb	V	Ti	Mo	B
质量分数 / %	0.08	0.18	1.38	0.007	0.0025	0.040	0.02	0.24	0.028	0.001	0.041	0.011	0.081	0.0004

2.2　裂纹敏感性试验

为了进一步考察母材和焊缝金属的裂纹敏感性和预热温度，采用项目用边缘板 12MnNiVR 钢板，按照 GB/T 32260.2—2015《金属材料焊缝的破坏性试验　焊件的冷裂纹试验　弧焊方法　第 2 部分：自拘束试验》标准，使用低氢焊条、自保护药芯焊丝和气保护药芯焊丝三种焊材分别进行了斜 Y 坡口小铁研焊接冷裂纹试验和里海（"U"形坡口）试验。试验过程及宏观切片分别如图 1、图 2 所示。

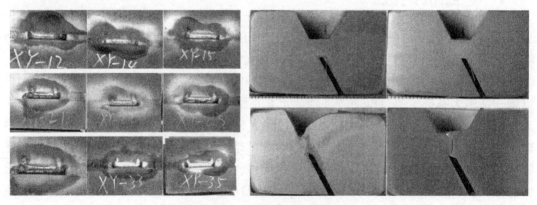

图 1　斜 Y 试验试板及宏观切片

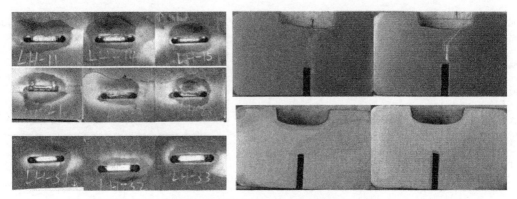

图 2　里海试验试板及宏观切片

2.3　试验结果分析

经斜 Y 试验和里海试验的渗透检测和宏观金相检查，测量计算表面裂纹率、断面裂纹率和根部裂纹率，其结果曲线如图 3、图 4 所示。

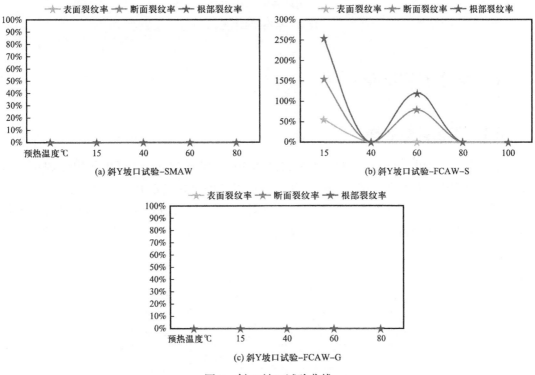

图 3　斜 Y 坡口试验曲线

综上分析，项目储罐用 12MnNiVR 钢板焊接性能良好，焊条电弧焊的预热温度为 40℃，自保护药芯焊丝半自动焊的预热温度为 80℃，气保护药芯焊丝半自动焊的预热温度为 40℃。这三种焊接工艺对应的预热温度均可满足止裂要求，建议焊条电弧焊和气保护药芯焊丝半自动焊的预热温度为 60℃以上，保护药芯焊丝半自动焊的预热温度为 80℃以上。

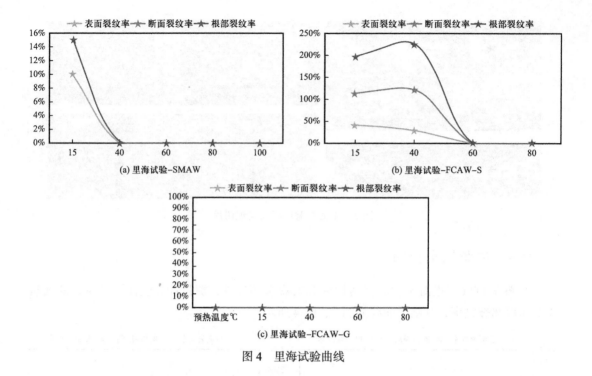

(a) 里海试验-SMAW

(b) 里海试验-FCAW-S

(c) 里海试验-FCAW-G

图 4   里海试验曲线

3   焊接工艺试验

3.1   工艺参数选择

采用某 $15 \times 10^4 m^3$ 储罐项目边缘板 12MnNiVR、壁厚 23mm 进行单丝埋弧焊填充盖面，焊接过程添加碎焊丝。采用如图 5 所示坡口以及埋弧焊丝 CHW-S7CG，ϕ4.8mm，埋弧焊剂 CHF26H，30～160 目，碎焊丝（填充丝）JQ.H08A，1.0mm×1.0mm 进行填充盖面焊接。根据单丝埋弧焊（碎焊丝）填充盖面工艺特点，设计了不同填充盖面层数的工艺方案，见表 2。

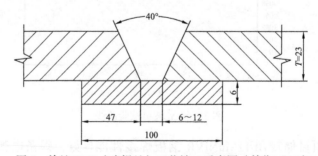

图 5   单丝 SAW（碎焊丝）工艺坡口示意图（单位：mm）

采用工艺方案 1、方案 2、方案 3、方案 4、方案 5 进行一系列焊接试验后，发现方案 1、方案 2 均存在焊缝外观成型不良、尺寸不均匀情况；方案 2、方案 3 起弧线拉起较长，填充碎焊丝时厚度不均匀，检测合格率偏低，甚至出现未熔合缺陷；方案 4 单丝盖面出现

表 2 单丝埋弧焊（碎焊丝）工艺方案

方案	工艺	焊接层道数示意图	焊缝熔合情况
1	根焊＋单丝（碎焊丝）1层		
2	根焊＋单丝（碎焊丝）2层		
3	根焊＋单丝（碎焊丝）2层		
4	根焊＋单丝（碎焊丝）1层＋单丝1层		
5	根焊＋单丝（碎焊丝）1层＋单丝2层		

单侧未熔合情况；方案 5 的焊缝成型美观，盖面宽度合理，但内部存在未熔合。试验过程及焊缝熔合情况见图 6。

图 6　焊接过程及焊接参数采集分析

3.2　碎焊丝选择

以工艺方案 5 为基础，引入不同级别的碎焊丝化学试验进一步工艺优化。其中，H08A、ER55-G、ER60-G、ER70-G 级别的碎焊丝化学成分见表 3。

表 3　母材、碎焊丝化学成分

元素	质量分数 /%				
	12MnNiVR	H08A	ER55-G	ER60-G	ER70-G
C	0.08	0.059	0.077	0.076	0.077
S	0.0025	0.012	0.011	0.005	0.008
Mn	1.38	0.47	1.5	1.64	1.5
Si	0.18	0.024	0.7	0.63	0.58
P	0.007	0.018	0.008	0.014	0.014
Ni	0.24	0.021	0.87	0.018	0.68
Mo	0.081	—	0.007	0.26	0.35
Cu	0.02	0.14	0.12	0.12	0.094
Cr	0.028	0.044	0.033	0.026	0.037
Ti	0.011	—	0.066	0.12	0.1

相比 H08A，碎焊丝 ER55-G、ER60-G、ER70-G 从化学成分上增加了 Mn、Ni、Mo 合金元素比例，与母材 12MnNiVR 更接近，从而提高了熔敷金属的强度和冲击性能。

3.3　工艺优化

在前期试验基础上，采用 H08A、ER55-G、ER60-G 碎焊丝进行工艺优化，其坡口设计及焊接层道数如图 7 所示。根据表 4 优化的工艺参数进行了焊接试验，试验过程稳定，未发生跳弧、穿丝等现象，射线检测及宏观金相试验结果显示，焊缝内部成型良好，未见未熔合等缺陷。根据 NB/T 47014—2011《承压设备焊接工艺评定》标准进行了焊缝力学性能测试，包括拉伸、弯曲、冲击试验。

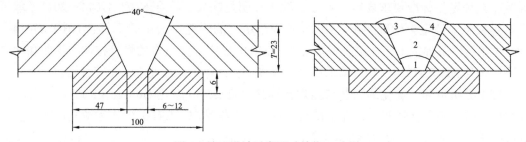

图 7　坡口设计示意图（单位：mm）

表 4　边缘板单丝（碎焊丝）焊接工艺参数

焊道	焊接方法	焊接方向	焊接电流 /A	电弧电压 /V	焊接速度	焊接热输入 /（kJ/cm）
根焊（1）	FCAW	水平	190～210	19～21	15cm/min	15.2～16.8
填充（2）	SAW	水平	850～880	30～32	15m/h	57.9～70.8
盖面（3）	SAW	水平	600～630	30～32	25m/h	24.7～30.2
盖面（4）	SAW	水平	600～630	30～32	30m/h	20.6～25.2

拉伸试验方面，H08A 焊缝抗拉强度分别为 583MPa、576MPa，均断在焊缝，H08A 焊缝抗拉强度分别为 599MPa、601MPa，均断在焊缝，H08A 焊缝抗拉强度分别为 614MPa、607MPa，均断在母材。弯曲试验方面，三款碎焊丝对应的试验结果均未见明显裂纹、缺欠，满足标准要求。冲击试验方面，三款碎焊丝对应的焊缝数值均低于热影响区数值，如图 8 所示。

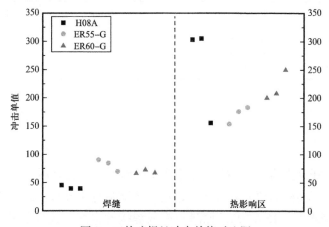

图 8　三款碎焊丝冲击单值对比图

3.4　结果分析

射线检测结果显示焊缝内部熔合良好，未见夹渣、气孔和未熔合等缺陷，表明优化的工艺参数将碎焊丝完全熔化，且与母材熔合良好，宏观金相、弯曲试验也印证了此点。H08A、ER55-G 碎焊丝填充的焊缝拉伸试验偏低，不符合 NB/T 47014—2011《承压设备焊接工艺评定》标准要求规定，弯曲试验未见明显缺欠，符合 NB/T 47014—2011《承压设备焊接工艺评定》标准要求，H08A 碎焊丝填充的焊缝冲击试验不符合 NB/T 47014—2011《承压设备焊接工艺评定》标准要求。ER60-G 碎焊丝填充的焊缝拉伸、弯曲和冲击试验均符合 NB/T 47014—2011《承压设备焊接工艺评定》标准要求，工艺合格。

综上分析可知，优化的工艺参数焊接焊缝熔合良好，采用 H08A、ER55-G 作为填充丝强度偏低，属于低强匹配，冲击试验也存在不合格情况。ER60-G 作为填充丝能够满足标准要求，工艺合格，后续连续焊接了 10 道焊口质量稳定，性能稳定，可以作为大型储罐厚壁边缘板焊接一种新型工艺推广应用。

4 工效对比

大型储罐罐底边缘板材质 12MnNiVR，板厚 23mm，长度为 1.88m，坡口形式为"V"形坡口，因边缘板外侧 300mm 要求射线检测，通常采用焊条电弧焊（SMAW）、CO_2 气体保护半自动焊根焊 + 焊条电弧焊填充盖面（GMAW+SMAW）、钨极氩弧焊根焊 + 焊条电弧焊填充盖面（GTAW+SMAW）工艺。以上三种选用工艺除了根焊存有差异，填充盖面均采用焊条电弧焊进行焊接。

选用 CO_2 气体保护半自动焊根焊工艺，分别采用焊条电弧焊、气保护药芯焊丝半自动焊（FCAW-G）、碎丝埋弧焊（SAW）填盖三种工艺进行工效对比试验，见表 5。通过对比，发现碎焊丝埋弧焊填充工艺可大大提高施工效率，降低劳动强度，该工艺可作为一种可行的大型储罐边缘板新型焊接工艺。

表 5 不同焊接工艺工效对比

工艺	SMAW	FCAW-G	碎丝 SAW 填充盖面
焊接层道数	7 层 10 道	7 层 12 道	4 层 4 道
焊接时间 /min	360	180	60

5 小结

本工艺研究依托某大型 $15 \times 10^4 m^3$ 储罐边缘板施工需求，开展了高强钢大壁厚边缘板焊接性分析，预制了相应的填充碎焊丝，通过工艺试验对比分析，提出了一种新型焊接工艺。工艺试验结果表明，$15 \times 10^4 m^3$ 储罐边缘板焊接性良好，设计的新型焊接工艺可行，与传统工艺相比降低了焊工劳动强度，大大提高了焊接效率，可以进行现场应用推广。

参 考 文 献

[1] 张建军. 大线能量焊接 12MnNiVR 调质高强钢再热裂纹敏感性评定 [J]. 中国特种设备安全，2006，

23（1）：36-38.

［2］马东良，张建，张桂龙等．储罐用 12MnNiVR 钢的组织与性能［J］．理化检验（物理分册），2014，50（11）：814-815，821.

［3］王笑梅，范开果，刘晗，王永东．承压设备用钢材使用焊接性探讨［J］．材料与设计，2021，35（5）：51-55，78.

［4］GB/T 32260.3—2015 金属材料焊缝的破坏性试验 焊件的冷裂纹试验 弧焊方法 第 3 部分：外载荷试验．

［5］潘勇琨，王振家．钢焊接最低预热温度的确定［J］．焊接技术，2001，30（3）：6-8.

原文刊登于《焊接》2023 年第 52 卷第 2 期

油气管道工程焊接质量提升与管理实践

隋永莉

（中国石油天然气管道科学研究院有限公司）

摘 要 环焊缝质量是影响管道运行安全的重要因素。本文针对油气管道工程焊接施工的环焊缝质量提升问题，围绕焊接工艺规程执行过程中的质量管控点，从人员、设备、材料、工艺和环境等方面逐一进行阐述，包括焊工、焊接技术人员和焊接机组的管理，焊接电源的特性、自动焊装备及设备管理。常用焊接材料类型、标准及材料管理，焊接工艺执行过程及管理管控点，焊接环境要求及质量管控等，提出了油气管道环焊缝质量管控的措施与方法。这些具体措施，仍需结合今后的实际工程建设情况，逐步提升环焊缝的焊接质量。

关键词 油气管道；环焊缝；焊接质量；施工管理

截至 2022 年底，我国已建成了长度超过 $18 \times 10^4 km$ 的油气管道，中俄管道、中缅管道、中亚管道以及互联互通等多个重点油气工程建设构筑了"东北、西北、西南、海上"四大油气战略通道，形成了"西气东输、西油东送、北油南运、海气登陆"的油气管网格局，有力推动了国家油气管网业务的稳健发展。未来一段时期，中国管网建设需求依旧强劲，特别是天然气管道里程年均复合增长率将达到 9.8%，大口径、高钢级、高压力油气管道干线建设任务依然繁重，这将对焊接施工技术和管道环焊缝质量提出了更高的要求。

但焊接质量的结果是无法通过后续的检查、检验等手段得到完整、充分的验证和提高的，需要对焊接过程进行周密的策划、准备、安排和监控。工程焊接前对施焊过程进行的策划、准备的过程称为焊接工艺评定，工程焊接过程中对施工过程进行检查、监控的过程称为焊接质量管控，即执行焊接工艺规程的过程。本文重点介绍焊接工艺规程执行过程中的质量管控点。

1 焊接人员

焊接人员主要包括焊工（焊机操作工）和焊接质量控制人员（焊接质检员）。

1.1 焊工

焊工应持有有效期内的"特种设备安全管理和作业人员证"和"特种作业操作证"，且资格项目符合管道工程焊接要求（表 1）。另外，由于油气管道工程项目的焊接具有一定的特殊性，焊工具有特种设备焊接操作人员资格证，并不能完全满足工程项目的焊接作业需求，还需结合工程的具体焊接工艺、焊接材料的操作技能要求通过上岗考试。

表 1　焊工管理的质量关键点

管控点	管控内容	技术指标及要求
焊工资格证确认	焊工资格证项目、焊工资格证档案	焊工资格证有效且资格项目工程焊接要求相符合
焊工上岗考试及证书确认	施焊项目：考试试件及含材料材质单确认；焊工上岗考试及证书确认	焊工上岗考试全过程符合要求；焊工上岗证管理及制作符合要求；焊工上岗考试档案整理符合要求
焊工业绩考核	焊接一次合格率；焊工连续作业情况	焊接一次合格率不低于规定的焊接质量目标要求；有清晰的现场焊工作业排版图、单线图；有焊工业绩档案且体现连续作业情况统计

1.2　焊接质量控制人员

焊接质量控制人员是指在施焊过程中进行质量管理与监控的焊接质检员、焊接技师或焊接工程师等，可及时指导现场焊接工作，解决现场焊接技术问题。焊接质量控制人员通常经过培训，掌握环焊缝外观检查，了解射线检测底片和 AUT、PAUT 检测图谱的缺陷评判过程，具有一定的焊接缺陷与焊接工艺相关性分析的知识（表 2）。

表 2　焊接质量控制人员的质量关键点

管控点	管控内容	技术指标及要求
焊接质量控制人员	焊接工程师、焊接质检员、焊接技师、现场焊接监理等证书	具有相关执业证书，或焊接专业教育学历；具有一定的理论水平和实践经验，可解决现场焊接技术问题，指导现场焊接工作

1.3　焊接机组

工程焊接机组人员应相对固定，施工合同中应约定焊接机组不可替换人员清单。当机组的焊工替换比例超过四分之一时，重新按新机组进行焊接质量管理与监控。

若出现焊工无资格或资格与施焊项目不符，焊材未复检就用于现场，故意不申请无损检测、私割私改、私自返修、焊接层数、道次与焊接工艺规程不符等情况时，焊接机组长负主要责任将被直接清退。

若焊接机组长未履行开工条件确认和全工序监督检查，质检员未履行全工序质量检查确认与过程监督，各工位工作未能有效执行工艺纪律要求或者工作完成后不进行自检，则焊接机组需暂停施工进行整改。

2　焊接设备

2.1　焊接工艺与焊接电源外特性

焊条电弧焊和钨极氩弧焊工艺都采用陡降外特性电源，设备通常较为简单，操作方便，易于维修。该工艺过程中，应注意监控焊接电流的范围是否在焊接工艺规程规定的范围内。

熔化极气体保护焊（含自保护药芯焊丝半自动焊）工艺采用平外特性电源，易于实现自动化，焊接效率高。但 CO_2 焊时飞溅大，弧光强，易产生气孔、未熔合等缺陷。该工艺过程中，应注意监控电弧电压和送丝速度的范围是否在焊接工艺规程规定的范围内。

脉冲式熔化极气保护焊（含 STT、RMD）工艺采用脉冲电源外特性，电弧热量小且控制精确，易于单面焊双面成型，但操作不熟练时易在根部出现未熔合缺欠。该工艺过程中，应注意监控焊接电流、电弧电压及相关脉冲参数的范围是否在规定的范围内。

2.2 管道自动焊用装备

（1）中国石油天然气管道科学研究院有限公司在 1998 年研发并应用了第一代 PAW 系列管道自动焊机，到 2020 年研发应用了第三代 CPP900 系列管道焊接专机，采用全数字化控制系统，实现与国产焊接电源的深度融合和电弧跟踪技术的精细化提升，在中俄东线、唐山 LNG 项目、蒙西煤制气管道项目、广西支干线、西气东输三线等工程中得到了广泛的应用。

（2）成都熊谷加世电器有限公司在 2009 年研发并应用了第一代 XG-A 系列管道自动焊机，2016 年研制出第二代 XG-A 系列管道自动焊装备，开始在中俄原油二期管道工程、中俄东线北段天然气管道工程中广泛应用，具有 WiFi、扫码器接口、自动电弧跟踪功能，可提供远程技术服务与数据云端传输，方便焊接工程质量的实时监控和管理。

2.3 焊接设备管理要求

开工前，应对焊接设备进行检查以确保设备处于良好、安全的工作状态。焊接电源的外特性、电特性符合焊接工艺要求。自动焊用焊接机具、设备与焊接工艺规程规定的产品名称相符合。焊接设备的电流、电压、送丝速度等显示参数有比对校核记录，且数据吻合。有数据传输要求时，焊接设备应具有实时参数采集和数据远程传输能力。焊接设备有维修保养运行记录，且状态标识明晰（表 3）。

表 3　焊接设备的质量关键点

管控点	管控内容	技术指标及要求
焊接设备状况确认	焊接设备运行维护保养记录；焊接设备报备登记记录	设备的维修保养运行记录符合相关规定；焊接设备报备登记记录完整；焊接设备状态标识明晰
焊接设备运行操作	焊接设备性能和能力	焊接设备输出参数与有比对校核记录数据相吻合；焊接设备具有良好的安全性；焊接设备负责人标识明晰

3　焊接材料

3.1 油气管道常用焊接材料

油气管道工程中常用的焊接材料类型如图 1 所示，包括纤维素焊条、低氢焊条、实心焊丝、金属粉芯焊丝和气保护药芯焊丝等。

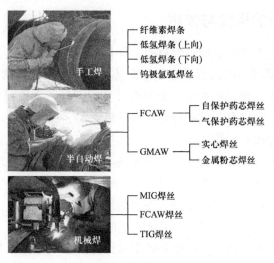

图 1 油气管道用焊接材料

3.2 焊接材料标准

自 2012 年开始,我国开始对标相应的国际标准,将焊接材料国家标准进行转化。其中,油气管道工程相关的常用焊接材料国家标准对照见表 4。

表 4 焊接材料的国内外标准对照表

国家标准	国际标准	美国标准
GB/T 5117—2012 《非合金钢和细晶粒钢焊条》	ISO 2560:2009 《焊接材料—非合金钢和细晶粒钢的手工金属电弧焊用药皮焊条分类》	AWS A5.1 《碳钢和低合金钢焊条规范》
GB/T 32533—2016 《高强钢焊条》	ISO 18275:2011 《焊接材料—高强钢焊条电弧焊用药皮焊条—分类》	AWS A5.5 《电弧焊接低合金钢焊条规范》
GB/T 10045—2018 《非合金钢和细晶粒钢药芯焊丝》	ISO 17632—2015 《焊接材料—气保护和自保护电弧焊用非合金钢及细晶粒钢药芯焊丝分类》	AWS A5.20 《碳钢和低合金药芯焊丝规范》
GB/T 36233—2018 《高强钢药芯焊丝》	ISO 18276—2017 《焊接材料—气保护和自保护电弧焊用高强钢药芯焊丝分类》	AWS A5.29 《高强钢药芯焊丝规范》
GB/T 8110—2020 《熔化极气体保护电弧焊用非合金钢及细晶粒钢实心焊丝》	ISO 14341—2010 《焊接材料—气体保护电弧焊用非合金钢及细晶粒钢焊丝和熔敷金属分类》	AWS A5.18 《气体保护电弧焊用碳钢焊丝规范》
GB/T 39281—2020 《气体保护电弧焊用高强钢实心焊丝》	ISO 16834—2012 《焊接材料—高强钢气体保护电弧焊用焊丝、填充丝及熔敷金属分类》	AWS A5.28 《气体保护电弧焊用高强钢焊丝规范》
GB/T 39255—2020 《焊接与切割用保护气体》	ISO 14175—2008 《焊接材料—熔焊及相关方法用气体和混合气体》	—

3.3 焊接材料的保管与使用

（1）存放条件。施工现场应设置焊材库，焊材库应干燥、通风、无腐蚀性，可采用移动式集装箱结构。根据需要可将焊材库划分为待检区、合格区等两个区域，并设置货架、采用防潮剂或去湿器等。焊材库内应装有温度计和湿度计，室内温度应不低于5℃，相对湿度应小于60%，达不到储存条件的焊材库应设置去湿、加热设备。

（2）保管。应有焊接材料管理人员，负责焊接材料的烘干、保管、发放及回收，应建立焊材出入库登记台账。应每天按规定记录库内温度和湿度。如发现焊材保存不当而出现可能影响焊接质量的问题时，应及时上报并进行处理。

（3）出库。焊接材料的发放应按先入先出的原则进行，避免库存超期所引起的不良后果。下雨天尽可能不要进行室外搬运，必须搬运时盖上防雨布。

严重受潮、变质的焊接材料，应由检验单位进行必要的检验，并做出降级使用或报废的处理决定之后，方可准许出库。对于这类焊接材料的去向必须严格控制。

（4）使用。当日领用的填充金属密封包装开启后应尽快使用，避免受潮。未用完的焊材必须放置到库房中，再次使用时应先用回收的焊材。已烘干的低氢焊条应保存在保温桶内，随用随取。焊条重新烘干次数不应超过2次。焊接气体的纯度、配比和含水率等应符合要求。

使用超出生产日期2年的填充金属时应委托具有 CMA 和 CNAS 资质的检测机构进行第三方检验评价。检验合格后的焊接材料应在6个月内使用。

4 焊接工艺

4.1 焊接坡口及管口组对

手工焊和半自动焊的坡口一般是在管厂加工预制的。连头、返修等特殊焊口可采用火焰切割或等离子切割等方法在现场进行切割加工，并将坡口修磨均匀、光滑。不等壁厚钢管对接焊的焊口，应加工成内孔锥型坡口或进行削薄处理。自动焊的复合坡口则应用坡口机在现场进行加工，如图2所示。自动焊坡口的尺寸精度检查，应采用游标卡尺和拐尺（或深度尺、板尺），测量复合坡口的拐点高度 H、钝边厚度 P 和半坡口宽度 W 三个数据，如图3所示。

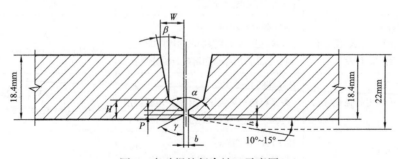

图 2　自动焊的复合坡口示意图

(a) 拐点高度H测量　　　　　　(b) 钝边高度P测量　　　　　　(c) 半坡口宽度测量

图3　自动焊的复合坡口尺寸精度测量

管口组对前，应修磨管体内外焊缝余高。手工焊或半自动焊时，坡口及两侧20mm范围内应打磨至显现出金属光泽。当采用AUT或PAUT检测时，坡口及两侧150mm范围内应清理干净。组对时，两相邻管的制管焊缝应相互错开至少100mm。

4.2　预热温度和道间温度

油气管道焊接施工时，通常应进行焊前预热，并保持一定的道间温度。当环境温度高于–5℃可使用环形火焰加热器，环境温度低于–5℃时则宜使用感应加热器。如果焊接过程中道间温度不能保持时，可使用电伴热。

焊前预热和道间保温的主要目的是预防焊接冷裂纹。如果预热温度不够，道间温度不足，使得进入到焊缝金属中的氢不能及时扩散出去，就会增加开裂风险。

4.3　焊接工艺参数

焊工进行焊接操作时总是趋向于使用更大的热输入量，因此焊接施工过程中应注意监控焊接工艺参数的变化范围。由于焊接热输入量是一个计算值，不能直观地观察得到，通常采用控制焊道层数和道数、焊接电流范围等方式进行监管。

4.4　对口器和对口支撑撤离

内对口器（或内焊机）应在根焊道全部完成后方可撤离。外对口器应在根焊道均匀对称完成50%、且每段焊缝长度大于100mm方可撤离。根焊完成后的钢管在放置到管墩上的过程中，钢管不应受到振动和冲击。

在钢管稳定在管墩上之前，不能撤离支撑吊具。钢管支撑不稳定包括钢管悬空，滚管，根焊过程中调整对口间隙，热焊未完成时撤离吊机进行下一道焊口组对，或用于组对的钩机在根焊过程中突然卸压，这些是造成施工期焊接裂纹的主要原因。

4.5　固定口连头焊接

固定口连头地点宜选择在地势平坦段，固定连头口应选择在等壁厚的直管段上。转角弯、穿越出土点等位置的固定口连头，宜延伸至地势平坦段。当现场需要切割焊口时，切割宽度应至少比盖面焊道每侧宽5mm，以去除原焊缝热影响区。

4.6　返修焊接

返修前确认缺陷已被完全打磨清除是质量管控的关键环节之一，可在打磨过程中采用目视检查的方法进行检查和确认。根焊层返修时，可能存在更大的拘束度，可采用整管预热。填充、盖面层返修时，可依据钢管壁厚和钢级来决定局部预热或整口预热。相邻两返修处的距离小于 100mm 时，按一处缺陷进行返修。返修焊总长度应不大于 1/3 管周长。

定期统计分析焊接缺陷的产生位置、类型及与焊工、焊接设备的相关性，有利于焊接质量提升。管道自动焊时，根据无损检测机组反馈的检测结果及时进行缺陷产生原因的统计分析，有利于避免同类型缺陷的连续产生，也有利于提升自动焊机组的能力。

5　焊接环境

如果自然气候条件不满足焊接环境要求时，应采取必要的防护措施，如防风棚、遮雨棚、防风保温棚等。焊接环境的质量关键点见表 5。

表 5　焊接环境的质量关键点

管控点	管控内容	技术指标及要求
焊接环境	温度、湿度、风力、雨、雪、防护措施	环境检测记录表中体现的焊接环境符合焊接工艺规程中关于焊接环境的技术要求

当自然气候条件温度低于 −5℃时，属于低温环境焊接作业范畴，应创造满足焊接工艺规程要求的施焊环境，如保温棚、碘钨灯、热风机等。根焊开始前，若低于最低预热温度要求应重新预热。焊接过程中可采用电伴热来保证层（道）间温度。自动焊的送丝机等装置宜放置在防风保温棚内。保护气体应进行保温处理，保证利用率。

6　结语

（1）焊接工艺规程是焊接施工过程的指导性文件，是确保油气管道的环焊缝焊接质量的基础，应在人员资格、设备管理、焊接材料优选、工艺纪律执行和焊接环境管控等方面给予足够的重视和严格的执行。

（2）油气管道焊接质量管控的关键点，在国家管网的 DEC 文件中均有相应的规定。这些规定仍需结合今后的实际工程建设情况，逐步提升环焊缝的焊接质量。

（3）环焊缝的焊接质量管控，还包括焊接工艺评定管理、环焊接头性能检验管理、无损检测工艺和人员管理等，目前均有相应的 DEC 文件规定。

原文刊登于《管道保护》2023 年第 5 期

低气压环境对电弧熔滴过渡行为的影响

李曾珍[1]　鹿锋华[1]　安　静[2]　崔成武[1]　袁中明[3]　闫新宇[1]

（1. 中国石油天然气管道科学研究院有限公司；2. 国家管网建设项目管理分公司；

3. 中国石油天然气管道局工程有限公司第四分公司）

摘　要　对低气压环境条件下电弧焊接的电弧熔滴行为和焊缝成形进行了研究。结果表明，气压降低导致弧柱区的直径增大，电弧的稳定性和挺度下降。在相同焊接工艺参数设定下，气压愈低，熔滴尺寸增大，熔滴过渡频率愈低，焊缝成形愈差。适当降低电弧电压有助于焊缝成形质量的改善。

关键词　低气压电弧焊接；电弧稳定性；焊缝成形；熔滴过渡

利用电弧热源实现可靠焊接，在现代工业中仍然不可替代。电弧焊过程中，电弧、熔滴、熔池及母材之间存在复杂的交互作用，尤其极端环境下的电弧物理过程更加复杂。青藏成品油管道工程干线起始于格尔木，经 1000 余千米到达拉萨，经过区域多数海拔在4500m 以上。高海拔地区低气压的特殊环境，造成焊接工艺参数变化大，焊接过程不稳定，容易出现气孔等缺陷。

低气压环境影响电弧弧柱区的气体电离及导电离子的传导，影响电弧与外界的能量交换，进而影响电弧特性、熔滴过渡以及最终焊缝成形。清华大学朱志明等研究了低气压对自保护药芯焊丝电弧特性和焊缝成形的影响[1-5]。气压降低导致电弧的冷却作用减弱，弧柱直径增大，电弧的稳定性和挺度下降。气压越低、焊炬高度越大，焊接过程越不稳定性、焊缝成形越差，适当增加送丝速度、降低电弧电压有助于提高焊接质量。

本文针对高海拔地区低温、低气压等特殊环境条件，依托青藏格拉管道项目，模拟高海拔低气压焊接环境，进行高海拔焊接工艺适应性研究，揭示电弧熔滴过渡行为规律并进行优化调控，为项目设计、施工提供技术支持和保障。

1　试验设备及方法

模拟高海拔低气压焊接环境，建立了低气压焊接试验舱，如图 1 所示。采用高精度可调泄压阀及大功率真空泵，维持箱体气压的稳定性。前后设置观察窗，用于观测及拍摄电弧熔滴过渡行为，采用度申 M3ST130M-H 高速相机采集电弧形态，采集频率为 200 帧 /s；采用 Optronis CamRecord CP70-1-C-1000 高速相机采集熔滴图像，并采用激光做背景光源，采集频率为 1000 帧 /s。

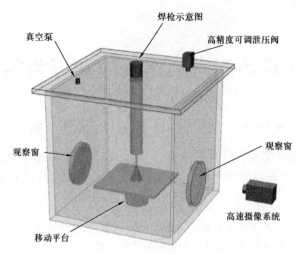

图 1　低气压焊接实验舱示意图

在不同的气压环境下（海拔高度与气压关系见表 1），采用不同焊接电压对相同材质钢板进行多组焊接试验，并用高速相机采集电弧、熔滴过渡图像，观察焊缝成形，研究不同气压条件下的电弧熔滴过渡行为。

表 1　海拔高度与气压对应关系

试验序号	海拔高度 /m	气压 /atm
1	10155	0.3
2	7700	0.4
3	5800	0.5
4	4300	0.6
5	3000	0.7
6	2000	0.8
7	1000	0.9
8	0	1.0

焊接采用平板堆焊。试板尺寸为 15mm×25mm×8mm 的 Q235 钢板，焊接面磨光露出金属光泽，焊接材料为直径 1.2mm 的 JQ·MG70S-6 实心焊丝，保护气体为 100% 纯 Ar。按照表 2 的工艺参数，在不同低气压环境下进行焊接试验。

表 2　焊接试验工艺参数

焊接电压 /V	焊接电流 /A	焊接速度 /（cm/min）	干伸长 /mm	送丝速度 /（m/min）	气体流量 /（L/min）
15					
17	130	25	10	5	15
19					

2 试验结果与分析

2.1 电弧熔滴过渡行为

图 2 为不同焊接电压情况下的电弧及熔滴过渡图像。可以看出，相同气压环境下，随着焊接电压的增大，电弧宽度和高度增加，熔滴尺寸增大。此时电流不变，电弧的扩展导致单位面积产生的等离子流力减弱，熔滴累积较大尺寸。图 3 为不同低气压环境下的电弧及熔滴过渡图像。可以看出，随着气压降低，电弧发生扩展，电弧稳定性变差，熔滴尺寸增大。低气压导致电弧空间的气体密度和温度降低，导电粒子密度降低，焊接电流减小，进而使得促进熔滴过渡的等离子流力和电磁力减弱，熔滴累积过大。

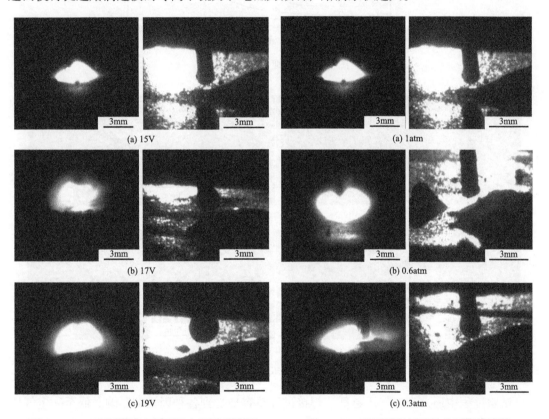

图 2　1.0atm 不同焊接电压下的电弧及熔滴图　　　图 3　15V 下不同气压下的电弧及熔滴图

同时，对不同气压下的熔滴过渡频率进行统计，拟合结果如图 4 所示。可以发现，随着气压降低，熔滴过渡频率显著下降。19V 和 17V 焊接电压下，气压分别低至 0.7atm、0.6atm 后的熔滴过渡频率降至 2Hz 左右。图 5 为 0.6atm 低气压环境下，焊接电压分别为 17V 和 19V 时的熔滴过渡图像。可以看出，此时的熔滴过渡形式均为大熔滴短路过渡，焊接飞溅大，偶尔会出现由于熔滴过大，在重力作用下，熔滴未与母材接触即脱离焊丝端部，出现熄弧现象，这都导致熔滴过渡频率的降低。15V 焊接电压下，气压低至 0.6atm

后的熔滴过渡频率基本维持在20Hz左右，熔滴过渡相对平稳。所以，低气压环境下施焊需尽可能选择较低焊接电压。

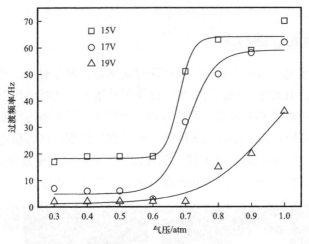

图4 熔滴过渡频率统计结果

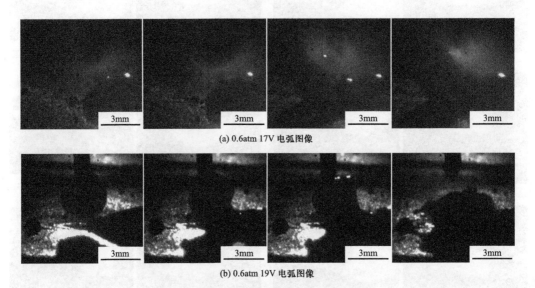

(a) 0.6atm 17V 电弧图像

(b) 0.6atm 19V 电弧图像

图5 0.6atm 低气压环境下的熔滴过渡图像

试验过程中还发现，气压越低，焊接过程越容易受到各种因素的影响。低至一定气压时，焊炬稍微增加就可能导致飞溅过大、大熔滴短路过渡、息弧等现象，进而导致焊嘴很快便堵塞；焊炬稍微减小就可能会出现起弧困难、熔滴过渡不连续、熔深极浅等现象。因此，在实际低气压环境焊接施工过程中，必须严格控制焊接工艺参数，包括严格控制焊炬高度等。

2.2 焊缝成形

试验得到的焊缝表面成形状况见表3。15V焊接电压下得到的焊缝成形均比较良好。17V和19V焊接电压下，气压降至0.6atm后，出现不同程度焊缝表面成形不良，尤其是

19V 焊接电压下的表面成形不良更加严重。如图 6 所示，19V 电压下得到的熔深很浅，且出现大量气孔。从图 5（b）也能看出，19V 焊接电压下为大熔滴短路过渡形式，电弧极易不稳定，导致焊缝保护不良，出现气孔等缺陷。但 0.3atm 环境下的焊缝质量却有所改善，具体原因尚不清晰，需做进一步验证，解释该现象。

表 3　焊缝表面成形状况统计结果

气压 / atm	焊缝表面成形状况		
	焊接电压 15V	焊接电压 17V	焊接电压 19V
1	良好	良好	良好
0.9	良好	良好	良好
0.8	良好	良好	良好
0.7	良好	良好	良好
0.6	良好	焊缝窄而高	大量气孔
0.5	良好	焊缝窄而高	大量气孔
0.4	良好	大量气孔	大量气孔
0.3	良好	良好	少量气孔

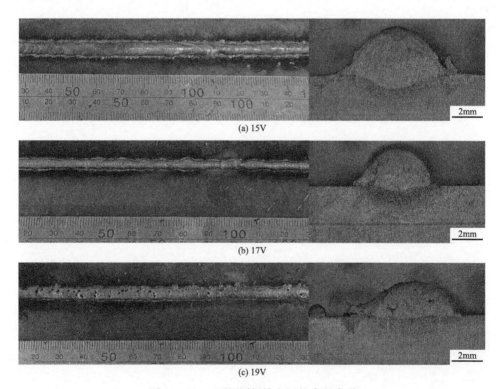

(a) 15V

(b) 17V

(c) 19V

图 6　0.6atm 下不同焊接电压的表面成形

3 结论

（1）对比不同的气压条件，随着气压降低，电弧发生扩展，电弧稳定性变差，熔滴尺寸增大。

（2）随着气压降低，熔滴过渡频率下降，尤其在0.6atm及更低的气压条件下，17V和19V电压下的熔滴过渡频率下降至2Hz左右，15V电压下的过渡频率降至20Hz左右。气压越低，焊接过程越不稳定，对焊接工艺变化越敏感。因此，在实际低气压环境焊接施工过程中，必须严格控制各项工艺参数，且采用较低焊接电压。

（3）焊缝成形质量与气压降低程度成反比，气压越低，成形越差。尤其遇较大的焊接电压时，焊缝成形质量更差，19V焊接电压下，在较低的气压环境出现大量气孔。

参 考 文 献

［1］范开果.钢轨窄间隙自动电弧焊接工艺优化与低气压环境工程应用［D］.北京：清华大学，2015.

［2］朱志明，范开果，王永东，等.低气压对自保护药芯焊丝焊缝成形的影响［J］.焊接学报，2015，36（2）：1-5，113.

［3］朱志明，范开果，刘晗，等.低气压对自保护药芯焊丝电弧特性的影响［J］.清华大学学报（自然科学版），2015，55（7）：734-738.

［4］隋永莉，吴宏.我国长输油气管道自动焊技术应用现状及展望［J］.油气储运，2014，33（9）：913-921.

［5］肖晶方，李曾珍.管道实心焊丝自动焊弧坑裂纹的产生及预防［J］.电焊机，2018，8：125-127.

原文刊登于《焊接技术》2022年第51卷第6期

某 X70 管道环焊缝裂纹成因分析

朱凤艳 [1, 2]　王　琳 [1, 2]　张效铭 [3]　苏　鑫 [1, 2]　孙巧飞 [1, 2]　马艳玲 [1, 2]

（1. 中国石油天然气管道科学研究院有限公司；2. 油气管道输送安全国家工程研究中心；
3. 中国石油天然气股份有限公司天然气销售分公司）

摘　要　某在役输气管道检测发现环缝焊根部存在裂纹缺陷，为了研究该环焊缝裂纹的成因及扩展，对含裂纹的焊口进行了外观检测、无损检测、焊缝的力学性能测试、缺陷处宏观及微观形貌观察、裂纹成因分析。结果表明，由于焊缝根部成型质量较差，根部易形成应力集中，在外力作用下，裂纹首先以脆性断裂方式在焊缝根部形成延迟裂纹，再以韧性断裂方式持续扩展。

关键词　X70 管道；环焊缝；裂纹；应力集中

近年发生了多起管道环焊缝失效事故，各管道运营企业相继开展了环焊缝排查工作[1-2]。排查过程中发现了部分带有裂纹的焊口，裂纹缺陷危害性大，严重影响管道的极限承载能力、威胁管道的服役安全。有必要研究环焊缝裂纹成因及其对管道承载能力的影响，为今后对裂纹类缺陷的治理具有借鉴指导意义。本文含裂纹焊口为热煨弯管变壁厚焊口，钢级为 X70，管径为 1016mm，上游壁厚为 30.4mm，下游壁厚为 26.2mm。针对本焊口，首先开展了无损检测分析，确定裂纹的扩展情况；然后，通过焊缝的常规性能测试，对焊缝的性能进行分析；并通过宏观形貌、微观形貌以及裂纹处断口分析对裂纹的形成及扩展规律进行了研究。

1　含裂纹焊口基本情况

该焊口为 X70 变壁厚焊口。上游钢管长度为 6m，规格 $\phi1016mm \times 30.4mm$，为 45° 热煨弯管；下游钢管长度为 11.5m，规格 $\phi1016mm \times 26.2mm$，为直焊缝埋弧焊管。该裂纹焊口所属位置位于平原地带，地势起伏较为平缓。

现场切管后，该焊口发生较大的侧向和竖向相对位移，如图 1 所示，侧向和竖向相对位移量分别为 50mm、80mm。这说明该变壁厚弯管处存在较大的组装应力或土体位移导致的管道外部载荷应力。

2　无损检测

采用射线检测（RT）、超声相控阵检测（PAUT）和超声波衍射时差法（TOFD）对环焊缝进行检测。对比建设期、开挖复拍以及实验室无损检测的 X 射线底片，底片和复评结果见图 2 和表 1。可以看出，三套底片为同一道焊口；经对比发现，在建设期底片中未发现裂纹缺陷；开挖复拍无损检测时发现该处存在长 280mm 的裂纹。

图 1　切管后的管道相对位移情况

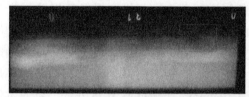

(a) 建设期(中心透照)

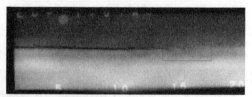

(b) 开挖复拍(双壁单影透照方式)

(c) 实验室(中心透照)

图 2　射线底片

表 1　检测结果对比

检测阶段	检测方式	检测结果
原底片记录	RT	3：14 气孔 3 点，Ⅰ级
底片复评	RT	3：14 气孔 3 点，Ⅰ级
开挖复拍	RT+PAUT+TOFD	11：42—12：34 裂纹长度 280mm，高度＞23mm
实验室检测	RT+PAUT+TOFD	11：29—12：27 裂纹长度 280mm

3 焊缝性能测试

3.1 拉伸性能、冲击性能和硬度测试

依据 GB/T 228.1—2010《金属材料 拉伸试验 第 1 部分：室温试验方法》、GB/T 229—2007《金属材料 夏比摆锤冲击试验方法》和 GB/T 4340.1—2009《金属材料 维氏硬度试验 第 1 部分：试验方法》，在环焊缝处取样，分别进行拉伸性能、冲击性能和硬度测试，结果见表 2。结果表明焊缝抗拉强度、冲击韧性和硬度满足标准要求。

表 2 环焊缝力学性能试验结果

性能	抗拉强度 /MPa		夏比冲击功 /J		硬度（HV10）	
	最小	平均	最小	平均	最大	平均
测试值	584	599	138.5	190.6	238	217.8
技术要求	≥570		56	76	≤275	

3.2 刻槽锤断测试

依据 GB/T 31032—2014《钢制管道焊接及验收》，从环焊缝取刻槽锤断试样，其中在三面刻槽然后进行刻槽锤断试验。刻槽锤断试样断面如图 3 所示，试验结果见表 3。根据 Q/SY GJX 0110—2007《西气东输二线管道工程线路焊接技术规范》标准要求，每个试样的断裂面应完全焊透和熔合，夹渣深度应小于 0.8mm，长度小于 3mm，且相邻夹渣间应至少相距 13mm 无缺陷的焊缝金属。经测量，N1、N2 存在根部未熔合，N3 试样最大夹渣 2.5mm，N4 试样最大夹渣 2.6mm，然而 N3、N4 试样相邻夹渣间隔均小于 13mm，因此刻槽锤断性能不满足标准要求。

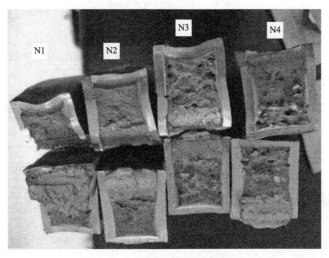

图 3 刻槽锤断试样断面

表 3　环焊缝刻槽锤断试验结果

试样编号	取样位置	结果
N1、N2	2：00—3：00、5：00—6：00	根部未熔合，小夹渣若干
N3、N4	8：00—9：00、10：00—11：00	10 余处白点，2.5mm 夹渣一处，小夹渣若干，夹渣间距小于 13mm

3.3　弯曲性能

对环焊缝取侧弯试样进行导向弯曲试验，侧弯试样照片如图 4 所示。试验结果见表 4。按照 Q/SY GJX 0110—2007《西气东输二线管道工程线路焊接技术规范》标准，在试样拉伸弯曲表面上的焊缝和熔合线区域缺陷尺寸应不大于公称壁厚的 1/2 且不大于 3.0mm；若未发现其他明显缺欠，由试样边缘上产生的裂纹长度在任何方向上均小于 6.0mm。试验结果中环焊缝钟点位 2：00—3：00、8：00—9：00 以及 10：00—11：00 均存在超标裂纹。表明该环焊缝弯曲性能不满足标准要求。

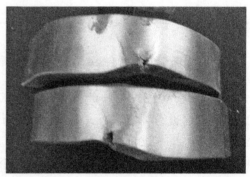

(a) S5、S6弯曲试样　　　　　　　　　　(b) S7、S8弯曲试样

图 4　侧弯试样照片

表 4　环焊缝侧弯试验结果

取样位置	试验结果
2：00—3：00（S1 和 S2）	S1 存在 4.0mm 裂纹；S2 存在 3.4mm 和 3.8mm 裂纹
5：00—6：00（S3 和 S4）	S3 存在 4.0mm 边缘裂纹
8：00—9：00（S5 和 S6）	S5 存在 5.0mm 裂纹，S6 存在 3.8mm 裂纹
10：00—11：00（S7 和 S8）	S7 存在 3.4mm 裂纹和 5.0mm 边缘裂纹；S8 存在 3.2mm 裂纹、7.0mm 边缘裂纹

4　裂纹缺陷分析

对裂纹处剖面及断口进行分析，研究裂纹的扩展规律，分析裂纹成因。

4.1 宏观形貌分析

从焊口内表面分别对裂纹位置和无缺陷位置进行宏观观察。裂纹位于11：29—12：27，裂纹位置的焊缝根部成型质量较差，存在焊瘤，如图5所示。裂纹位于薄壁钢管侧，且该处环焊缝与制管焊缝相交，根部开口比较明显；焊缝内部有明显的打磨痕迹，如图6所示。

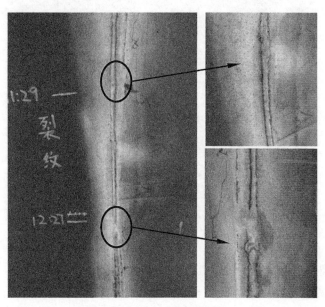

图5　裂纹处宏观照片

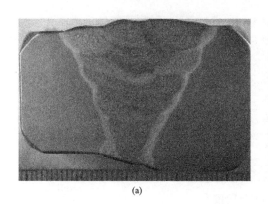 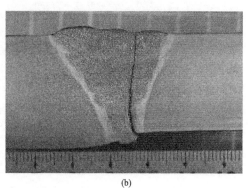

(a) (b)

图6　无裂纹试样（a）与含裂纹试样（b）

4.2 微观形貌分析

沿裂纹长度方向从裂纹试样取样进行金相显微镜观察，分析裂纹起源、扩展与走向。通过图7金相观察，可以判断主裂纹以及起裂位置位于裂纹环向长度的中间位置（即8号试样），裂纹扩展有横向扩展及深度扩展两个方向。

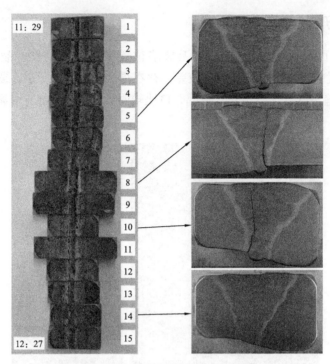

图 7　部分裂纹试样裂纹处宏观照片

通过对多个裂纹试样进行金相观察，可以推断裂纹的扩展过程基本分为三个阶段：根部起裂阶段、扩展至填充层第二层阶段（图8）和最后稳定扩展阶段，直至扩展至盖面位置。

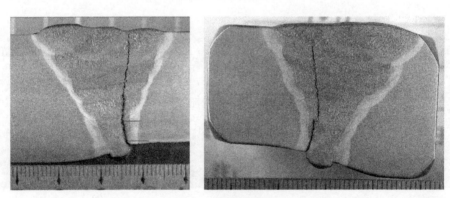

图 8　裂纹扩展阶段

为直观显示各阶段过程，对裂纹环向中间位置（起裂源处）的裂纹扩展各阶段进行测量和描绘，如图9所示。图9中0点对应的是8号式样位置，结束点对应的是12号试样。可以看出，根部起裂处最大高度不足1mm；而最终，裂纹最大高度距焊口外壁表面仅0.8mm。

对主裂纹进行金相观察，如图10所示。裂纹整体扩展路径与外力垂直，说明裂纹扩展过程中与外力作用相关。此外，从裂纹形貌及二次裂纹可以确定起裂位置在裂纹根部熔合线处。

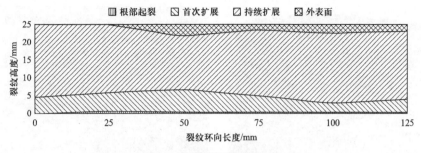

图 9　起裂源附近裂纹扩展

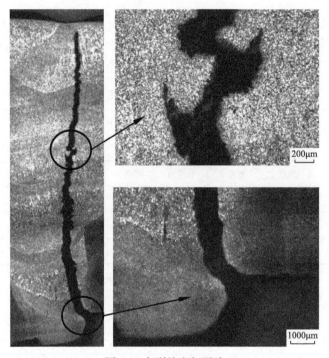

图 10　主裂纹金相照片

从前期宏观分析可知，裂纹位于焊缝根部成型较差的顶部位置。顶部焊缝与母材过渡不光滑，根部焊瘤处易造成局部应力集中[3]。

为进一步研究裂纹开裂的原因，从内部补焊的根部成型好的位置取样与未补焊的含裂纹试样进行对比。通过对比可见含裂纹试样根焊两侧热影响区的宽度较大，结果见表 5，表明裂纹位置根焊热输入量较大（图 11）。

表 5　根焊热影响区宽度

试样类型	根焊热影响区宽度 /mm	
	薄壁侧	厚壁侧
根焊成型好（CXG1，8：00）	0.6	0.6
含裂纹试样（LW8，12：00）	1.2	2.3

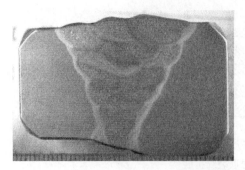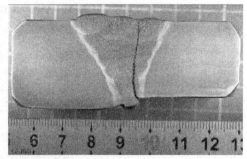

图 11　根焊热影响区对比

　　为进一步验证根焊强度，分别对试样根焊两侧熔合线处进行了显微硬度测试 HV1，结果见表 6。根据结果可知裂纹试样根焊硬度明显低于无裂纹试样，再次印证裂纹位置根焊热输入量大，根部强度较差，易产生应力集中[4-6]。

表 6　熔合线显微硬度

位置	熔合线硬度 HV1								
	薄壁侧				厚壁侧				
	测点 1	测点 2	测点 3	平均值	测点 1	测点 2	测点 3	测点 4	平均值
裂纹试样	201.5	208.3	228.3	212.7	193.5	225.7	167.3	—	195.5
无裂纹试样	233.4	231.1	206.0	223.5	199.9	217.8	244.4	198.1	215.1
	205.1	229.1	223.4	219.2	285.9	255.8	209.1	—	250.3

4.3　断口分析

　　为进一步分析裂纹的开裂特性及扩展情况，将含主裂纹的试样（8 号试）放入液氮中冷却、压断、除锈、钝化后用扫描电镜观察。从图 12（a）中可看出根部有一区域（椭圆框内）的断口形貌与其他部位的断口形貌均不相同。将该处放大，在该区域分界线上下分

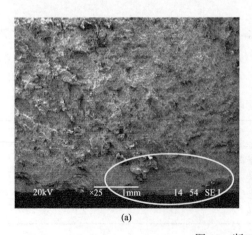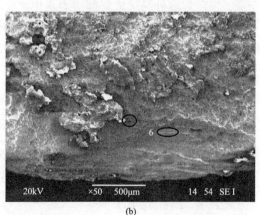

（a）　　　　　　　　　　　　　　（b）

图 12　断口扫描电镜照片

别进行观察，如图 13 所示，在该区域分界线上方［图 13（a）］，断口断裂形式为大的韧窝断裂，说明该处是韧性断裂；在分界线下方［图 13（b）］，断口形貌是撕裂棱状，存在明显的分界线。因此判断该区域为起裂源。

 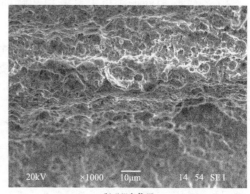

(a) "4" 点位置   (b) "6" 点位置

图 13   "4" 点和 "6" 点位置

对起裂源处进一步观察，发现起裂位置的断裂模式是以沿晶断裂和部分解理断裂为主，属于典型的脆性断裂特征。而扩展区主要是以韧性断裂为主，如图 14 所示。另外，通过观察并未发现加热灼烧的痕迹。结合金相观察下发现的微小裂纹以及使用的焊材特征，可以推断起裂位置在焊接后有氢参与的延迟裂纹，在较大的应力集中下，发生裂纹起裂[7]。

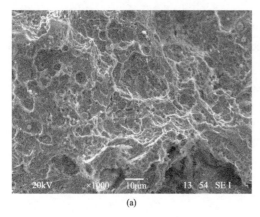 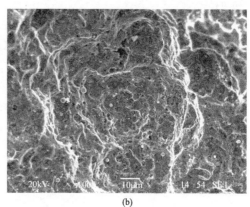

(a)   (b)

图 14   扩展区韧性断裂

5   结论

（1）根据现场割口换管情况，该焊口切管后发生较大的侧向和竖向相对位移，表明该焊口存在较大的应力。经对比焊口建设期底片和开挖复拍底片，在建设期焊口相应位置未发现缺陷，说明该裂纹为运营期形成的。经力学性能测试，焊缝拉伸性能及冲击韧性良好，刻槽锤断试样夹渣较多，个别弯曲试样的裂纹长度超出标准可接受的长度，不满足标准要求。

（2）裂纹起裂于根部熔合线处，该位置成型质量较差，与母材过渡不圆滑，且硬度较小，为焊接接头软化区，易导致根部应力集中。

（3）裂纹起裂处形貌以沿晶断裂和解理断裂为主，属于脆性断裂。由于焊缝韧性较好，后期裂纹的扩展形式属于韧性扩展。

（4）焊缝失效原因为焊缝根部成型质量较差，熔合线处存在软化，根部易形成应力集中，在外力作用下，首先以脆性断裂方式在焊缝根部形成延迟裂纹，并以韧性断裂方式持续扩展。

参 考 文 献

［1］任俊杰，马卫锋，惠文颖，等.高钢级管道环焊缝断裂行为研究现状及探讨［J］.石油工程建设，2019，45（1）：1-5.

［2］冼国栋，吕游.油气管道环焊缝缺陷排查及处置措施研究［J］.石油管材与仪器，2020，6（2）：42-45.

［3］刘江洪.焊缝外观缺陷对焊缝质量的影响分析及应对措施［J］.人民长江，2020，51（S2）：230-233.

［4］牛靖，陈宏进，刘甲，等.X70大变形钢焊接接头热影响区软化及其影响研究［J］.热加工工艺，2016，45（21）：176-177.

［5］牛靖，张恩涛，吕玉海，等.X70大变形管环焊接头及断裂机制研究［J］.精密成形工程，2020，12（1）：86-91.

［6］李恒，黄智泉，张翅，等.合金高强耐磨钢焊接接头软化现象研究［J］.热加工工艺，2020，49（17）：19-23.

［7］Brown I H, Costin W L, Barbaro F, et al. Application of SEM-EBSD for measurement of plastic strain fields associated with weld metal hydrogen assisted cold cracking［C］//Proceedings of the 9th International Pipeline Conference，2012.

原文刊登于《热加工工艺》2021年第50卷第17期

装 备 篇

单枪自动焊在管道连头口应用中的改进研究

刘晓文　牛连山　梁明明　李　阳

（中国石油天然气管道科学研究院有限公司）

摘　要　利用内焊机根焊＋实心焊丝气保下向自动焊进行长输管道焊接施工具有过程易于控制、焊接效率高、质量稳定的优势。然而，由于组对和坡口因素，原有的自动焊技术在管道连头施工中难以应用。连头口具有宽窄不一、错边量大的特点，为实现管道连头的自动化焊接，以 CPP900-W1 单焊炬管道自动焊系统为基础，采用药芯焊丝气保护焊工艺，通过试验对装备功能及工艺参数进行优化，在坡口组对错边量 3mm，平焊位置和仰焊位置组对间隙相差 2mm（平焊位置组对间隙 2.5mm，仰焊位置组对间隙 4.5mm），得到能够满足连头口自动焊要求的焊接装备和焊接工艺参数，焊缝无损检测结果及力学性能均满足相关标准的要求。该设备和工艺现已在中俄东线现场得到应用且效果良好，大幅降低了焊工劳动强度，同时提高了焊接效率。

关键词　油气管道；自动焊；单焊炬；焊接效率

人类对石油和天然气需求的不断增加推动着油气管道向大口径、大壁厚、高钢级方向发展，与之相适应的管道焊接技术和焊接装备也在发生着巨大变化。近年来，自动焊在我国管道建设中已逐渐占据主体地位[1-3]。然而，管道施工建设中往往不可避免地会受到地理条件、人文和社会环境等外界因素的影响，导致现场多处留头[4]，而连头口组对后的焊口尺寸难以控制，容易出现宽窄不一、错边量大的情况，这严重制约了自动焊在连头口焊接施工领域的应用，目前现场连头口仍多使用手工和半自动焊的方法，焊接效率较低，影响焊接进度，严重的还会延误工期、增大施工成本[5-6]。此外，近年来管道失效案例证明，手工和半自动焊已难以适应高钢级管道焊接要求[7-8]。

目前我国长输管道自动焊最常用的焊接方法是内焊机根焊＋实心焊丝气保下向自动焊（单焊炬热焊、双焊炬填盖）。相比传统的焊条电弧焊和半自动焊具有焊接效率高、焊接热输入小、接头性能好的优势，该焊接方法多用于主体管线施工，如近两年建设的漠大二线、陕四线、中靖线和正在建设的中俄东线等，其主体管线建设主要采用的正是这种焊接方法[9-11]。但这种焊接方法需要使用内焊机在内部进行根焊，且外焊工艺对坡口尺寸精度要求较高，坡口适应性较差，很难满足连头口的焊接。因此，亟需开发一种能够适应连头口焊接的自动焊焊接方法和设备[12-14]。

1 试验条件

1.1 管道连头口特点

受地理条件、人文和社会环境等外界因素的影响，管道施工往往不能连续作业，而需要在建设受阻的位置留头（如未完成征地协调的位置，铁路、河流、公路、山区等需要开挖或者穿越的位置等），在其他位置重新起头进行敷设。在管线交付投产前，在留头的位置将未连接完成的管道连接起来即为管道连头，管道连头口可分为自由口和固定口，自由口中母管相对固定，待组对的管子可进行旋转和移动，而固定口中两端的管道均无法进行旋转和自由移动。管道连头口由于作业面小、作业区域分散，不适宜流水作业施工，且使用的钢管多为主线路施工剩余或反复切割后的管道，管口变形较大、椭圆度较高。因此，由于管道和组对条件受限，连头口具有错边量大、组对间隙宽窄不一的特点，是管道焊接施工的难点和重点。

1.2 试验方法和设备

相比实心焊丝气保下向焊，药芯焊丝气保上向焊具有焊接质量稳定、焊接过程易于控制、操作简便等优势[15-17]，更适用于连头口的焊接。试验采用药芯焊丝气保上向焊的方法进行热焊、填充和盖面焊接；使用手工氩弧焊进行根焊，在文中不做讨论（现场亦有使用 STT、RMD 进行根焊，手工氩弧焊根焊质量较好）。

在管道自动焊作业中，用到的主要加工和焊接设备有管道坡口机、管道内焊机和管道外焊机。管道外焊机按照焊炬个数分为单焊炬和双焊炬外焊机[18]。目前国内外生产管道自动焊设备的厂家主要有美国 CRC-evans 公司、法国 Serimax 公司、中国石油天然气管道科学研究院有限公司、四川成都熊谷加世电器有限公司，在近两年的工程中，国产自动焊设备已逐渐取代了进口设备，成为国内自动焊作业的主力军[19-22]。试验选用 CPP900-W1 单焊炬外焊系统（图 1），该焊接系统为中国石油天然气管道科学研究院有限公司自主研发、设计、生产的管道全位置自动焊系统，包括智能控制系统、焊接电源、焊接小车和轨道[23]。试验所用管材是 X80 管线钢，尺寸规格为 $\phi 1422\text{mm} \times 21.4\text{mm}$。试验

图 1　CPP900-W1 外焊系统

所用焊材为京雷 AFR-91K2M，保护气体为 ϕ（Ar）80%+ϕ（CO$_2$）20% 混合气，气体流量为 20～25L/min。使用单"V"形坡口进行试验（图 2）。首先，按要求的尺寸组对焊接进行焊接工艺参数的摸索；其后，针对模拟现场连头口对口间隙不匀、错变量大的特点，进行坡口适应性焊接试验，坡口组对时调整错边量最大达到 3mm（焊接工艺规程内允许的最大错边量），平焊位置和仰焊位置的组对间隙相差 2mm（平焊位置组对间隙 2.5mm，仰焊位置组对间隙 4.5mm）。

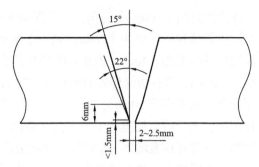

图 2 管道坡口及组对示意图

完成管口组对和打底焊后，进行热焊、填充和盖面焊接工艺参数的摸索。CPP900-W1 自动焊系统中可调的焊接参数有送丝速度、焊接速度、电压修正、摆动宽度、摆动时间、边缘停留时间，焊接程序选择一元化药芯气保焊（1-MIG-R004）程序，焊接过程中电流、电压值根据给定的送丝速度和电压修正值按照工艺曲线自动匹配。整个焊口按空间位置划分为 12 个区域，每个区域的参数可单独设置（图 3）。

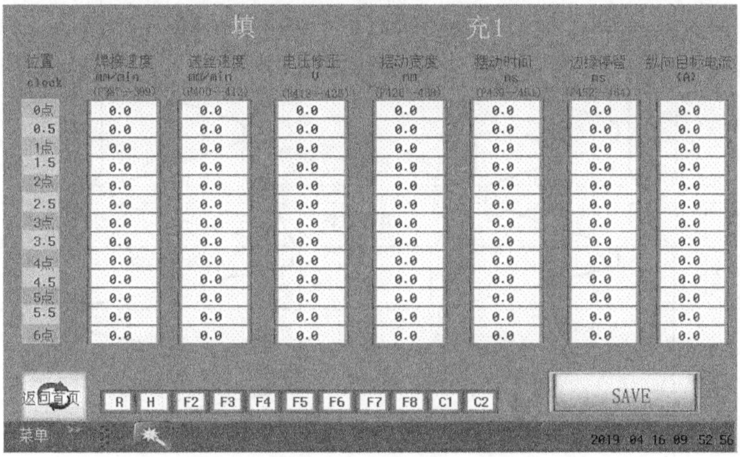

图 3 CPP900-W1 参数调整界面

2 设备及工艺改进

2.1 设备功能改进

2.1.1 摆宽调节功能改进

对于坡口宽度变化较大的连头口的焊接，要求控制系统对手持盒的焊接速度和摆动宽度调整响应速度快，原 CPP900-W1 主控系统在接收到手持盒焊接速度或摆动宽度参数调整信号后，对信号分析处理，为避免在摆动电动机转动过程中调整参数，应在下一个摆动周期开始时做出调整。以焊接速度 180mm/min、单程摆动时间 500ms（不含边停时间）、边缘停留时间（200ms）为例，一个摆动单程焊枪沿焊接方向移动距离为3mm，边缘停留时间内焊枪移动距离为1.2mm，则一个摆动周期内（包含两个摆动单程和两个边缘停留）焊枪移动距离为8.4mm。当在 t 时刻焊工通过观察发现焊枪摆宽不足，假设焊工反应时间小于200ms，即在边缘停留时间内（t_1 时刻）按下摆动增幅按键，忽略程序内信号判读及预处理时间（小于10ms），在优化前，程序设定为当前摆动周期内接收到的按键信号经过处理之后需等待焊枪进入下一个摆动周期时再执行动作，则从焊工按下摆动增幅按键（t_1 时刻）到实际摆宽增大（t_2 时刻）焊枪沿焊接方向的移动距离为7.2mm，若摆宽与实际焊道宽度差距较大，则在该段距离内容易出现坡口边缘未熔合或夹渣缺陷，这对焊接质量极其不利。为此，对程序进行优化，焊接过程中系统通过摆动电动机控制信号和反馈信号对焊枪位置（摆动阶段或者边停阶段）进行实时监控，当主控系统接收到焊枪摆宽调整信号，首先对当前焊枪位置进行判断，如焊枪处于摆动阶段，则在下一个边停阶段进行电动机参数调整，如焊枪处边停阶段，则立即对电动机参数进行调整，程序优化后当按键在 t_1 时刻按下，在 t_1' 时刻（即下一个摆动单程时刻）焊枪摆宽即做出调整（图4），这大大减小了因宽度差异造成的坡口边缘未熔合和夹渣的概率。

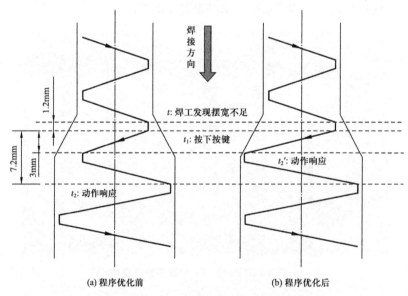

(a) 程序优化前　　　　　　　　(b) 程序优化后

图4　程序优化前后摆宽调节过程示意图

2.1.2　速度调节功能改进

当坡口宽度增大时，增大摆宽的同时也需要减慢焊接速度，以保证焊层填充高度，这给焊工操作带来很大不便，可能会由于某一参数调节滞后而产生焊接缺陷，因此，需建立一种摆宽与焊接速度联动的调节机制。假设两侧坡口角度一致，即宽度变化仅是由组对间隙差异引起的，经过简单推导，可以得到以下联动关系式：

$$\Delta_v = \frac{\eta S_w v_f v_s \rho_w}{\eta S_w v_f \rho_w + \Delta_{os} h v_s \rho_{钢}} - v_s \tag{1}$$

式中：Δ_v 为进行摆宽调节时的速度调整量，mm/min；η 为使用该工艺焊接时焊丝的熔敷率，经实际测算约为 90%；S_w 为焊丝截面积，对于 ϕ1.2mm 药芯焊丝 S_w 为 1.13mm²；v_f 为送丝速度，mm/min；v_s 为焊接速度，mm/min；ρ_w 为焊丝密度，kg/m³，试验使用的焊丝密度约为 6318kg/m³；$\rho_{钢}$ 为钢的密度，7800kg/m³；Δ_{os} 为摆宽调整量，mm；h 为单层填充高度，mm，对于此工艺方法焊缝单层厚度一般设计为 3～4mm，此处 h 取 4mm。

将该联动关系放入程序中对摆宽调节时的速度调整量进行计算，其中 v_f、v_s、Δ_{os} 可通过程序读取，其余参数按上述给定进行设置，实现了摆宽调节与焊接速度的同步调整。通过反复试验，使用该算法进行焊接速度随摆宽的同步调节，能够保证焊口宽窄不一时，焊层厚度维持一致。

2.1.3 边缘停留调节功能改进

当坡口组对错边量较大，在进行最后一层填充焊时，为保证两侧坡口均熔合良好，需要使电弧在较高一侧坡口停留更长时间，以保证该侧坡口熔合并填入足够的填充金属。原 CPP900-W1 摆动焊时，两侧边缘停留时间相同，不能单独调节。为适应错边量大的连头口焊接，在每一层的焊接参数中增加一组变量用于分别调节摆动时的左、右边停时间，同时增加触摸屏左右边停时间显示功能，使焊工在焊接时可以根据实际情况对左、右边停时间单独进行调整，并能够通过触屏实时观察当前执行的参数（图 5）。

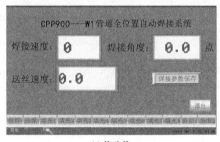 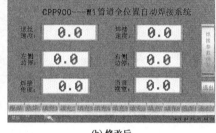

(a) 修改前　　　　　　　　　　　　　　(b) 修改后

图 5　修改前后的触屏显示界面

2.2　焊接工艺优化

2.2.1　焊接工艺参数摸索

对于试验采用的坡口和壁厚，根焊后需进行热焊 1 层，填充焊 3 层，盖面焊 1 层，接头的宏观金相照片（图 6）显示，各层间和坡口熔合良好，焊层单层厚度适中。通过反复焊接试验对不同位置的焊接参数进行摸索及优化，获得最佳焊接工艺参数，见表 1。可见，越靠近外层，摆动宽度越大，摆动时间与边停时间增大，焊接速度相应降低；对于同一焊层不同位置，仰焊和立焊位置由于熔池受力状态特殊，为保证焊缝成形及坡口熔合，需将焊接速度与送丝速度设置较小，摆宽、摆动时间、边停时间设置较大，从立焊到平焊位置，焊接速度与送丝速度逐渐加大，摆宽、摆动时间、边停时间逐渐减小。

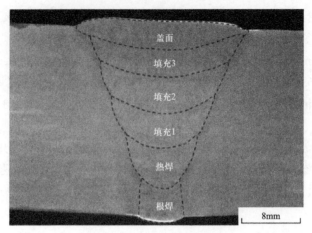

图 6　接头的宏观金相照片

表 1　试验所得焊接工艺参数

焊道	送丝速度 v/（mm/min）	焊接速度 v/（mm/min）	电压修正/%	摆动宽度 A/mm	摆动时间 t/ms	边停时间 t/ms
热焊	6.0～7.5	160～240	−2～0	3～5	100～200	100～200
填充 1	6.5～8.0	160～240	−2～0	5～8	100～300	150～250
填充 2	6.5～8.0	150～230	−2～0	8～12	150～400	150～250
填充 3	6.5～8.0	140～220	−2～0	12～15	200～500	150～300
盖面	6.5～7.5	140～200	−2～0	15～18	300～600	150～300

2.2.2　坡口适应性试验

使用程序优化后的 CPP900-W1 采用上述焊接参数进行坡口适应性试验。按焊接工艺规程允许范围内的极限进行组对，即错边量最大位置达到 3mm，对口间隙最大位置和最小位置相差 2mm。对焊后接头进行无损检测，射线检测根据 SY/T 4109—2013《石油天然气钢制管道无损检测》评定Ⅰ级合格（验收等级为Ⅱ级），相控阵超声波根据 CDP-G-OGP-OP-153-2019-2《油气管道工程相控阵检测技术规定》评定Ⅰ级合格（验收等级为Ⅱ级）。由错边量 3mm 位置接头宏观金相（图 7）及对口间隙最大位置和最小位置接头宏观金相（图 8）可见，接头内各层间均与坡口熔合良好，无明显缺陷。

2.2.3　接头性能试验

依据《中俄东线天然气管道工程技术规范》、CDP-G-OGP-OP-081.01-2016-1《油气管道工程焊接技术规定》和国家标准 GB/T 31032—2014《钢质管道焊接及验收》对焊接接头进行取样和性能分析试验，检测项目及试样数量为：横向拉伸试样 4 个、全焊缝拉伸试样 2 个、刻槽锤断试样 4 个、侧弯试样 8 个、背弯试样 4 个、金相试样 3 个、硬度试样

3个、冲击（–20℃）试样 36个、系列冲击（0℃、–10℃、–20℃、–30℃、–45℃、–60℃）试样 72个。试验数据见表2至表6，冲击试验数据量较大，此处不一一列举，表6列出了各组冲击试验的单个最低值和最低平均值。各项力学性能指标均满足相关标准和规范要求。

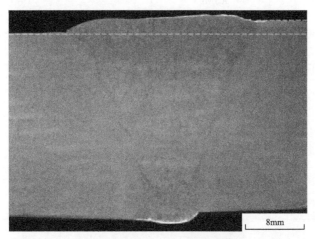

图 7　对口错边量为 3mm 位置接头的宏观金相照片

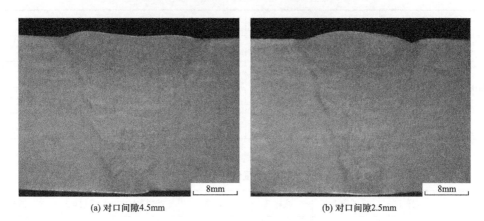

(a) 对口间隙4.5mm　　　　　　　　　　　(b) 对口间隙2.5mm

图 8　不同对口间隙位置接头的宏观金相照片

表 2　拉伸试验数据

横向拉伸试验					全焊缝拉伸试验			
检测标准	仪器设备	编号	抗拉强度 R_m/MPa	断裂位置	检测标准	仪器设备	编号	断后延伸率 A/%
GB/T 2651—2008 GB/T 228.1—2010A444	100t 微机控制电液伺服万能试验机 SHT5106-P	1	647	母材	GB/T 228.1—2010	60t 微机控制电子万能试验机 CMT5605	1	23.5
		2	658	母材				
		3	647	母材			2	22.5
		4	637	母材				

表3 弯曲试验数据

侧弯试验				背弯试验			
检测标准	仪器设备	编号	抗拉强度 R_m/MPa	检测标准	仪器设备	编号	断后延伸率 A/%
GB/T 2653—2008	100t 弯曲试验机 BHT5106	1	未见明显裂纹、缺欠	GB/T 2653—2008	100t 弯曲试验机 BHT5106	1	未见明显裂纹、缺欠
		2	未见明显裂纹、缺欠				
		3	未见明显裂纹、缺欠			2	未见明显裂纹、缺欠
		4	未见明显裂纹、缺欠				
		5	未见明显裂纹、缺欠			3	未见明显裂纹、缺欠
		6	未见明显裂纹、缺欠				
		7	未见明显裂纹、缺欠			4	未见明显裂纹、缺欠
		8	未见明显裂纹、缺欠				

表4 刻槽锤断试验数据

检测标准	仪器设备	编号	试验结果
GB/T 31032—2014	微机控制伺服万能试验机 SHT5106-P	1	未见明显缺欠
		2	未见明显缺欠
		3	未见明显缺欠
		4	未见明显缺欠

表5 硬度试验数据

位置	试样 1	试样 2	试样 3	位置	试样 1	试样 2	试样 3
1	249	237	240	9	221	221	218
2	240	233	227	10	232	247	230
3	213	219	207	11	245	247	227
4	243	233	238	12	245	235	232
5	240	235	247	13	245	235	230
6	216	240	237	14	224	228	232
7	237	215	249	15	225	227	227
8	237	228	240	16	222	233	232

注：检测标准 GB/T 4340.1—2009，仪器设备为布维硬度计 HBV-30A。

表6 冲击试验数据

位置	系列冲击试验		
	温度 T/℃	单个最低值 A_{KV}/J	最低平均值 A_{KV}/J
单个最低值为64J，最低平均值为68J	0	82.5	85
	−10	84	90
	−20	65	74.5
	−30	59	64.5
	−45	45	47.5
	−60	27	33

注：试验标准 GB/T 229—2007，摆锤冲击试验机 ZBC-2452-C。

3 现场应用及后期工作展望

目前，经过升级优化的 CPP900-W1 设备已在中俄东线北段管道连头焊接中得到广泛应用且效果良好，自动焊焊层缺陷率较低，其合格率可达 90% 以上。与传统的手工和半自动焊相比，大大降低了焊工的劳动强度，同时焊接效率提高了约 50%。在使用 CPP900-W1 自动焊连头施工中发现，制约连头口焊接合格率的主要因素为根焊质量不稳定，由于管道自动外根焊技术现场应用较少，目前连头口根焊仍采用手工或半自动焊，根焊质量受焊工水平和状态影响极大，高水平的根焊工资源稀缺，用工成本也大幅增加。此外，近年来的管道失效案例证明根焊质量对管道环焊缝力学性能及管道服役安全性影响巨大，管道工程对根焊质量的要求也日益严格。因此，在具备连头自动焊功能的 CPP900-W1 基础上增加根焊功能，解决管道全位置自动根焊的问题，将成为后续解决管道连头自动焊问题的工作重点。

4 结论

（1）针对管道连头口开口不匀、错边量大的特点，优化 CPP900-W1 自动焊系统的摆动宽度调节功能、速度调节功能和边缘停留调节功能，能够满足连头口焊接的使用要求，实现了长输管道连头口的自动化焊接。

（2）使用优化后的 CPP900-W1 自动焊系统开展焊接工艺试验，得到了一套 ϕ1422mm × 21.4mm 管道自动焊工艺参数；坡口适应性试验表明使用该自动焊系统及焊接工艺能够满足连头口焊接要求，焊缝成形美观、焊接质量满足现场检测标准要求；接头力学性能试验表明，各项性能指标均满足相关规范要求。

（3）CPP900-W1 自动焊系统及工艺已在中俄东线北段连头焊接中得到广泛应用，焊接合格率高、降低了焊工劳动强度并大幅提高了焊接效率。

（4）目前管道连头自动焊主要应用于填充和盖面焊接，根焊仍采用手工和半自动焊方式，根焊效率低且质量不稳定，因此在原自动焊基础上开发适用于管道连头应用的根焊功能将成为后面的工作重点。

参 考 文 献

［1］董连江，丁鹤铭，张东浩．中俄原油管道二线工程项目施工管理模式［J］．油气储运，2018，37（1）：80-86.

［2］闫臣，王玉雷，薛振奎．油气管道自动焊技术的发展及展望［J］．焊接技术，2016（5）：83-88.

［3］姜昌亮．中俄东线天然气管道工程管理与技术创新［J］．油气储运，2020，39（2）：121-129.

［4］习凤东，孙国瀚，牛志勇，等．石油长输管道自动焊连头工艺的研究［J］．石油天然气学报，2019，41（3）：27-30.

［5］隋永莉，郭锐，张继成．管道环焊缝半自动焊与自动焊技术对比分析［J］．焊管，2013，36（9）：38-47.

［6］程玉峰．保障中俄东线天然气管道长期安全运行的若干技术思考［J］．油气储运，2020，39（1）：1-8.

［7］狄彦，帅健，王晓霖，等．油气管道事故原因分析及分类方法 研究［J］．中国安全科学学报，2013，23（7）：109-115.

［8］帅健，王旭，张银辉，等．高钢级管道环焊缝主要特征及安全性评价［J］．油气储运，2020，39（6）：623-631.

［9］隋永莉．新一代大输量管道建设环焊缝自动焊工艺研究与技术进展［J］．焊管，2019，42（7）：83-89.

［10］周军，张春波，齐秀滨，等．石油、天然气管道焊接工艺现状及展望［J］．焊接，2011（8）：4-9.

［11］蒲明，李育天，孙骥姝．中俄东线天然气管道工程前期工作创新点及创新成果［J］．油气储运，2020，39（4）：371-378.

［12］黄福祥．大口径长输管道内环缝自动焊设备及工艺研究［D］．天津：天津大学，2009：8-15.

［13］袁吉伟，张敬洲，朱文学．中俄东线长输管道自动焊焊接难点解析［J］．金属加工（热加工），2020，3：30-32.

［14］鹿锋华，李曾珍，张世杰，等．管道自动焊典型缺陷焊接预制方法分析研究［J］．焊接技术，2020，49（4）：90-93.

［15］ZENG H L, WANG C J, YANG X M, et al. Automatic welding technologies for long-distance pipelines by use of all-position self-shielded flux cored wires［J］. Natural Gas Industry B, 2014, 1（1）: 113-118.

［16］R Ashari, A Eslami, M Shamanian. Effect of weld heat input on corrosion of dissimilar welded pipeline steels under simulated coating disbondment protected by cathodic protection［J］. Journal of Materials Research and Technology, 2020, 9（2）: 2136-2145.

［17］BinLiu, Lu-yaoHe, Hai Zhang, et al. The axial crack testing model for long distance oil-gas pipeline based on magnetic flux leakage internal inspection method［J］. Measurement, 2017, 103: 275-282.

［18］张锋，刘晓文，徐欣欣，等．山区管道自动焊设备与工艺研究［J］．电焊机，2018，48（2）：37-41.

［19］吕健，马子健，王亮．中俄东线D1422mm管道自动焊装备应用及分析［J］．焊接技术，2019，48（6）：61-64.

［20］Fernando Moreira Suyama, Myriam Regattieri Delgado, Ricardo Dutra da Silva. Deep neural networks based approach for welded joint detection of oil pipelines in radiographic images with double wall double image exposure［J］. NDT&E International，2019（105）：46-55.

［21］张毅，刘晓文，张锋，等. 管道自动焊装备发展现状及前景展望［J］. 油气储运，2019，38（7）：721-727.

［22］邓宗生，张贝. 钢管柱全位置自动焊接装置研究及应用［J］. 电焊机，2020，50（4）：52-56.

［23］张毅，张锋，李欣伟，等. CPP900-W1 管道自动焊气孔产生原因及解决方法［J］. 热加工工艺，2017，46（19）：256-261.

原文刊登于《电焊机》2021 年第 51 卷第 11 期

拱顶储罐内壁板防腐自动化施工装备稳定性分析与研究

郭奇超

（中国石油天然气管道科学研究院有限公司）

摘 要 拱顶储罐内壁板防腐自动化施工装备的多节桁架结构长细比较大，柔性增加，其稳定性成为能否满足安全生产的重要指标。针对多种工况，利用 ANSYS 软件建立该装备整机结构的有限元模型并进行运动仿真分析，通过力学计算进行整机结构抗倾覆稳定性分析，完成对整机稳定性校核。该装备具有很强的抗倾覆能力，能够满足现场施工对稳定性和安全性的要求。

关键词 拱顶储罐；防腐自动化施工；长细比；有限元；抗倾覆；稳定性

随着我国经济的快速发展和油气管网的逐步完善，储罐工程建设迎来了新的高潮。储罐工程的防腐施工质量和难度对现有的技术水平提出了更高要求。拱顶罐内储罐壁板内防腐自动化施工装备作为一种新型设备在施工质量和技术上能够满足现场施工要求，但这种装备的升降机构采用多节桁架结构长细比较大，柔性增加，其稳定性成为能否满足安全生产的一个重要指标。因此，整体设计应考虑运用模拟仿真分析和抗倾覆力学计算，校核整机稳定性。

1 稳定性分析

1.1 模型建立

储罐壁板内防腐自动化施工装备主要由八字形钢架、多节桁架标准节、可调撑杆以及滚刷打磨机等部分组成。利用 ANSYS 软件建立该设备整机结构的有限元模型，如图 1 所示。

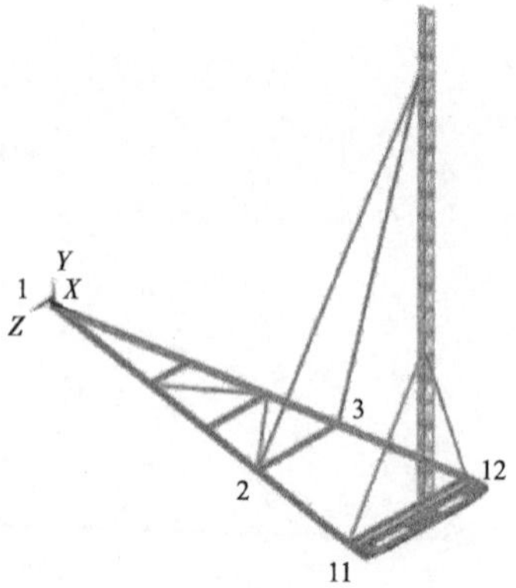

图 1 整机结构有限元模型

1.2 工况模拟仿真

如图 1 所示，关键点 1 为整机的旋转支撑点，根据实际工况在分析时约束了 X、Y、Z 三个方向的位移自由度以及绕 X、Z 轴的旋转自由度。关键点 2、3、11、12 为钢架上行走轮所处位置。在启动及停止工况时设备整体是静止的临界状态，因此这几个位置约束 Y、Z 两个方向的位移自由度；在正常工作状态，设备保持匀速转动，并且立架对于钢架的相对位移才是需要关注的，因此这几个位置也约束 Y、Z 两个方向的位移自由度。

1.2.1 设备启动和停止

设备启动阶段，驱动轮带动设备从静止加速到工作速度 2m/min，加速时间为 1s，整机所受载荷包括自身重力以及启动时加速度产生的惯性力。

设备启动过程加速度：

$$a = \Delta v / \Delta t = 2 / 60 = \frac{1}{30} \text{m} / \text{s}^2 \tag{1}$$

直接从 ANSYS 内部读取所建模型各部分的质量，底面八字形钢架质量为 1357.73kg，桁架结构质量为 425.52kg，长可调撑杆质量为 264.65kg，短可调撑杆质量为 92.41kg。滚刷打磨一体机及升降滑架总质量为 500kg，将其自重和惯性力以载荷的形式施加在桁架相应节点位置。根据公式 $F=ma$ 得出各部分结构的惯性力如下：

桁架惯性力：

$$F = ma = 425.52 \times \frac{1}{30} = 14.18 \text{N} \tag{2}$$

长撑杆惯性力：

$$F = ma = 264.65 \times \frac{1}{30} = 8.82 N \tag{3}$$

短撑杆惯性力：

$$F = ma = 92.41 \times \frac{1}{30} = 3.08 N \tag{4}$$

底面八字形钢架惯性力：

$$F = ma = 1357.73 \times \frac{1}{30} = 45.24 N \tag{5}$$

打磨机及滑架惯性力：

$$F = ma = 500 \times \frac{1}{30} = 16.67 N \tag{6}$$

考虑最危险情况，按照滚刷打磨一体机及其相关设备位于立架顶部（距地面约 15.8m）的情况施加载荷。ANSYS 计算结果如图 2 和图 3 所示。图 2 为设备总体变形云图，最大变形为 2.46mm，出现在立架最上端。图 3 为立架的总体变形云图，最大变形为 2.46mm。其中 Z 向变形 0.51mm，X 向变形 2.37mm。设备总体最大应力为 10.69MPa，出现在立架底部。

通过计算结果可知设备启动工况下最大应力仅为 10.69MPa，远小于材料的许用应力

420MPa，因此整机机构的强度满足使用要求。设备启动工况下最大变形为立架最上端，最大变形量 2.46mm，而整个立架总高度约为 16.6m，变形率仅为 0.15‰，因此满足使用要求。分析计算结果，主要由于整机结构稳定运行的速度仅为 0.033m/s，因此整机结构启动工况下的惯性力较小，因此计算得到的整机结构最大应力和最大变形很小，完全满足使用要求。设备在停止时的受力情况与启动时类似，惯性力大小相同、方向相反，设备停止工况下整机结构满足强度及刚度要求[1-2]。

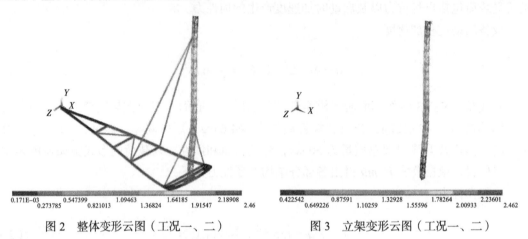

图 2　整体变形云图（工况一、二）　　　　图 3　立架变形云图（工况一、二）

1.2.2　滑架在立架底部，打磨机启动和停止

工作状态下，设备整体绕旋转定位支撑点做匀速转动，角速度：

$$\varpi = 0.048\text{rad/s} \tag{7}$$

此工况下打磨位置距地面约 0.71m。由于打磨机启动和停止时和储罐壁面是不接触的，所以立架只受打磨机和滑架本身自重，不受压力和摩擦力。因此将打磨机启动和停止的工况合并在一起计算。ANSYS 计算结果如图 4 和图 5 所示，图 4 为设备总体变形云图，最大变形为 9.29mm，出现在长可调支撑杆中部。图 5 为立架的总体变形云图，最大变形为 2.06mm，出现在立架中部靠上位置。其中 Z 向最大变形 0.02mm，X 向最大变形 2.00mm。设备总体最大应力为 14.30MPa，出现在立架底部。整体结构满足强度及刚度要求。

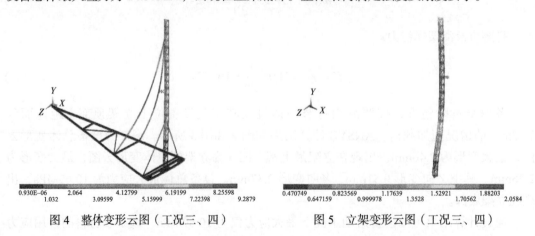

图 4　整体变形云图（工况三、四）　　　　图 5　立架变形云图（工况三、四）

1.2.3 滑架在立架底部，打磨机工作

角速度除了打磨机及滑架自重外，打磨机所受压力为49N，由压力所产生的摩擦力为

$$f=uF=0.3 \times 49=15N \tag{8}$$

Ansys计算结果如图6和图7所示。图6为设备总体变形云图，最大变形为9.29mm，出现在长可调支撑杆中部。图7为立架的总体变形云图，最大变形为2.06mm，出现在立架中部靠上位置。其中Z向最大变形0.23mm，X向最大变形1.99mm。设备总体最大应力为14.45MPa，出现在立架底部。整体结构满足强度及刚度要求[3]。

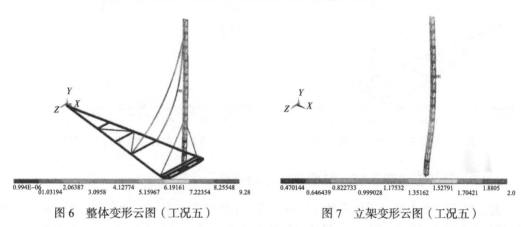

图6　整体变形云图（工况五）　　　　图7　立架变形云图（工况五）

1.2.4 滑架在立架中部，打磨机启动及停止

此工况下打磨位置距地面约8.76m，其余条件均与工况三、四相同。Ansys计算结果如图8和图9所示。图8为设备总体变形云图，最大变形为9.39mm，出现在长可调支撑杆中部。图9为立架的总体变形云图，最大变形为2.28mm，出现在立架中部靠上位置。其中Z向最大变形0.05mm，X向最大变形2.2mm。设备总体最大应力为14.45MPa，出现在立架底部。整体结构满足强度及刚度要求。

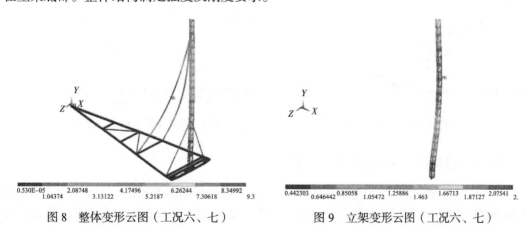

图8　整体变形云图（工况六、七）　　　　图9　立架变形云图（工况六、七）

1.2.5 滑架在立架中部，打磨机工作

此工况下打磨位置距地面约8.76m，其余条件均与工况五相同。Ansys计算结果如

图 10 和图 11 所示。图 10 为设备总体变形云图，最大变形为 9.36mm，出现在长可调支撑杆中部。图 11 为立架的总体变形云图，最大变形为 2.13mm，出现在立架最上端。其中 Z 向最大变形 0.11mm，X 向最大变形 2.06mm。设备总体最大应力为 35.85MPa，出现在立架中部打磨机所在位置。整体结构满足强度及刚度要求。

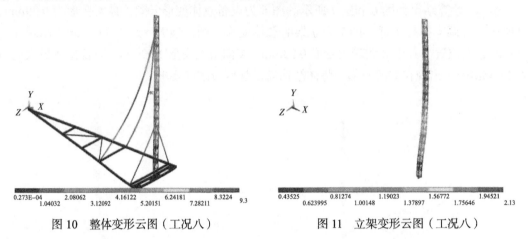

图 10　整体变形云图（工况八）　　　　图 11　立架变形云图（工况八）

1.2.6　滑架在立架顶部，打磨机启动和停止

此工况下打磨机位置距地面约 15.8m。其余条件均与工况三、四相同。Ansys 计算结果如图 12 和图 13 所示。图 12 为设备总体变形云图，最大变形为 9.43mm，出现在长可调支撑杆中部。图 13 为立架的总体变形云图，最大变形为 2.46mm，出现在立架最上端。其中 Z 向最大变形 0.04mm，X 向最大变形 2.37mm。整体结构满足强度及刚度要求[4]。

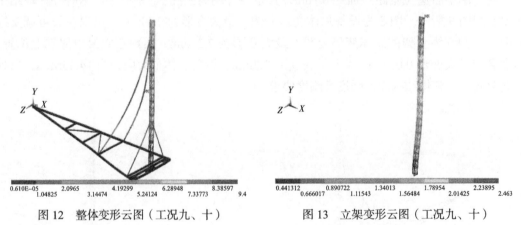

图 12　整体变形云图（工况九、十）　　　　图 13　立架变形云图（工况九、十）

1.2.7　滑架在立架顶部，打磨机工作

此工况下打磨机位置距地面约 15.8m。其余条件均与工况五相同。Ansys 计算结果如图 14 和图 15 所示。图 14 为设备总体变形云图，最大变形为 9.42mm，出现在长可调支撑杆中部。图 15 为立架的总体变形云图，最大变形为 2.45mm，出现在立架最上端。其中 Z 向变形 0.49mm，X 向变形 2.31mm。设备总体最大应力为 11.77MPa，出现在立架底部。整体结构满足强度及刚度要求。

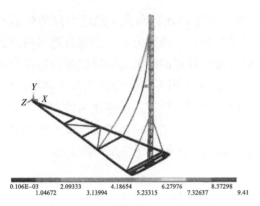

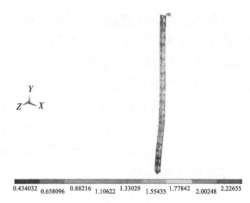

| 图 14　整体变形云图（工况十一） | 图 15　立架变形云图（工况十一） |

1.2.8　工况总结

将 11 种工况变形情况汇总见表 1。

表 1　不同工况下整机结构及立柱最大变形

工况	整体最大变形 /mm	立柱最大变形 /mm		
		总变形	X 向	Z 向
工况一、二	2.46	2.46	2.37	0.51
工况三、四	9.29	2.06	1.99	0.23
工况五	9.29	2.06	1.99	0.23
工况六、七	9.39	2.28	2.20	0.05
工况八	9.36	2.13	2.06	0.11
工况九、十	9.43	2.46	2.37	0.04
工况十一	9.42	2.45	2.31	0.49

表 1 可看出，设备工作中相对刚启动以及停止工况时，长可调支撑杆的变形要大一些，而且主要是 X 方向位移变大，这是由于工作过程中设备有角速度，导致支撑杆有一个沿 X 轴正方向的离心力，从而使得撑杆变形增加，但这个离心作用对立架的作用仍然很小[5]。

2　抗倾覆分析

对于工作或非工作时有可能发生整体倾覆的起重工作机构，应通过计算来校核其整体抗倾覆稳定性所需满足的条件。储罐壁板内防腐自动化施工装备由于整机高度有 17.4m，滚刷打磨一体机起升质量有 500kg，因此需要对其整体抗倾覆稳定性进行分析。本分析参考 GB 3811—2008《起重机设计规范》8.1.3 节中的塔式起重机整体抗倾覆稳定性标准进行校核计算。

在结构整体抗倾覆稳定性校核计算中，当稳定力矩的代数和大于倾覆力矩的代数和时，则认为该施工装备结构整机是稳定的。由自重载荷产生稳定力矩，由除自重载荷外其他载荷产生倾覆力矩，它们都是对所规定的特定倾覆线计算的结果。储罐壁板内防腐自动化施工装备在启动和停止工况下，整机结构在加速度的作用下产生的惯性力为倾覆力矩，因此在这两种工况下需要验证其抗倾覆稳定性，前面已经分析过启动停止两种工况承受的惯性力载荷大小相等、方向相反，因此只需要对启动工况下整机结构的抗倾覆稳定性进行分析即可，为了考虑最危险工况，整机启动时滚刷打磨一体机位于立架的最上端。

稳定力矩 M_0 包括：

立架稳定力矩：

$$M_1 = 425.52 \times 9.8 \times 2.24 = 9341 \text{N} \cdot \text{m} \tag{9}$$

滚刷打磨一体机稳定力矩：

$$M_2 = 500 \times 9.8 \times 2.4 = 11760 \text{N} \cdot \text{m} \tag{10}$$

底部钢架稳定力矩：

$$M_3 = 1357.73 \times 9.8 \times 1.57 = 20890 \text{N} \cdot \text{m} \tag{11}$$

斜撑杆稳定力矩：

$$\begin{aligned} M_4 &= 264.65 \times 9.8 \times (1.14 + 2.59) + 92.41 \times 9.8 \times (1.14 + 3.19) \\ &= 9674 + 3921 = 13595 \text{N} \cdot \text{m} \end{aligned} \tag{12}$$

$$M_0 = M_1 + M_2 + M_3 + M_4 = 55586 \text{N} \cdot \text{m}$$

倾覆力矩 M 为整机结构惯性力产生的力矩：

$$\begin{aligned} M &= 425.52 \times 0.033 \times 8.722 + 500 \times 0.033 \times 16.9 + 1357.73 \times 0.033 \times 0.11 \\ &+ 264.65 \times 0.033 \times 6.9 \times 2 + 92.41 \times 0.033 \times 2.8 \times 2 \\ &= 122.5 + 278.9 + 4.9 + 120.5 + 17.1 = 543.9 \text{N} \cdot \text{m} \end{aligned} \tag{13}$$

通过计算可知：

$$M \ll M_0 \tag{14}$$

倾覆力矩仅为稳定力矩的 1%，这主要是由于整机结构启动或停止工况下的加速度很小，因而整体惯性力产生的倾覆力矩远小于整体重力所产生的稳定力矩。因此整机装备在正常工作状态时可以通过抗倾覆稳定性校核[6]。

3 结论

通过运动模拟仿真和力学计算校核，储罐壁板内防腐自动化施工装备在多种工况下，其应力和形变均在安全范围内，整体结构具有很强的抗倾覆能力，能够满足现场施工对稳定性和安全性的要求。

参 考 文 献

[1]刘江.工程实际结构稳定性分析的数值计算方法研究[D].武汉：武汉理工大学，2012：50-56.

[2]徐林.细长结构几何非线性稳定性分析[D].大连：大连理工大学，2010.

[3]许尚贤.机械设计中的有限元法[M].北京：北京高等教育出版社，1992.

[4]楚中毅，陆念力，车仁炜，等.一种梁杆结构稳定性分析的精确有限元法[J].哈尔滨建筑大学学报，2002，35（4）：22-28.

[5]胡燕东.工程起重机中超静定桁架结构的弹性稳定性分析[D].哈尔滨：哈尔滨工业大学，2015.

[6]刘旦.履带起重机臂架整体稳定性分析与研究[D].大连：大连理工大学，2013.

原文刊登于《石油工程建设》2022年第48卷第3期

推管机关键技术研究及其应用工法

刘艳利[1]　张彦楠[1]　张　倩[1]　江　勇[1]　焦如义[1]　马　灿[2]　刘任风[2]

（1.中国石油天然气管道科学研究院有限公司；2.中国铁建重工集团股份有限公司）

摘　要　水平定向钻在长距离、大口径施工中通常因最终成孔质量较差而致使管道回拖力过大，甚至超越了钻机和钻杆的最大极限承受能力而导致工程失败。为减小钻杆和钻机受力，设计研究管道推管机。采取管道助力的方法降低钻机回拖力，提高管道回拖成功率。通过对推管机夹持装置、地锚等关键技术的攻关研究，实现了推管机的现场助力应用，取得了良好的助力效果。同时，根据推管机的功能特点，研究其在非开挖领域的新用途，新工艺，扩展其应用范围，并介绍案例提供参考。

关键词　推管机；管道；回拖；水平定向钻；工法

　　长距离、大口径是未来我国油气管道设计、施工主旋律，也是我国非开挖施工面临的主要挑战。在油气管道建设中，根据不同的管道穿越地质类型、穿越口径、穿越距离和工程造价等因素设计不同的非开挖施工方式。其中水平定向钻由于具备施工周期短、造价低的特点而被广泛采用，使其在穿越口径和穿越距离上不断尝试突破[1]。例如唐山 LNG 外输管线纳潮河定向钻穿越，管道直径达到 1422mm，穿越长度为 1289.93m。而如此大口径、大壁厚的管道对水平定向钻来说，是非常巨大的挑战，使其在实际施工中遇到不少困难。其最大风险来自管道回拖工序，即管道回拖安装阶段，往往出现回拖力过大超过钻机及钻杆的回拖能力，不能继续回拖而面临工程失败的风险。为了满足该工艺对管道回拖大吨位的施工需求，设计制造管道穿越推管机并进行工程应用。

1　推管机设计

　　管道推管机是一种管道助力设备。采用夹管装置夹持管道，通过推进油缸或其他方式使被夹持管道实现轴向位移的一种机械装备。推管机通常安装在待回拖管道的入土端，在管道回拖施工中为水平定向钻机提供助力。目前推管机作为定向钻穿越管道回拖助力的一种机械装备，具有助力稳定、速度可控、推拉力大的特点，近年来在非开挖领域得到广泛应用。

1.1　设计用途

　　在水平定向钻管道回拖过程中，当回拖力过大，回拖受阻通时通常将管道反向拽回，进行修孔或洗孔后再回拖。有时管道仅剩百余米也不得不反向拽回，对工期和施工成本影响较大。虽然有时可采用管锤助力工艺，但因夯管锤是高频冲击力，效果并不理想，甚至冲击震动导致塌孔风险。因此设计一种具有助力稳定，推力持续可靠的推管机作为助力装备。为水平定向钻管道回拖提供助力，特别是长距离，大管径的弱胶结等复杂地质条件下的管道回拖施工，提高管道回拖成功率。

1.2 工作原理

推管机工作原理是通过推管机管道夹持装置内的夹持油缸顶推夹片使之夹持管道。夹管器的夹片设有专用橡胶内衬，并与管道具有足够大的接触面，从而使接触压力和作用在管道上的剪切应力都可以保持在较低应力水平，避免管道防腐层受到损伤破坏。轴向位移通过固定于基座的两个轴向布置主推油缸推拉管道夹持装置，从而实现管道的轴向位移。

1.3 推管机结构及技术参数

推管机主要由四大系统组成，包括推管机主体装置、电气控制系统、泵站动力系统以及辅助系统。推管机主体结构如图1所示。中间机架用于管道支撑，由用于托管高度和角度调节的角度调节架及用于将两个左、右基座连接的底座连接架等组件构成。主推油缸通过油缸连接件与基座铰接，夹管器抱紧管道，角度调节架负责管径和角度调整；防扭梁防止夹管器扭转；地锚板提供防扭梁反转矩。

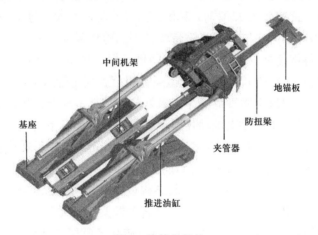

图 1　推管机结构

技术参数依据目前顶管机和水平定向钻工程实际技术指标，结合推管机常用应用场景。其设计主要参数见表1。推拉力根据目前管道穿越距离和最大管径设计计算，结果结合安全保障系数确定。推进行程主要考虑管道回拖一根钻为9.6m，两个推管行程满足一根钻杆的工艺需求，主推油缸行程设计5m。最大推进速度结合功率以及最大推力，参照水平定向钻回拖速度，助力抢险需求确定。

表 1　推管机参数表

规格型号	最大推力 / 拉力 /kN	拉模式速度 / (m/min)	推模式速度 / (m/min)	推进行程 / mm	最大管径 / in	功率 / kW	最大施工角度 / (°)
CPP500-TGJ	5000/5000	3	2	5000	48	400	15

1.4　推管机关键技术

根据上述推管机原理可知，推管机产生的推力是通过夹片与管道外防腐层之间的摩擦力。要实现推管机最大推力，夹片最为关键，既不能在管道上打滑，也不能将管道防腐层破坏。因此夹片设计参数至关重要，需要满足管道防腐层的性能指标。目前我国长输油气埋地管道防腐方式绝大部分为 3PE 防腐层结构，即环氧粉末层、胶黏剂层和聚乙烯（PE）层。

1.4.1　夹片设计依据

夹片挤压管道产生摩擦力，摩擦力大小与防腐层强度密切相关。根据防腐层受力情况不同，具体可以分为剪切强度、拉伸强度、不均匀扯离强度、剥离强度、压缩强度、冲击强度、弯曲强度、扭转强度、疲劳强度、抗蠕变强度等。在此只关注与推拉力大小重要相关的 3PE 防腐层剪切与剥离强度指标，从而估算单位面积的防腐层能够承受的最大推拉力。根据 GB/T 23257—2017《埋地钢质管道聚乙烯防腐层》标准，3PE 防腐层在 20℃±5℃条件下剥离强度大于等于 100N/cm。在 60℃±5℃条件下剥离强度大于等于 70N/cm。但是在推管机工作过程中，夹片会不可避免地夹持管道补口位置，因此同样需要校核夹片对补口处防腐热收缩带的影响。QSY1477—2012《定向钻穿越管道外涂层技术规范》规定了补口带胶黏剂在 23℃钢 / 钢和 PE/PE 剪切强度大于等于 1MPa，底漆的剪切强度大于 5MPa，因此只需要校核热收缩带胶黏剂的剪切强度。但是现场施环境工有大于23℃情况很多，应将搭接处的剪切强度取值降低，但该规范只给出 23℃和最高运行温度下的强度值。GB/T 35068—2018《油气管道运行规范》规定管道最高温度不应超过 75℃，而 SY/T 6854—2012《埋地钢质管道液体环氧外防腐层技术标准》规定最高运行温度值为65~80℃[2-5]。尽管补口带胶黏剂的剪切强度在最高运行温度下的值较小，但施工环境低于最高运行温度。除此以外热收缩带宽度通常为 500mm，相对于夹片长度占比较少。综合上述因素将防腐层许用剪切强度确定为 0.85MPa。

夹片作为与防腐层直接接触的部件，其结构设计即要满足功能需求又要满足及技术参数。为实现夹片开合，周向布置四片夹片。夹管器框架按最大管径设计，通过改变夹片高度和弧度适用不同管径。在每个夹片内表面设计硫化橡胶层，其目的首先是增加摩擦力，第二要保证钢管防腐层不受到夹片的挤压损伤，第三是补偿夹片制作误差以及管道圆度导致的夹片受力不均。此外橡胶层均布开 5mm 的深槽便于排水排渣，防止打滑[6]。夹片夹持长度根据上述防腐层性能指标计算，确定夹片长度为 1600mm。

1.4.2　推管机推拉力与管道直径关系

夹片由 16 个缸径为 220mm，行程为 50mm 的夹持油缸提供给夹片正压力，不同管径的夹片长度相同，但夹片夹持面积不同，要避免防腐层损伤，必须减小夹持油缸对小管径夹片的正压力，从而导致推管机对管道的推、拉力减小。因此不同管径对应不同的推拉力[7-8]，具体结果见表 2。

表 2 不同管道径受力分析表

项目名称	参数			
管道直径 /in	32	36	40	48
夹持油缸工作压力 /MPa	20	23	25	30
夹片对管道正压力 /kN	12592	14080	15200	18240
防腐层单位剪切强度 /MPa	0.833	0.828	0.824	0.85
最大推拉力 /kN	3400	3800	4200	5200

2 推管机应用工法

推管机具有工作状态稳定、推拉力大的特点，根据其功能特点推管机开发设计应用场景主要有以下四种[9-11]：（1）管道回拖助力；（2）直接铺管法；（3）管道抢险解卡；（4）定向钻管道正向推管安装。

2.1 管道回拖助力

目前管道回拖助力通常采用夯管锤助力，夯管锤一般采用 20000kN 和 40000kN 两种规格。针对水平定向钻管道回拖工艺特点，开发设计推管机进行水平定向钻回拖助力工法，该技术避免了采用夯管锤对松散弱胶结地层的扰动和对钢管管材及管道防腐性能的破坏[12-13]。下面以中俄东线天然气管道工程（长岭—永清）蓟运河定向钻工程介绍推管机管道回拖助力应用情况。

中俄东线天然气管道工程（长岭—永清）蓟运河定向钻穿越，穿越全长 1330m，穿越段钢管规格 φ1219mm×27.5mm，管道防腐采用 3LPE 加强级外防腐层，穿越地层为粉质黏土、细沙层。在管道回拖后期阶段，速度由最初 1min/ 根迅速增加至 3min/ 根，钻机最大回拖力超过 400t，甚至水平定向钻机地锚开始松动，钻机位移约 20cm。为避免钻机地锚破坏失效以及钻杆断裂风险，采用推管机助力回拖工法用于水平定向钻管道回拖。首先推管机采用推模式逐渐增加推力至 250t，然后水平定向钻再开始回拖，当钻机回拖力至近 400t 时，管道开始移动，此时推管机助力推力迅速降低至 150t，钻机回拖力维持在 300t 左右，实现了蓟运河定向钻穿越工程的顺利回拖，确保了互联互通工程的按期投产（图 2）。

2.2 直接铺管法

直接铺管法是将顶管机掘进机头的切削进给推力由尾部顶进油缸改为推管机提供，即推管机夹持连接于掘进机头后端的管道，通过管道提供前端切削钻压进行岩土切削。实现了顶管隧道掘进切削和管道安装同时进行，使得钢质介质管道仅通过一次推进即可安装完毕的管道非开挖铺设施工方法。因每根钻杆长约 9.6m，而推管机设计每次最大推进行程

5m，所以每回拖一根钻杆，推管机需要往复2次。动力、控制线缆、钻井液管道等管路从待安装管道的尾部引出，根据长度或现场施工环境可以中途续接管道[14]。

图2　互联互通蓟运河

采用该工法施工的首个直铺管项目为西一线镇江高校园区改线工程的船山河穿越，该工程穿越水平距离346m，穿越管径D1016mm，穿越地质主要为粉质黏土、碎石层[16]。第二项目为陕京四线无定河直铺管工程，该工程入土端位于内蒙古无定河镇，出土端位于陕西省横山区雷黑河村。穿越长度为423m，施工入土角度6°，出土角度0°，管道规格D 1219mm，穿越地层全部为细砂层。管道穿越设计穿越轨迹从一侧山上直接穿越至河谷下方位置出土，轴线落差高达40m。开挖浅基坑作为直铺管始发井，地锚采用混凝土浇筑，基坑两侧钢板支护，中间钢管支撑。出土点采用矩形接收，明挖加拉森钢板桩支护的方式制作。该工程于2016年12月开工，因冬季施工，需要对低温施工环境的泥水系统、液压系统的特殊处理，通常采用缠绕加热带进行管路的加热保温，搭设保温房稳定设备性能，通过对掘进参数精确控制，以及管道防腐层保护以及粉细砂层管道易"抱死"等施工难关，工程于2017年3月顺利竣工[15]（图3、图4）。

图3　无定河直铺管设备

图 4 无定河直铺管施工

2.3 管道抢险解卡

水平定向钻管道回拖最大风险是管道受阻时管道在孔洞中停留时间过长，从而造成的管道抱死，为防止穿越管道卡死在孔洞里，导致工程失败，必须及时抢险将管道反向回拖。在管道推管机推出之前一般采用滑轮群组进行抢险，该工法虽方便简单，但多级增力损失很大，效果较差，其工作效率不高，不能满足快速抢险对时效迫切要求，同时钢丝绳无安全防护，无拉力监测，一旦发生断裂，十分危险，会对现场施工人员带来安全隐患[16]。而推管机因其推拉力转换方便、推力稳定可控，是目前管道回拖抢险首选方案。

锦州国储库外管道定向钻穿越工程因穿越曲线复杂，穿越地层岩石硬度，高单轴抗压强度为 80～120MPa，综合了水平定向钻施工的多种难点为一体。该工程穿越管道管径为 1016mm，设计压力为 1.6MPa，穿越实长 1273.7m。本项目的管道回拖因场地原因均分成四段，每段 300m。4 月 29 日晚开始回拖，由于入洞困难，仅入洞 20m 便决定退出洗扩孔。4 月 30 日晚再次进行第一段管道回拖，第一段管道回拖以回拖拉力 200t 结束。由于射线检测故障拖延焊口检测，未能在当晚回拖，导致第二天钻机 250t 回拖管道未动，增加回拖力直至 350t 拉动管道。但回拖阻力始终大于 300t，故决定放弃继续回拖，采用推管机反向回拖抢险解卡。需要注意的是推管机解卡工艺因与助力回拖工艺相反，因油缸活塞杆受压较受拉能力低很多，所以推管机的安装方向有所不同，需将基座方向调换。推管机将管道拖曳至孔外，再次处理孔洞后回拖正常，最终成功完成管道回拖。

2.4 管道正向推管安装工法

推管机管道安装应用场景多为回拖场地受限，或者其他原因导致回拖力较小不足以满足管道正常回拖，从而采用推管机辅助管道推进甚至直接代替定向钻机进行管道回拖。例如陆海穿越孟加拉国单点系泊项目，管道安装中由于海上驳船提供的锚固力不足，无法提供足够回拖力完成管道回拖。租赁更大的海上平台成本高昂，决定采用由海上平台上的钻机辅助牵引，在陆地安装推管机提供推力进行管道安装方案，该工法与管道助力回拖相似（图 5、图 6）。

图 5　孟加拉国单点系泊海中平台

图 6　推管安装

　　孟加拉国单点系泊项目位于吉大港南部马特巴里村庄，本次穿越是马特巴里 36in 柴油管线，其设计直线长度为 1534.72m，管道规格 ϕ914mm × 31.75mm，出土点水深约 5.4m，拾管段末端水深约 11m，主要穿越地质为黏土和细沙。此次穿越存在管线预置作业空间受限、海水钻井液体系性能稳定性差、海上回拖钻杆应力回弹、砂层地质大级别扩孔易塌孔等实际问题，考虑采取辅助措施来降低回拖力，最终选用推管机辅助进行管道安装。2019 年 5 月 11 日管道回施开始，在回拖最初阶段，拉力一切正常，并未启用推管机。当回拖到 100m 时，钻机启动拉力达到了 150t 管道也未能移动，开始启用推管机进行助力。当推管机推拉力达到 100t 时，管道开始移动。此后，回拖每根钻杆均使用了推管机助力，推拉力在 100～350t 之间，最终顺利完成管道回拖安装[17]。

　　另一正向推管安装工程案例为重庆长江定向钻穿越工程，该项目是重庆—綦江成品油管道工程的节点工程。管径规格为 D323.9mm，穿越距离 1009m，穿越地层为泥岩和砂岩，入土角 14°，出土角 30°，入土点与穿越最低点落差高达 105m。该工程特殊之处是出土侧山体自然角度为15°，山区地势起伏大，道路交通非常不便，难以将设备和管道运至山顶处的出土点，无回拖条件，因此采取管道正向推管安装工法。将推管机设置在管道入土点，预制的管道采用从入土点正向推管发送的工艺进行管道回拖，通过推管机的推力将管道从入土点推到出土点，从而解决道路不便的困难，顺利完成管道推管安装。

3 结论

推管机是水平定向钻管道回拖助力非常有效的助力方式，几乎成为大口径定向钻穿越必备的辅助设备，大大降低了水平定向钻管道回拖的工程风险。此外根据其功能特点开发设计新的施工工法，包括结合顶管的掘进机头开展直接铺管施工、管道的回拖抢险、采用推管工艺在因场地等在不具备主钻机回拖条件的工程进行管道推管安装等。推管机在非开挖行业的重要作用日益显现，其重要意义得到施工方认可，市场地位迅速提高。然而由于目前推管机主推油缸缸径较大，行程较长，在加工要求及成本方面，与市场发展还不匹配，限制了其推广的速度。未来应当采用组合多缸方式来降低设备成本，同时轻量化设计，便于转场运输。推管机因其独有的功能特点，以及不断地完善、优化，使其在油气管道非开挖建设中必将得到更为广泛地应用。

参 考 文 献

[1] 刘艳利，王宝忠，赵慧玲，等．西二线渭河水平定向钻孔洞剖面质量控制［J］．油气储运，2014，04：433-436．

[2] 中华人民共和国国家质量监督检验检疫总局．GB/T 23257—2017 埋地钢质管道聚乙烯防腐层［S］．北京：石油工业出版社，2017．

[3] 中国石油天然气集团公司．Q/SY 1477—2012 定向钻穿越管道外涂层技术规范［S］．北京：石油工业出版社，2012．

[4] 国家市场监督管理总局．GB/T 35068—2018 油气管道运行规范［S］．北京：石油工业出版社，2018．

[5] 国家能源局．SY/T 6854—2012 埋地钢质管道液体环氧外防腐层技术［S］．北京：石油工业出版社，2012．

[6] 马灿，刘任丰，刘艳利．推管机设计及试验应用［J］．机械工程师，2019（12）：119-121．

[7] 魏华超．ZT-TG500型推管机的研制［J］．探矿工程（岩土钻掘工程），2018，45（3）：71-75．

[8] 袁明昕，韦海瑞，刘广，等．PT-500推管机的研制与初步验证［J］．非开挖技术，2018，3：5-8．

[9] 王辅．推管机在水平定向钻进技术中的应用研究［D］．北京：中国地质大学，2019．

[10] 刘雪梅，谭明星，李祁宇，等．直接铺管法在砂质地层大口径管道中的应用［J］．天然气与石油，2018，36（3）：5-8，15．

[11] 刘小林，王乐，祁永春，等．直接铺管施工技术研究［J］．石油天然气学报，2018，40（2）：76-79．

[12] 牛浩，崔长志，邵子璐．推管机在定向钻穿越工程中的应用［J］．石油工程建设，2014，40（2）：50-52．

[13] 江勇，李松，陈波，等．长距离、大口径定向穿越施工中相关技术难题探讨［J］．地质科技情报，2016，35（2）：116-120．

［14］Patrick Germain. 直接铺管法工艺介绍（英文）［C］. 2013 中国国际管道大会Ⅱ，2013：13-20.

［15］王乐. 直接铺管施工技术与应用［J］. 隧道建设（中英文），2018，38（9）：1566-1572.

［16］刘艳利，周号. 水平定向钻管道回拖受阻原因分析及措施［J］. 石油工程建设，2016，42（2）：55-58.

［17］天工. 中石油管道局首条海底管线对海定向钻穿越成功［J］. 天然气工业，2019（3）：10.

原文刊登于《石油工程建设》2020 年第 46 卷第 6 期

在役管线大修自动除锈设备的设计与实现

贾　超

（中国石油天然气管道科学研究院有限公司）

摘　要　为了解决在役管线在进行防腐层大修除锈时所暴露出的效率低、危险大、强度高、经济性差的问题，按照现场施工需求，结合管线在役大修的特殊工况，利用机械学和控制学，设计了一套自动除锈设备，并进行了长期设备运行试验。通过试验得出：该设备完全能够在油气管线正常运行不停输的苛刻条件下，安全、高效地完成除锈作业，并填补了国内外空白。

关键词　在役；管线；大修；自动除锈；设备

我国大部分石油天然气管道建于 20 世纪 70 年代，其防腐层大多采用石油沥青[1]。经过 40 年的运营使用，管道防腐层已达到设计寿命[2]，出现全面的老化状态，部分管道已出现腐蚀甚至严重腐蚀[3]，从而严重影响管道运行安全，因此通过防腐层大修，延长埋地管道使用寿命，确保管道安全平稳输油[4]。而防腐层大修前的首要核心施工环节就是管道除锈[5]。但国内外在在役管线防腐层大修除锈中，大都采用人工作业模式[6]，不仅效率低下，而且在管道不停输运行状态下，还会带来很大的安全隐患[7]。基于此，本文以大修中的除锈环节为切入点，研究设计了一套针对在役管线的自动除锈设备，为管道大修实现机械化作业奠定了基础。

1　国内外管道防腐层大修除锈方式

目前，国外管道除锈大多采用人工作业模式，作业效率低下、施工人力成本高[8]，尤其在对大管径管道除锈时，作业难度大，甚至有重大安全隐患[9]（图 1）。

在国内，管道补口作业已实现机械化除锈，尤以中国石油管道局研究院的环保型密闭除锈设备为代表[10]（图 2）。该种除锈设备虽机械化程度高，可完全取代手工除锈，改善作业环境，减轻劳动强度[11]，但目前仅限用于机械化补口作业对焊接管口进行除锈。而对于管道大修这样的系统性修复，国内还是采用手工喷砂除锈或者手工磨砂轮除锈，目前还没有机械化的施工设备。

图1　人工除锈作业　　　　　　　　　　图2　除锈设备作业

2　设备机械设计

　　除锈设备的组成包括机架、回转圈、回转支撑装置、辅助支撑装置、开合机构、回转驱动装置、机架锁紧装置、喷砂枪头等构成（图3）。

图3　自动除锈设备三维模型图

　　具体机械原理为：整个机架采用航空铝材料，既保证了坚固性，又减轻了重量；先将回转圈用回转支撑装置和辅助支撑装置安装在机架上；回转支撑装置和辅助支撑装置由支架、滚轮和靠轮组成，可通过简便调节来达到支撑和导向的目的，并可调节回转圈与管道的同轴度；辅助支撑装置可以手动离合，实现与回转圈的接合与脱离；打开开合机构使回转圈下部张开，将整个设备套在钢管起始位置；通过机架锁紧装置将整个装置固定在管道上（水平管道可省略，倾斜管道必须锁紧）；回转驱动装置固定在机架上，并通过驱动链轮与回转圈啮合；回转圈由回转支撑装置和辅助支撑装置引导，在回转驱动装置的驱动下沿钢管周向做180°往复旋转运动，运动的同时带动2个喷砂枪头往复旋转在供气系统和喷砂系统的作用下实现除锈。

3　设备控制系统设计

3.1　控制系统组成

　　控制系统由PLC主控单元、变频单元、显示单元、供电单元、气动单元、无线遥控单元、加热单元组成（图4）。

（1）PLC主控单元。

PLC选用欧姆龙系列，共有20个输入点，20个输出点，采用继电器输出方式[12]。利用PLC作为控制器，取代传统纯接触器、继电器控制模式，增强了系统稳定性[13]，提高了抗干扰能力，而且可通过编程方便、快捷地满足不同的工艺要求[14]。

（2）变频单元。

使用施耐德变频器[15]，对机架的旋转速度进行变频控制，在难除锈段速度慢一点，在易除锈段速度快一点，从而实现除锈速度可控。

（3）显示单元。

采用触摸屏进行本地控制，取代原来的按钮、开关方式的传统控制模式，一方面可以消除按钮、开关长期暴露在外所带来的失灵隐患，另一方面通过触摸屏可以对设备参数进行监控并报警，比如电动机过流、电动机过压等，最后，可以利用触摸屏上的人性化界面，修改变频器、PLC参数等，既保护了PLC程序，又能使操作人员根据工艺要求"傻瓜式"地修改相关数据[16]（图5）。

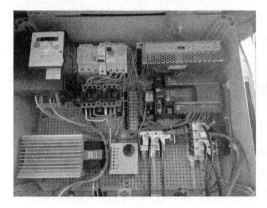
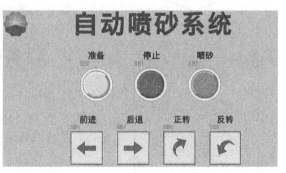

图4　控制系统　　　　　　　　图5　触摸屏控制界面

（4）气动单元。

本设备通过PLC控制不同的电磁阀，进而分别作用不同类型的气缸来实现机架抱紧动作、喷砂气路开合等。

（5）无线遥控单元。

引入无线遥控[17]，实现本地、远程两种并行的控制模式，通过远距离操控，可以让作业人员远离作业区，最大限度地保障了其人身安全，尤其面对大管径或沟下作业时。

（6）加热单元。

通过加热控制，可以保障该控制系统在−40℃的极寒条件下稳定运行，提高了耐低温特性。

3.2　控制系统电路设计

本设备控制系统利用EPLAN软件[18]，进行了电路原理图绘制（图6）。

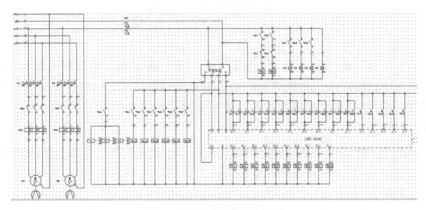

图 6　部分电路原理示意图

3.3　控制系统程序设计

利用欧姆龙编程软件 cx-programmer 编写程序[19]，具体分为旋转电动机程序、电磁阀控制程序、初始化程序、清洗程序、排料程序和喷涂程序，程序流程图如图 7 所示。

部分程序如图 8 所示。

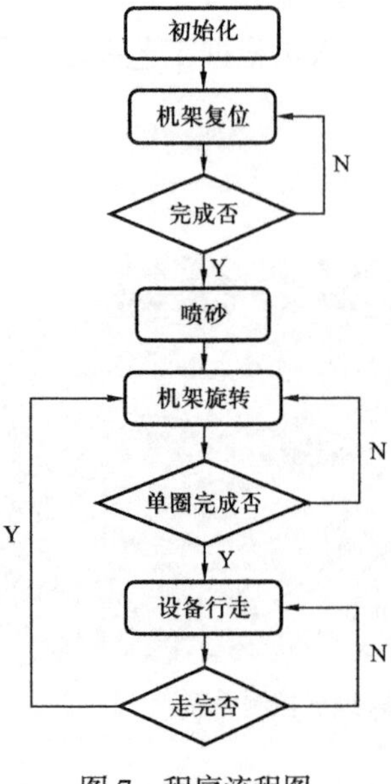

4　设备试验

设备设计加工后，进行了管道大修除锈试验（图 9），试验管径 ϕ711mm。

将自动除锈设备和传统手工喷砂作业进行对比（表 1）。

通过试验，可以看出自动除锈相比人工除锈的优势更明显：（1）作业人数少，人力成本小；（2）作业效率高，劳动强度小；（3）除锈效果一致性很好，并不会因为人的体力限制，而降低除锈质量。

图 7　程序流程图

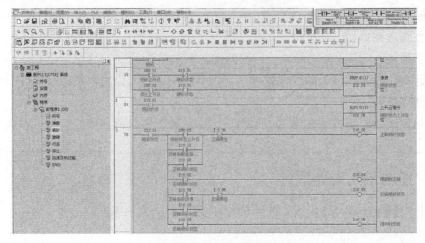

图 8　部分程序示意图

图 9　除锈试验

表 1　自动除锈和手工除锈对比

	自动除锈	手工除锈
作业方式	机械化设备作业	人工作业
作业设备	自动除锈设备一套、空气压缩机、喷砂罐	空气压缩机、喷砂罐
作业人数	2 人	3 人
作业时间（连续除锈 10m）	15min	30min
劳动强度	很小	很大
外观对比	表面平整、光滑，除锈效果好，等级高[20]	受限于人的体力，前半段除锈效果不错，后半段除锈效果一般
适合工艺	管道大修、管道补口	管道连头

同时，自动除锈也有其应用的局限性：该设备适用于平缓或浅丘地带的连续性大修作业，不适合小修小补的离散作业模式，且必须施工管道坡度不能大于 15°。

5　总结

自动除锈设备的研发，解决了传统手工作业效率低下、安全风险大的问题，尤其对于在役长输管道，可以大大降低施工人员的劳动强度，减小用工成本，保证除锈质量，对管道大修的机械化发展具有里程碑的意义。

参 考 文 献

[1]杨雪梅，刘玲莉，刘志刚，等.我国油气管道防腐层大修技术现状［J］.油气储运，2002，21（10）：7-12.

［2］许传新，程书旗，丁春霖，等．在役埋地管线防腐层大修技术［J］．腐蚀与防护，2006，27（12）：645-647.

［3］刘玲莉，张永盛，王富才，等．管道防腐层大修案例分析及大修选段原则［J］．油气储运，2007，26（3）：23-25.

［4］何悟忠．管道防腐层大修问题的探讨［J］．油气储运，1999，18（3）：27-29.

［5］Sidney A. Taylor, Daniel P. Werner. Case Histories of Coating Removal, Surface Preparation and Plural-component Coating Equipment of Pipeline Rehabilitation Project［C］. The 4th European and Middle Eastern Pipeline Rehabilitation Seminar, Abu Dhabi, 1993.

［6］Rosenfeld M J, Kiefner P E, Associates Inc, et al. Recommended Practices for Pipeline Repairs［M］. 2002.

［7］Ernest W. Klechka. Selecting liquid coatings for pipeline repair and rehabilitation［J］. 2000, 8（8）.

［8］Sidney A Taylor. Performing Pipeline Rehabilitation［M］. 2004.

［9］王玉梅，刘艳双，张延萍，等．国外油气管道修复技术［J］．油气储运，2005，24（12）.

［10］朱琳，白树彬，许昌学，等．热收缩带机械化补口技术在长输油气管道建设上的应用［J］．油气储运，2016，37（11）：929-931.

［11］龙斌，吕喜军．环保型全自动管道喷砂除锈机的研制及应用［J］．石油工程建设，2011，37（6）：36-38.

［12］廖常初．S7-200 PLC编程及应用［M］．北京：机械工业出版社，2007.

［13］杨靖，雷声勇．基于PID算法的S7-200PLC锅炉水温控制系统［J］．机床电器，2010，37（6）：33-35.

［14］苏建庸．抛丸除锈装置的PLC控制［J］．机床与液压，2000，3.

［15］师红吉．变频器的控制方式及选型应用［J］．技术改造与改进，2013，31（3）.

［16］李宁．基于小型PLC和MCGS触摸屏的变频调速系统设计［J］．轻工科技，2014，10.

［17］戴圣伟，陈白帆，范绍成，等．无线遥控智能车的控制研究［J］．计算机测量与控制，2011，19（9）：2125-2127.

［18］张彤．EPLAN电气设计实例入门［M］．北京：北京航空航天大学出版社，2014.

［19］叶永祥，张旭宁．基于欧姆龙PLC的PID调节［J］．自动化技术与应用，2009，28（7）.

［20］刘宏伟，张宏志．除锈等级对涂层耐蚀性能的影响［J］．材料保护，1997，30（6）：5-7.

原文刊登于《焊管》2020年第43卷第11期

检 测 篇

在役储罐底板的兰姆波检测

薛　岩[1]　李　佳[2]　周广言[1]　高　静[1]　王　雪[1]　皮亚东[1]

（1. 中国石油天然气管道科学研究院有限公司；2. 北华航天工业学院电子与控制工程学院）

摘　要　针对在役储罐开罐检测费用高、时间长等问题，提出一种兰姆波全聚焦成像检测方法，实现不开罐金属储罐底板的腐蚀检测。首先采用仿真软件对兰姆波传播模态进行了仿真计算，根据仿真结果确定储罐底板检测所采用的兰姆波检测模态。开展兰姆波全矩阵数据采集及成像算法研究，建立适合储罐底板检测的兰姆波全聚焦成像算法，开发储罐底板兰姆波检测软件系统，通过对储罐底板模拟缺陷试件进行试验验证，结果表明该成像算法检测结果有效可靠。

关键词　储罐底板；全聚焦成像；兰姆波检测；试验验证

在我国化石能源领域，石油及天然气等能源大多采用储罐的方式进行存储，在存储过程中，储罐内部存储介质及土壤环境等都可能会对金属储罐底板造成腐蚀。储罐底板的腐蚀状况严重地影响了常压储油罐的使用寿命和运行的安全性，因此储罐的管壁及罐底板的安全状态越来越被重视。国内外诸多研究机构和大学广泛开展了金属储罐罐底板检测/监测技术的研究，主要分为两种方式，开罐检测和非开罐检测，开罐检测包括漏磁技术、超声技术等[1-2]，非开罐检测典型技术为声发射技术[3]，声发射技术采用被动接收的方式对储罐腐蚀缺陷进行检测。本文提出在非开罐状态下，采用兰姆波全聚焦成像检测方法对储罐底板进行检测。由于兰姆波是多模式复合波，实际应用过程干扰信号多，分析困难，国内外虽然对兰姆波检测方法进行了大量的试验研究，但未见将兰姆波全聚焦检测技术应用到金属储罐的报道。

全聚焦检测技术近几年快速发展，逐步应用于焊缝及有关产品的检测。全聚焦技术基于全矩阵数据进行采集，对每一网格都进行聚焦，使得超声成像结果更加均匀平滑，成像质量优于常规相控阵检测方法[4]。在全聚焦成像方面，有专家提出全模式全聚焦成像及三维全聚焦成像等算法[5-9]。

本文通过对钢质储罐底板兰姆波激励及传播模式的研究，确定兰姆波检测工艺，建立了兰姆波检测全聚焦成像算法，开发了储罐底板兰姆波检测软件系统。开展了储罐底板模拟缺陷检测试验，对兰姆波全聚焦检测软件系统可靠性进行验证。

1 兰姆波检测模态及成像算法研究

1.1 兰姆波检测模态研究

在板型材料上施加激励源产生声波，由于声波传播到板的上、下界面时会发生波形转换，经过在板内一段时间的传播之后，因叠加而产生波包，即所谓的板中兰姆波模态。

兰姆波是多模式复合波[10]，传播质点具有不同的振动模式，根据声波质点振动位移形态的特点，分为对称型（S0，S1，…）和反对称型（A0，A1，…），描述兰姆波的声速有两个：

（1）群速度，是指复合波的传播速度，相同相位振动的传播速度就是群速度；

（2）相速度，即相位传播速度，是指波包上沿相位固定到一点在传播方向上传播的速度。

课题需要检测的储罐底板壁厚为8mm，因此进行8mm厚度钢板频散曲线模拟，如图1所示。

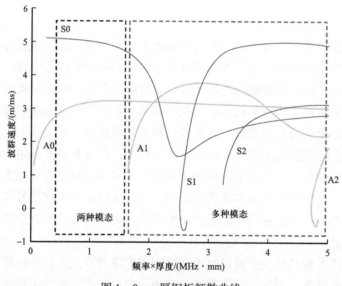

图1 8mm厚钢板频散曲线

上述频散曲线中红色曲线代表对称型模态（S0，S1，…），蓝色曲线代表反对称型模态（A0，A1，…），在某一频率下，结构中同时存在多种模态的声波，随着频率的增加，模态数量也会逐渐增加，不同模态的波群速度和相速度各不相同，尤其在高频段，此种情况更明显。

板中存在的兰姆波模态越多，应用分析起来越困难，从图1中可以看出，最少也有两种模态的波存在，即A0和S0两种波。因此本文选择A0和S0模式作为兰姆波检测模式。

1.2 兰姆波成像算法研究

在超声检测技术中，利用全聚焦成像技术可对工件进行检测成像。该成像算法基本思想通过对采集的超声全矩阵数据进行后期延时、加权叠加合成等数据处理，获得声波与工件内部缺陷互相作用后的超声回波信号，此时的声波没有在工件内部实现真实的聚焦，而是一种数据后处理方式，是超声阵列对成像区域内的所有点进行虚拟聚焦。

全矩阵数据采集技术是全聚焦成像技术的基础，其基本原理为：依次激发探头中所有晶片，阵列中所有晶片接收回波信号，最终接收到 $N \times N$ 个 A 扫波型，如图 2 所示。即：首先使换能器中第 1 个晶片激励超声波，所有晶片并行接收，所获得的回波数据定义为 $S1j$，其中 $j=1, 2, \cdots, N$，共获得 N 组数据，然后，依次激励换能器中各晶片，重复上述过程。将发射晶片 i、接收晶片 j 采集的超声回波数据记为 Sij，为全矩阵数据的第 i 行第 j 列的数据。Sij 为一组数据，包含每个时间采样点时接收信号的幅值[11]。全矩阵采集方法所得到的数据集包含了所有单个晶片发射和所有晶片接收的组合关系，即接收数据的完备集。

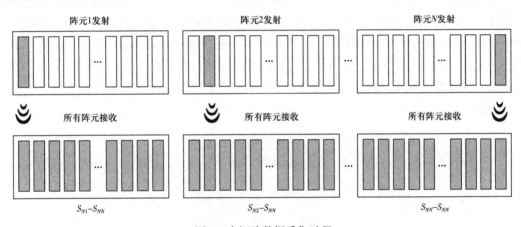

图 2　全矩阵数据采集过程

利用全矩阵数据进行全聚焦成像时，首先建立成像坐标系，定义阵列成像检测探头中每个阵元在坐标系中的位置以及每个成像像素点在坐标系中的位置。通过采集的全矩阵数据计算声波在激励阵元、成像点 P、接收阵元之间的传播时间，依据传播时间从全矩阵数据中提取对应时刻的幅值，成像公式见式（1），全聚焦成像原理图如图 3 所示。

$$I(x,z) = \frac{1}{N^2} \left\{ \sum_{i=1}^{N} \sum_{j=1}^{N} h_{ij} \left[t_{ij}(x,z) \right] \right\}$$

$$= \frac{1}{N^2} \left\{ \sum_{i=1}^{N} \sum_{j=1}^{N} h_{ij} \left[\frac{\left(\sqrt{(x_i-x)^2 + z^2} + \sqrt{(x_j-x)^2 + z^2} \right)}{c} \right] \right\} \quad (1)$$

式中：N 为阵元个数；i 为激励阵元；j 为接收阵元；h_{ij} 为全矩阵数据；$t_{ij}(x,z)$ 为时间延时；c 为波速。

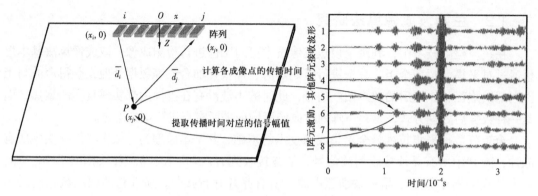

图 3　全聚焦成像数学计算原理图

2　兰姆波检测软件系统开发

以兰姆波传播模态研究结果及全聚焦成像算法为基础，开发了储罐底板兰姆波检测软件系统，该软件系统包括三大主要模块，分别是兰姆波检测参数设置模块、兰姆波检测数据采集模块与兰姆波缺陷成像模块，三个模块共同实现储罐缺陷的超声波阵列检测。本系统采用 LabVIEW 开发环境，使用相应的动态链接库来进行 LabVIEW 与设备之间的交互，实现信号的激励、采集、数据存储以及数据的处理与成像，兰姆波检测软件系统主界面如图 4 所示。

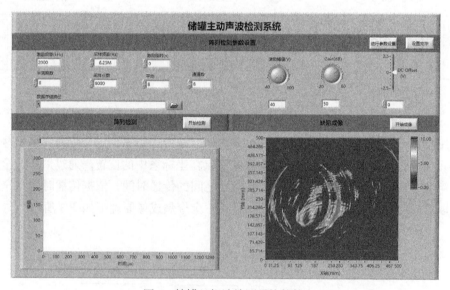

图 4　储罐兰姆波检测系统软件

2.1　兰姆波检测参数设置模块

兰姆波检测参数包括超声激发频率、激发周期数、延时、增益、采样频率以及直流偏置等。针对超声激发，可以对超声激发频率、激发周期数等参数进行设置。应根据频散曲线仿真结果设置激发频率，尽量减少工件中声波模态。激发周期数越大，产生的声波能量越强，但同时带来了波包过宽等不利影响，因此应根据实际检测工件情况适当选择激发参数。针对信号采集，可以对采样频率、增益、平均次数等参数进行设置。采样频率决定了所采集数据的时间精度，增益决定了采集信号的幅值信息，增加采集数据的平均次数可抑制信号中噪声，因此应根据信号噪声状态对平均次数进行设置，所有参数设置完成后开始数据采集。

2.2　兰姆波检测数据采集及成像模块

兰姆波检测参数设置完成后进行全矩阵数据采集，依次激励每个通道信号，在每次激励后，所有通道依次进行信号接收，最后共采集 n^2（通道数为 n）组数据，此数据可以在软件界面中以 A 扫形式实时显示，也可直接存储到电脑硬盘。数据采集完成后，利用式（1）对所接收的数据进行后处理，对成像区域内的所有成像点进行虚拟聚焦，最终形成兰姆波图像，数据采集及成像过程如图 5 所示，成像结果界面如图 6 所示。

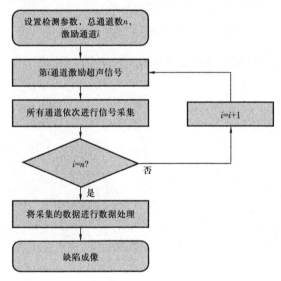

图 5　兰姆波检测数据采集及成像过程

3　兰姆波检测成像软件检测工艺研究及验证

3.1　储罐底板模拟试件加工

根据储罐底板壁厚及实际工况，分别加工了规格为 1200mm×1200mm，板厚 8mm，以及 1000mm×1000mm，板厚为 8mm，壁板厚度 32mm 的两块储罐底板模拟试件，含壁板模拟试件是为了模拟真实储罐壁板对检测结果的影响。

为了验证储罐兰姆波检测系统的灵敏度，根据课题任务书指标要求，在平板试件及含壁板的模拟试件中分别设计加工了长宽深 5mm×5mm×2mm 及 5mm×2mm×5mm 的两个方槽缺陷。

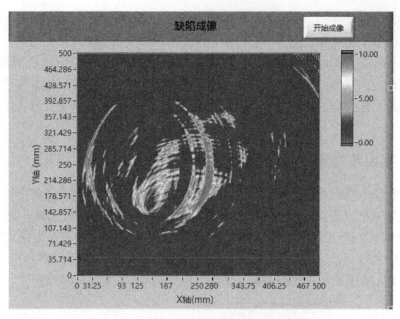

图6 兰姆波检测缺陷成像模块示意图

平板模拟试件、含壁板模拟试件及缺陷示意图如图7所示。

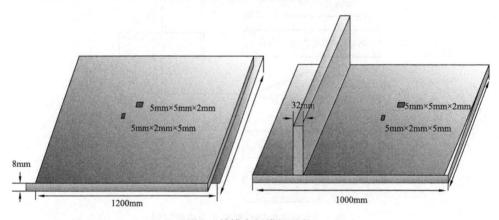

图7 储罐底板模拟试件

3.2 储罐底板兰姆波全聚焦成像试验

3.2.1 平板储罐底板兰姆波成像试验

本次试验采用 16 个传感器进行检测，布局采用压电阵列方式。考虑到检测板材厚度及激励后产生的兰姆波模态，经过试验确定选用传感器材料为 PZT-5H，直径为 26mm，厚度为 2mm。传感器阵列布局如图8所示，传感器与模拟试件表面采用红糖熬制的耦合液进行耦合，采用兰姆波全聚焦成像算法，在 1200mm×1200mm、厚度为 8mm 储罐底板试件上试验，测试 5mm×5mm×2mm 及 5mm×2mm×5mm 腐蚀坑。

选择 A0 与 S0 模式作为 Lamb 波检测模式，经测得 A0 传播速度为 2430m/s，S0 传播速度为 5320m/s。激发频率不同，两种模式的波长不同。根据 8mm 厚钢板中频散曲线得知在较低频厚积（0.7MHz·mm），A0 频散严重。当频厚积增大到 1.3MHz·mm 以后，S0 频散严重。因此需要在此区间内选择检测频率，分别选择使用 90kHz，100kHz 和 120KHz 作为检测频率，此时 3 种频率下两种模式波长分别为 27mm（90kHz A0）、59.1mm（90kHz S0）、24.3mm（100kHz A0）、53.2mm（100kHz S0）、20.3mm（120kHz A0）、44.3mm（120kHz S0），经测试后最终选择最佳频率 120kHz。

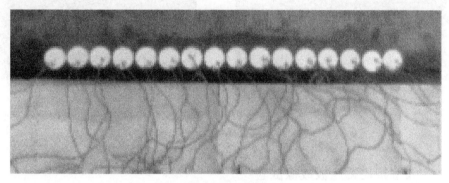

图 8　阵列布局

本次试验参数设置为电压幅值 150V，采样频率 3.125MHz，采样点数 2000 个，激发周期数为 5 个，采集信号典型时域分析如图 9 所示，图 9 可以看到 A0 和 S0 检测缺陷的直达波，A0 和 S0 的左右边界回波以及 S0 检测到试件对侧的端面回波。

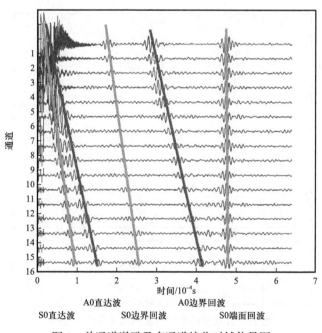

图 9　单通道激励及多通道接收时域信号图

采用全聚焦成像算法对上述兰姆波检测采集的信号进行二维成像，如图 10（a）所示，其中两个黑色坐标标记为检测到的缺陷信号，信号幅值比较微弱，需要对缺陷信号加权叠加处理及边界去除处理，图 10（b）为处理后检测图像。

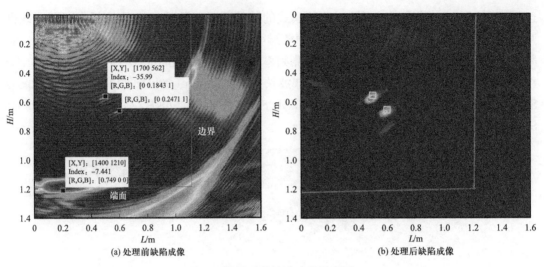

(a) 处理前缺陷成像 (b) 处理后缺陷成像

图10 模拟试件缺陷成像示意图

3.2.2 带立板储罐底板成像试验

由于立板吸收声能量严重，导致进入储罐底板的超声信号微弱，因此带立板的储罐底板缺陷检测更加困难。本文提出将传感器进行两两并联，一次同时激发两个晶片，以此来提高激发能量。图11为并联传感器检测带立板的储罐底板模拟试件图，图12为并联传感器后采集的A扫成像。

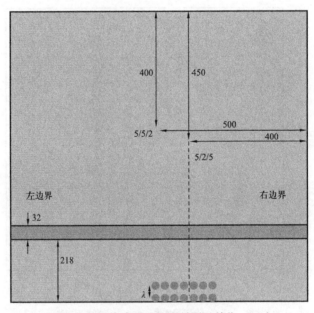

图11 并联传感器试件演示图（单位：mm）

因为缺陷回波隐藏在众多波包中，需要对直达波包、边界回波进行削弱处理，在图12中，一激多收信号和自激自收信号中都存在线性关系，处理后可呈现缺陷影像，图13为处理后缺陷成像图，能够检测到预制的模拟缺陷。

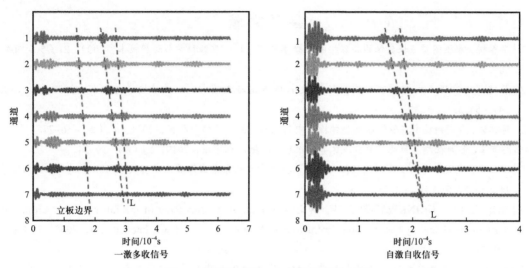

图 12　并联传感器 A 扫接收信号示例图

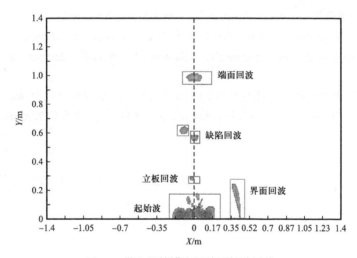

图 13　带立板储罐底板检测缺陷图像

4　结论

针对金属储罐底板非开罐缺陷检测问题，本文进行兰姆波全聚焦检测技术研究，并开展了试验验证。得出以下结论：

开发的兰姆波全聚焦检测系统能够检测到储罐底板中预制的腐蚀缺陷，算法有效可靠。

该软件系统能够对腐蚀缺陷进行定位，但未能实现缺陷定量分析。

检测数据中含有模拟试件端面回波和两侧界面回波等干扰信号，依据模拟试件参数能够分离去除。

后续需要对实际检测过程中产生的干扰信号分辨及去除方法进行进一步研究，实现该技术的现场应用。

参 考 文 献

［1］李春树.常压储罐底板腐蚀的漏磁检测与概率分析［J］.腐蚀科学与防护技术，2009，21（5），504-507.

［2］杨志军.常压立式储罐官邸腐蚀检测技术的研究与应用［J］.科学技术与工程，2009，9（18），5472-5475.

［3］蒋林林.声发射技术在储罐底板腐蚀检测中的应用［J］.腐蚀与防护，2021，42（2）：56-77.

［4］赵新玉.超声检测三角矩阵聚焦成像算法［J］.机械工程学报，2019，55（4），19-24.

［5］周正干，彭地，李洋，等.相控阵超声检测技术中的全聚焦成像算法及其校准研究［J］.机械工程学报，2015，51（10）：1-7.

［6］HOLMES C，DRINKWATER B W，WILCOX P D. Post-processing of the full matrix of ultrasonic transmit-receive array data for non-destructive evaluation［J］. NDT &E International，2005，38（8）：701-711.

［7］胡宏伟.基于稀疏矩阵的两层介质超声相控阵全聚焦成像［J］.机械工程学报，2017，53（14）：128-135.

［8］刘文婧.基于超声相控阵的全聚焦三维成像［J］.传感器与微系统，2020，39（12）：26-28.

［9］HOLMES C，DRINKWATER B W，WILCOX P D. Post-proces-sing of the full matri of ultrasonic transmit-receive array data for nondestructive evaluation［J］. NDT & E International，2005，38（8）：701-711.

［10］李一凡.多层板缺陷的超声 Lamb 波检测［J］.无损检测，2022，44（7）：33-49.

［11］刘钊，康志远，张祥林，等.全聚焦成像技术在薄板焊缝检测中的应用［J］.无损探伤,2018,42(4)：14-16.

原文刊登于《无损检测》2022 年第 44 卷第 12 期

基于非内自动焊机的管道自动焊自动超声检测工艺

吕新昱

（中国石油天然气管道科学研究院有限公司）

摘　要　为了验证 AUT 对基于非内自动焊机的管道自动焊环焊缝的检测适用性，通过仿真优化 AUT 工艺方案，设计加工对比试块和工艺焊缝。通过优化的 AUT 方案对工艺焊缝进行检测，同时辅助以数字射线检测（DR）进行补充检测。试验结果表明：通过优化 AUT 方案，实现了对非内自动焊机的管道自动焊的检测，可以检出不同类型的缺陷。

关键词　基于非内自动焊机的管道自动焊；AUT；DR 检测

近年来，随着自动焊接技术在长输管道工程中的应用，全自动超声波检测（AUT）技术已广泛用于管道自动焊的环焊缝检测中。与常规超声检测和射线检测相比，AUT 在检测速度、降低作业强度等方面有着明显优越性[1]。目前 AUT 技术主要用于基于内焊机根焊的管道自动焊环焊缝检测，而基于非内自动焊机的自动焊焊缝，例如采用表面张力过渡（STT）及熔敷金属控制技术（RMD）控制熔敷金属过渡方式的根焊技术的自动焊焊缝，由于对口间隙和坡口角度存在一定偏差，导致目前的 AUT 工艺无法适用。因此通过采用超声仿真技术对 AUT 工艺进行优化，设计 AUT 对比试块和工艺焊缝，验证 AUT STT 根焊的自动焊焊缝的可靠性，保证长输管道的施工和安全运行。

1　AUT 检测工艺方案及仿真

全自动超声波检测（AUT）将焊缝沿厚度方向分成若干个分区。每个分区用聚焦探头检测熔合线上的缺欠，体积型缺欠用非聚焦探头检测。检测结果以图像形式显示，分为 A 扫描、B 扫描及超声波衍射时差法等三种显示方式。扫查器在管道环焊缝环向自动扫查，即可对整个焊缝厚度方向的分区进行全面检测，检测结果自动显示在图像上。

目前基于非内自动焊机的自动焊焊接工艺主要采用两种坡口形式，一种为"V"形坡口，填充区角度在 22°～25° 之间，另一种为复合"V"形坡口，填充区角度在 8°～10° 之间，热焊区角度为 30°（图 1）。针对两种坡口形式分别进行 AUT 工艺仿真，确定 AUT 方案是否可行，从而提出检测可行的 AUT 工艺方案。

1.1　"V"形坡口检测工艺仿真

由于 AUT 扫查采用串列和脉冲反射两种方式。针对填充区角度为 22°，壁厚较薄（例如 12.5mm 以下）的"V"形坡口，通过仿真得出，当 AUT 探头前沿距焊缝中心的距离 13mm 时，AUT 采用脉冲反射方式扫查，可以将整个焊缝全部覆盖，并且超声波可以聚焦在坡口熔合线的位置（图 2），可以实现对壁厚较薄的"V"形坡口焊缝的检测。

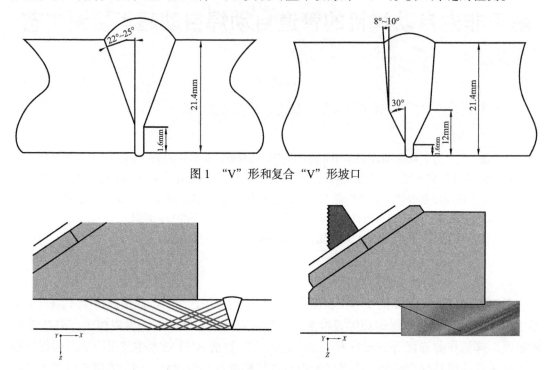

图 1 "V"形和复合"V"形坡口

图 2 12.5mm AUT 声场

针对填充区角度为 22°，壁厚较厚（例如 21.4mm 以上）的"V"形坡口焊缝，通过仿真发现当采用脉冲反射方式进行检测时，通过调整探头的位置，超声波束均不能对焊缝实现全覆盖，造成对焊缝上下区域的漏检（图 3）；而当采用串列方式检测上部填充区时，探头无法接收到反射回波，造成该区域漏检（图 4）。通过调整 AUT 探头到焊缝中心的位置，可以实现对焊缝的全覆盖，但是由于 AUT 探头距离坡口熔合线较远，超声波束无法聚焦到熔合线上，导致该区域检测的可靠性降低。因而 AUT 不能满足对壁厚较厚的"V"形坡口焊缝的检测。

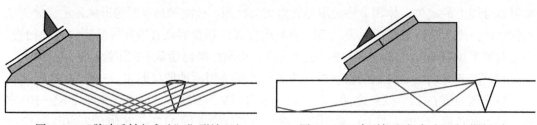

图 3 AUT 脉冲反射方式（"V"形坡口）　　　图 4 AUT 串列扫查方式（"V"形坡口）

1.2 复合"V"形坡口检测工艺仿真

通过以上仿真，对于壁厚较厚（例如 21.4mm 以上）的"V"形坡口焊缝无法采用 AUT，而射线对于壁厚较厚的焊缝检测又比较困难（尤其采用双壁透照时）。由于壁厚的增加，导致 AUT 覆盖整个焊缝的难度也随之增大，因此复合"V"形坡口的仿真选用壁厚为 21.4mm 的焊缝。坡口形式如图 2 所示，壁厚 21.4mm，填充区高度 9.4mm，分成 3个区，每个分区高度 2.8mm；热焊区高度 10.4mm，分成 4 个区，每个分区高度 2.6mm；根部高度 1.6mm，分成 1 个区，高度 1.6mm，探头前沿距焊缝中心 15mm，仿真结果如图5 所示。

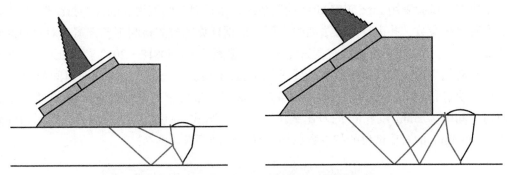

图 5   21.4mm 复合"V"形坡口 AUT 检测工艺

通过仿真结果显示，对于壁厚较大（例如 21.4mm 以上）的复合"V"形坡口焊缝，当 AUT 探头距离焊缝中心 15mm 时，可以保证 AUT 对整个焊缝的全覆盖检测，并且能够将超声波束的焦点聚焦于坡口熔合线上，保证了 AUT 检测的可靠性。因此，基于非内自动焊机的管道自动焊采用 AUT 时推荐采用复合"V"形坡口形式。

2   对比试块及工艺焊缝

根据非内自动焊机的管道自动焊的焊接工艺特点，环焊缝的对口间隙在 2~4mm 之间，因此设计了对口间隙分别为 2mm、3mm 和 4mm 的对比试块，坡口形式采用复合"V"形坡口，材质为 1422mm×21.4mm 的 X80 钢管。为了测试 AUT 检测非内自动焊机的管道自动焊的可靠性，在工艺焊缝中设计并加工包括裂纹、未熔合、未焊透等不同类型的缺陷，同时保证缺陷分布在不同的分区高度。缺陷设计及分布区域见表 1。

表 1   缺陷设计及分布区域

缺陷类型	分布区域	缺陷数量
坡口未熔合	根部坡口	1
未焊透	根部	1
坡口未熔合	填充坡口	12
坡口未熔合	热焊	8
坡口未熔合	盖面	3
裂纹	填充	1
层间未熔合	填充	1
密集气孔	填充	1

3 基于非内自动焊机的管道自动焊 AUT 工艺试验

3.1 对比试块扫查试验

本次工艺试验采用 Pipe WIZARD 检测系统，采用对口间隙为 3mm 的对比试块的坡口参数设置检测参数，并进行聚焦法则的计算。根据计算完成的检测工艺方案，对对口间隙为 3mm 的对比试块进行分区扫查调试（图 6）。按照 GB/T 50818—2013《石油天然气管道工程全自动超声波检测技术规范》的要求优化 AUT 检测工艺方案，并在对口间隙为 3mm 的对比试块进行总体扫查，保证试块扫查数据满足标准要求。采用优化后的 AUT 检测方案对对口间隙为 2mm 和 4mm 的对比试块进行扫查调试，使该 AUT 检测方案对对口间隙为 2mm 和 4mm 的对比试块的扫查数据均能满足标准要求（图 7）。

图 6　对比试块扫查试验

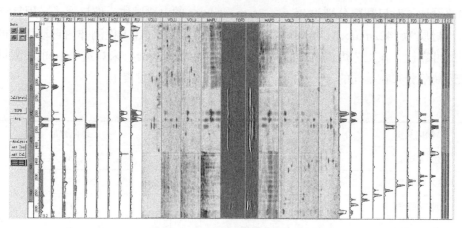

图 7　对比试块部分扫查图

3.2 工艺焊缝检测试验

工艺焊缝 AUT 扫查试验首先采用优化后的 AUT 工艺方案在对口间隙为 3mm 的对比试块上进行校准，校入数据满足标准 GB/T 50818—2013《石油天然气管道工程全自动超声波检测技术规范》要求后，在工艺焊缝上进行扫查检测，得到工艺焊缝的 AUT 数据（图 8）。检测结束后采用对口间隙为 3mm 的对比试块进行系统性能校验，校出数据须满足标准相关要求。

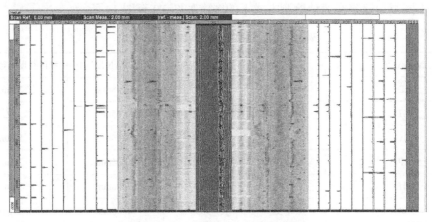

图 8　工艺焊缝 AUT 部分扫查图

补充检测采用数字射线检测，DR 检测采用 D/P Tech 公司的 DR 检测系统，射线机型号为 YXLON EVO 300P，采用中心透照方式，焦距 726mm，电压为 300kV，电流为 2.5mA，单帧图像曝光时间 0.8s（图 9）。数字射线检测图像质量满足标准 SY/T 4109—2013《石油天然气钢质管道无损检测》第 5 部分射线数字成像检测的要求。

图 9　数字射线检测

3.3　检测结果分析

通过对工艺焊缝的 AUT 数据进行评定，得到工艺焊缝中缺陷的类型、高度、位置和长度等信息。对比数字射线检测发现的缺陷类型、位置和长度信息，数字射线检测发现的缺陷在 AUT 数据中均有显示（表2）。部分缺陷在 AUT 中显示的长度要大于数字射线，主要由于射线检测的图像为投影尺寸，而 AUT 对小缺陷检测存在尺寸测量放大所致；部分热焊附近区域的缺陷由于缺陷角度比较大，缺陷高度较小，从而导致对比度低，数字射线漏检。不同类型缺陷在两种检测方式下的图像如图10至图14所示。

表2　AUT 与数字射线检测结果对比表

缺陷位置	分布区域	缺陷类型	缺陷长度	缺陷长度（数字射线）
RD	根部坡口	坡口未熔合	31.08mm	30mm
H1D	热焊坡口	坡口未熔合	22.05mm	漏检
F1U	填充坡口	坡口未熔合	26.06mm	20mm
CAPD	盖面	坡口未熔合	23.06mm	20mm
H1D	热焊坡口	坡口未熔合	24.06mm	10mm
H2U	热焊坡口	坡口未熔合	32.08mm	27mm
F1D	填充坡口	坡口未熔合	6.01mm	漏检
F3U	填充坡口	坡口未熔合	28.07mm	15mm
H1D	热焊坡口	坡口未熔合	12.03mm	5mm
V3U、V3D、V2D	填充	裂纹	35.43mm	35mm
H3U	热焊坡口	坡口未熔合	19.05mm	漏检
CAPD	盖面	坡口未熔合	25.06mm	22mm
F2U	填充坡口	坡口未熔合	31.08mm	22mm
H1D	热焊坡口	坡口未熔合	38.09mm	31mm
RU、H1D、MAPD	根部	根部未焊透	32.08mm	23mm
F2U	填充坡口	坡口未熔合	28.07mm	18mm
CAPD	盖面	坡口未熔合	26.06mm	22mm
V3U、V3D、V2D	热焊	层间熔合	35.09mm	35mm
H1D	热焊坡口	坡口未熔合	14.03mm	漏检
F2U	填充坡口	坡口未熔合	26.06mm	22mm
F2D	填充坡口	坡口未熔合	22.05mm	15mm
F3U	填充坡口	坡口未熔合	24.06mm	20mm
F2D	填充坡口	坡口未熔合	27.07mm	25mm
F2U	填充坡口	坡口未熔合	28.07mm	20mm
V3U	填充	密集气孔	26.06mm	26mm
F3D	填充坡口	坡口未熔合	26.06mm	25mm
H1U	热焊坡口	坡口未熔合	17.85mm	4mm
F3D	填充坡口	坡口未熔合	27.07mm	25mm

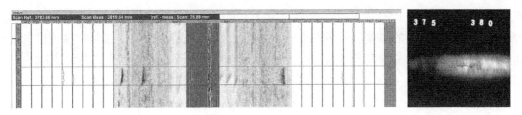

图 10　密集气孔 AUT 与 DR 对比图

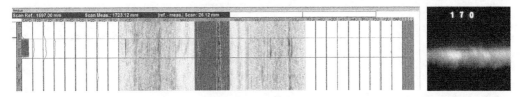

图 11　坡口未熔合 AUT 与 DR 对比图

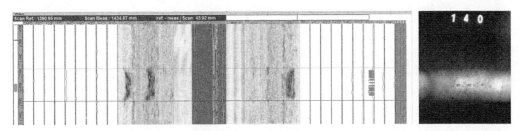

图 12　裂纹 AUT 与 DR 对比图

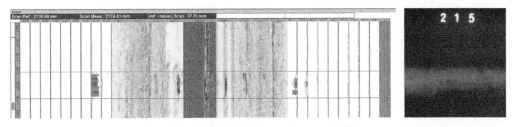

图 13　根部未焊透 AUT 与 DR 对比图

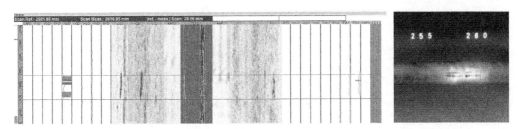

图 14　层间未熔合 AUT 与 DR 对比图

4　结论

通过对基于非内自动焊机的管道自动焊 AUT 检测工艺的研究及相关试验表明，AUT

方法对采用该焊接方式的管道环焊缝中的裂纹、未熔合和未焊透等缺陷具有良好的检出能力,能够实现对缺陷的高度、位置和长度的测量,满足对连头口和山区等特殊地段管道自动焊的检测需求,大幅提高管道施工生产效率,为管道工程建设施工提供技术支撑。

参 考 文 献

[1]王志坚,代福强,胡艳华,等.海底管道半自动环焊缝全自动超声波无损检测系统可靠性研究[J].金属加工,2013(2):29-32.

原文刊登于《无损检测》2019年第41卷第5期

中俄东线天然气管道工程 DR 设备校验方法

刘全利[1] 苗 绘[2] 吕新昱[1] 周广言[1]

（1.中国石油天然气管道科学研究院有限公司；2.中国石油天然气股份有限公司
管道分公司）

摘 要 为了有效控制管道环焊缝的焊接质量，并满足智能化管道的建设需要，在中俄
东线天然气管道工程中采用 X 射线数字成像检测（Digital Radiography，DR）设备进行环焊
缝焊接质量的检测。管道 DR 设备主要由带 X 射线机的爬行器、探测器、计算机、检查软件、
检测工装等组成，其可靠性直接关系到管道环焊缝的检测质量。目前国内外仅针对 DR 设备各
个组成部分提出了相应的技术指标，尚无针对整套设备系统的校验方法及校验标准，故而研
究制定了中俄东线 DR 设备校验程序，主要校验内容除相关标准规定的探测器坏像素、基本空
间分辨率、最小许可灰度幅值、对比度灵敏度外，还增加了 DR 设备成像均匀度、缺陷检出率
及可靠性测试，为中俄东线天然气管道工程高质量建设提供了技术保障。

关键词 中俄东线；X 射线数字成像检测；DR 设备；校验方法

X 射线数字成像检测（DR）是一种新兴的检测技术，其利用探测器代替胶片，能够
产生很大的环保及经济效益，实现射线检测数字化[1]。近年来，中国长输油气管道建设
进入快速发展阶段，并向着数字化管道的方向发展。为了满足智能化管道[2-10]建设的需
要，在中俄东线天然气管道工程[11-22]黑河—长岭段开展了 DR 检测应用试验[23]，总结
发现：国内外已有多家公司拥有 DR 设备，并应用于长输油气管道，但因各家 DR 设备工
业化应用程度不同，使其性能存在差异，对于工程现场管道环焊缝检测的适用性与可靠
性也不尽相同，部分厂家 DR 设备的成像质量及缺陷检出率无法满足管道施工现场的质量
要求。

1 DR 设备组成与校验依据

管道 DR 设备主要由带 X 射线机的爬行器、探测器、计算机、检查软件、检测工装等
组成，目前国内外仅对各个组成部分提出了相应的技术指标，对使用过程中整套设备系统
的校验尚未提出相应的方法，也没有相应的 DR 设备校验标准。例如，GB/T 35394—2017
《无损检测 X 射线数字成像检测 系统特性》是 DR 性能测试标准，只针对探测器、射
线源提出了指标要求，没有对设备整机提出相关要求。因此，根据长输管道建设的工程需
求，依托现场应用经验及对 DR 设备成像质量影响因素的研究发现，参照现有相关标准，
结合俄罗斯天然气公司、挪威船级社（DNV）及相关行业对 DR 设备质量控制的技术要

求，基于测试手段与校验工具的研制，制定了《中俄东线 DR 设备校验程序》，校验内容除相关标准规定的坏像素、基本空间分辨率、最小许可灰度幅值、对比度灵敏度外，还增加了 DR 设备成像均匀度、缺陷检出率及可靠性测试（表 1）。

表 1　中俄东线天然气管道工程 DR 设备校验项目表

校验项目	校验内容
设备技术参数	坏像素、基本空间分辨率、最小许可灰度幅值、对比度灵敏度等技术参数均应满足 GB/T 35394—2017《无损检测 X 射线数字成像检测系统特性》、SY/T 4109—2013《石油天然气钢质管道无损检测》及 NB/T 47013.11—2015《承压设备无损检测　第 11 部分：X 射线数字成像检测》的要求
系统成像均匀度	设备在环焊缝所有位置（规定了 29 个位置）的分辨率及灵敏度测试均应达到 SY/T 4109—2013《石油天然气钢质管道无损检测》要求
缺陷检出率	在测试焊缝中埋藏 30 个人工缺陷，DR 设备测量结果应与胶片结果一致
长度误差	将不同长度的单丝置于环焊缝 12：00、3：00、6：00、9：00，对 DR 设备的误差进行标定，作为现场使用时的测量参照
成像面板不均匀性标定	检验 DR 设备成像是否有影响评定的横竖条纹

2　校验方法与测试结果要求

2.1　探测器坏像素

探测器由几百万个像素组成，不可避免地存在坏像素，而坏像素的存在将影响成像质量及对图像缺陷的正确评判。在工程检测过程中，由于系统与环境条件及 X 射线入射强度的变化，还会出现新的坏像素，因此，对坏像素的识别、校正是保证与提高检测效率的重要环节。坏像素的正确识别是对 DR 设备进行相关校正的前提，探测器中的坏像素分为死像素、过响应像素、欠响应像素及噪声像素。从成本考虑，允许探测器存在一定数量的坏像素，图像在不进行坏像素校正、偏置校正及响应不一致性校正的前提下，通过采集不同曝光条件下的图像及暗场图像进行测试分析。

测试结果需满足：探测器中不存在集群核像素；成行（成列）坏像素不超过 3 个，且不位于距离中心位置 200 像素以内；所有坏像素之和小于探测器总像素的 1%。

2.2　基本空间分辨率

2.2.1　测试方法

将双线型像质计紧贴在探测器输入屏表面中心区域，与探测器的行或列成 2°～5° 放置。射线机焦点至探测器接收面的距离不应小于 1000mm ± 50mm，并应保证垂直透照。中俄东线天然气管道工程黑河—长岭段管径采用 1422mm，壁厚最小为 21.4mm，根据 SY/T 4109—2013《石油天然气钢质管道无损检测》规定，当透照厚度 W 大于 20mm 时，应采用 2mm 厚度铜滤波，管电压设为 220 kV。在探测器校正的基础上对双线型像质计进行透照，并选择合适的曝光量使获得的双线型像质计图像灰度值在整个灰度范围的 50%～80% 之间，且具有较高的信噪比。

2.2.2　识别方法

双线型像质计的灰度值测量与识别应在其透照图像（图 1）灰度均匀的区域内进行，对图像进行测量时，可采用窗宽窗位调整，不得采用锐化等其他数字图像处理方法。

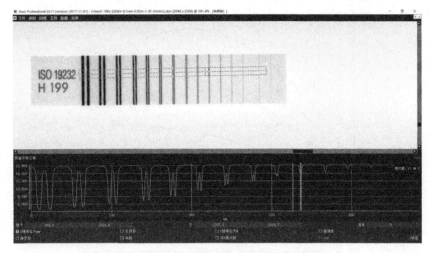

图 1　管道 DR 设备双线型像质计透照图像

采用二阶多项式将双线型像质计丝径与测得的对应的调制度 R 进行曲线拟合（图 2），查询图 2 中调制度为 20% 所对应的双线型像质计丝径，该丝径对应的分辨率即为基本空间分辨率。探测器像素间距决定了探测器本身固有的分辨率，像素间距越小，其分辨率越高。探测器基本空间分辨率相当于探测器的有效像素尺寸，一般大于或等于像素尺寸。当测量值小于像素尺寸时，测试无效，同时测试结果必须满足标准 SY/T 4109—2013《石油天然气钢质管道无损检测》中系统分辨率指标宜大于或等于 2.5lp/mm 的要求。

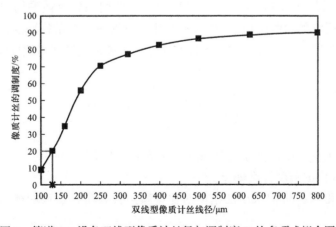

图 2　管道 DR 设备双线型像质计丝径与调制度 R 的多项式拟合图

2.3 最小许可灰度幅值

将钢质阶梯试块放置在具有最佳几何放大倍数的位置，使用 160kV 管电压及 0.5mm 厚度铜滤板，调节管电流（单位为 mA），使得试件最薄厚度部位的信号幅值最大但不饱和。调节曝光时间分别为 1s、4s、16s、32s、64s，使用积分或帧平均的方法降低图像噪声。使用图像分析处理软件测量规定区域的归一化信噪比，在采集图像中，分别测定各个阶梯基体的归一化信噪比。以灰度幅值为横坐标，归一化信噪比为纵坐标，利用曲线拟合法对测量数据进行平滑处理，绘制归一化信噪比与灰度幅值的关系曲线（图 3）。

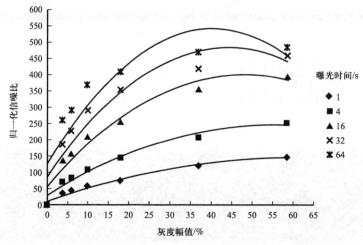

图 3　管道 DR 设备归一化信噪比与灰度幅值关系曲线

测试结果需要满足标准 NB/T 47013.11—2015《承压设备无损检测　第 11 部分：X 射线数字成像检测》中 B 级检测技术等级关于最小归一化信噪比的要求。

2.4 对比度灵敏度

将钢质阶梯试块放置在具有最佳几何放大倍数的位置，使用 160kV 管电压及 0.5mm 厚度铜滤板，调节管电流（单位为 mA），使得试件厚度最薄部位的信号幅值最大但不饱和。调节曝光时间分别为 1s、4s、16s、32s、64s，使用积分或帧平均的方法降低图像噪声。在阶梯沟槽区域的检测图像［图 4（a）］中，针对每一个阶梯厚度，使用图像分析处理软件测量 3 个区域内的灰度平均值与标准偏差。阶梯试块凹槽对比度噪声 CNR_g 的计算式为

$$CNR_g = \frac{0.5(GV_1 + GV_3) - GV_2}{0.5(\sigma_1 + \sigma_3)} \qquad (1)$$

式中：GV_1、GV_2、GV_3 分别为区域 1、区域 2、区域 3 内的灰度平均值；σ_1、σ_3 分别为区域 1、区域 3 内的灰度标准偏差。

将上述计算得到的阶梯试块凹槽的对比度噪声代入阶梯试块凹槽对比度灵敏度 CSa 的计算式：

$$CSa = \left(\frac{5\%}{\mathrm{CNR}_g} \right) \times 100\% \qquad (2)$$

根据确定出的阶梯试块凹槽对比度灵敏度，绘制不同曝光时间下的对比度灵敏度曲线 [图4（b）]，测试确定的最小对比度灵敏度应满足 SY/T 4109—2013《石油天然气钢质管道无损检测》中对于钢质阶梯试块不同厚度对比度灵敏度的要求。

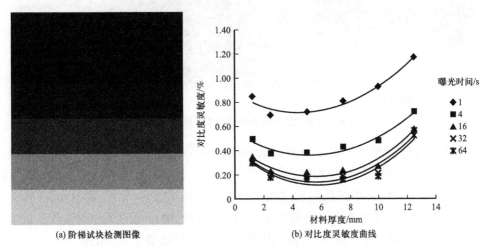

(a) 阶梯试块检测图像   (b) 对比度灵敏度曲线

图4　管道 DR 设备对比度灵敏度测试结果

2.5　系统成像均匀度

为严格测量 DR 设备在管道环焊缝各个位置的成像质量，设计加工了 DR 设备校验模体，其包含了各个方向的双线型像质计、线型像质计及不同大小的模拟圆缺。

根据测试模体的宽度（小于管道 X 射线数字成像检测设备的数字图像有效区域范围内任意方向的长度），在目标管道环焊缝内表面绘制位置网格，对于口径 1422mm、壁厚 21.4mm 管道的环焊缝，共绘制了 29 个网格位置。将测试模体置于其中某个网格位置，同时 X 射线机置于管道中心轴线上，进行管道环焊缝中心透照 [图5（b）]，X 射线透射通过测试模体及管道环焊缝，被置于管道环焊缝外表面的管道 X 射线数字成像检测设备的探测器接收，获得管道环焊缝位置的检测图像 [图5（a）]；通过检测软件测量该位置检测图像中的横、纵向双线型像质计及线型像质计数值，分别确定该位置检测图像横、纵向图像空间的分辨率及图像灵敏度，测试结果应该满足 SY/T 4109—2013《石油天然气钢质管道无损检测》中对于壁厚为 21.4mm 管道环焊缝图像空间分辨率及图像灵敏度的要求。在其他网格位置重复以上测试，完成所有 29 个网格位置的成像质量检测。

2.6　可靠性

2.6.1　长度误差

长度误差测量，是将不同长度的单丝置于环焊缝 12：00、3：00、6：00、9：00 位置，标定 DR 设备缺陷长度的测量误差，作为现场使用时的测量参照。

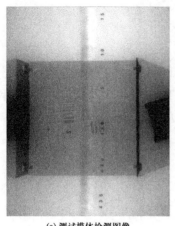

(a) 测试模体检测图像 (b) 中心透照图

图 5　管道 DR 设备系统成像均匀度测试结果

　　将测试模体分别置于管道环焊缝内表面侧的 12：00、3：00、6：00、9：00 位置，并使测试模体中心线与管道环焊缝中心线一致，同时 X 射线机置于管道中心轴线上，进行管道环焊缝中心透照；X 射线透射通过测试模体及口径 1422mm、壁厚 21.4mm 管道环焊缝，被置于管道环焊缝外表面的管道 X 射线数字成像检测设备的探测器接收，获得该管道环焊缝位置的检测图像（图 6）；测量图像中特定丝号线型像质计的长度、金属球的个数及每个金属球的直径，与实际尺寸进行比较，测得在管道环焊缝 12：00、3：00、6：00、9：00 位置成像尺寸偏差，进而验证 DR 设备检测的可靠性。

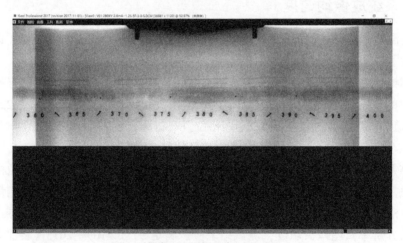

图 6　管道 DR 设备可靠性测试结果

2.6.2　缺陷检出率

　　缺陷检出率测量是验证 DR 设备对设计加工的人工缺陷的检出能力，通过与 X 射线检测胶片成像结果进行对比，测试确定管道 DR 检测是否存在漏检及缺陷长度的测量偏差。管道 DR 设备校验采用的测试管件口径为 1422mm，壁厚为 21.4mm，坡口形式为 "V" 形（图 7），设计加工的人工缺陷包括气孔、坡口未熔合、层间未熔合、根部未焊透、裂纹等 30 个人工缺陷（图 8）。

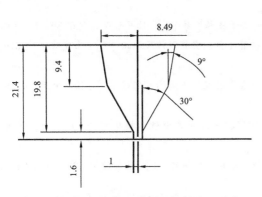

图 7 管道 DR 设备校验测试管件坡口形式
示意图（单位：mm）

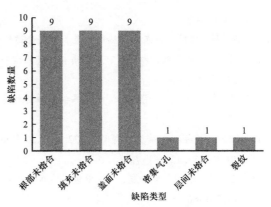

图 8 管道 DR 设备校验人工缺陷数量分布图

3 结束语

在中俄东线天然气管道工程建设过程中，采用 X 射线数字成像检测（DR）设备对环焊缝的焊接质量进行检测。针对当前缺少整套 DR 设备校验方法及校验标准的现状，结合中俄东线天然气管道工程实际，研究制定了 DR 设备的校验方法，基于管道 DR 设备的组成，确定了探测器坏像素、基本空间分辨率、最小许可灰度幅值、对比度灵敏度、成像均匀度、缺陷检出率及可靠性等校验项目，分别给出了校验方法及测试结果要求，有效保证了 DR 设备的成像质量与缺陷检出能力。

参 考 文 献

［1］堵澄花，朱建平，赵洋.数字探测器阵列 X 射线成像检测设备试验研究［J］.设备管理与维修，2014（5）：54-56.

［2］宫敬，徐波，张微波.中俄东线智能化工艺运行基础与实现的思考［J］.油气储运，2019，38（12）：1-10.

［3］蔡永军，蒋红艳，王继方，等.智慧管道总体架构设计及关键技术［J］.油气储运，2019，38（2）：121-129.

［4］张海峰，蔡永军，李柏松，等.智慧管道站场设备状态监测关键技术［J］.油气储运，2018，37（8）：841-849.

［5］税碧垣，张栋，李莉，等.智慧管网主要特征与建设构想［J］.油气储运，2019，38（12）：1-6.

［6］聂中文，黄晶，于永志，等.智慧管网的建设进展及存在的问题［J］.油气储运，2019，38（11）：1-9.

［7］熊明，古丽，吴志锋，等.在役油气管道数字孪生体的构建及应用［J］.油气储运，2019，38（5）：503-509.

［8］李柏松，王学力，徐波，等.国内外油气管道运行管理现状与智能化趋势［J］.油气储运，2019，38（3）：241-250.

［9］李柏松，王学力，王巨洪.数字孪生体及其在智慧管网应用的可行性［J］.油气储运，2018，37（10）：1081-1087.

［10］王巨洪，张世斌，王新，等.中俄东线智能管道数据可视化探索与实践［J］.油气储运，2019，38

（12）：1-7.

[11]程玉峰.保障中俄东线天然气管道长期安全运行的若干技术思考[J].油气储运,2020,39（1）:1-8.

[12]寇宝庆,周文波,赵振兴,等.盾构竖井内大口径管道预制安装设计及施工[J].油气储运,2019,38（12）:1-5.

[13]刘玉卿,武玉梁,张振永.中俄东线水平连续冷弯管管道沉管下沟的可行性[J].油气储运,2019,38（12）:1-7.

[14]张宏,吴锴,刘啸奔,等.D1422mm X80管道环焊接头应变能力数值模拟方法[J].油气储运,2019,38（12）:1-7.

[15]迟凤明,张成,郭福友,等.中俄东线黑龙江穿越测量的关键问题[J].油气储运,2017,36（12）:1462-1466.

[16]赵新伟,池强,张伟卫,等.管径1 422mm的X80焊管断裂韧性指标[J].油气储运,2017,36（1）:37-43.

[17]张振永,周亚薇,张金源.现行设计系数对中俄东线OD 1422mm管道的适用性[J].油气储运,2017,36（3）:319-324.

[18]张振永,张文伟,周亚薇,等.中俄东线OD 1422mm埋地管道的断裂控制设计[J].油气储运,2017,36（9）:1059-1064.

[19]任海宾,陈光联,黄文杰,等.中俄东线岛状多年冻土现状及退化原因[J].油气储运,2017,36（12）:1347-1352.

[20]宫爽,陈光联,赵园园.中俄东线黑龙江穿越地质条件分析及方案选择[J].油气储运,2018,37（12）:1385-1392.

[21]代小华,张文伟,余志峰,等.基于系统可靠性的压缩机备用方案[J].油气储运,2018,37（12）:1335-1340.

[22]毕光辉,任文明,曹阳.中俄东线黑龙江穿越管道安装设计方案[J].油气储运,2018,37（8）:935-940.

[23]姜昌亮.中俄东线天然气管道工程管理与技术创新[J].油气储运,2020,39（2）:121-131.

原文刊登于《油气储运》2020年第39卷第4期

管道环焊缝 X 射线数字成像动态采集软件设计

高　静[1]　王　雪[1]　王立辉[2]　吕新昱[1]　张彦楠[1]　朱凤艳[1]

（1.中国石油天然气管道科学研究院有限公司；2.国家管网集团北方管道
有限责任公司工程处）

摘　要　目前国内的管道环焊缝数字射线检测设备仅能实现静态成像，曝光时间过长，成像结果由几十张图像组成，增加了判读工作量和图像评定难度。管道环焊缝 X 射线数字成像动态采集系统很好地解决了这些问题，采集面板在电动机的驱动下沿着轨道匀速行驶，采集图像无缝无重叠地连续实时显示，最终形成一幅完整的管道焊缝扫查图。针对数字射线动态数据采集系统的 TDI 原理、TDI 扫查的时钟同步率、CMOS 平板探测器中偏置电压的刷新和面板校准等问题进行详细说明，完成了 X 射线数字成像动态采集软件的设计和编程，并在管径 813mm，壁厚 12.5mm 的管道环焊缝上进行检测试验，采集图像中缺陷清晰可见。

关键词　管道环焊缝；数字射线动态成像；时间延时成像；软件设计

管道环焊缝检测是管道施工过程的重要环节，而射线检测技术目前还是长输管道环焊缝的主要检测手段[1]。常规胶片射线检测技术经过多年发展，从检测方法、检测工艺到检测标准都已比较完善，但其存在胶片需要保管查询、远程传送评判和环境污染等方面的缺点[2-3]，数字射线检测（DR）技术解决了传统胶片在存储、查询上的难题，能实现射线检测的实时成像，缺陷图像计算机分析等优点，是射线检测技术的发展趋势[2]。

国内的数字射线检测设备都是静态成像，电动机每走一段距离停下来采集一幅图像，采集完再走到下一个位置继续采集，对整个管道环焊缝分段采集，为了实现全覆盖，需要采集许多幅图像，并且每幅图像的边缘与上一幅图像存在一定长度的重复，这给后续评图带来困难，有的设备尝试把多幅图像拼接成一幅图像[4]，但拼接的质量与精度不高。管道环焊缝 X 射线数字成像动态采集系统很好地解决了这些问题，本文主要对动态检测软件的总体设计及重要模块进行介绍。

1　数字射线成像检测分类

数字射线成像检测按照检测系统与被检工件的运行状态，分为动态成像检测系统和静态成像检测系统[2]。

动态成像是指以一定帧频的采集速率，实现连续成像。被检工件通过机械扫描装置与检测系统作相对连续运动，射线源连续发射射线，射线成像器件对试件的不同位置进行连续曝光，连续地采集并显示不同检测位置的图像。静态成像是指在一定的时间内，对试件的某一部分进行曝光、成像，输出单幅、静止的图像[2]。本文研究的为动态成像检测系统。

2 动态成像检测系统软件总体设计

本软件包括 7 个模块，如图 1 所示。采集的流程为：连接面板，找到硬件采集器；加载校准文件并做暗场校准，如果 X 射线源的电压电流变化，或者采集帧频和采集目标温度有变化，需要重新做增益和坏像素校准；设置采集参数；开始采集；保存采集结果。

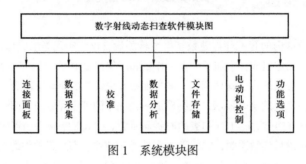

图 1　系统模块图

3 数据采集功能简介

数据采集分 TDI 模式（即动态成像）和非 TDI 模式（单帧图像）。非 TDI 模式为单帧采集，只采集一个成像面板范围内的图像，用于前期采集参数和面板机械位置的调整。TDI 模式为动态成像模式，采集整个设定范围内的数据，形成最终的图像。

3.1 非 TDI 模式功能介绍

该模式主要功能为辅助参数设定。首先是将采集面板窗口调整到与管道表面平行，并尽可能接近管道表面。具体步骤：加射线看窗口左边和右边，上边和下边没被照到的像素个数是否一致，如果不一致，调整机械。调整 X 射线源的电压值和电流值，采集面板的帧频。X 射线源的电压根据被检工件的厚度按照标准选取，电流设到最大。帧频由高往低调整，一般将像素平均值调到满幅值的一半。图 2 显示一幅单帧图像，像素用 12 位数据表示，从这幅图上看，图像的平均值为 1036，偏低，应该加大电流或减小帧频，以提高灰度值。

3.2 TDI 模式功能介绍

TDI（时间延迟成像）等于三维层照相术中使用的过程，基本的实现形式为移位加法算法。在这种算法中，原始帧仅以正确的位置添加到最终图像中。该算法如图 3 所示。各个独立帧移动并累加到最终图像中，两个连续帧之间的偏移由扫描速度决定。

需要注意的 3 个问题：（1）该硬件设备以固定的帧频采集数据，最终图像是由多帧数据按照一定算法叠加而成，所以扫查最开始的一段距离和扫查快结束的一段距离内，由于可用叠加的帧数少，所以成像质量可能会不好，扫查时需要保证一定的重复范围；（2）扫查速度问题。为了避免运动模糊，该设备的投影图像在一帧中的移动量应少于 1 个像素，一般速度越快帧频也应该设置的越大，但帧频太快，灰度值和信噪比也会受影响，灰度值，帧频，扫查速度相互制约，要选用合适的参数，获得高质量的图像结果。（3）扫查过程中，采集面板在行走装置的驱动下匀速行驶，最终图像是一幅完整的管道焊缝检测图。

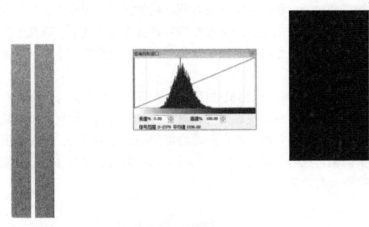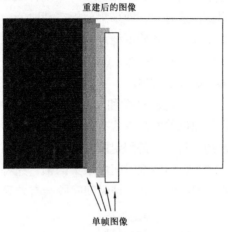

图 2　非 TDI 模式采集器采集图像　　　　图 3　　TDI 算法示意图

4　重要功能模块说明

4.1　TDI 扫查的时钟同步源

TDI 模块的时钟同步方式分为帧同步和外部编码器同步。如果使用外部编码器同步，需要定义每个编码器脉冲 TDI 重构应移动的距离。例如，如果编码器每毫米发出 20 个脉冲，并且系统中的放大倍数为 1.3，那么 TDI 的激发转换因子为（1/20）× 1.3=0.065。如果扫描速度是恒定的，也可以不使用外部编码器，将帧计数器作为同步源，并设定相应的扫查速度。本项目同步源选用外部编码器，TDI 转换因子的校准过程如下：（1）校准编码器，算出 1mm 对应的脉冲数；（2）根据公式算出初始转换因子值；（3）在管道上放置一枚圆形硬币，用 TDI 模式采集图像，测量采集结果中圆形硬币的圆度；（4）如果圆度有偏差，修正 TDI 转换因子，重复步骤（3），如果圆度满足要求，说明失真很小，TDI 转换因子设置合适。TDI 转换因子是保证图像准确不失真的关键参数。

4.2　偏置电压（bias voltage）

4.2.1　偏置电压的作用

本设备采用的 X 射线传感器是基于直接转换的碲化镉（CdTe）晶体。CdTe 是一种将 X 射线光子转换为电荷云的半导体。偏置电压用于将电荷云驱动到与 CdTe 连接的读出

CMOS。CMOS 中每个像素分别连接到 CdTe，并且偏置电压驱动所有与该像素最接近的电荷。没有偏置电压，电荷将重新结合并消失[5]。

4.2.2 偏置电压处理过程

一个偏置电压循环由刷新周期（interval），刷新持续时间（bias off time），bias 重启后的稳定时间（bias to stabilize）组成。interval 定义两次刷新时间间隔，bias off time 定义每次刷新持续时间，即采集面板空载时间，稳定时间指偏置刷新后的延迟，用这个参数可以计算排除一些开始不稳定的帧。值得注意的是：（1）在校准和数据采集模式下，这几个参数要确保相同的设置；（2）在数据开始采集时强制做一次偏置刷新，使探测器在空载结束后再开始采集数据。

在偏置电压刷新和刷新后的稳定时间内探测板处于空载状态，采集的帧与正常帧有差别，图像的叠加方式有以下两种：（1）忽略空载时间，这种方式下每幅图像起始帧和结束帧的时间间隔是固定的，由于帧频是恒定的，所以图像叠加的帧数是不同的，如图 4 所示；（2）拒绝空载时间内采集的帧，这种方式每个图像都是由相同数量的帧叠加，但每幅图像的起始帧和结束帧时间间隔会有差异，如图 5 所示。

Image1	Frames 0,1,2,3	
Image2	Frames 4,5,6,7	
Image3	Frames 8,9,10	(dead time)
Image4	Frames 14,15	(dead time)
Image5	Frames 16,17,18,19	

图 4　忽略 dead time

Image1	Frames 0,1,2,3	
Image2	Frames 4,5,6,7	
Image3	Frames 8,9,10,14	(dead time)
Image4	Frames 15,16,17,18	

图 5　跳过 dead time

4.3　校准模块简介

校准包括暗场校准，增益校准，像素校准。本系统的增益校准最少用 4 步，第一步为暗场，电压电流为零，后面步骤电压设为目标电压，电流平均递增到目标值。像素校准与增益校准设置类似，只是最后一步的电流值设为目标值的 90%。每步的迭代次数越多，校准效果越精确，但消耗的时间也相应变长。需要注意的是：校准期间所有像素均不能达到饱和；检测前应先加载校准文件，一般校准时用到的最大电压和最大电流就是实际采集时用的电压和电流；当采集时的电压、电流、帧频或者射线源到探测器的距离变化，都要重新做增益校准和像素校准。

4.4　温度监测模块简介

板卡采集信号的能力与温度有很大关系，需要进行板卡温度监测，一般将目标温度设置高于室温 5~10℃。当探测器的温度达到目标温度时进行检测，当探测器温度比校准时高 0.5~1℃时，应该重新做暗场校准。

4.5　无线收发装置

管道施工现场人员一般采用距离防护射线源的辐射，大概走远 30m 以上，如果在计算机和扫查器间拉长电线，在野外的施工现场不太方便，本系统在扫查器和计算机之间采用无线通信连接，通过无线信号发送配置参数，驱动电动机运转，接收探测器采集的图像数据。

5 管道环焊缝检测实验

5.1 实验布置

本实验在管径 813mm，壁厚 12.5mm 的管道环焊缝上进行，采用中心透照方式，成像面板在扫查装置的驱动下，沿着轨道以 30mm/s 的速度匀速行驶，扫查一圈大概需要 90s。

5.2 结果分析

扫查结果是一幅连续完整的焊缝图，并不是由多幅图像拼接而成，用 ISee！Professional 软件打开扫查结果进行分析，如图 6 至图 8 所示，线性像质计能测到 W15，双线型像质计能测到 D9，图像灰度平均值为 3266.5，信噪比 175。图 9 和图 10 是两个典型管道环焊缝缺陷，分别为未熔合和密集气孔，检测结果符合标准要求。

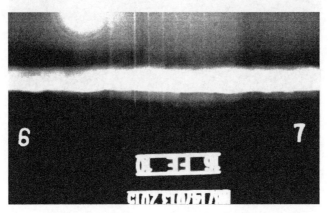

图 6 线型像质计

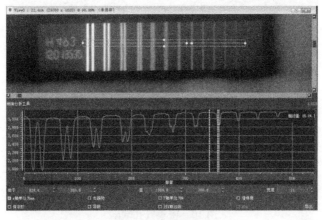

图 7 双线型像质计

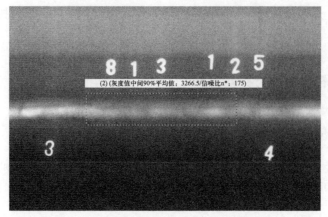

图 8　图像的平均灰度值和信噪比

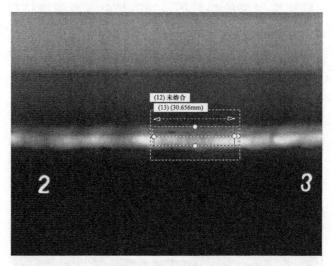

图 9　未熔合缺陷

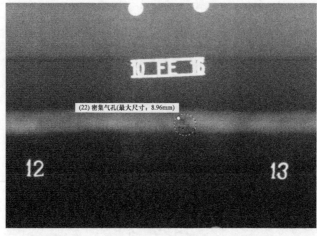

图 10　密集气孔缺陷

6 结论

数字射线静态成像时探测板需要静止拍照，每次仅采集一幅与成像面板宽度相同的图像，采集速度慢，曝光时间过长，每道焊缝检测结果由多张图像组成，每幅图像间有一定的重叠区域，增加了判读工作量和图像评定困难，而 X 射线动态采集系统利用 TDI 成像原理，可以动态拍照，探测板匀速行走，对于中等壁厚，中等直径的管道，例如直径813mm，壁厚12.5mm，成像速度可达到30mm/s，检测整个管道焊缝大概需要90s，缩短了射线曝光时间，检测结果可直接显示焊缝的连续影像，提高了检测效率[4]，为评图提供了很大的便利。2019 年 10 月，该项目顺利通过验收，随着数字化，信息化、智能化的长距离输油气管道建设，X 射线数字成像动态采集技术在管道环焊缝检测领域发展潜力巨大。

参 考 文 献

[1]吕新昱，李维，周广言，等.油气管道环焊缝数字射线检测与胶片法射线检测技术对比分析 [J].无损检测，2019，41（2）：48-51.

[2]梁丽红.数字射线检测实用指导——射线检测系统的分类 [J].无损检测，2012，34（4）：66-69.

[3]黄文大，郭伟灿，强天鹏，等.胶片射线检测与数字射线检测的焊接缺陷检出能力比较 [J].无损检测，2015，37（9）：30-34.

[4]薛岩，白世武，王世新，等.管道环焊缝数字射线检测软件设计 [J].管道技术与设备，2012，（3）：22-24，34.

[5]王雨.高分辨 X 射线面阵 CCD 探测器数据采集 [D].重庆：重庆大学，2016.

原文刊登于《管道技术与设备》2021 年第 1 期

油气管道环焊缝数字射线检测与胶片法射线检测技术对比分析

吕新昱[1] 李 维[2] 周广言[1] 刘全利[1] 薛 岩[1] 安志彬[1] 魏有才[3]

（1. 中国石油天然气管道科学研究院有限公司；2. 中国石油天然气管道通信电力工程有限公司；3. 廊坊中油朗威工程项目管理有限公司）

摘 要 为了比较数字射线检测（DR）与胶片法射线检测（RT-F）对油气管道环焊缝缺陷的检测能力。结合 DR 与 RT-F 检测原理，制定 DR 与 RT-F 检测的实验方案，设计加工人工缺陷焊缝。通过该实验方案对人工缺陷焊缝进行对比检测，从而比较 DR 与 RT-F 检测对不同类型缺陷的检测能力。实验结果表明：数字射线检测（DR）与胶片法射线检测（RT-F）技术，通过各自的设备器材及工艺曝光参数，可以检出各种不同类型的缺陷。

关键词 管道环焊缝；DR 检测；RT-F 检测；对比实验

管道环焊缝检测是管道施工过程的重要环节，而射线检测技术目前还是长输管道环焊缝的主要检测手段。但相应的射线检测主要采用胶片成像技术，检测周期长，效率低，经常影响施工进度[1]。射线底片长期保存后有的影像会变色或褪色，造成原有的底片无法复核原有的检测结果，而 DR 技术解决了传统胶片存储、查询的难题，实现射线检测的实时成像，具有数字存储、缺陷图像计算机分析、远程评片等优点，是射线检测技术的发展趋势。但国内 DR 工程应用的经验不多，因此通过设计加工包含不同类型缺陷的工艺焊缝，采用 DR 与 RT-F 对其进行对比实验，从而验证 DR 应用于油气管道环焊缝的可靠性。

1 DR 与 RT-F 原理

1.1 RT-F 原理

RT-F 利用射线穿透过被检工件时，有缺陷位置和无缺陷位置对射线的吸收能力存在差异。感光胶片上相应有缺陷位置因接收到较多的射线，从而形成较大程度的潜影，感光胶片经过显影、定影及干燥等暗室处理后，得到透照影像。评定人员根据透照影像的对比度就可以判断工件中有无缺欠及缺欠的形状、大小和位置。评定人员根据影像的综合信息判断缺欠性质和测量缺欠尺寸[2]（图 1）。

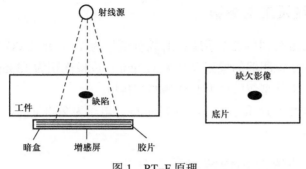

图 1　RT-F 原理

1.2　DR 原理

DR 技术利用 X 射线的穿透特性和衰减特性，通过数字探测器来获得可被显示和记录的数字图像，成像原理如图 2 所示。X 射线透照被检物体后，强度发生了改变，衰减后的射线光子被数字探测器接收转换为可见光或电子，通过电路读出并进行数字化处理后，将信号数据发送至计算机系统形成可显示、分析处理和存储的图像，进而使图像实现了数字化。检测过程包括透照、信号探测与转换和图像显示与评定三个阶段。

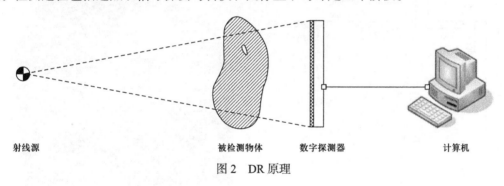

图 2　DR 原理

2　DR 与 RT-F 对比实验

透照方式采用环焊缝内透中心法，将 X 射线机的焦点调整于管内圆心处，对预制人工缺陷的管道环焊缝进行周向曝光，分别采用 DR 与 RT-F 对人工缺陷焊缝进行单壁单影检测，然后对两种检测方法的结果进行对比分析。DR 与 RT-F 分别按照标准 SY/T 4109—2013《石油天然气钢质管道无损检测》第 5 部分　射线数字成像检测和 SY/T 4109—2013《石油天然气钢质管道无损检测》第 4 部分　射线检测中的相关规定进行检测。

2.1　RT-F 系统及工艺参数

RT-F 采用射线机型号为 YXLON EVO 300P，焦点尺寸为 0.5mm×5.5mm；胶片为 AGFA C7 型胶片；线型像质计为 FE10-16。

检测参数：采用中心透照方式；焦距 711mm；电压为 260kV；电流为 2.8mA；曝光时间 150s。

2.2 DR 系统及工艺参数

DR 采用 D/P Tech 公司的 DR 系统；射线机型号为 YXLON EVO 300P，焦点尺寸为 0.5mm × 5.5mm；数字探测器的像素尺寸为 127μm；成像面积为 150mm × 150mm；线型像质计为 FE10–16；双线型像质计为 ISO 19232 H446。

检测参数：采用中心透照方式；焦距 726mm；电压为 260kV；电流为 2.5mA；单幅图像曝光时间为 3.2s。

2.3 人工缺陷管道环焊缝设计与加工

包含人工缺陷的环焊缝采用 ϕ1422mm × 21.4mm 的 X80 碳钢管道进行加工制作，焊缝坡口形式为 "V" 形坡口，焊缝坡口形式及焊缝如图 3、图 4 所示。在焊缝的不同高度区域设计加工了 60 个不同类型的焊接缺陷，焊接缺陷类型涵盖单个气孔、密集气孔、坡口未熔合、层间未熔合、根部未焊透和裂纹等，缺陷类型及分布的区域见表 1，缺陷之间距离约为 149mm。

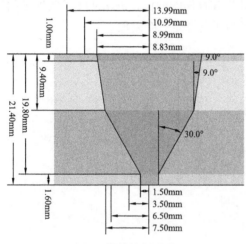

图 3 焊缝坡口形式

图 4 RT–F 的透照布置图

表 1 缺陷类型及分布区域

缺陷类型	分布区域	缺陷数量
坡口未熔合	根部坡口	16
未焊透	根部	2
坡口未熔合	填充坡口	18
坡口未熔合	盖面	18
裂纹	填充	2
层间未熔合	填充	2
单个气孔	填充	1
密集气孔	填充	1

2.4 对比检测程序

DR 程序：

（1）根据被检工件（ϕ1422mm×21.4mm 管道环焊缝）的管径和壁厚，依据标准 SY/T 4109—2013《石油天然气钢质管道无损检测》第 5 部分射线数字成像检测和 DR 曝光曲线，计算曝光工艺参数；

（2）设置 DR 系统参数，并进行 DR 探测器校正；

（3）将 DR 系统的轨道固定到管道上，DR 图像采集系统安装于轨道，并在采取有效的射线防护条件下，对管道环焊缝进行检测；

（4）测定检测图像的图像分辨率、对比度灵敏度、归一化信噪比、灰度值等图像质量指标是否符合标准要求，若不符合，对工艺参数进行调整并重新检测，直到图像质量指标满足标准要求；

（5）对符合标准要求的检测图像进行评定，缺陷标注，保存检测数据，生成 DR 报告。

RT-F 程序：

（1）根据被检工件（ϕ1422mm×21.4mm 管道环焊缝）的管径和壁厚，依据标准 SY/T 4109—2013《石油天然气钢质管道无损检测》第 4 部分　射线检测和 RT-F 曝光曲线，计算曝光工艺参数；

（2）在进行 RT-F 之前的工艺准备，包括射线机型号的选择、胶片、增感屏的选择、像质计、标记、暗盒、屏蔽板、标准密度片等的准备。

（3）在采取有效的射线防护条件下，按照计算的曝光工艺参数，对管道环焊缝进行 RT-F；

（4）对曝光后的底片进行显影、停影、定影、水洗和干燥，所得到的底片其对比度灵敏度、黑度、标记、表观质量应符合标准的要求。若不符合，对工艺参数进行调整并重新检测，直到符合标准要求；

（5）按标准要求对底片进行评定，记录缺陷的位置、大小，出具 RT-F 报告。

表 2　ϕ1422mm×21.4mm 管道环焊缝 DR 与 RT-F 对比

项目	RT-F	DR
透照时间	单张图像透照时间长（150s）	单张图像透照时间短（3.2s）
检测程序	实施检测	实施检测
	暗室处理	实时成像
	评定底片	评定图像
图像存储方式	底片，保存容量小，保存空间大	光盘、硬盘、U 盘等，保存容量大，保存空间小
耗材	胶片，冲洗药液（成本高）	硬盘等数字存储介质（成本低）
成像效率	需经显影、定影、晾干，成像速度慢，滞后观察（ϕ1422 焊缝，拍片冲洗大约 20min）	实时成像，成像速度快，即时观察（ϕ1422 焊缝，大约 5min）

项目	RT–F	DR
检测工装	不需要机械工装	需要设计相应的机械工装
检测费用	前期设备投入成本低，后期底片存档成本大	前期设备投入成本高，无后期数据存档成本
环境保护	检测剂量较大，显影液、定影液对环境有一定的污染	检测剂量较小，无污染，环保
图像可靠性	暗室环节对底片的质量影响比较大，不便长期保存和查询	图像采用DICONDE格式存档，便于查询和长期保存

2.5 检测结果

通过 ISee！ Professional 软件对 DR 的图像质量进行测量，图像分辨率达到 D8，线型像质计灵敏度达到 W12，归一化信噪比为 190，DR 图像质量满足标准 SY/T 4109—2013《石油天然气钢质管道无损检测》第 5 部分射线数字成像检测的要求。DR 图像质量的测量如图 5 至图 7 所示。

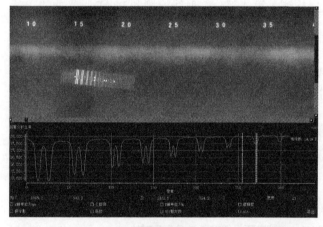
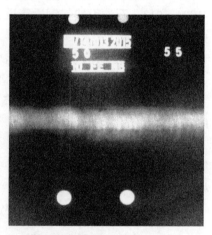

图 5　图像分辨率　　　　　　　　图 6　线型像质计灵敏度

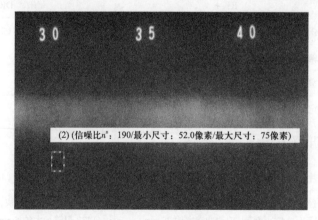

图 7　归一化信噪比

DR 与 RT-F 对比实验结果见表 3。

表 3　DR 与 RT-F 结果对比表

缺陷类型	分布区域	缺陷数量	DR 检出数量	RT-F 检出数量
坡口未熔合	根部坡口	16	16	16
未焊透	根部	2	2	2
坡口未熔合	填充坡口	18	18	18
坡口未熔合	盖面	18	18	18
裂纹	填充	2	2	2
层间未熔合	填充	2	2	2
单个气孔	填充	1	1	1
密集气孔	填充	1	1	1

对比数字图像和底片中的缺陷细节，DR 方法和 RT-F 方法均检测出的管道环焊缝中的缺陷，两种检测方法未发现漏检情况。但缺陷显示的长度和边缘的清晰度存在差异，DR 图像通过采用调节图像对比度等图像处理方法，可以有效地提高检测人员对缺陷的观测能力，可以观察到缺陷更小的细节。不同类型缺陷的 DR 图像如图 8 至图 13 所示。

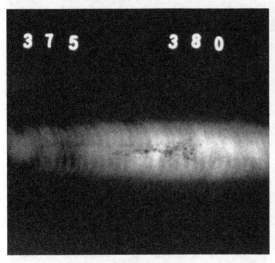

图 8　密集气孔

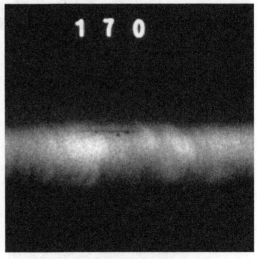

图 9　坡口未熔合

3　结论

采用 DR 和 RT-F 两种不同的射线检测方法，对加工制作的含有缺陷的管管对接环焊缝进行对比检测实验，比较两种检测方法对不同类型缺陷的检出能力。实验结果表明，

DR 和 RT-F 两种检测方法对管道环焊缝中的气孔、坡口未熔合、层间未熔合、根部未焊透和裂纹等缺陷均能检出；在图像灵敏度方面，DR 和 RT-F 水平相当，均能看到线型像质计 W12；在图像分辨率方面，DR 图像的双线型像质计指数略低于 RT-F；在信噪比方面，DR 图像要远远大于 RT-F；由于检测图像细节识别能力取决于被检焊缝的有效衰减系数、信噪比和图像分辨率，因此 DR 可以观察到更小的缺陷细节，DR 图像的缺陷尺寸略大于 RT-F。DR 满足了数字化管道的发展要求，随着在油气管道检测中的逐步应用，未来将具有广阔的发展前景。

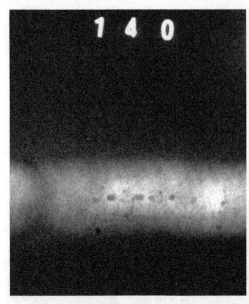

图 10　裂纹

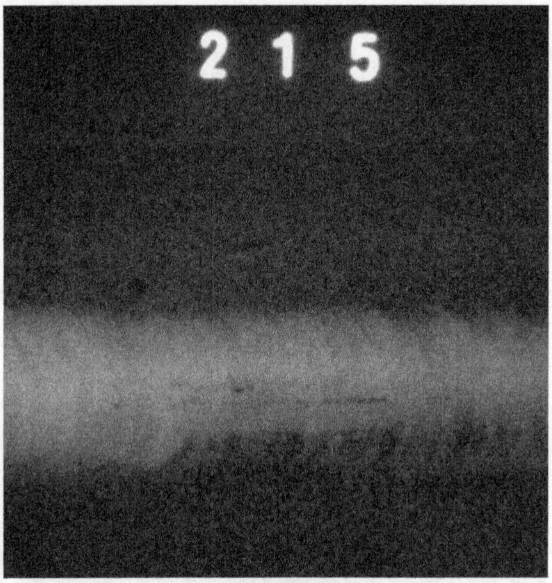

图 11　根部未焊透

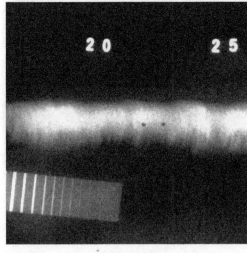

图 12　气孔

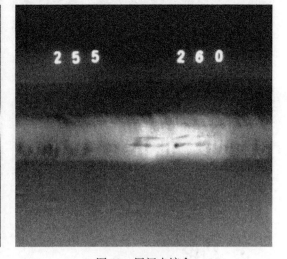

图 13　层间未熔合

参考文献

［1］王冲.数字射线检测方法在长输管道焊缝检测中的应用［J］.石油和化工设备2014，17（8）：74-76.

［2］周正干，腾升华，江巍，等.焊缝X射线检测及其结果的评判方法综述［J］.焊接学报2002,23（3）：85-88.

原文刊登于《无损检测》2019年第41卷第2期

材料篇

X80焊接热影响区组织与性能的模拟试验研究

刘　宇[1, 2]　由宗彬[1, 2]　韩　涛[1, 2]

（1. 中国石油天然气管道科学研究院有限公司；2. 油气管道输送安全国家工程实验室）

摘　要　针对 X80 管线钢焊接热影响区的软化与脆化问题，研究模拟焊接热影响区的组织性能分布规律，为 X80 管线钢化学成分及焊接工艺的优化提供技术参考；采用 Gleeble 3500 热模拟试验机对三种不同化学成分的 X80 钢进行焊接热影响区模拟试验研究，分析焊接热循环峰值温度、冷却时间 $t_{8/5}$ 对显微组织、拉伸性能、维氏硬度、冲击韧性的影响规律；当峰值温度范围为 800～1000℃，即 X80 焊接热影响区的临界区和细晶区存在软化现象；随着冷却时间 $t_{8/5}$ 的增大，X80 焊接热影响区的软化率和软化温度范围均呈增大趋势；X80 焊接热影响区的临界区和粗晶区易出现脆化现象。合理设计 X80 管线钢的化学成分和原始显微组织，可有效减小焊接热影响区的软化与脆化趋势。

关键词　X80 管线钢；焊接热影响区；峰值温度；软化与脆化

现场环焊是长输油气管道最关键的施工环节之一，环焊接头的质量性能对于保障整条管道的安全运营十分重要。近年来，我国 X80 管线钢管的工程应用越来越广泛，在环焊工艺评定和性能检测时发现部分环焊接头存在软化和脆化现象，这对管道的安全运行造成一定的风险和隐患[1]。X80 管线钢在经历复杂的焊接热循环后，组织与性能发生改变，且呈不均匀分布，因此有必要对 X80 管线钢环焊热影响区显微组织和力学性能的主要影响因素和规律进行深入研究，从而采取相应措施，有效减小环焊接头软化和脆化倾向，保障 X80 环焊接头的质量性能满足工程要求[2-5]。

1　试验材料与方法

试验材料取自三种不同化学成分的 X80 管线钢，试验钢的主要化学成分见表 1。由此可知，三种 X80 管线钢化学成分存在一定差异，其中 X80-C 的碳当量高于其他两种钢，添加 Mo、V，且 Nb 含量较高；另外两种钢中未添加 Mo，其中 X80-A 中 Cu 含量较高，而 X80-B 含较高的 Ni 和 Nb。

采用 Gleeble 3500 热模拟试验机对三种 X80 试验钢进行了焊接热影响区（HAZ）的热循环模拟试验，参数见表 2。

热模拟拉伸试样规格为 D10mm×110mm 圆棒，热模拟后加工成拉伸试样，试样尺寸如图 1 所示，然后采用 MTS 810 试验机进行室温拉伸试验。热模拟冲击试样规格为 10.5mm×10.5mm×70mm，热模拟后对试样进行磨抛，然后采用 4% 硝酸酒精溶液对磨抛面进行侵蚀，对试样中心经历热循环的位置进行光学金相和扫描电镜观察与分析，以及维氏硬度 HV10 测试；然后将该试样加工为 10mm×10mm×55mm 标准夏比冲击"V"形缺口试样，进行 –10℃冲击韧性测试。为了减小试验误差，降低偶然因素对结果的影响，在试验中采取了相应技术措施，包括保证热模拟试验设备状态参数、操作人员，以及试验夹持、试样加工、缺口位置等关键环节的一致性和稳定性，确保试验数据准确、可靠。

表 1　试验用 X80 管线钢化学成分　　　　单位：%（质量分数）

编号	C	Si	Mn	Cr	Mo	Ni	Cu	Nb	V	CE_{IIW} [①]	CE_{Pcm} [②]
X80–A	0.05	0.20	1.70	0.25	—	0.10	0.20	0.05	—	0.40	0.17
X80–B	0.06	0.22	1.65	0.23	—	0.23	0.16	0.07	—	0.41	0.18
X80–C	0.05	0.21	1.85	0.32	0.22	0.06	0.07	0.08	0.04	0.48	0.19

① $CE_{IIW} = C + \dfrac{Mn}{6} + \dfrac{Cr+Mo+V}{5} + \dfrac{Ni+Cu}{15}$。

② $CE_{Pcm} = C + \dfrac{Si}{13} + \dfrac{Mn}{20} + \dfrac{Cu}{20} + \dfrac{Ni}{60} + \dfrac{Cr}{20} + \dfrac{Mo}{15} + \dfrac{V}{10} + 5B$。

表 2　焊接热影响区模拟试验参数

编号	加热速度 /（℃/s）	峰值温度 /℃	保温时间 /s	冷却时间 $t_{8/5}$/s
X80–A				15
X80–B	200	500～1300，间隔 100	1	5，15，30
X80–C				15

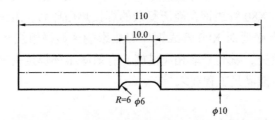

图 1　热模拟后拉伸试样规格示意图（单位：mm）

2　结果分析与讨论

2.1　X80 模拟焊接热影响区的拉伸性能

图 2 为三种 X80 钢模拟焊接热影响区在不同峰值温度下的屈服强度和抗拉强度对比（冷却时间 $t_{8/5}$ 为 15s）。由图 2（a）可知，当峰值温度小于 700℃时，屈服强度相对于母材的变化较小；当峰值温度大于 800℃时，屈服强度显著下降；当峰值温度为 900～1000℃时，屈服强度降至最低，即细晶热影响区（FGHAZ）存在明显软化；随着峰值温度的进一步升高，屈服强度逐步增大。

由图 2（b）可知，模拟焊接热影响区抗拉强度的变化幅度小于屈服强度。当峰值温度为 800℃，X80-C 的抗拉强度出现高值，即临界热影响区（IGHAZ）存在硬化倾向。随着峰值温度的增大，X80-A 和 X80-B 的抗拉强度均呈缓慢下降趋势；当峰值温度大于 1000℃，抗拉强度开始增大，其中 X80-B 的增大趋势显著，当峰值温度为 1300℃时，即粗晶热影响区（CGHAZ）的抗拉强度高于母材，存在一定的硬化倾向。

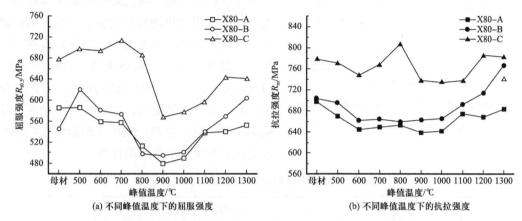

图 2　峰值温度对 X80 模拟焊接热影响区屈服强度和抗拉强度的影响（$t_{8/5}$=15s）

图 3 为 X80-B 钢模拟焊接热影响区在不同冷却时间 $t_{8/5}$ 下的屈服强度和抗拉强度对比。由此可知，随着冷却时间 $t_{8/5}$ 的增大，屈服强度和抗拉强度的软化率和软化温度范围均呈增大趋势；当 $t_{8/5}$ 不大于 15s 时，模拟 CGHAZ（峰值温度为 1300℃）的抗拉强度显著增大。

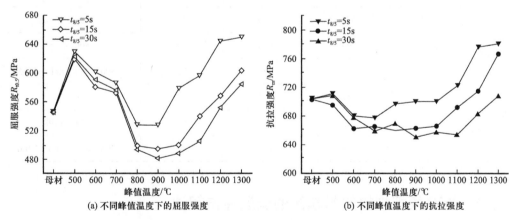

图 3　冷却时间 $t_{8/5}$ 对 X80-B 钢模拟焊接热影响区屈服强度和抗拉强度的影响

2.2　X80 模拟焊接热影响区的维氏硬度

图 4 为三种 X80 钢模拟焊接热影响区在不同峰值温度下维氏硬度的对比（冷却时间 $t_{8/5}$ 为 15s）。由此可知，当峰值温度为 900~1000℃时，三种 X80 钢模拟焊接热影响区维氏硬度均出现软化现象，其中 X80-A 与 X80-C 的维氏硬度下降更为显著；当峰值温度大于 1000℃时，维氏硬度逐步增大。

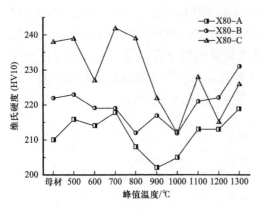

图4 峰值温度对 X80 模拟焊接热影响区维氏
硬度的影响（$t_{8/5}$=15s）

2.3　X80 模拟焊接热影响区软化参数对比

表3为三种 X80 钢模拟焊接热影响区软化参数的对比（冷却时间 $t_{8/5}$ 为 15s），包括屈服强度、抗拉强度、维氏硬度相对于母材的最大软化率，以及出现软化的温度范围。由此可知，三种 X80 钢模拟焊接热影响区均存在一定程度的软化，其中屈服强度的下降较为显著。对比可知，X80-A 屈服强度与抗拉强度的软化率和软化温度范围最大，X80-C 维氏硬度的软化率最大。综合可知，X80-B 模拟焊接热影响区的软化程度小于其他两种钢。

表3　X80 模拟焊接热影响区软化参数的对比

检测项目	编号	检测结果与软化参数			
		母材	焊接热影响区最低值	软化率/%	软化温度范围/℃
屈服强度 $R_{t0.5}$/MPa	X80-A	585	479	18.1	500～1300
	X80-B	546	494	9.5	736～1122
	X80-C	677	567	16.2	807～1300
抗拉强度 R_m/MPa	X80-A	697	639	8.3	500～1300
	X80-B	704	660	6.3	500～1157
	X80-C	779	735	5.6	500～729，840～1185
维氏硬度（HV10）	X80-A	210	202	3.8	778～1065
	X80-B	222	212	4.5	524～1198
	X80-C	238	212	10.9	508～673，806～1300

2.4　X80 模拟焊接热影响区的低温冲击韧性

图5为三种 X80 钢模拟焊接热影响区在不同峰值温度下的 -10℃ 夏比冲击吸收功对比（冷却时间 $t_{8/5}$ 为 15s）。由此可知，X80-A 模拟焊接热影响区在不同峰值温度下均具有良好的低温韧性，冲击功均高于 300J；X80-B 在峰值温度为 1300℃ 时，即粗晶热影响区（CGHAZ）出现明显脆化，冲击功仅为 15J；X80-C 在峰值温度为 800℃ 和 1300℃ 时出现了两个冲击功低值，即临界热影响区（ICHAZ）和粗晶热影响区（CGHAZ）均存在脆化现象。

2.5 X80 模拟焊接热影响区的显微组织

图 6 为三种 X80 钢母材及部分模拟焊接热影响区的金相组织（冷却时间 $t_{8/5}$ 为 15s）。由此可知，三种 X80 钢母材金相组织存在明显差异，X80-A 母材为细小的准多边形铁素体（QF）、针状铁素体（AF）与少量粒状贝氏体（GB）组织；X80-B 母材为多边形铁素体（PF）和板条状贝氏体铁素体（BF）组成的双相组织；X80-C 母材为针状铁素体（AF）组织。其中 X80-B 为典型的抗大变形管线钢

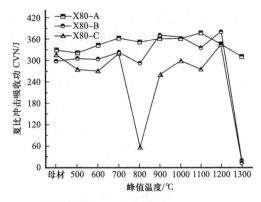

图 5 峰值温度对 X80 模拟焊接热影响区低温韧性的影响（$t_{8/5}$=15s）

双相组织，具有较高的形变硬化指数、较大的均匀塑形变形能力、较低的屈强比等性能特点，其现场环焊性能也受到较大关注[6-7]。

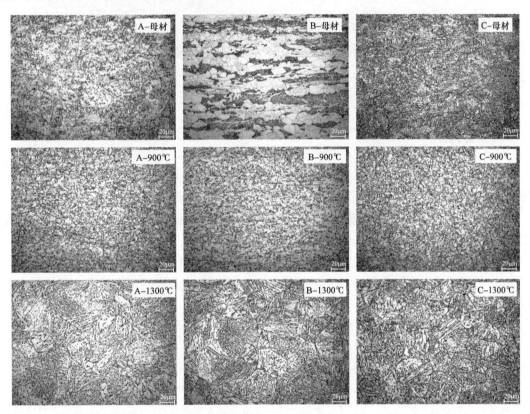

图 6 X80 母材及模拟焊接热影响区的金相组织（$t_{8/5}$=15s）

当峰值温度为 900℃时，三种 X80 钢的模拟 FGHAZ 组织均转变为细小的 PF 和 QF，原母材组织中的马氏体–奥氏体组元（M–A）明显减少，带状分布形态完全消失，此时的基体组织已基本完成奥氏体化，但由于奥氏体的不均匀性及大量细小的 Nb（CN）析出抑制了奥氏体晶粒长大，因此在冷却时相变温度高，显微组织细小，韧性得到改善，但

强度和硬度出现下降[8]，其中 X80-B 的模拟 FGHAZ 组织中存在更多细小且均匀分布的 M-A 岛，因此软化程度小于其他两种 X80 钢。当峰值温度为 1300℃时，X80-A 模拟 CGHAZ 组织由 GB 和板条 BF 组成，其中 M-A 细小且分布较均匀，韧性良好；X80-B、X80-C 组织为粗大的板条 BF，M-A 数量较多且尺寸粗大，韧性出现显著恶化。

图 7 为 X80-C 钢在峰值温度为 800℃时的金相和扫描电镜照片。由此可知，X80-C 钢模拟 ICHAZ 组织由 QF、GB 和粗大的 M-A 组成，其中 M-A 数量较多，尺寸较大且分布不均匀。由于峰值温度处于 Ac1 和 Ac3 之间，组织发生不完全相变，晶粒尺寸不均匀，粗大的 M-A 岛沿原奥氏体晶界分布，造成低温韧性显著下降。

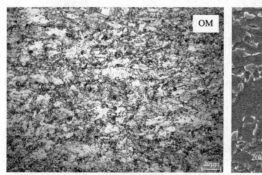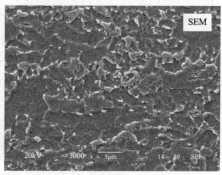

图 7   X80-C 钢在峰值温度为 800℃时的显微组织（$t_{8/5}$=15s）

3   结论

（1）X80 模拟焊接热影响区存在一定软化现象，软化的峰值温度范围为 800～1000℃，即 ICHAZ 和 FGHAZ；屈服强度的软化比抗拉强度和维氏硬度更为显著。

（2）随着冷却时间 $t_{8/5}$ 的增大，即焊接热输入量的增大，X80 焊接热影响区的软化率和软化温度范围均呈增大趋势。

（3）碳当量较高的 X80-C 焊接热影响区存在 ICHAZ 和 CGHAZ 脆化现象。

（4）对 X80 管线钢化学成分及原始组织状态进行合理设计，可有效减小焊接热影响区的软化和脆化趋势。

参 考 文 献

[1] 李为卫，许晓峰，方伟等．X80 及以上高强度管线钢焊接的几个技术问题［J］．石油管材与仪器，2016，2（2）：88-92.

[2] 胡美娟，韩新利，何小东，等．焊后冷却时间对 X80 级抗大变形管线钢焊接粗晶热影响区组织的影响［J］．机械工程材料，2012，36（6）：42-48.

[3] 郑江鹏，陈浮，黄治军，等．高等级管线钢焊接热影响区软化研究现状［J］．武钢技术，2014，52（2）：59-62.

[4] 霍松波，姜金星，黄一新，等．X80 管线钢焊接接头组织及性能的研究［J］．材料与冶金学报，2013，12（2）：136-141.

[5]陈小伟，王旭，王立柱，等.X80 管线钢焊接热影响区软化问题研究［J］.焊管，2017，40（6）：1-8.

[6]贾璐，刘意春，贾书君，等.热输入对抗大变形管线钢焊接热影响区组织与性能的影响［J］.金属热处理，2018，43（1）：126-131.

[7]靳海成，张金喜，王国兵，等.基于应变设计的 X70 钢管软化及脆化研究［J］.焊管，2017，40（9）：11-15.

[8]谷雨，周小宇，徐凯，等.高强 X90 管线钢焊接热影响区脆化及软化行为［J］.金属热处理，2018，43（6）：74-78.

原文刊登于《石油管材与仪器》2020 年第 6 卷第 2 期

不同焊接电流下气体保护药芯焊丝熔敷金属的显微组织及力学性能

吴林恩[1,2]　郭晓疆[1,2]　肖　健[1,2]　由宗彬[1,2]　徐晓林[1,2]

（1. 油气管道输送安全国家工程研究中心；2. 中国石油天然气管道科学研究院有限公司）

摘　要　本文针对一种 X80 管线钢用气体保护药芯焊丝，研究了四种焊接电流下熔敷金属的强度、韧性等，为现场焊接焊材选用和工艺参数制定提供指导。结果表明：X80 气保药芯焊丝熔敷金属组织主要由针状铁素体、块状铁素体、粒状贝氏体组成。在焊接电流为 150～250A 范围内，随着焊接电流的增加，所有组织的晶粒尺寸有增大趋势。随着焊接电流的增加，X80 气保药芯焊丝熔敷金属屈服强度、抗拉强度和冲击韧性均呈现先增加后减小的趋势，焊接电流 200A 时达到最大，焊缝组织以细小铁素体为主，赋予材料优良的强韧特性；当焊接电流继续增大到 250A 时，冲击韧性急剧下降，分别下降了 44J（−40℃）和 24J（−60℃）；屈服强度和抗拉强度分别下降了 10MPa 和 6MPa。综合分析，当焊接电流为 200A 时，X80 管线钢气保药芯焊丝（1.2mm）熔敷金属具有最好的强韧性。

关键词　焊接电流；熔敷金属；气保护药芯焊丝；性能

随着管道输送量和距离的逐渐加大，长输油气管道向着大口径、长距离、高钢级的方向发展。如何保障管道运行的安全性和稳定性，是在未来管道建设中人们所面临的挑战[1-3]。焊接接头是管道最薄弱的环节，因此，如何在保证焊接效率的同时保障管道的焊接质量，是管道建设者们需要关注的问题。气体保护药芯焊丝自动焊技术以工艺参数执行过程中人为因素影响少、地形适应性较强、管径适用范围大、对坡口加工精度要求低及接头力学性能良好等优点，逐渐受到建设者的青睐[4-5]。但是最近的焊接材料检验过程中发现，气保药芯焊丝熔敷金属冲击性能存在离散性较大且低温韧性较低的问题。

众所周知，焊接接头的显微组织决定其性能。焊接材料及焊接参数（电流、电压、焊接速度等）是影响焊缝金属组织和性能的重要因素[6-10]。当前关于气保药芯焊丝高强度和高韧性等性能的适用性及焊接电流对其的影响鲜有研究报道。在此基础上，本文研究了一种 X80 管线钢气保药芯焊丝熔敷金属在四种焊接电流下力学性能和组织的影响规律，此研究将对气保药芯焊丝自动焊焊接工艺参数的制定和正确选用焊接材料产生重要的参考意义。

1　试验材料及方法

1.1　试验材料

按照 GB/T 25774.1—2010《焊接材料的检验　第 1 部分：钢、镍及镍合金熔敷金属力学性能试样的制备及检验》焊接熔敷金属的试验板，母材材质为 Q235B，板厚 20mm，试验坡口为带垫板的"V"形坡口，垫板固定焊在试件的背面，见图 1 和表 1。焊接材料采用某厂家生产的 X80 管线钢用气保药芯焊丝，型号为 E91T1-K2M，直径为 1.2mm，焊丝化学成分见表 2；采用 φ（Ar）80%+φ（CO_2）20% 保护气体。中国石油企业标准 CDP-S-OGP-PL-022-2018-1《油气管道工程气保护药芯焊丝技术规格书》中推荐气保药芯焊丝（1.2mm）熔敷金属的焊接电流为 180～220A，因此本文选取在 150A、180A、200A、250A 四种焊接电流下进行焊接，焊接参数见表 3，焊后试件照片如图 2 所示。

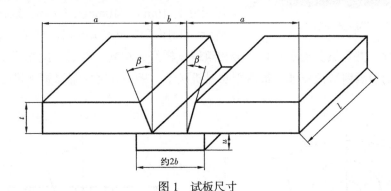

图 1　试板尺寸

a—试板宽度；b—根部间隙；t—试板厚度；u—垫板厚度；l—试板长度；β—坡口面角度

表 1　试板类型和尺寸

试板厚度 t/ mm	试板宽度 a/ mm	试板长度 l/ mm	垫板厚度 u/ mm	根部间隙 b/ mm	坡口面角度 β/ （°）
20	300	300	6	13	22.5

表 2　焊丝化学成分

成分	C	Si	Mn	P	S	Cr	Ni	Mo	V
质量分数 /%	0.064	0.29	1.52	0.006	0.007	0.118	1.633	0.002	0.006

表 3　焊接工艺参数

试验号	电流 /A	电压 /V	道间温度 /℃	焊接速度 /（cm/min）
1#	150	22～26	150±15	23～30
2#	180	22～26	150±15	23～30
3#	200	22～26	150±15	23～30
4#	250	22～26	150±15	23～30

1.2　试验方法

焊接后按照 GB/T 25774.1—2010《焊接材料的检验　第 1 部分：钢、镍及镍合金熔

图 2　焊后试件照片

敷金属力学性能试样的制备及检验》制备拉伸试样和冲击试样。在焊缝中心、沿焊缝长度方向加工标距段直径为 10mm，标距为 50mm 的圆棒试样，如图 3 所示，用 60t 微机控制电子万能试验机（CMT5605）对试样按照 GB/T 2652—2008《焊缝及熔敷金属拉伸试验方法》进行常温拉伸试验；在垂直焊缝方向截取夏比冲击试样（"V"形），试样尺寸为 10mm×10mm×55mm，取样位置如图 4 所示，利用示波冲击试验机测试了 −40℃和 −60℃下的冲击韧性，并观察其宏观断口。金相组织试样经过粗磨、细磨、抛光等试验步骤，用 3%～4% 的硝酸酒精溶液侵蚀，最后用吹风机吹干，即可在光学显微镜下进行组织观察和分析。

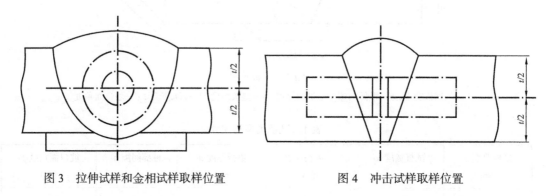

图 3　拉伸试样和金相试样取样位置　　　　图 4　冲击试样取样位置

2　试验结果与分析

2.1　焊接电流对熔敷金属金相组织的影响

四种焊接电流下熔敷金属典型显微组织如图 5 所示，主要由针状铁素体（AF）、块状铁素体和粒状贝氏体（GB）组成。不同的焊接电流条件对应着不同的熔敷金属组织。在小焊接电流 150A 下，熔敷金属组织主要以针状铁素体为主，有部分块状铁素体和粒状贝氏体；在焊接电流 180A 下，块状铁素体含量增多，针状铁素体和粒状贝氏体含量减少；在焊接电流 200A 下，针状铁素体和粒状贝氏体数量增加，块状铁素体含量减少，因此塑性和韧性较好；在焊接电流 250A 下，针状铁素体和粒状贝氏体所占比例减少，晶界有较多的析出物且焊缝组织有了一定的粗化。

影响熔敷金属微观组织变化的因素主要有 $t_{8/5}$，即从 800℃冷却至 500℃的时间[11]。随着冷却时间 $t_{8/5}$ 的增大，冷却速度降低，熔敷金属转变产物以粒状贝氏体为主变为针状铁素体为主，再以块状铁素体为主。随着焊接电流的增加，焊缝组织有变大倾向但不明显。

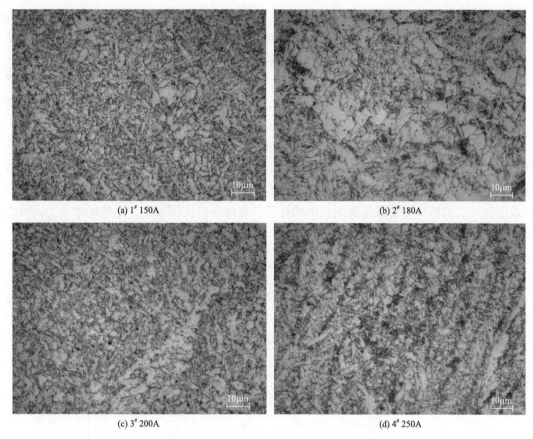

(a) 1# 150A (b) 2# 180A

(c) 3# 200A (d) 4# 250A

图 5　不同焊接电流下熔敷金属金相组织

2.2　焊接电流对熔敷金属拉伸性能的影响

X80 管线钢气体保护药芯焊丝在四种不同焊接电流下熔敷金属焊缝拉伸试验的结果如图 6 所示。

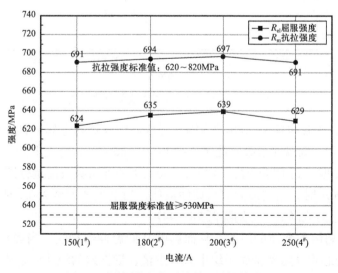

图 6　不同焊接电流下熔敷金属拉伸强度

如图 6 所示，当焊接电流增大的时候，熔敷金属的拉伸强度有先上升后下降的倾向。当焊接电流在 180A 和 200A 时的强度相当，随着焊接电流增大到 250A，屈服强度（R_{el}）和抗拉强度（R_m）随之降低了 10MPa 和 6MPa。产生这种结果的原因是当焊接电流升高时，焊丝中合金元素的烧损增大，削弱了固溶体的强化效果，表现为熔敷金属强度降低[12]；另一方面，250A 电流下热输入最大，焊接热循环的高温停留时间 $t_{8/5}$ 最长，导致焊缝组织晶粒有粗化倾向，造成强度的降低。

熔敷金属的强度、塑性是由焊缝组织决定的。由上述分析可知，在焊接电流为 180A 和 200A 时，熔敷金属组织大部分为细小的针状铁素体，组织比较均匀，因此强度高、塑性好，但在焊接电流为 250A 时，焊缝中的晶界析出物较多，尺寸变大，且针状铁素体的有效形核夹杂物减少，熔敷金属组织中的针状铁素体所占比例减少，晶粒尺寸变大，因此塑性低于 180A 和 200A 焊接电流下的性能。

2.3 焊接电流对熔敷金属低温冲击韧性的影响

X80 管线钢气体保护药芯焊丝在四种不同焊接电流下熔敷金属的低温冲击试验（–40℃和 –60℃）结果如图 7 所示。

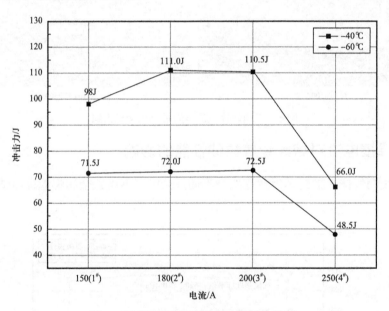

图 7　不同焊接电流下熔敷金属冲击性能

由图 7 可知，焊接电流对 X80 管线钢气保药芯焊丝熔敷金属的韧性有很大影响。随着焊接电流的增大，低温冲击吸收能量（–40℃和 –60℃）均有先上升后下降的趋势。当焊接电流从 150A 增大到 180A 时，–40℃、–60℃下的冲击吸收能量分别增加了 1J～13J；当电流增大到 200A 时，达到最大值，韧性最佳；当电流增大至 250A 时，–40℃、–60℃下的冲击吸收能量急剧降低，分别降低 24～44J。

焊接电流影响熔敷金属的组织，从而影响其低温冲击韧性。当焊接电流为 180A 和 200A 时，气保药芯焊丝熔敷金属组织中只有少量、韧性差的块状铁素体，多为晶粒细小的针状铁素体，以及部分粒状贝氏体。针状铁素体内部含有高密度位错，具有大角度晶界的针状铁素体和粒状贝氏体交叉分布，对微裂纹扩展发挥了良好的阻抗，并使扩展路径偏转，这样消耗了冲击吸收能量，从而导致熔敷金属的低温韧性增加。焊接电流250A时，熔敷金属中晶界析出物增加，晶粒变粗大，另一方面，针状铁素体的含量减少，从而导致熔敷金属的低温冲击韧性降低。

示波冲击载荷位移曲线可以显示出冲断试样所消耗的冲击功，充分反映材料的韧脆差别，为优化材料强韧性提供依据[13]。以图8中不同焊接电流下熔敷金属（-40℃）时的示波冲击试样典型的载荷位移曲线为例。按照GB/T 19748中的力—位移曲线类型特征进行分类，可以看出2#（180A）和3#（200A）属于F类曲线，说明只有稳定裂纹扩展发生。1#（150A）和4#（250A）分别属于E类曲线和D类曲线，可以看出均发生了不同量的稳定和非稳定裂纹扩展，其中1#曲线开始出现裂纹失稳阶段，出现了较为明显的脆断特征。4#曲线其稳定裂纹扩展阶段消失，随载荷增大试样突然断裂，说明在此电流下，材料的韧性裕度较低。

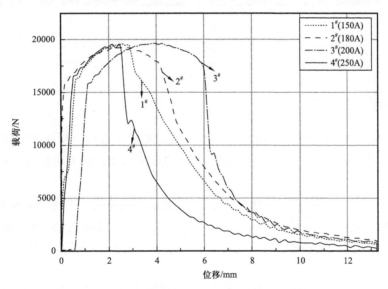

图8　不同焊接电流下熔敷金属载荷位移曲线

2.4　熔敷金属冲击断口宏观形貌分析

四种焊接电流下熔敷金属冲击断口宏观形貌如图9所示。一般冲击试样断口由纤维区、放射区以及剪切唇组成[14]。可以看出，四种焊接电流下熔敷金属冲击试样断口形貌均由这三个区组成，但各区所占比例不同，表明材料韧性的差异。随着焊接电流的增大，冲击断口中的纤维区和剪切唇占有面积减少，放射区域的占有面积逐渐增大[15-16]。由此表明，1#和4#裂纹的稳定扩展距离小于2#和3#裂纹稳定扩展的距离，即150A和250A电流下的1#4#冲击吸收功较低。这与图8中四个载荷位移曲线所示的行为特征完全一致。

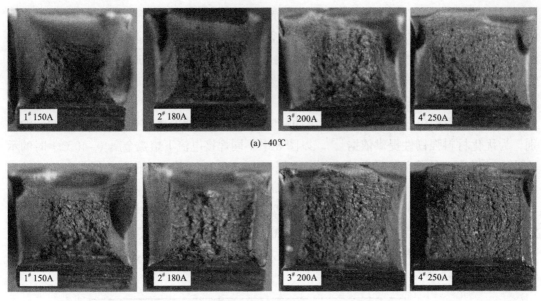

(a) −40℃

(b) −60℃

图9　不同焊接电流下冲击宏观断口

3　结论

（1）当焊接电流为150～250A时，X80气保药芯焊丝熔敷金属组织的组成主要有针状铁素体、块状铁素体、粒状贝氏体。随着焊接电流的增加，所有组织的晶粒尺寸有增大趋势。

（2）焊接电流会影响熔敷金属的内部组织，进而影响性能。改变焊接电流的大小，对熔敷金属塑性和韧性有显著的影响。与焊接电流为150A、180A、200A时相比，当焊接电流为200A时，熔敷金属低温冲击吸收功、屈服强度值和抗拉强度值最高，韧性和塑性最好。

（3）在大焊接电流（250A）时，熔敷金属的组织粗化，低温韧性和塑性降低。熔敷金属塑性和韧性的高低，与焊缝是否获得密集、细小的针状铁素体组织有关。

参考文献

［1］隋永莉，郭锐，张继成.管道环焊缝半自动焊与自动焊技术对比分析［J］.焊管，2013，36（9）：38-47.

［2］张振永.高钢级大口径天然气管道环焊缝安全提升设计关键［J］.油气储运，2020，39（7）：740-748.

［3］尹长华，高泽涛，薛振奎.长输管道安装焊接方法现状及展望［J］.电焊机，2013，43（5）：134-141.

［4］陈荣茂，何伟.气保药芯焊丝全位置自动焊技术应用与质量控制［J］.焊接技术，2022，51（5）：99-102.

［5］隋永莉，吴宏.我国长输油气管道自动焊技术应用现状及展望［J］.油气储运，2014，33（9）：913-

921.

［6］赖世强，王高见．不同焊接电流下 X80 高等级管线钢焊丝熔敷金属的组织及性能研究［J］.电焊机，
    2020，50（10）：121-124.

［7］蔡养川，罗震．焊接热输入对高强钢焊条焊缝组织和力学性能的影响［J］.焊管，2015,38（6）：9-12.

［8］牟淑坤，栗卓新，张飞虎，等．热输入对药芯焊丝熔敷金属冲击韧性的影响［J］.机械工程材料，
    2014，38（7）：16-19，24.

［9］李为卫，李嘉良，梁明华，等．热输入量对熔化极气体保护焊焊缝强韧性的影响［J］.焊管，2021,
    44（4）：1-4.

［10］由宗彬，李东艳，李烨铮，等．X80 管线钢焊接工艺热模拟［J］.理化检验—物理分册，2021,
    57（12）：52-54，59.

［11］武永亮，焦辉，易冉，等．热输入对高强耐候钢 FCAW 接头组织和性能的影响［J］.焊接，2019（2）：
    59-64，68.

［12］朱天浩，魏金山，齐彦昌等．热输入对 9Ni 钢熔敷金属组织和性能的影响［J］.热加工工艺，2018,
    47（19）：30-33

［13］李小陶．示波冲击曲线浅析［J］.理化检验—物理分册，2020，56（10）：18-21.

［14］吴连生．断裂失效分析——第三章 断口形貌分析［J］.理化检验.物理分册，1984，20（1）：53-61.

［15］李亮，曹峰，王亚龙，等．X90 管线钢的低温冲击韧性和断口形貌分析［J］.金属热处理，2015,
    40（1）：190-193.

［16］孔德军，龙丹，吴永忠，等．X80 管线钢埋弧焊接头冲击韧性及其断口形貌分析［J］.材料工程，
    2013（6）：50-54.

原文刊登于《理化检验—物理分册》2023 年第 59 卷第 9 期

X65M 管道自动焊接头微观形貌与力学性能研究

李中飞　崔成武　黄胜杰　王　楠　侯文远　肖晶方

（中国石油天然气管道科学研究院有限公司）

摘　要　采用不同焊接工艺参数对 X65M D559mm×12.7mm 钢管进行全自动焊接，焊接完成后对环焊缝进行外观检查、射线检测、微观形貌分析与力学性能试验研究。结果表明：两种焊接工艺参数下获得的环焊缝外观成型良好，射线检测满足相关标准要求，焊缝拉伸试验、面弯试验、背弯试验、−20℃冲击试验、系列温度冲击试验等性能较好。但在小热输入工艺条件下，焊缝不同位置微观形貌出现不同程度的侧壁未熔合缺陷，焊缝刻槽锤断试验也出现明显的未熔合缺陷。

关键词　长输管道；自动焊；微观形貌；力学性能

长输管道作为油气资源主要的运输途径，具有高效、安全、经济性等特点[1]。长输管道焊接方法由手工焊、半自动焊，逐步向全自动焊方向发展。自动焊技术在长输管道中的应用，一方面可以提高焊接效率与焊缝质量稳定性，另一方面可以降低施工人员劳动强度。

目前，自动焊技术已成功应用到国内外高钢级、大口径管道焊接施工中[2-6]，但低钢级、小口径管道主要以手工焊、半自动焊或组合自动焊为主[7-8]。本文以 X65M D559mm×12.7mm 钢管为研究对象，采用不同焊接工艺参数进行钢管环焊缝焊接，研究焊接工艺参数对管道全自动焊接头微观形貌与力学性能影响，以期获得满足标准规范要求的焊接工艺，指导现场焊接施工。

1　试验方法

采用熔化极气体保护焊工艺根焊，药芯焊丝气保护电弧焊热焊、填充、盖面工艺进行 X65M D559mm×12.7mm 钢管环焊缝焊接，钢管化学成分及力学性能见表 1 和表 2。根焊焊材选用 ER70 级实心焊丝，热焊、填充、盖面焊材选用 E81T5 气保护药芯焊丝。

表 1　钢管主要化学成分　　　　　　　　单位：%（质量分数）

成分	C	Mn	Si	P	S	Cr	Ni	CE_{Pcm}
标准要求	≤0.1	≤1.6	≤0.45	≤0.022	≤0.01	≤0.3	≤0.3	≤0.23
样本实测	0.08	1.49	0.23	0.013	0.005	0.016	0.007	0.17

表 2 钢管力学性能

$R_{t0.5}$/MPa	R_m/MPa	A_{50}/%
500	610	39.7

焊接工艺参数范围的变化可能会对接头组织、熔合情况与力学性能产生影响[9-10]，采用工艺1（大热输入）与工艺2（小热输入）两种不同工艺参数进行焊接，焊接完成后进行焊缝外观检查、射线检测、微观形貌分析与力学性能研究，具体焊接工艺参数见表3。

表 3 焊接工艺参数

工艺参数		焊接电流 /A	焊接电压 /V	焊接速度 /（cm/min）	热输入 /（kJ/cm）
工艺 1	根焊	170～200	14～17	38～44	0.39～0.45
	热焊、填充、盖面	180～230	19～22	27～40	0.66～0.84
工艺 2	根焊	150～180	13～16	35～42	0.34～0.41
	热焊、填充、盖面	160～215	18～21	25～38	0.59～0.80

两种工艺下的环焊缝力学性能试验内容与试样类型参照 GB/T 31032—2014《钢质管道焊接及验收》标准要求进行，试样取样位置示意图如图1所示。试验内容包括拉伸试验、面弯试验、背弯试验、刻槽锤断试验、-20℃冲击试验与0℃、-10℃、-20℃、-30℃、-45℃、-60℃等6个温度下的系列温度冲击试验。

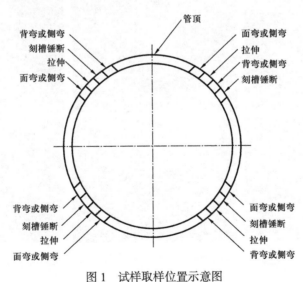

图 1 试样取样位置示意图

2 试验结果

2.1 焊缝外观与无损检测

两种工艺下的焊缝外观均成型良好，且与母材光滑过渡。两种工艺下的焊缝射线检测结果均满足 SY/T 4109—2020《石油天然气钢质管道无损检测》标准要求。

2.2 焊缝微观形貌

两种工艺下的焊接接头壁厚方向上的微观形貌如图 2 与图 3 所示，工艺 1 由于采用大焊接热输入，该工艺下平焊、仰焊、立焊位置环焊接头（图 2），焊道与焊道间、焊缝金属与两侧母材间均熔合良好，未发现层间未熔合或侧壁未熔合缺陷。由图 3 可知，采用工艺 2 焊接的环焊接头，平焊、立焊、仰焊位置焊缝焊道与焊道之间未发现层间未熔合缺陷，但三个位置焊缝单侧均存在不同程度的侧壁未熔合缺陷。焊缝金属与坡口面之间存在断续未熔合缺陷，可能是由于工艺 2 热输入较小，焊缝金属与两侧母材熔合不良导致的。侧壁未熔合缺陷的存在可能会对接头力学性能产生影响。此外，这种微观尺度上的未熔合由于其所处焊缝金属与坡口面之间的特殊位置，且未熔合尺寸相对较小，仅通过常规的射线检测方法并不能精确地检测到这种缺陷。

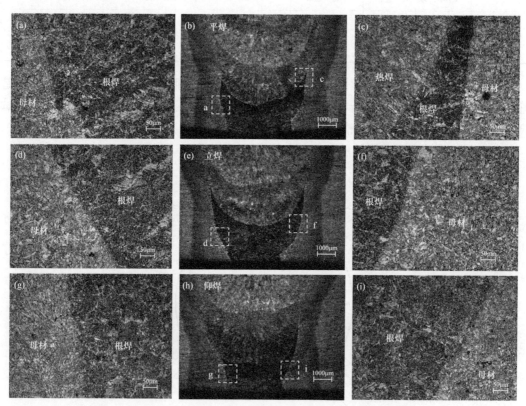

图 2　工艺 1 不同位置焊缝微观形貌［图（b）、图（e）、图（h）分别对应平焊、立焊、仰焊位置］

2.3 焊缝力学性能

环焊缝力学性能试验结果见表 2 与图 4、图 5，由图 4 可知，工艺 1 与工艺 2 参数下获得的环焊缝拉伸试样均断裂在远离焊缝或热影响区的母材位置，面弯试验、背弯试验均未见明显裂纹或缺欠。但刻槽锤断试验结果存在差别，工艺 1 焊缝刻槽锤断试验的断面未见明显缺欠，但工艺 2 焊缝刻槽锤断试验的断面存在不同程度的未熔合缺陷，这种未熔合

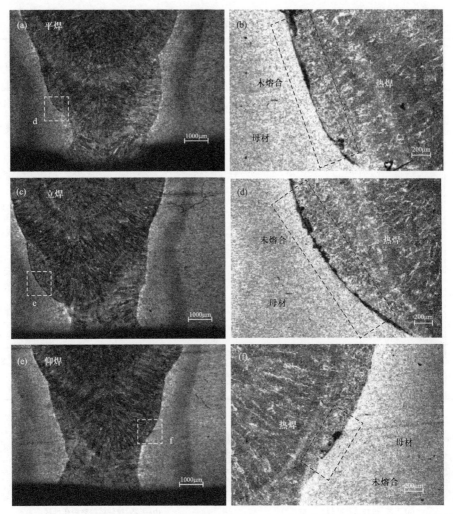

图3 工艺2不同位置焊缝微观形貌［图（a）、图（c）、图（e）分别对应平焊、立焊、仰焊位置］

缺陷的存在与上述微观形貌分析中的侧壁未熔合有关。断续的侧壁未熔合缺陷在刻槽锤断试验过程中会成为薄弱点，焊缝金属与母材之间由于缺陷的存在，结合力较弱，断面可观察到明显的未熔合区域，且缺陷位置与微观形貌位置一致。

由表4与图5可知，两种工艺参数下环焊缝抗拉强度差异不大，抗拉强度值均为580MPa左右，大于X65M钢管的名义最低抗拉强度（535MPa）。工艺1与工艺2参数下环焊缝-20℃冲击功整体趋势相似，即相同位置的熔合线冲击功大于焊缝位置冲击功，仰焊位置焊缝冲击功最低。

针对两种工艺参数下的焊缝中心与熔合线开展0℃、-10℃、-20℃、-30℃、-45℃、-60℃等6个温度下的系列温度冲击试验，以确定焊缝与熔合线韧脆转变温度是否符合工程设计要求。系列温度冲击试验结果如图6所示。工艺1焊缝中心韧脆转变温度为-45℃，熔合线韧脆转变温度为-56℃。工艺2焊缝中心韧脆转变温度为-41℃，熔合线韧脆转变温度为-55℃。两种工艺下焊缝与熔合线的韧脆转变温度均较低，具有良好的低温韧性，适用于常规非极寒地区管道焊接。

表 4　不同工艺下环焊缝力学性能试验结果

试验项目	拉伸试验		面弯试验	背弯试验	刻槽锤断试验	−20℃冲击试验	
	抗拉强度 /MPa	断裂位置					
工艺1	572	母材	未见缺欠	未见缺欠	未见缺欠	平焊	焊缝 151.5J
							熔合线 210.0J
	579					立焊	焊缝 175.0J
							熔合线 197.5J
	588					仰焊	焊缝 96.0J
	585						熔合线 206.5J
工艺2	587	母材	未见缺欠	未见缺欠	未熔合	平焊	焊缝 183.0J
							熔合线 229.0J
	581					立焊	焊缝 137.0J
							熔合线 172.0J
	584					仰焊	焊缝 88.5J
	588						熔合线 185.0J

(a) 工艺1拉伸试验断裂在母材

(b) 工艺2拉伸试验断裂在母材

(c) 工艺1面弯、背弯未见缺欠

(d) 工艺2面弯、背弯未见缺欠

(e) 工艺1刻槽未见缺欠

(f) 工艺2刻槽存在未熔合缺陷

图 4　不同工艺下环焊缝力学性能试验结果

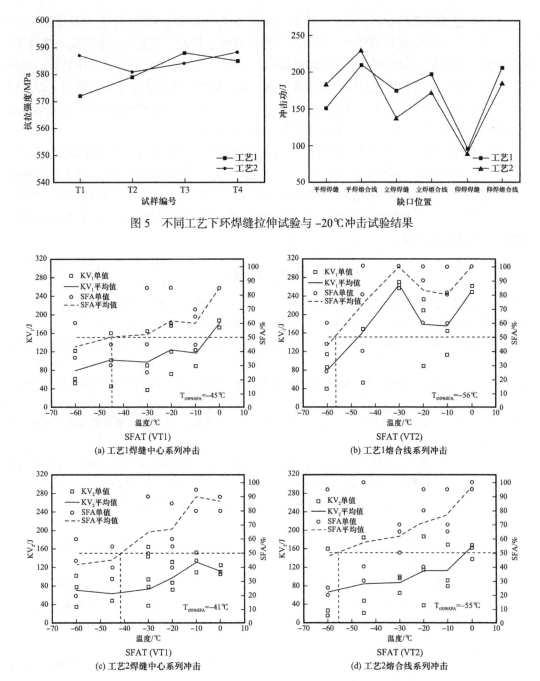

图5 不同工艺下环焊缝拉伸试验与 –20℃ 冲击试验结果

(a) 工艺1焊缝中心系列冲击

(b) 工艺1熔合线系列冲击

(c) 工艺2焊缝中心系列冲击

(d) 工艺2熔合线系列冲击

图6 不同工艺焊缝中心、熔合线系列温度冲击试验结果

3 结论

本文针对 X65M D559mm × 12.7mm 钢管开展了全自动焊接工艺研究，采用两组不同的焊接工艺参数进行管道环焊缝焊接，两组工艺下获得的环焊缝外观成型良好，焊缝射线检测满足相关标准要求。

通过焊缝微观形貌分析,从多尺度研究不同工艺下的接头质量。工艺 1 环焊缝平焊、立焊、仰焊等不同位置焊道层间、焊缝与两侧母材熔合较好,工艺 2 在小热输入条件下,焊缝不同位置出现不同程度的侧壁未熔合缺陷。这种侧壁未熔合缺陷由于其所处坡口面位置,且尺寸较小,通过常规射线检测很难发现。这一现象的发现带来了新的警示,即后续长输管道施工过程中焊缝无损检测不能仅通过常规射线检测,建议增加超声检测、全自动超声检测或相控阵超声等方式,全面评估环焊缝接头质量。

针对两种焊接工艺下的环焊缝开展了力学性能试验,工艺 1 与工艺 2 焊缝拉伸试验、面弯试验、背弯试验、–20℃冲击试验、系列温度冲击试验性能较好。但工艺 2 在小热输入工艺条件下,焊缝刻槽锤断试验出现明显的未熔合缺陷,不满足标准规范要求。综上,在工艺 1 条件下获得的钢管环焊缝外观成型良好,焊缝内部无未熔合缺陷,且各项力学性能均满足标准规范要求。

参 考 文 献

[1] 黄洋.浅谈油气长输管道工程施工的安全管理 [J].中国科技博览,2015(15):200.

[2] 姜静威.X80 钢管线自动焊工艺试验 [J].焊接技术,2009,38(11):57–59.

[3] 伍奕,荣军,万代强,等.ϕ1422mm 大口径 X80 钢管道全自动焊接技术应用 [J].石油化工设备,2016,45(6):5.

[4] 董嘉琪,杨小龙,费纪纲,等.X80 钢级长输管线自动焊接技术探讨 [J].油气田地面工程,2016,35(11):77–80.

[5] 冯成功,陈龙,朱绍全.RMD 气体保护焊与自保药芯焊丝半自动焊接技术在长输管道施工中的应用 [J].焊管,2009(4):4.

[6] Wang B,Xu Y,Hu J,et al. The Analysis of Low Temperature Toughness on X80 Pipeline Steel Welded Joint [J]. Transactions of the Indian Institute of Metals,2018,71(10):2517–2526.

[7] 杨晓飞,苏衍福,沈朝辉,等.气体保护焊工艺在海管铺设中的应用研究 [J].金属加工:热加工,2018(2):2.

[8] 石昕,吴立斌,杨燕.天然气处理厂工艺管道焊接手工焊与半自动焊接的效率与质量对比分析 [J].电焊机,2014,44(5):4.

[9] 周超,朱亮,杨韬君.超窄间隙焊接坡口宽度与工艺参数适应性研究 [J].焊接技术,2014(10):4.

[10] 宋思利,高进强,张红燕,等.焊接工艺参数对对接焊缝熔合比影响的研究 [J].焊接技术,2004,33(4):9–10.

原文刊登于《焊接技术》2023 年 52 卷第 7 期

热输入对 X80 级气保护药芯焊丝焊缝
金属组织性能的影响

吴林恩[1,2]　刘　宇[1,2]　夏培培[1,2]　张克芳[3]　谷云龙[1,2]　何金昆[1,2]

（1.中国石油天然气管道科学研究院有限公司；2.油气管道输送安全国家工程研究中心；

3.中国石油管道局工程有限公司油气储库分公司）

摘　要　为了提高管道气保药芯焊丝自动焊（FCAW-G）环焊缝的性能，为现场焊接焊材选用和工艺参数制定提供指导，采用实际焊接试验、力学性能测试、显微组织分析等方法，对不同热输入下的 X80 管线钢气保药芯自动焊焊缝金属的强度、韧性分布规律及组织特征进行了研究。试验结果表明，热输入对 X80 气保护药芯焊丝焊缝金属显微组织及性能有显著的影响。X80 气保药芯焊丝焊缝金属的组织构成主要有针状铁素体 AF、多边形铁素体以及粒状贝氏体（GB）组成，随着热输入的增大，所有的晶粒尺寸有长大的趋势，且准多边形铁素体和多边形铁素体增多，针状铁素体减少；焊缝金属低温冲击韧性呈现先升后降的趋势，当热输入为 1.2kJ/mm 时，达到最大值；在大热输入下，焊缝组织粗化，导致焊缝金属强度和断裂韧性降低。综合性能分析结果，当焊接热输入为 1.2kJ/mm 时，X80 气保药芯焊丝焊缝金属综合性能最佳。

关键词　焊接热输入；X80 级气体保护焊药芯焊丝；焊缝金属；组织性能

为了提高长输油气管道的输送效率，降低运输成本，油气管道建设向着高等级、大口径、长距离的方向发展。这对管道现场焊接技术提出了新的挑战，如何保证管道环焊缝的质量稳定性和使用安全性，是管道建设重点研究的课题[1-3]。管道自动焊形成的环焊缝是管道质量控制的重点[4]。气保护药芯焊丝自动焊（FCAW-G）作为目前大口径 X80 管线钢管的现场环焊工艺方法之一，具有现场操作性好、现场适应能力强、不易出现未熔合缺陷等特点，对于不同地形及连头口等位置的管道焊接施工具有良好的现场适应性[5-6]。但近年来的工程现场数据表明存在焊缝金属冲击韧性离散且低温韧性较低的问题，是制约气保护药芯焊丝自动焊应用的一大问题。

众所周知，组织决定性能。焊接热输入是表征焊接电压、焊接电流和焊接速度的综合性指标，影响着焊缝金属凝固结晶和组织形成过程，从而影响焊缝金属的组织和性能[7-11]。然而目前的研究及文献中尚未发现气保护药芯焊丝自动焊焊缝金属热输入影响的相关报告。因此有必要研究分析不同热输入的影响，为气保药芯焊丝自动焊焊接工艺参数优选提供指导。文中采用六种热输入制备了 X80 气保药芯焊丝焊缝金属，通过冲击试验、拉伸试验、CTOD 断裂韧性试验、显微组织分析等试验，系统地研究了热输入对 X80 气保护药芯焊丝自动焊焊缝金属组织和性能的影响。

1 试验材料与方法

试验材料为规格 $\phi 1219 \times 22$ 的 X80 级管线钢板，规格为 500mm×200mm×22mm，坡口尺寸如图 1 所示。采用 FCAW-G 焊接方法进行试板焊接，焊接层道示意图如图 2 所示，焊接设备为 CPPW1N-03 自动焊机，保护气体为 80%Ar+20%CO_2，预热温度为 80～100℃，层间温度控制在 80～150℃。采用 0.5kJ/mm、0.8kJ/mm、1.2kJ/mm、1.8kJ/mm、2.4kJ/mm、3.0kJ/mm 六种热输入进行焊接，图 3 为焊接过程典型照片，根焊采用氩弧焊打底，填充盖面均采用同一种 X80 用气保药芯焊丝 E91T1-K2M，X80 钢母材化学成分见表 1，焊丝化学成分见表 2，焊接工艺参数见表 3。

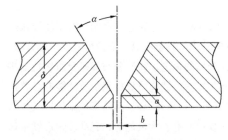

图 1　试板坡口尺寸示意图

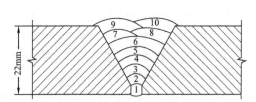

图 2　焊接层道示意图

α—坡口面角度，22°～25°；a—钝边高度，（1.6±0.4）mm；
b—对口间隙，2.5～3.5mm；δ=22mm

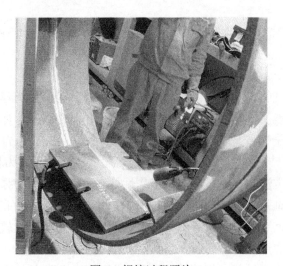

图 3　焊接过程照片

表 1　X80 钢化学成分

成分	C	Si	Mn	P	S	Cr	Ni	Nb	V	Ti
质量分数/%	0.08	0.20	1.64	0.01	0.0002	0.03	0.19	0.06	0.06	0.01

表 2 气保药芯焊丝的化学成分

表 2　气保药芯焊丝的化学成分

成分	C	Si	Mn	P	S	Cr	Ni
质量分数 /%	0.067	0.261	1.456	0.005	0.005	0.116	1.620

表 3　焊接工艺参数

焊道	保护气体	焊接电流 /A	焊接电压 /V	焊接速度 / (cm/min)	焊接热输入 / (kJ/mm)
根焊	100%Ar	125～165	11～16	6～10	0.97～2.33
填充 盖面	80%Ar+20%CO_2	160～180	19.0	36.4～41.0	0.5
		205～220	22.8	35.1～37.6	0.8
		216～219	23.6	25.5～25.8	1.2
		216～220	23.0	16.5～16.8	1.8
		217～223	23.1	12.5～12.9	2.4
		204～225	23.6	9.6～10.6	3.0

2　试验项目

对焊接试件制取拉伸试样、夏比冲击试样、裂纹尖端张开位移（CTOD）断裂韧性试样、金相试样，进行组织分析和性能试验。

2.1　拉伸试验

焊缝金属拉伸试样为直径 ϕ10mm × 100mm 的圆棒试样，中心标距为 50mm。用微机控制电子万能试验机（CMT 5605）对试样按照 GB/T 2652—2022《金属材料焊缝破坏性试验　熔化焊接头焊缝金属纵向拉伸试验》进行拉伸试验。

2.2　夏比冲击试验

夏比冲击试验试样（"V"形缺口）采用标准的全尺寸冲击试样，为 10mm × 10mm × 55mm，试验在 ZBC2452-C 摆锤式冲击试验机上进行，试验温度分别为 –10℃、–30℃、–60℃，每组试样为 3 件。

2.3　CTOD 断裂韧性试验

CTOD 断裂韧性试样采用三点弯曲试样，尺寸为 10mm × 22mm × 100mm，对取样缺口加工好的试样采用高频疲劳试验机（GPS300）在室温下预制疲劳裂纹。在制备含疲劳裂纹的试样后，CTOD 试验在 MTS810 疲劳试验机上依据 ISO 15653 进行，试验温度为 –10℃，跨距 S=4W，每组试样为 4 件。

2.4 金相检验

焊缝金属金相试样通过粗磨、精磨和抛光等试验步骤后，使用 3%～4% 的硝酸酒精溶液进行腐蚀，用吹风机吹干，利用 Imager.M1m 光学显微镜观察焊缝金属的微观组织。

3 试验结果及讨论

3.1 热输入对金相组织的影响

6 种热输入下金相组织分析图如图 4 所示。从图 4 中可以看出，不同的焊接热输入促使焊缝金属的晶粒发生不同程度的长大。同时，焊接热输入的变化也会影响着焊缝组织发生变化，导致性能发生相应的优化或劣化。

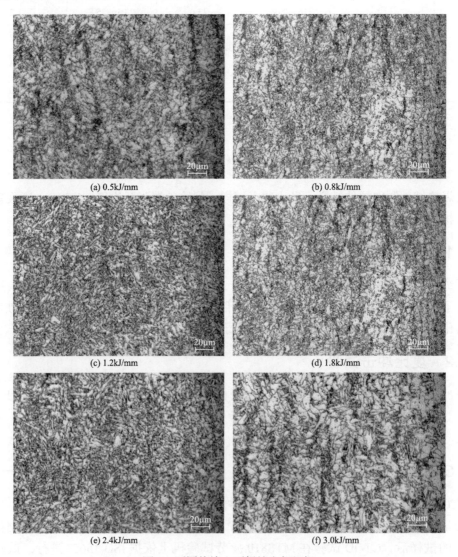

(a) 0.5kJ/mm

(b) 0.8kJ/mm

(c) 1.2kJ/mm

(d) 1.8kJ/mm

(e) 2.4kJ/mm

(f) 3.0kJ/mm

图 4　不同热输入下焊缝金相组织

在较低的焊接热输入下（0.5kJ/mm 和 0.8kJ/mm），由于冷却速度较大，组织形态主要为针状铁素体和多边形铁素体，且晶界有析出相。但由于针状铁素体（AF）和先共析铁素体的变化不明显，因此焊缝的强韧性提高程度相对不大。在较高焊接热输入下（1.2kJ/mm）由于冷却速度的降低，焊缝金属组织形态发生了明显的变化，除了针状铁素体和多边形铁素体外，还出现了粒状贝氏体，赋予了焊缝优良的强韧特性。在高的焊接热输入下（2.4kJ/mm 和 3.0kJ/mm），由于冷却速度的降低，针状铁素体减少，多边形铁素体（PF）和准多边形铁素体所占比例增多。还可以看出，焊接热输入增加的同时，析出的组织晶粒有着长大的趋势，这是因为冷却速度降低，组织粗化，从而导致韧性的降低。

3.2　热输入对拉伸性能的影响

6 种不同热输入下焊缝金属的拉伸试验结果如图 5 所示。

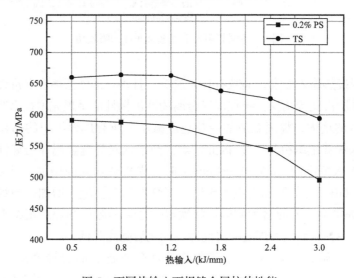

图 5　不同热输入下焊缝金属拉伸性能

从焊接热输入与焊缝金属拉伸性能之间关系曲线图可以看出，热输入在 0.5～1.2kJ/mm 区间时，焊缝金属的屈服强度和抗拉强度变化不大，随着热输入的增大，当热输入在 1.2～3.0kJ/mm 区间时，焊缝金属的屈服强度和抗拉强度均呈现了一定程度的下降，屈服强度由 583MPa 降到了 495MPa，抗拉强度由 663MPa 降到了 594MPa。这是因为随着热输入变大，造成了焊缝组织尺寸变大，粗化的组织导致了焊缝金属拉伸强度（包括屈服强度和抗拉强度）的降低[12]。

3.3　热输入对冲击韧性的影响

6 种不同热输入下焊缝金属 -10℃、-30℃、-60℃夏比冲击吸收功如图 6 所示。

试验结果表明，在给定冲击温度下，在一定范围内（0.5～1.2kJ/mm），随着焊接热输入的增大，焊缝金属的韧性有所升高，但热输入超过一定范围（1.2kJ/mm）以后，热输入继续增加会导致韧性急剧下降。1.2kJ/mm 左右韧性达到最高值。结合金相组织，分析认为焊接热输入对焊缝金属冲击韧性有以下影响：首先，焊接热输入的变化会影响焊缝金属

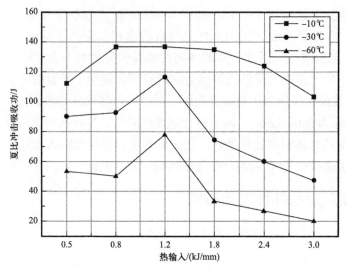

图6 不同热输入下焊缝金属冲击吸收功

的组织组成。焊接热输入变大，晶粒有长大趋势，且多边形铁素体和和准多边形铁素体增多，针状铁素体所占比例减少，导致焊缝金属的冲击韧性值呈现先增加后减小的趋势。其次，随着热输入的增大，焊缝金属的冷却速度减小，所有焊缝组织的晶粒尺寸有一定程度的长大，导致焊缝组织粗化[13]。因此，焊接热输入对焊缝金属冲击韧性的影响可总结为，在一定热输入范围内（0.5~1.2kJ/mm）时，焊接热输入的增加，针状铁素体（AF）和粒状贝氏体（GB）等的增加占主要作用，焊缝低温韧性随之增加。当焊接热输入超过1.2kJ/mm时，焊接热输入的增大使得针状铁素体含量的减少和焊缝组织粗化，这些不利的因素起主要作用，从而导致焊缝冲击韧性在此之后随之降低。

图7为不同热输入下焊缝金属的剪切断面率和断后形貌转变温度50%（Fracture Appearance Transition Temperature，FATT）评定的韧脆转变温度。从图7（b）中可以看出，在焊接热输入小于1.2kJ/mm时，随着热输入的增大韧脆转变温度降低，在1.2kJ/mm时达到最低，表现出较高的韧性水平，之后随着热输入的增加，韧脆转变温度升高。

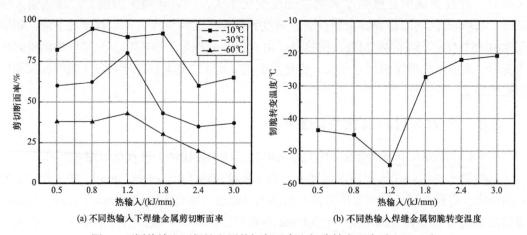

(a) 不同热输入下焊缝金属剪切断面率　　　　　　　(b) 不同热输入下焊缝金属韧脆转变温度

图7 不同热输入下焊缝金属剪切断面率和韧脆转变温度（FATT50）

3.4 热输入对断裂韧性（裂纹尖端张开位移）的影响

不同热输入下焊缝金属在 −10℃下的裂纹尖端张开位移值如图 8 所示。

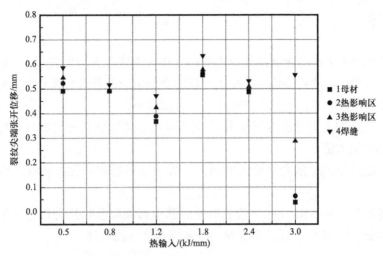

图 8　不同热输入下焊缝金属裂纹尖端张开位移值

断裂韧度大小表明了焊接接头的抗脆断特性。由图 8 中可以看出，焊缝金属裂纹尖端张开位移断裂韧性值受焊接热输入变化的影响。试验结果表明，当热输入在 0.5～2.4kJ/mm范围内，所有样品值均较高，最高可达 0.633mm，最小为 0.367mm，具有良好的抗开裂性能。当热输入为 3.0kJ/mm 时，裂纹尖端张开位移值离散型变大，且存在低值，说明其韧性较差。进一步验证了随着热输入的增加，焊缝金属组织粗化，导致裂纹扩展的阻力减小，裂纹扩展所需的能量减少，最终导致韧性降低。

3.5 热输入对维氏硬度（HV10）的影响

6 种不同热输入下焊接接头的硬度分布如图 9 所示。从图 9 中可以看出，3.0kJ/mm 的

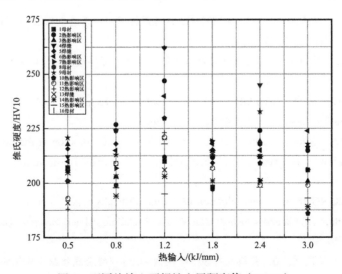

图 9　不同热输入下焊缝金属硬度值（HV10）

要低于其他焊接热输入下的硬度值。在高热输入下，焊缝组织发生一定程度的粗化，从而导致硬度下降。

4 结论

（1）六种热输入下焊缝金属的组织主要由针状铁素体、多边形铁素体、准多边形铁素体和粒状贝氏体组成。随着热输入的增大，焊缝金属组织晶粒有长大趋势，且多边形铁素体和准多边形铁素体增多，针状铁素体减少，对韧性不利。

（2）焊缝金属的低温冲击韧性随着焊接热输入的增加呈现先增加后减少的趋势，在1.2kJ/mm时达到极大值。

（3）在一定范围内，随着热输入的增大，焊缝金属组织粗化，导致强度和断裂韧性降低。

（4）焊接热输入对X80气保护药芯焊丝焊缝金属强度和韧性有很大影响。当焊接热输入为1.2kJ/mm时，X80气保药芯焊丝焊缝金属综合性能最佳。

参 考 文 献

［1］隋永莉，郭锐，张继成．管道环焊缝半自动焊与自动焊技术对比分析［J］．焊管，2013，36（9）：38-47．

［2］薛振奎，隋永莉．国内外油气管道焊接施工现状与展望［J］．焊接技术，2001，30（S）：16-18．

［3］张振永．高钢级大口径天然气管道环焊缝安全提升设计关键［J］．油气储运，2020，39（7）：740-748．

［4］帅健，王旭，张银辉，等．高钢级管道环焊缝主要特征及安全性评价［J］．油气储运，2022，39（6）：623-631．

［5］薛振奎，隋永莉．焊接新技术在我国管道建设中的应用［J］．焊管，2010，33（4）：58-61．

［6］陆阳，邵强，隋永莉，等．大管径、高钢级天然气管道环焊缝焊接技术［J］．天然气工业，2020，40（9）：114-122．

［7］魏金山，齐彦昌，彭云，等．热输入对800MPa级超厚板窄间隙焊缝金属组织和性能的影响［J］．焊接学报，2012，33（6）：31-34．

［8］李为卫，李嘉良，梁明华，等．热输入量对熔化极气体保护焊焊缝强韧性的影响［J］．焊管，2021，44（4）：1-4．

［9］TUMA J，GUBELJAK N，SUSTARSIC B.Fracture toughness of a high-strength low-alloy steel weldment［J］．Materiali in Tehnologije，2006，40（6）：263-268．

［10］OHYA K，KIM J.Microstructures relevant to brittle fracture initiation at the heat-affected zone of weldment of a low carbon steel［J］．Metallurgical and Materials Transactions A，1996，27A（9）：2574-2582．

［11］DAVIS C L，KING JE. Cleavage initiation in the intercritically reheated coarse-grained heat affected zone：Part. Failure criteria and statistical effects［J］．Metallurgical and Materials TransactionsA，1996，27A（10）：3019-3029．

［12］肖晓明，彭云，马成勇，等．热输入对3Cr耐候钢MAG焊缝金属组织和性能的影响［J］．焊接学报，2017，38（6）：41-46，131．

［13］张德勤，田志凌，杜则裕，等.热输入对 X65 钢焊缝金属组织及性能的影响［J］.焊接学报，2001，
　　 22（5）：31-33.

［14］涂思京，闫晓东，赵月红，等.电解铜箔表面光亮带产生原因的研究［J］.稀有金属，2003（7）：
　　 464-467.

原文刊登于《电焊机》2023 年第 53 卷第 10 期

L360 钢级天然气管道环焊缝裂纹成因分析及预防

汪　凤[1,2]　隋永莉[1,2]　冯大勇[1,2]　郭静薇[1,2]　石晓松[1,2]

（1. 中国石油天然气管道科学研究院有限公司；2. 油气管道输送安全国家工程研究中心）

摘　要　对某 L360 钢级天然气管道（直管与弯管）焊接过程中的环焊缝裂纹进行了系统分析，包括裂纹形貌、断口形貌及环焊缝性能。结果表明：裂纹是典型的氢致延迟裂纹。在高湿低温环境预热不足的情况下采用纤维素焊条进行根焊，根焊缝因熔合不良出现沟槽以及弯管焊缝热影响区的魏氏组织是裂纹的主要致因。并提出了控制措施，有效防止了类似裂纹缺陷的出现。

关键词　氢致延迟裂纹；高湿环境；纤维素焊条；魏氏组织

环焊缝作为油气管道系统中的薄弱环节，其质量直接关系到管道系统的安全可靠性。近年来发现，焊缝失效在弯管 / 管件连接接头中占相当的比例[1-2]。以问题为导向，对工程中发现的弯管 / 管件类环焊缝裂纹进行深入系统的分析，找出其根本原因，有助于预防措施的制定，从而降低失效率，提升焊接施工质量，提高管道的本质安全。

1　基本情况

某 L360 钢级天然气管道在建工程项目在施工过程中的射线检测工序发现了多道裂纹焊口，严重影响管道焊接的施工质量和施工效率。裂纹焊口均为直管（DN300，t=6.3mm，材料为 L360M）与弯管（DN300，t=8.0mm，材料为 L360N）的对接焊口位置。采用的焊接工艺为 AWSA5.1 E6010 纤维素焊条根焊，AWS A5.29 E71T8–Ni1J 自保护药芯焊丝填充盖面。焊条、焊丝的成分及力学性能见表 1，E1060 焊条扩散氢含量平均值为 37.25mL/（100g）。

表 1　焊材的化学成分及力学性能

焊材	质量分数 /%										$R_{p0.2}$/MPa	R_m/MPa	A/%
	C	Si	Mn	P	S	Cr	Ni	V	Mo	Al			
E6010	0.15	0.14	0.61	0.014	0.006	0	0.008	0.006	0.001	—	461	579	24.5
E71T8–Ni1J	0.04	0.21	1.27	0.006	0	0.01	0.98	0.003	0.01	0.9	507	578	25

裂纹主要分布于环焊缝底部的仰焊位置（5：00—7：00 钟点位置）。本文以其中一道典型的裂纹焊口为代表，系统分析了该类裂纹，并结合裂纹焊口的施工工况，针对性地提出了控制建议，有效避免了同类问题的再次发生，期望为类似管道工程建设提供借鉴和参考。

2　裂纹、断口及焊缝性能分析

2.1　裂纹特征

裂纹截面宏观形貌如图 1 所示。可以看出焊口为等内径方式对齐，裂纹启裂于弯管侧根焊缝近熔合线处，启裂处存在局部金属不连续。启裂处根焊缝焊接飞溅物较多，整体外观质量较差。图 2 是清除根焊缝表面飞溅后的外观质量，可以看出启裂处存在由于熔合不良导致的明显沟槽。

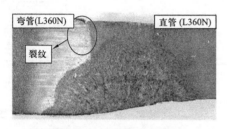

图 1　裂纹截面宏观形貌　　　　　　　　图 2　根焊缝的外观质量

图 3 是裂纹的总体形貌和微观形貌。从图 3（a）可以看出，裂纹深约 3.3mm，具有明显的应力驱动特征，自根焊缝熔合线处启裂，近似平行于根焊缝熔合线扩展，止于焊缝热影响区和焊缝金属交界的熔合线处。启裂处存在局部几何结构不连续，如图 3（b）所示；裂纹沿着粗晶热影响区晶界处的魏氏组织扩展（穿过铁素体或沿铁素体边界），如图 3（c）所示；裂纹末梢位于粗晶热影响区晶界处的魏氏组织，如图 3（d）所示。

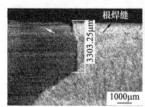
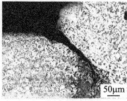

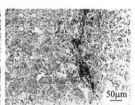

(a)弯管热区　　　　　　(b)启裂区裂纹　　　　　　(c)扩展区裂纹　　　　　　(d)裂纹末梢

图 3　裂纹的总体形貌及微观形貌

裂纹启裂及扩展处均未见夹杂物异常，如图 4 所示。根据 GB/T 10561—2005《钢中非金属夹杂物含量的测定　标准评级图显微检验法》进行夹杂物分析，确定启裂处的夹杂物主要为 D 类，评定结果为 D 类细系 1.5 级和 D 类粗系 1 级，且裂纹扩展过程中未见明显的夹杂物对启裂及扩展的影响，排除由于夹杂物超标导致裂纹的可能。

裂纹附近区域的能谱分析结果如图 5 所示。裂纹附近的微区成分未见异常，未发现杂质元素析出或低熔点共晶物，排除热裂纹的可能[3]。

对裂纹附近微区进行显微硬度测试，晶界的铁素体魏氏组织硬度为 185 HV0.05，低于晶内珠光体组织 239 HV0.05，导致晶内和晶界交界处存在一个硬度突变界面，有利于裂纹的扩展。

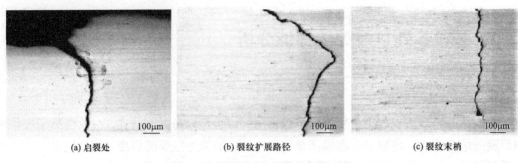

| (a) 启裂处 | (b) 裂纹扩展路径 | (c) 裂纹末梢 |

图 4　裂纹扩展路径上的夹杂物形貌

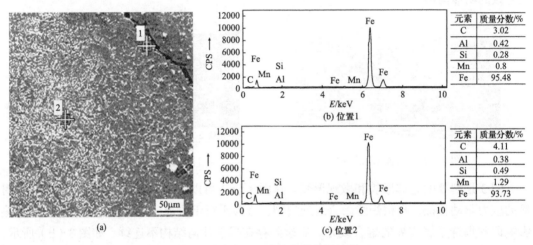

(a)

元素	质量分数/%
C	3.02
Al	0.42
Si	0.28
Mn	0.8
Fe	95.48

(b) 位置1

元素	质量分数/%
C	4.11
Al	0.38
Si	0.49
Mn	1.29
Fe	93.73

(c) 位置2

图 5　裂纹附近区域的能谱分析结果

　　综合以上分析结果，初步推测裂纹为氢致延迟裂纹的可能性大，为了进一步确定裂纹的性质，对裂纹断口进行了分析。

2.2　裂纹断口分析

图 6　裂纹断口宏观形貌

　　裂纹断口宏观形貌如图 6 所示。可以看出裂纹启裂后沿着图 6 中箭头所指方向扩展。裂纹断面和制样过程中人为断开的断面之间存在一个明显的分界线。裂纹断面较为平齐，且呈闪光小刻面，未见明显的塑性变形；制样过程中人为断开的断口宏观上呈闪光小刻面，试样边缘有轻微的变形。

　　图 7 是断口的 SEM 形貌。可以看出，裂纹启裂区、扩展区及末梢区断面以河流状花样和沿晶为主，是沿晶和穿晶的混合断裂特征；启裂区、扩展区及末梢区均存在多处二次裂纹，是典型的氢脆断口[4]，进一步明确了该裂纹为氢致裂纹。

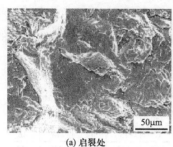
(a) 启裂处
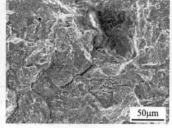
(b) 扩展区
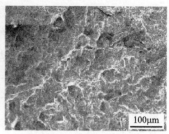
(c) 末梢处

图 7 断口的微观形貌

2.3 环焊缝性能分析

裂纹焊口两侧的母材化学成分见表 2。可以看出环焊缝两侧钢管化学成分差异较大，尤其是冷裂纹敏感性的 C 元素及碳当量 CE_{IIw}，CE_{IIw}、CE_{Pcm} 的计算分别见式（1）、式（2）。

$$CE_{IIw}=C+\frac{Mn}{6}+\frac{Cr+Mo+V}{5}+\frac{Ni+Cu}{15} \tag{1}$$

$$CE_{Pcm}=C+\frac{Si}{20}+\frac{Mn}{20}+\frac{Cu}{20}+\frac{Ni}{60}+\frac{Cr}{20}+\frac{Mo}{15}+\frac{V}{10}+5B \tag{2}$$

表 2 焊口两侧母材的化学成分　　　　　单位：%（质量分数）

样本	C	Si	Mn	P	S	Cr	Ni	Cu	Mo	V	Ti	Al	Nb	B	Nb+V+Ti	CE_{IIw}	CE_{Pcm}
弯管	0.19	0.3	1.18	0	0.002	0.04	0.09	0.04	0.04	0.05	0.002	0.01	0.005	0.0005	0.06	0.42	0.27
直管	0.09	0.13	0.97	0.005	0	0	0.10	0.03	0.01	0.01	0.02	0.03	0.02	0.0001	0.05	0.26	0.15

结合管径、壁厚以及来样尺寸的实际情况，仅能进行焊缝冲击性能及硬度测试。环焊缝 $-20℃$ "V" 形缺口冲击性能见表 3，试样尺寸为 $2.5mm×10mm×5mm$，满足要求。环焊缝非裂纹处的韧性未见异常，排除了裂纹受材料脆性的影响。

表 3 焊缝 $-20℃$ 冲击功

位置	冲击功 /J	平均冲击功 /J
焊缝中心	30.5，31.0，29.0	30.0
直管热影响区	38.5，38.5，36.5	38.0
弯管热影响区	28.5，28.0，26.5	27.5

焊缝硬度测点分布及硬度测试结果如图 8 所示。可以看出，在环焊缝各区域中弯管侧热影响区的硬度最高，且显著高于直管热影响区的硬度；弯管母材的硬度高于直管母材裂纹处弯管根焊热影响区、弯管母材及直管根焊热影响区的组织如图 9 所示。可以看出弯管

根焊热影响区的组织异常，呈魏氏组织形态；而直管根焊缝热影响区组织未见异常，为准多边形铁素体混合少量珠光体的组织。说明弯管和直管由于存在材料成分的差异，二者的最佳工艺参数范围存在一定的差异。

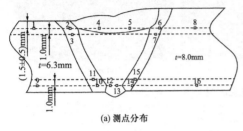

(a) 测点分布

1	2	3	4	5	6	7	8
194	179	188	230	227	251	251	209
9	10	11	12	13	14	15	16
182	185	160	202	191	237	233	203

(b) 测试结果 (HV10)

图 8　焊缝硬度测点分布及测试结果

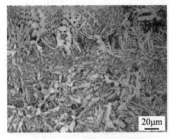

(a) L360N弯管侧热影响区

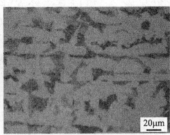

(b) L360N弯管母材

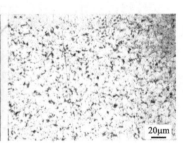

(c) L360M直管侧热影响区

图 9　缺陷附近各微区的组织

3　分析与讨论

裂纹有明显的应力驱动特征；裂纹启裂、扩展区及末梢均位于弯管侧热影响区的魏氏组织区域，且裂纹边缘的魏氏组织与晶内珠光体组织硬度差异较大；裂纹路径中夹杂物分布未见异常，且未见受夹杂物的影响；裂纹附近微区能谱分析未见杂质偏聚和低熔点共晶物等特征，推测环焊缝裂纹为氢致延迟裂纹。环焊缝非裂纹处的韧性及硬度未见异常，排除了材料脆性的影响；裂纹断口平齐，无塑性变形，断口上存在大量的二次裂纹，是典型的氢脆断口，这进一步证实了裂纹的性质。综合以上结果，判定本案例中的环焊缝裂纹是氢致延迟裂纹[5-6]。

氢致延迟裂纹即是焊接冷裂纹。大量的生产实践和理论研究表明，钢的淬硬倾向、焊接接头中含氢量及其分布和焊接接头的应力状态是焊接时产生冷裂纹的三大必要因素，因此焊接冷裂纹实际上是焊接诱导氢脆[5-6]。现场焊接施工情况的调查结果表明，本裂纹焊口是在南方初冬、大降雨后的大雾清晨天气下完成的焊接施工，且焊口底部位置（5：00—7：00 钟点位置）存在预热不足以及对口器过早撤离的现象。结合现场施工情况调研结果以及裂纹焊口的分析结果，认为本案例中焊缝裂纹的三大要素来源为：

（1）氢来源于采用氢含量较高的纤维素焊条，而且在高湿的环境条件下焊接施工，根部焊缝熔合不良导致的沟槽、焊道间存在的明显内凹为氢聚集提供了条件。

（2）裂纹扩展路径中的魏氏组织是敏感性组织。魏氏组织是过热组织，是亚共析钢由高温以较快的速度冷却时形成的组织[7-8]。按照 GB/T 31032—2014《钢质管道焊接及验收》要求，材料以强度等级作为分组原则，本案例中环焊缝两侧的钢管母材虽然都是 L360 钢级，但成分差异较大，其中弯管 L360N 管材的碳含量和碳当量均显著高于直管 L360M 管材的碳含量和碳当量，两种管材的焊接性差异较大。若焊接操作过程中，预热温度和焊接热输入控制不当，则会导致焊接性较差的 L360N 管材热影响区出现魏氏组织。

（3）在环境温度较低的情况下，焊接预热不足将增加焊缝残余应力和组织应力集中的风险，且不利于氢逸出，不利于焊缝冷裂纹的防控[9]。

（4）结合裂纹分布于钢管底部的特点以及现场施工调研的结果，认为裂纹启裂及扩展是焊接施工过程中应力控制不当造成的[10]，如对口器撤离过早，管道受自身重力的作用自然下垂，导致钢管底部承受一定的拉应力[11]，根焊缝焊道间的内凹增加了根焊缝局部应力集中。

4　结论与建议

焊缝裂纹为根焊缝的氢致延迟裂纹。采用纤维素焊条在初冬雨后低温、大雾高湿环境下根焊，焊接施工应力的外部环境条件、易导致氢聚集的根焊缝沟槽以及焊缝热影响区的魏氏组织是焊缝裂纹的主要原因。

形成氢致开裂，三个必要条件缺一不可，因此，消除其中任何一个条件都可以避免氢致延迟开裂的发生。从工程控制的角度，提出以下建议：

（1）对于纤维素焊条的焊接，应严格按照焊接工艺规程中的环境湿度和预热温度要求，当环境湿度过高且预热不足的情况下禁止焊接施工，减少扩散氢来源。

（2）加强变壁厚焊口的焊接施工监督管理，严禁强制对口、焊接预热不足、焊接过程中对口器过早撤离等现象，避免焊接施工过程中产生应力集中，降低环焊缝开裂的风险。

（3）对于强度级别相同，但成分差异较大的母材的焊接，应关注成分差异对焊接性的影响，严格控制焊接层间温度及预热温度，防止焊接性较差侧管材热影响区形成淬硬组织，降低氢致延迟开裂的风险。

项目施工现场在及时采纳以上控制措施之后，后续焊接施工再未出现类似裂纹，工程实践证明了以上措施的有效性。

参 考 文 献

[1]潘鸿，周鹏飞，钱英豪，等.LNG 应急调峰站弯头开裂失效分析［J］.热加工工艺，2019，48（24）：174-177.

[2]任国琪.某弯头断裂原因分析［J］.热加工工艺，2017，46（17）：246-249.

[3]姬庆涛，化三兵，王瑶，等.Q345 钢焊接裂纹分析［J］.热加工工艺，2013，42（9）：232-233.

[4]李文成.机械装备失效分析［M］.北京：冶金工业出版社，2008：320-365.

[5]高惠临.管线钢与管线钢管［M］.西安：中国石化出版社，2012：146-157.

[6]张文钺.焊接冶金学［M］.北京：机械工业出版社，2004：237-239.

［7］机械工业理化检验人员技术培训和资格鉴定委员会.金相检验［M］.上海：上海科学普及出版社，
2003：35-36.

［8］魏全香.45钢牵丝盘焊接接头裂纹的金相分析［J］.材料科学与工艺，2003（2）：209-210.

［9］徐占江，王传友，唐元生，等.X70管线钢根焊裂纹浅析［J］.金属加工（热加工），2018（5）：
55-56.

［10］雷铮强，王富祥，陈健，等.长输油气管道裂纹失效案例调研［J］.石油化工应用，2017，36（10）：
10-13.

［11］王晓香.长输管道下向焊焊接缺陷及防止措施［J］.中国新技术新产品，2009（16）：136.

原文刊登于《热加工工艺》2022年8月24日

X52 管线钢焊缝金属裂纹分析

李 硕[1] 李永春[2] 易斐宁[3] 吴林恩[1] 宋 薇[1] 靳海成[1]

（1. 中国石油天然气管道科学研究院有限公司；2. 中国石油管道局工程有限公司第一分公司；
3. 国家管网集团北方管道有限责任公司）

摘 要 采用化学成分分析、宏观金相分析、金相组织分析、扫描电镜和能谱分析等方法，分析了某 X52 管线钢焊接接头中裂纹产生原因。结果表明：焊缝中的裂纹为横向裂纹，位于盖面焊缝处；钢管、焊缝金属和焊材的化学成分符合相应标准要求，裂纹附近的显微组织未见异常；裂纹断面呈沿晶开裂，断面上 S 元素含量较高，为焊接热裂纹；焊接过程中 S 元素在晶界偏析形成低熔点共晶，是裂纹产生的主要原因。

关键词 X52 管线钢；焊接裂纹；焊缝金属；失效分析

焊接是长输管道工程施工中最重要的工序之一，焊接接头的质量直接影响到整个管线的安全。裂纹是焊接结构中最危险的一种缺陷。它不仅直接降低了焊接接头的有效承载面积，而且还会在裂纹尖端形成强烈的应力集中，使焊接接头容易产生突然的脆性破坏，可能引起严重的后果[1-3]。

某 X52 管线钢管焊接后，无损检测发现环焊接头出现了横向裂纹。环焊接头采用焊条电弧焊根焊（SMAW）+ 自保药芯半自动焊（FACW）填充盖面的方式进行焊接。为了分析裂纹产生的原因，本文将该含裂纹焊口作为研究对象，对管体母材、焊材及焊缝金属进行化学成分分析、金相组织、断口形貌和能谱分析，分析产生裂纹的原因。

1 检验分析

1.1 化学成分分析

对母材、焊材和焊缝金属的化学成分进行分析，结果分别见表 1。母材的化学成分满足 GB/T 9711—2017《石油天然气工业 管线输送系统用钢管》的要求。焊材的化学成分也满足相关标准的要求。标准未对焊缝金属的化学成分进行要求，测试数据仅用于参考。

1.2 裂纹位置和形貌

裂纹位于仰焊收弧位置（6 点钟位置），与焊缝垂直，且未扩展到热影响区，裂纹全貌如图 1 所示。将裂纹扳开，打开的断口上，裂纹部位呈黄色。裂纹部位断口呈放射状形貌，裂纹位于盖面焊道，如图 2 所示。

表1　母材、焊缝金属和焊材的化学成分分析结果　　　单位：%（质量分数）

化学成分	C	Si	Mn	P	S	Cr	Mo	Ni	Al	Cu	Nb	Ti	V
母材	0.09	0.19	0.99	0.011	0.003	0.03	0.003	0.004	0.03	0.01	0.03	0.02	0.003
焊缝金属	0.06	0.18	1.10	0.001	0.001	0.02	0.01	0.52	0.72	0.01	0.01	0.01	0.003
焊材	0.04	0.23	1.22	0.006	0.001	0.04	0.01	0.98	0.98	0.01	0.001	0.003	0.004

图1　裂纹宏观形貌

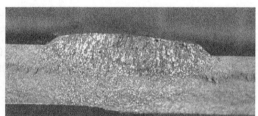

图2　断口形貌

1.3　金相分析

将试样沿如图3所示线条位置切开。采用金相显微镜对焊接接头的组织进行了分析，断口附近可观察到裂纹，如图4（a）所示。裂纹周围组织无变形现象，组织为粒状贝氏体（GB）+板条贝氏体（BF），未发现异常组织，裂纹形貌显示为沿晶开裂，如图4（b）所示。对焊缝两侧的钢管的组织进行了观察，组织为铁素体（F）+珠光体（P），如图4（c）所示，是典型的X52管线钢的组织。

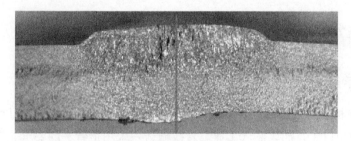

图3　金相试样切割方向

1.4　扫描电镜和能谱仪分析

采用扫描电镜对试样断口形貌进行观察，如图5所示。裂纹处的断口为沿晶界开裂，呈柱状晶形貌，表面光滑，断口上存在细小的白色颗粒。对断口上的颗粒物进行能谱分析

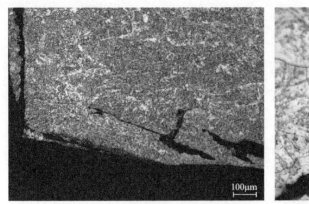

<table>
<tr><td>(a) 断口处裂纹</td><td>(b) 断口附近组织</td></tr>
</table>

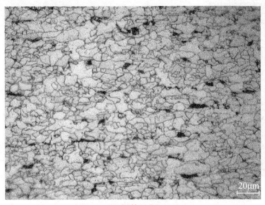

(c) 钢管组织

图 4　试样金相显微组织

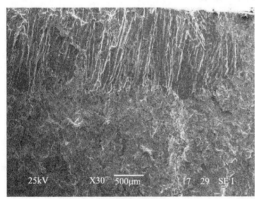
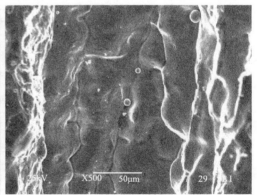

<table>
<tr><td>(a) 宏观形貌图</td><td>(b) 微观形貌</td></tr>
</table>

图 5　试样断口形貌

（图 6），主要由 C、Ni、Mn、Cr、Fe、S 等元素组成，S 元素含量明显高于基体的 S 元素含量（表 2），说明 S 元素在晶界上发生了偏析。

　　采用扫描电镜对裂纹附近的组织进行观察，可以看到裂纹沿晶界扩展（图 7），与断口观察的结果一致。

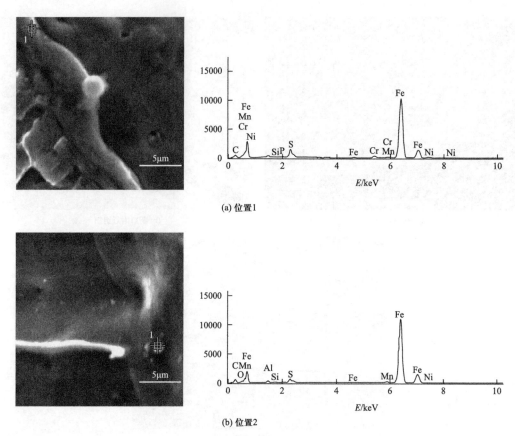

图 6　断口能谱分析位置及图谱

表 2　能谱仪分析结果

元素	位置 1 质量分数 /%	位置 2 质量分数 /%
C	13.45	17.36
O	2.48	—
Al	0.97	—
Si	0.28	0.55
P	—	0.34
S	2.11	4.94
Cr	—	1.11
Mn	0.55	0.74
Fe	79.30	73.02
Ni	0.86	1.94
总量	100	100

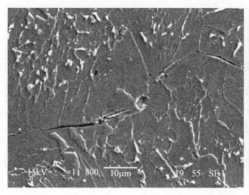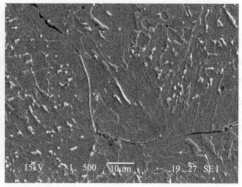

图 7　裂纹附近扫描电镜照片

2　分析与讨论

2.1　裂纹性质

通过观察后发现，裂纹位于盖面焊道的收弧位置。断口和金相观察发现，裂纹位于盖面焊道，裂纹断口上有氧化色彩，断口呈柱状晶形貌，裂纹为沿晶开裂。对断口面和裂纹处进行能谱分析发现，裂纹处存在 S 元素偏析。综合上述分析结果认为裂纹为热裂纹，且应该为结晶裂纹。

2.2　裂纹产生原因

采用扫描电镜对裂纹断口进行观察，可以看到一排排柱状晶形貌，为沿晶开裂。断口表面上有一些球状的颗粒，能谱分析显示，该颗粒的主要成分为 S、C、Si、Fe、Mn 等元素，且 S 元素含量明显高于基体，说明 S 元素在断口上发生了偏析。S 与金属形成低熔点相或共晶［如生成 FeS（熔点 1190℃），进而与 Fe 形成 Fe-FeS，熔点只有 985℃］[3-9]，它的熔点比钢的熔点要低得多。同时，裂纹位于焊缝仰焊位置，是两名焊工收弧交汇的区域，存在收弧点重合的可能。收弧点是低熔点杂质最多的聚集区，在焊缝凝固过程中形成了低熔点共晶[1, 5]。低熔点的共晶聚集在柱状晶的晶间形成所谓"液态薄膜"，凝固后期在焊缝金属冷却收缩产生的拉伸应力的作用下，仍处于液态的晶界金属被拉开，形成沿柱状晶开裂的热裂纹[6-9]。

3　结论

（1）X52 管线钢焊缝裂纹断口形貌为沿晶开裂，且断口上存在 S 元素的偏析，可以确定该焊接接头裂纹为热裂纹。

（2）裂纹位于盖面焊道的收弧位置。焊缝中的 S 杂质元素在收弧位置偏析产生了低熔点共晶，在焊接拉应力的作用下形成了裂纹。

参考文献

［1］李建军.管道焊接技术［M］.北京：石油工业出版社，2007：221-223.

［2］史耀武.中国工程材料大典第22卷材料焊接工程（上）［M］.北京：化学工业出版社，2006：157.

［3］李亚江.焊接缺陷分析与对策［M］.上海：上海科学技术文献出版社，2003：232-236.

［4］中国机械工程学会焊接学会.焊接手册［M］.北京：机械工业出版社，2008：124-128.

［5］肖东平，华金良，高淼淼，等.某12Cr1MoVG水冷壁管对接焊缝热裂纹成因分析及预防［J］.电焊机，2019，49（10）：92-96.

［6］张继建，罗天宝，王胜辉，等.螺旋埋弧焊管焊缝热裂纹的形成与预防［J］.焊管，2010，33（6）：54-57.

［7］肖晶方，李曾珍，黄胜杰，等.管道实心焊丝自动焊弧坑裂纹的产生及预防［J］.电焊机，2018，48（8）：125-127.

［8］陈忠兵，吕一仕，侯志，等.P92钢焊条电弧焊焊缝金属热裂纹及其特征［J］.焊接，2013（12）：125-127.

［9］郭建新，韩道永，王进.T92钢焊接接头弧坑裂纹及防范措施［J］.金属加工（热加工），2019（11）：29-30.

原文刊登于《石油工程建设》2022年第48卷第4期

油气长输管道延迟裂纹原因分析及预防

吴林恩[1, 2]　夏培培[1, 2]　肖　健[1, 2]

（1.中国石油天然气管道科学研究院有限公司；2.油气管道输送安全国家工程实验室）

摘　要　延迟裂纹是管道的一种严重缺陷，具有延迟性，一般在焊接完成之后的数小时、数天或更长时间内出现，其出现一般为突发出现，无明显征兆，可导致管道的突然开裂。因此，延迟时间的不确定性对长输管道运行安全埋下重大隐患。本文通过对延迟裂纹的原因进行分析探讨，提出有效的预防控制措施，对高质量地进行管线施工和保证输送管线的可靠运行，具有一定的实际参考价值。

关键词　焊接；裂纹；延迟裂纹；长输管道

随着世界范围内对石油、天然气要求的不断提高，国内外输送管道朝着高钢级、长距离、大口径、高压力方向发展。长输管道的质量关系到整个管道的安全运行。尤其是输气管线，一旦发生破裂事故，将爆管几千米，甚至十几千米，将造成重大经济损失和人员伤亡，且造成重大的环境污染。我国发生过多起延性断裂事故，如铁岭至秦皇岛管线巨流河穿越段试压时发生爆破，四川输气管线开裂爆破等。焊接延迟裂纹通常出现在焊接完成之后的几个小时、十几个小时、几天、数月甚至更长时间之后，裂纹的出现具有滞后性，部分裂纹无法通过焊后探伤检测，此外延迟裂纹的出现一般为突发出现，无明显的征兆，如果在管道投运后出现，将为管道运行安全埋下重大隐患。

1　焊接氢致延迟裂纹的影响因素

氢致延迟冷裂纹是管线钢焊接时可能出现的一种具有延迟特性的危险的缺陷，它是引起管线脆性断裂、产生应力腐蚀破坏的根源。大量的生产实践和理论研究表明，钢的淬硬倾向、焊接接头中的含氢量及其分布，以及焊接接头的应力状态是管线钢焊接时产生氢致延迟裂纹的三大因素。由于在管线钢现场安装焊接过程中受焊接工艺条件和施工环境条件的影响，易于满足氢致延迟裂纹产生的三大条件，且随着管道强度级别的提高，环焊接施工中冷裂纹的问题越来越突出，严重威胁到管道的安全运行，是焊接工程中危害最大必须避免的严重缺陷。所以，深入了解延迟裂纹的形成机理，以及发展定量的探测诱发裂纹的因素及其相互关系的测试手段，以确保焊接结构的可靠性，是非常重要的。

2　延迟裂纹的产生机理

2.1　产生条件

焊缝中存在的扩散氢、焊接接头的脆性组织（马氏体、上贝氏体等）、焊接残余应力和外界应力导致的应力集中为形成延迟裂纹的三大因素。这三个条件相互促进，相互影响，在不同的情况下，三者中任何一个因素都可成为导致裂纹产生的主要因素，然而又不可能是唯一的因素。许多情况下，氢是诱发冷裂纹最活泼的因素。

2.2　产生的位置

焊趾裂纹、焊道下裂纹、根部裂纹，该三种裂纹大部分都位于焊接热影响区的过热粗晶区位置。管线钢的焊接接头处单次热循环焊接热影响区主要分为由与母材相近的部分相变区，由等轴铁素体组成的正火细晶区和由马氏体、贝氏体、粗大铁素体组成的过热区组成。由于过热区主要由脆硬的马氏体、贝氏体和粗大铁素体构成，其硬度较大，变形能力差，在遇到较大应力时易于出现开裂。

2.3　产生的过程

（1）淬硬组织。

母材受到焊接电弧的热作用，并在快速冷却的条件下，母材由塑韧性较好的铁素体转变为脆硬的马氏体结构（即焊接热影响区淬火组织）。钢种的淬硬倾向越大，马氏体的含量越高。马氏体是一种脆硬的组织。在钢中含碳量较高时，就行成片状马氏体，对裂纹和氢脆的敏感性特别高。

（2）扩散氢。

焊接时，焊条、焊丝受潮，焊口油污、水、泥等，使焊缝金属存在大量的氢，并超过其临界含量。氢在不同金属组织中的溶解度和扩散系数不同，并且随着温度的增高而增大。焊接时奥氏体转变为铁素体，氢的溶解度急剧下降。

（3）应力集中。

焊缝冷却收缩应力、焊接顺序不当、钢管未加支撑、钢管下沟变形、管线的打压和服役时承受的压力等，同时焊缝金属未与母材进行圆滑过渡使得焊根处的应力集中系数较大。

当上述三个条件同时满足时，焊缝中的扩散氢会在应力、氢浓度梯度和金属内缺陷的作用下向热影响区的粗晶区内扩散，当氢浓度达到一定值，并且焊缝处由于应力集中产生的应力大于焊缝的屈服极限时，焊接接头会发生塑性变形，淬火组织为脆硬相，其协调变形能力差，便会在此处产生裂纹。裂纹产生的速度大部分取决于氢的扩散和聚集速度。

2.4　延迟裂纹的开裂机理

氢的应力扩散理论：金属内部缺陷，微孔、微夹杂和晶格缺陷等，提供了潜在裂源。

在应力作用下，微观缺陷前沿形成了三向应力区，诱使氢向该处扩散并聚集。当氢的浓度达到一定程度时，一方面产生较大的应力，另一方面阻碍位错移动而使该处变脆，当应力进一步加大时，促使缺陷扩散而形成裂纹。

3 焊接延迟裂纹的防治措施

延迟裂纹的出现，对国家财产和人民的人身安全有着非常大的威胁，所以在焊接生产过程中要采取合理的措施来避免延迟裂纹的出现。从延迟裂纹三要素着手，延迟裂纹的防治措施主要有以下几个方面。

3.1 控制氢的来源

氢在延迟裂纹形成过程中有着决定性的作用。一般来说，焊缝金属中的扩散氢主要来源于焊接材料中的水分、含氢物质、电弧周围空气的水蒸气、焊丝和母材坡口表面上的水、铁锈及油污等杂质。在焊接高温时，大量的氢溶解在熔池，冷却和凝固过程中，氢的溶解度急剧降低，致使氢以氢气的形式极力逸出；但是由于焊缝冷速快，氢来不及逸出，焊道处剩余的氢便以游离氢残存在焊缝金属中，焊缝中的氢过饱和状态，形成可扩散氢。

对于管线钢的焊接而言，常采用的主要措施有以下两个措施：一是选用合理的焊接材料，尽量选择低氢或超低氢焊材，并严格控制药皮中的含水量，焊材使用前要烘干，清理焊丝、焊缝坡口上的水、铁锈和油污等杂质。同时还应重视焊条的防潮问题，在高湿环境中焊条会显著吸潮而加剧氢致延迟裂纹倾向。二是建立低氢的焊接环境，焊接作业前要严格对管口进行清理，保证焊口处及周围无冰霜雪、油污、铁锈、水分等，在雨雪雾天，没有一定的防护措施不得进行焊接作业。

3.2 工艺技术措施

工艺措施对防止焊接接头产生缺陷，提高接头使用性能至关重要。除了选用低氢的焊接材料和建立低氢的焊接环境外，从焊接工艺方面采取一定的工艺技术措施能够有效防止焊接过程中延迟裂纹的产生，比如合理安排焊接顺序、焊前预热、焊后缓冷、焊后热处理、后热等。

（1）采用合理的焊接顺序。

选择合理的焊接顺序，焊接时先焊收缩量较大的焊缝，后焊收缩量较小的焊缝，降低焊缝的拘束应力。采用多层多道焊，也是避免焊接接头中出现冷裂纹的有效措施之一。

（2）焊前预热。

焊前预热除了能对焊口进行烘干外，还能够缩小焊接环境温度与焊道温度的差值，能够降低焊道的冷却速度。

（3）焊后缓冷。

焊后缓冷主要是通过焊后对焊道处施加无热源的保温措施，长输管道施工常用保温被（缓冷被）。

（4）消氢热处理。

消氢热处理是在焊接作业完成后对焊道处加热，使焊缝中的氢迅速向外部扩散，加热的方法主要有中频加热、火焰加热等。

（5）制定合理的焊接规范及热输入。

选择合理的焊接规范，对减少焊件变形和裂纹影响很大，如随着电流强度的增加，罕见的变形相应增大。合理的焊接热输入和焊接规范能有效降低焊缝凝固后的冷却速度，控制冷却时间，可以有效地改善焊缝及热影响区的淬硬组织状态。

3.3 降低焊接应力

高强钢焊接时产生延迟裂纹不仅决定于钢种的淬硬倾向和氢的有害作用，还取决于焊接接头的应力状态，对焊接氢致延迟裂纹的产生具有很大的促进作用，而且还有可能起主导作用。因此，在实际生产中必须给予足够的重视，尽量降低焊接应力。主要有以下几个方面。

（1）减少内应力。

设计合理的焊接接头，采用合理的焊接顺序。内应力主要来自焊缝凝固后的收缩应力，降低焊缝收缩应力主要是减少焊接拘束，使焊缝自由收缩。在管道安装实际施工过程中，采用合理的焊接顺序，避免密集焊缝，以减少焊缝刚度。焊缝余高不能过高，焊接皆有截面要圆滑过渡，以减小焊缝拘束度，避免过高的应力集中。

（2）减少外界应力。

在管线安装作业中，由于钢管的自重，钢管吊装组队时，无可避免地会产生外界应力。为了减少外界应力的引入，可以采取以下措施：精确地使用弯头弯管，避免由于角度不合适而出现不应该出现的弹性敷设。

（3）降低应力集中。

管线中的焊缝相对于母材有较差的塑韧性，同时存在截面突变，是由应力集中而发生破坏的重点区域。长输管道敷设中，应力集中的现象，包括焊口断裂，弯头处焊口断裂或者弯头被管道的移动加上本身的应力而断裂。应力集中程度由应力集中系数决定，截面过度角度越小应力集中越大，反之越小。因此，焊缝与母材过度处应采用平滑过渡，焊缝余高不能太高，焊缝不能低于母材焊缝宽度，应尽量保持一致。

4 结语

引起焊接氢致延迟裂纹的原因很多，通过对延迟裂纹形成的主要影响因素和开裂机理进行分析，得到了预防延迟裂纹产生的措施，比如合理地选用焊接材料、控制预热温度、制定合理的焊接规范等。在实际的焊接作业时，要针对现场具体施工环境条件，综合考虑，选用最适合的方法，为高质量的管线施工提供技术支持，保证输送管线的安全可靠运行。

参 考 文 献

[1]梁金昆，王月丽.焊接延迟裂纹及检测对策.石油工程建设 [J].1986（3）：9-11.

［2］王建.延迟裂纹的危害及原因分析［J］.特种设备安全技术，2008（4）：3.

［3］徐学利，辛希贤，高慧临.管线钢焊接质量控制因素的探讨［C］.第九次全国焊接会议论文集，1999.

［4］邱建.延迟裂纹的产生机理及防止措施［J］.科技资讯，2008（36）：1.

原文刊登于《石油石化物资采购》2021年第2期

堆敷层对纤维素焊条熔敷金属性能的影响

肖　健[1,2]　郭晓疆[1,2]　吴林恩[1,2]　夏培培[1,2]　何金昆[1,2]

（1.中国石油天然气管道科学研究院有限公司；2.油气管道输送安全国家工程实验室）

摘　要　为了确定纤维素焊条熔敷金属检测中，是否需要提前在钢板坡口两侧作堆敷层进行研究，通过对方形试板进行不同层数的堆敷，观察出焊缝化学成分接近，跟焊材本身化学成分相比有了不同比例的增加，说明母材的化学元素有稀释到焊缝中，但不会随着层数的增加而有明显的改变；通过加工距离坡口焊缝不同距离的化学试块进行分析，发现与母材试板堆敷结论相近，母材的化学成分有不同程度的稀释到焊缝，但距离坡口不同垂直距离的化学成分相差不明显；坡口不作堆敷层与堆敷1层力学性能相近，堆敷2层的力学性能优于不做堆敷层、堆敷1层，但相差不大。

关键词　纤维素焊条；熔敷金属检测；化学成分；力学性能

纤维素焊条因其具有单面焊双面成形、全位置立向下焊时操作简便且施工效率高等特点广泛应用于石油输送管线的焊接[1-3]。纤维素焊条的另一特点是药皮有机物及水分含量高，导致熔敷金属氢含量偏高，因此适用于管径较小、钢管强度级别较低、低温冲击性能要求较低的管道焊接或是仅用来根焊[4-6]。管道根焊技术采用纤维素焊条在施工效率和成本方面具有较大优势。随焊接技术的不断发展，自动化焊接技术逐渐在管道施工中应用，但受限于设备成本、地理因素等条件限制，使得纤维素焊条在管道施工中仍具有较好的市场前景。

纤维素焊条具有优异的工艺性能而在长输管道中广泛使用，但该类焊条的药皮中含有大量的纤维素有机物，焊缝中的氢含量较高，焊缝的塑韧性和抗裂性差，国外油气管道标准对其应用提出限制。BP标准规定最为详细，超出下列条件限制不允许使用纤维素焊条：（1）钢级和壁厚超过限制：对钢级不大于X65，最大壁厚19mm；钢级X70，采用E8010填充最大厚度16mm，采用E9010填充，最大壁厚10mm；钢级X80，根焊和热焊仅允许使用，填充焊道不允许使用；钢级大于X80，不允许使用；（2）承受高应变管道；（3）基于应变设计管道；（4）管件、法兰和阀门的焊接；（5）角焊缝焊接（如阴极保护附件）。SHELL标准规定，纤维素焊条不允许用于管件焊接以及壁厚超过25mm的管子与管子焊接。TOTAL标准规定，纤维素焊条仅限用于X56及以下钢级管道，不允许用于连头口焊接和返修焊接。Trans Canada标准限定返修焊缝纤维素焊条允许使用的最高钢级为X52，最大壁厚为7mm[7-11]。中国石油线路焊接新版CDP文件对X70及以上钢级管道线路、连头、返修焊接均不允许使用纤维素焊条。建议参考国外标准要求，对不同钢级和壁厚，以及返修焊、连头焊提出更严格的纤维素焊条使用限制，并对目前使用纤维素焊条的工艺进行梳理。

近些年，对石油管道施工过程控制越发严格，焊材复检是施工中焊材进场前的一项重要环节，检测合格后的焊材方可用于焊接。根据焊材检测标准 AWS A5.1 中的要求，纤维素焊材复检建议在熔敷金属试板的坡口两侧用同类型焊材进行一层堆敷，在于焊材厂家的沟通中，厂家建议在坡口两侧进行两层堆敷，以减少母材成分对焊材力学性能的影响。本研究通过研究不同堆敷层厚度对纤维素焊条熔敷金属力学性能、化学成分的影响，从而得出纤维素焊条熔敷金属焊材复检中是否有必要对试板两侧进行堆敷层的处理。

1 试验材料及方法

采用 BOEHLER FOX CEL ϕ4.0mm 焊条批号为 2146926，焊材的化学成分见表 1；母材选用尺寸 350mm×200mm×20mm 的 Q345B 试板，化学成分见表 2。首先，加工 50mm×50mm 小方块 10 个，进行光谱试验，设备为 Thermo 4460，第一个为母材化学成分，第二个在母材上堆敷一层，以此类推到第九层如图 1 所示，化学成分见表 3；其次，在加工好的试板坡口上进行焊接堆敷，堆敷长度为 50mm，分别堆敷 1 层和 2 层。每层均为两道焊缝如图 2 所示，进行光谱试验，化学成分见表 4；再次，按照焊材标准以及厂家推荐的参数进行熔敷金属的焊接，组对以及焊接的参数见表 5、表 6，焊接完成并进行无损检测后在距离坡口表面，距离 1~8mm 的位置，用冷切割的方法分别制备 8 个试块如图 3 至图 10 所示，进行光谱试验，化学成分结果见表 7；最后按照相同的焊接工艺，焊接三块整板，分别为不做堆敷层、1 层堆敷层、2 层堆敷层，焊接完成后，试件加工前进行 250℃×16h 的去氢处理，处理完成后进行标准规定的拉伸和冲击试验，结果见表 8。

表 1 焊条化学成分　　　　　　　　单位：%（质量分数）

元素	C	Si	Mn	S	P	Cr	Ni	Mo	V
材质单	0.13	0.10	0.45	0.005	0.011	0.04	0.02	<0.01	<0.01
标准	≤0.20	≤1.00	≤1.20	—	—	≤0.20	≤0.30	≤0.30	≤0.08

表 2 钢板母材化学成分　　　　　　　　单位：%（质量分数）

元素	C	Si	Mn	S	P	Cr	Ni	Mo	V
材质单	0.20	0.29	1.44	0.010	0.022	0.01	0.003	0.001	0.01

表 3 母材堆敷化学试块化学成分　　　　　　　　单位：%（质量分数）

层数	C	Si	Mn	S	P	Cr	Ni	Mo	V
+1	0.18	0.20	0.96	0.007	0.017	0.02	0.01	0.001	0.01
+2	0.16	0.14	0.70	0.006	0.018	0.01	0.01	0.001	0.01
+3	0.15	0.10	0.55	0.006	0.017	0.01	0.01	0.001	0.005

层数	C	Si	Mn	S	P	Cr	Ni	Mo	V
+4	0.14	0.10	0.52	0.006	0.017	0.01	0.01	0.001	0.005
+5	0.14	0.15	0.60	0.006	0.018	0.02	0.01	0.001	0.01
+6	0.12	0.10	0.49	0.006	0.017	0.02	0.02	0.001	0.005
+7	0.13	0.10	0.49	0.005	0.016	0.01	0.01	0.001	0.005
+8	0.14	0.10	0.48	0.005	0.018	0.01	0.01	0.001	0.005
+9	0.14	0.12	0.54	0.006	0.017	0.02	0.02	0.001	0.01

表4　坡口不同堆敷层化学成分　　　　单位：%（质量分数）

堆敷层数	C	Si	Mn	S	P	Cr	Ni	Mo	V
1层	0.16	0.17	0.70	0.004	0.007	0.04	0.12	0.009	0.01
2层	0.17	0.17	0.69	0.007	0.007	0.04	0.12	0.009	0.01

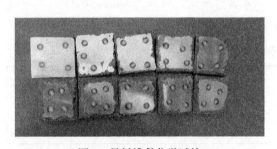

图1　母材堆敷化学试块

图2　坡口堆敷化学试块

表5　组对参数

坡口角度 /（°）	根部间隙 /mm	试板厚度 /mm	试板材质
22	16	20	Q345B

表6　焊接参数

焊接电流 /A	焊接电压 /V	预热温度 /℃	层间温度 /℃	焊接速度 /（mm/min）	焊接层 / 道数
90–120	27–31	110	115–135	4.2–4.5	8/26

表 7　距离坡口不同距离化学试块化学成分　　　　　单位：%（质量分数）

距离 t/mm	C	Si	Mn	S	P	Cr	Ni	Mo	V
1	0.17	0.23	1.03	0.005	0.010	0.03	0.08	0.007	0.01
2	0.15	0.20	0.80	0.005	0.008	0.03	0.08	0.008	0.01
3	0.17	0.20	0.75	0.004	0.007	0.04	0.10	0.10	0.01
4	0.17	0.17	0.68	0.004	0.007	0.04	0.11	0.009	0.01
5	0.16	0.17	0.68	0.003	0.006	0.03	0.11	0.01	0.01
6	0.15	0.18	0.69	0.003	0.006	0.04	0.10	0.01	0.01
7	0.15	0.18	0.68	0.003	0.006	0.03	0.11	0.01	0.01
8	0.15	0.17	0.66	0.003	0.005	0.03	0.12	0.01	0.01

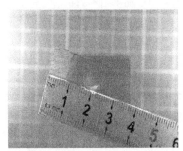

图 3　距离坡口垂直距离 8mm 化学试块

图 4　距离坡口垂直距离 7mm 化学试块

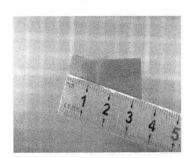

图 5　距离坡口垂直距离 6mm 化学试块

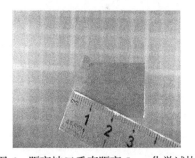

图 6　距离坡口垂直距离 5mm 化学试块

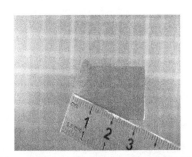

图 7　距离坡口垂直距离 4mm 化学试块

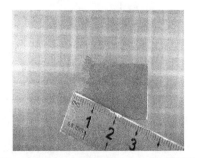

图 8　距离坡口垂直距离 3mm 化学试块

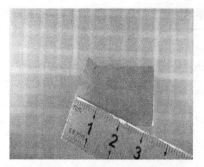

图 9　距离坡口垂直距离 2mm 化学试块图　　　　图 10　距离坡口垂直距离 1mm 化学试块

表 8　不同堆敷层纤维素焊条熔敷金属力学性能

堆敷层数	屈服强度 / MPa	抗拉强度 / MPa	延伸率 / %	-30℃冲击功 /J					
0	445	549	28.5	37.5	48.5	40.5	44.0	39.5	42
1	444	550	27.5	38.0	34.5	36.0	44.5	47.5	39.5
2	461	564	30.5	26.5	38.5	43.0	45.0	28.0	36.5
标准	≤330	≤430	≤22	单值≥20，均值≥27					

2　试验结果

2.1　纤维素焊条熔敷金属不同堆敷层数化学成分的变化

随着层数的变化，各元素化学成分的变化如图 11 所示，0 为纤维素焊条材质单的化学成分，1～9 为堆敷 1～9 层，可以看出堆敷 1 层 Mn 元素有所波动，除此之外化学波动很小。

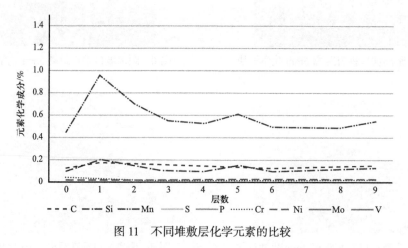

图 11　不同堆敷层化学元素的比较

2.2 纤维素焊条坡口不同堆敷层数化学成分的变化

根据标准推荐，坡口板堆敷层厚度一般在 3mm 左右，本文比较堆敷 1 层和堆敷 2 层化学成分的变化，通过比较（表 4），可见主要化学元素成分并无明显区别。

2.3 纤维素焊条坡口不同垂直距离化学成分的变化

根据图 12 可以看出，随着距离坡口垂直距离的变化，化学成分呈现增多或者减少的情况，除了 Mo 元素在距离坡口垂直 3mm 的时候化学成分出现了波动，其他主要化学成分偏差都在 20% 以内。

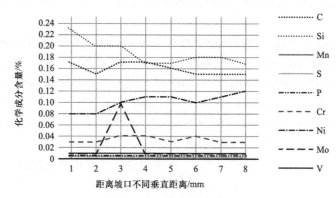

图 12 距离坡口不同垂直距离化学成分的变化

2.4 纤维素焊条不同堆敷层数力学性能的变化

通过表 8 可以看出，不作堆敷层的力学性能与做作 1 层堆敷层的接近，比作 2 层堆敷层的拉伸差 15MPa，延伸率高 2.5mm，冲击性能接近。

3 结论

（1）通过选用同种母材进行熔敷金属化学试块堆敷，发现堆敷 1 层 Mn 元素的成分有所提高，但其余层数的不同化学元素成分接近，母材化学元素成分稀释到焊缝中的微乎其微。

（2）距离坡口不同垂直距离的化学元素差别不大，但与焊条本身的化学元素含量各元素有 10%~80% 的差别，说明母材的化学成分是有不同程度的稀释到焊缝中。

（3）坡口堆敷 1 层、不堆敷的拉伸性能、冲击功比较接近，低于堆敷 2 层的拉伸性能和冲击功，但差距不大。

（4）纤维素焊条熔敷金属检测中，对坡口作堆敷层对其力学性能影响并不大，可以不用作堆敷层。

参 考 文 献

［1］刘海云，王宝.高纤维素型焊条研究评述［J］.太原理工大学学报，1998，29（5）：504-506.

［2］马庆伟. 供热管道纤维素焊条下向焊焊接技术分析［J］. 机械研究与应用，2008，21（4）：26-27.

［3］彭尚宇，李丽红. 管道全位置下向焊焊接工艺及其应用前景［J］. 现代焊接，2005，32（2）：56-58.

［4］刘成玉，许先果，赵建华. 长输管道焊接方法的选择与应用［J］. 电焊机，2007，37（11）：56-59.

［5］张雪珍. 浅析纤维素焊条向下焊焊接工艺［J］. 科技信息，2009（5）：42.

［6］汤美安. 使用纤维素焊条的下向焊接技术［J］. 石油化工，2005（3）：41-43.

［7］API. Welding of Pipelines and Related Facilities：API STAND-ARD 1104［S］. American Petroleum Institute，2003.

［8］ISO. Petroleum and natural gas industries — Pipeline trans-portation systems — Welding of pipelines：ISO 13847［S］. International Organization for Standardization，2013.

［8］全国锅炉压力容器标准化技术委员会. 承压设备焊接工艺 评定：NB／T 47014—2011［S］. 北京：新华出版社，2011.

［9］ASME. Qualification Standard for Welding and Brazing Proce-dure，Welders，Brazers，and Welding and Brazing Opereators：ASME Boiler and Pressure Vessel Section IX［S］. 2015.

［10］BRITISH STANDARD. Specification for welding of steel pipelines on land and offshore Part 1：Carbon and carbon manganese steel pipelines：BS 4515 - 1：2009［S］. 2009.

［11］AWS A5.1/A5.1M：2012 Specification for carbon steel electrodes for shielded metal arc welding.

原文刊登于《电焊机》2021 年第 51 卷第 11 期

防 腐 篇

高压直流接地极入地电流对埋地金属管道的腐蚀影响

古　彤[1]　白　锋[2]　郝文魁[3]　李建忠[1]　王　颖[1]　杨丙坤[3]

（1. 中国石油天然气管道科学研究院有限公司；2. 中国电力科学研究院；
3. 全球能源互联网研究院）

摘　要　随着高压直流工程和长输油气管道工程建设的加快，直流接地极与埋地油气管道邻近的情况已不可避免。接地极入地电流对邻近埋地油气管道的腐蚀影响问题日益严峻，严重者已威胁到国家能源输送安全。因此，研究直流接地极入地电流对埋地油气管道的腐蚀影响十分重要。本文针对高压直流输电系统入地电流的特征以及不同环境条件，开展了不同管道材质、土壤 pH 值、土壤电阻率、泄漏电流密度、持续时间下的腐蚀试验，研究并分析直流入地电流对埋地金属管道的腐蚀规律。

关键词　高压直流输电；腐蚀；入地电流；接地极；金属管道

我国地域广阔，能源主要分布在西部区域，而人口和工业则主要集中在东部地区，因此远距离、大容量的能源输送发展战略应运而生，长输油气管道和高压直流工程也因此进入建设高峰期[1-2]。

随着西电东送，西气东输工程的建设，直流接地极与埋地油气管道邻近的情况已不可避免。而高压直流输电系统在运行期间会有大量电流通过接地极入地，在接地极附近形成恒定的直流电流场[3]，并伴随出现大地电位的升高。如果接地极附近存在金属管道，由于金属的电阻率远小于土壤电阻率，管道防腐层破损点处将会有电流的流入流出，不仅金属管道存在腐蚀和氢脆的问题，还会给管道附属设备以及人员的安全带来危险[4-5]。

随着我国特高压直流输电工程快速发展，接地极的额定入地电流也由 3kA 增大至 4kA 甚至 5kA，接地极入地电流对埋地油气管道的影响问题日渐凸显[6-9]，已引起石油天然气和电力两大行业的高度关注[10]。而关于直流接地极对金属管道腐蚀的针对性研究并不多见[11-12]，并且大电流密度下法拉第电解定律的适用性也鲜有研究。本文分别对不同管道材质、土壤 pH 值、土壤电阻率、泄漏电流密度、持续时间等参数开展金属腐蚀试验，以研究直流接地极入地电流对埋地油气管道的腐蚀影响规律，同时验证法拉第电解定律在大电流密度下的适用性。

1 试验研究

1.1 试验材料

氯化钙，氯化钠，无水硫酸钠，无水硫酸镁，硝酸钾，碳酸氢钠，氢氧化钠，浓盐酸，所用试剂均为分析纯。工作试样为 X65/X70/X80 钢，尺寸分别为 10mm × 10mm × 12mm 和 50mm × 20mm × 12mm，所有试样在实验前均用水磨砂纸打磨至 800#。

1.2 试验方法

搭建稳态条件下的腐蚀试验系统[13-14]，为消除实验误差，实验设置三组平行试样，此外每次试验均添加空白样以消除自腐蚀误差。为保证回路电流一致，采用串联回路，电源选择恒流模式，回路示意图如图 1 所示。当回路电阻小时，使用 PS-12 恒电位仪，回路电阻大则使用 HIPS-1C 直流稳压电源。

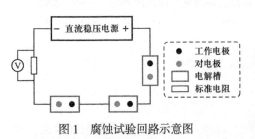

图 1　腐蚀试验回路示意图

为保证实验过程中工作电极和辅助电极（铂电极）间距离一致，实验采用定制电解槽，如图 2 所示。电解槽侧面配置密封圈以安装对应尺寸的试样，实验过程中在其中一侧安装试样，在不安装试样的另一侧用对应尺寸的密封垫密封，电解槽盖子配有圆孔以安装辅助电极。实验过程中用 FLUKE 289C 对电压进行实时监测。

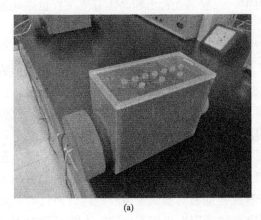

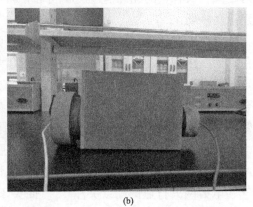

(a)　　　　　　　　　　　　　(b)

图 2　实验定制电解槽

试样在实验前进行称重及尺寸测量，实验结束后参照 GB 16545—2015《金属和合金的腐蚀 腐蚀试样上腐蚀产物的清除》清除腐蚀产物[15]，然后对试样进行称重处理，试样称重使用的是 XSE 205DU 电子天平（梅特勒—托利多）。

实验过程中所有使用的仪器均经国家计量部门进行检定。

2 结果与讨论

2.1 金属材质的影响

本节实验材料选取的是 $1cm^2$ 的 X65、X70、X80 管线钢，阳极电流密度为 $9mA/cm^2$，腐蚀时长为 1d，分别配置库尔勒土壤模拟溶液和鹰潭土壤模拟溶液[16-19]，溶液 pH 值分别调节为 8.0 和 4.0，电阻率调至 $30\Omega\cdot m$。经恒定电流密度 $9mA/cm^2$ 加速腐蚀后的腐蚀失重情况见表 1，两种 pH 值下不同钢材的腐蚀量对比如图 3 所示。

表 1 不同材质管线钢的腐蚀失重情况

金属材质	pH 值	电流密度 / (mA/cm²)	腐蚀失重测量结果 /g				计算值	相对误差 / %
			测量值	空白样腐蚀量	折算至 9mA/cm² 后结果	平均值		
X65	8	9.09	0.2323	0.0034	0.2268	0.2257		0.04
		9.06	0.2306		0.2257			
		9.08	0.2298		0.2245			
X70	8	9.26	0.2343	0.002	0.2258	0.2241		0.66
		9.22	0.2345		0.2269			
		9.23	0.2272		0.2195			
X80	8	8.86	0.2243	0.0018	0.2260	0.2279		1.02
		8.70	0.225		0.2310			
		8.85	0.2249		0.2268		0.2256	
X65	4	9.17	0.2348	0.0012	0.2294	0.2267		0.49
		9.17	0.2314		0.2260			
		9.20	0.2309		0.2247			
X70	4	8.81	0.2233	0.002	0.2260	0.2263		0.31
		8.83	0.2245		0.2267			
		8.82	0.2238		0.2262			
X80	4	8.75	0.224	0.0026	0.2276	0.2274		0.80
		8.75	0.2241		0.2277			
		8.77	0.2237		0.2269			

从实验结果可以看出：在相同的电流密度下，三种钢材的腐蚀失重情况相差不大，试验测量腐蚀量与按法拉第电解定律计算值的相对误差不超过 2%，因此恒定阳极电流密度下管线钢的腐蚀量受钢材类型影响不大。

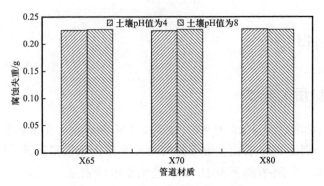

图 3 腐蚀失重—管道材质关系图

2.2 土壤 pH 值的影响

本节实验所用土壤模拟溶液分别为鹰潭、拉萨、库尔勒模拟溶液[17,19,20]，溶液 pH 值分别调节至 4、7、8，电阻率调节至 30Ω·m，实验试样为 10cm² 的 X80 管线钢，实验电流密度为 0.3mA/cm²，腐蚀时长为 3d，研究不同土壤 pH 值对金属腐蚀行为的影响。经恒定电流密度 0.3mA/cm² 加速腐蚀后的腐蚀失重情况见表 2，不同 pH 值下的腐蚀量对比如图 4 所示。

表 2 不同溶液 pH 值的腐蚀失重情况

pH 值	试验电流密度 / (mA/cm²)	腐蚀失重测量结果 /g				计算值 /g	相对误差 /%
		测量值	空白样腐蚀量	折算至 0.3mA/cm² 后结果	平均值		
4	0.30	0.2425	0.0207	0.2199	0.2168	0.2256	3.92
	0.30	0.2368		0.2143			
	0.30	0.2389		0.2162			
7	0.34	0.27	0.0173	0.2224	0.2202	0.2258	2.45
	0.34	0.2651		0.2184			
	0.34	0.2672		0.2200			
8	0.28	0.2387	0.0151	0.2396	0.2371	0.2256	5.1
	0.28	0.2370		0.2378			
	0.28	0.2334		0.2339			

从实验结果可以看出：在相同的电流密度下，不同 pH 值下管线钢的电腐蚀失重情况相差不大，试验测量腐蚀量与按法拉第电解定律计算值相对误差不超过 5.1%，故恒定阳极电流密度下管线钢的电腐蚀量受 pH 值影响不大。

2.3 土壤电阻率的影响

本节实验所用土壤模拟溶液为库尔勒模拟溶液，溶液 pH 值调节至 8.0，电阻率分别

调节至为 $10\Omega\cdot m$、$30\Omega\cdot m$、$100\Omega\cdot m$、$500\Omega\cdot m$、$1000\Omega\cdot m$、$1500\Omega\cdot m$，实验试样为 $10cm^2$ 的 X80 管线钢，实验电流密度为 $0.3mA/cm^2$，腐蚀时长为 3d，研究土壤电阻率对金属腐蚀行为的影响。经恒定电流密度 $0.3mA/cm^2$ 加速腐蚀后的腐蚀失重情况见表3，不同 pH 值下的腐蚀量对比如图5所示。

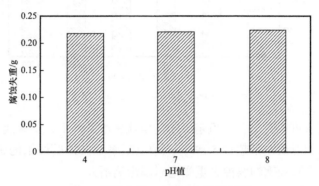

图 4 腐蚀失重—土壤 pH 值关系图

表 3 不同土壤电阻率的腐蚀失重情况

土壤电阻率 / （Ω·m）	试验电流密度 / （mA/cm²）	腐蚀失重测量结果 /g				计算值 / g	相对误差 / %
		测量值	空白样腐蚀量	折算至 0.3mA/cm² 后结果	平均值		
10	0.32	0.2646	0.0228	0.2281	0.2247		0.40
	0.32	0.2559		0.2198			
	0.32	0.2625		0.2263			
30	0.28	0.2387	0.0151	0.2396	0.2371		5.1
	0.28	0.2370		0.2378			
	0.28	0.2334		0.2339			
100	0.35	0.2813	0.0225	0.2218	0.2159		4.30
	0.35	0.2652		0.2080			
	0.35	0.2765		0.2177		0.2256	
500	0.28	0.2279	0.0178	0.2269	0.2196		2.66
	0.28	0.2126		0.2103			
	0.28	0.2229		0.2216			
1000	0.32	0.2624	0.0019	0.2433	0.2359		4.57
	0.32	0.2529		0.2342			
	0.32	0.2515		0.2332			
1500	0.30	0.2345	0.0209	0.2117	0.2188		3.01
	0.30	0.2317		0.2089			
	0.30	0.2565		0.2357			

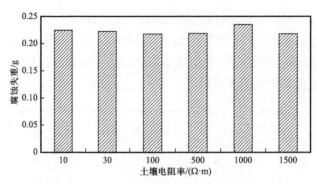

图 5　腐蚀失重—土壤电阻率关系图

　　从腐蚀试验结果可以看出：在恒定大小的电流密度条件下，试验测量腐蚀量与按法拉第电解定律计算值相对误差不超过 5.1%，土壤电阻率对 X80 管线钢的腐蚀行为影响很小，恒定阳极电流密度下管线钢的腐蚀失重受电阻率影响不大。

2.4　泄漏电流密度的影响

　　本节实验所用电流密度分别为 0.3mA/cm²、1mA/cm²、3mA/cm²、9mA/cm²、40mA/cm² 和 90mA/cm²，所用土壤模拟溶液为库尔勒模拟溶液，溶液 pH 值调节至 8.0，电阻率调节至 30Ω·m。为避免腐蚀失重过小（电流密度较小时）引入较大测量误差，对于电流密度 0.3mA/cm²、1mA/cm² 的实验采用 10cm² 的 X80 管线钢试样，为考察线性关系，增设电流密度 0.01mA/cm² 测试，试验时长为 6 天；对于电流密度 3mA/cm²、9mA/cm²、40mA/cm² 和 90mA/cm² 的实验采用 1cm² 的 X80 管线钢试样，试验时长 1 天。阳极极化加速腐蚀试验结束后观察试样失重情况，通过金属腐蚀速率的对比以研究不同泄漏电流密度对金属腐蚀的影响规律。

　　表 4 为电流密度 0.01～1mA/cm² 条件下 X80 管线钢的腐蚀失重结果，表 5 为电流密度 3～90mA/cm² 条件下 X80 管线钢的腐蚀失重结果。根据表 4 和表 5，分别做出腐蚀失重—电流密度和腐蚀速度—电流密度关系图（图 6、图 7）。

表 4　不同电流密度下的腐蚀失重情况（0.01～1mA/cm²）

电流密度/(mA/cm²)	计算值	0.01			0.3			1		
	试验值	0.01			0.29			0.98		
试验时长/d		6			6			6		
腐蚀面面积/cm²		10								
腐蚀失重测量结果/g	测量值	0.046	0.040	0.036	0.453	0.448	0.451	1.420	1.417	1.414
	空白样腐蚀量	0.0295			0.0362			0.0247		
	折算至计算电流密度后结果	0.017	0.010	0.006	0.432	0.426	0.429	1.428	1.426	1.422
	平均值	0.0109			0.4289			1.4253		
	计算值/g	0.015			0.4514			1.4521		
	相对误差/%	27.80			5.00			1.85		
	腐蚀速率/(mm/a)	0.084			3.509			11.045		

表 5　不同电流密度下的腐蚀失重情况（3～90mA/cm²）

电流密度 /（mA/cm²）	计算值	3			9			40			90		
	试验值	2.69			8.67			40.66			90.35		
试验时长 /d		1			1			1			1		
腐蚀面面积 /cm²		1											
腐蚀失重测量结果 / g	测量值	0.075	0.075	0.077	0.219	0.219	0.219	1.024	1.028	1.027	2.274	2.250	2.273
	空白样腐蚀量	0.0018			0.002			0.0024			0.0024		
	折算至计算电流密度后结果	0.076	0.076	0.078	0.225	0.226	0.225	1.004	1.009	1.009	2.269	2.235	2.261
	平均值	0.0767			0.2253			1.007			2.2547		
计算值 /g		0.0751			0.2259			1.0033			2.2575		
相对误差 /%		2.10			0.26			0.36			0.12		
腐蚀速率 /（mm/a）		35.633			104.757			468.223			1048.364		

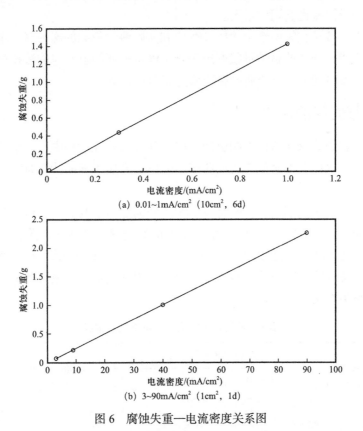

(a) 0.01~1mA/cm² (10cm², 6d)

(b) 3~90mA/cm² (1cm², 1d)

图 6　腐蚀失重—电流密度关系图

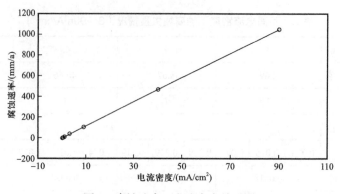

图 7　腐蚀速率—电流密度关系图

从实验结果可以看出：试样腐蚀失重与电流密度、腐蚀速率与电流密度均呈较好的线性关系，腐蚀量和腐蚀速率均随着电流密度增大而增大；实际测量的腐蚀量与按法拉第电解定律计算值间的相对误差随着电流密度的增大而减小，除 0.01mA/cm² 电流密度下测试结果的相对误差较大以外，其他电流密度下测试结果的相对误差均不超过 5%。这是由于电流密度小到一定程度时，金属在模拟溶液中的自腐蚀量将大于外加电流产生的腐蚀量，此时实际测量结果的误差不仅来自平行样间金属自腐蚀量的差别，整个测量系统因腐蚀失重数值较小，测量误差也会相应增大。

从整体上看，按法拉第电解定律的计算值和实际测量得到的腐蚀量基本上一样，曲线几乎重合。这表明，金属的腐蚀量很好地符合了电量—腐蚀量对应的法拉第关系，根据外加电流大小和持续时间来计算金属的腐蚀量是完全可以的。

2.5　持续时间的影响

为进一步了解管线钢在恒流下的腐蚀规律，掌握其腐蚀过程中所产生的腐蚀氧化物对其界面的影响及其界面是否对后续的反应产生阻碍，开展了不同持续时间下的金属腐蚀规律研究。

本节实验共设置 3 组不同时长的腐蚀试验，分别是 6h、1d、3d，试样为 10cm² 的 X80 管线钢，腐蚀环境为 30Ω·m 的库尔勒土壤模拟液，pH 值为 8，为保证腐蚀试验中试样产生足够的腐蚀量以减小实验误差，试验电流密度选用 1mA/cm²。表 6 为恒流 1mA/cm² 时不同时间内，X80 的腐蚀失重实验结果，图 8 和图 9 分别为腐蚀失重—腐蚀时长和腐蚀速率—腐蚀时长关系图。

表 6　不同持续时间下的腐蚀失重情况

| 试验时长 | 试验电流密度 / (mA/cm²) | 腐蚀失重测量结果 /g | | | | 计算值 / g | 相对误差 / % | 腐蚀速率 / (mm/a) |
		测量值	空白样腐蚀量	折算至 1mA/cm² 后结果	平均值			
	0.98	0.0714		0.0651				
6h	0.98	0.0645	0.0078	0.0580	0.0614	0.0626	2.1	11.42
	0.98	0.0675		0.0611				

试验时长	试验电流密度 / （mA/cm²）	腐蚀失重测量结果 /g				计算值 / g	相对误差 / %	腐蚀速率 / （mm/a）
		测量值	空白样腐蚀量	折算至 1mA/cm² 后结果	平均值			
1d	0.98	0.2548		0.2505				
	0.98	0.2489	0.0099	0.2442	0.2479	0.2509	1.2	11.53
	0.98	0.2535		0.2489				
3d	0.99	0.7453		0.7359				
	0.99	0.7447	0.0151	0.7353	0.7340	0.7520	2.4	11.38
	0.99	0.7404		0.7309				

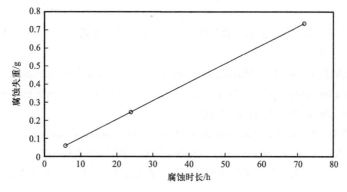

图 8　腐蚀失重—腐蚀时长关系图

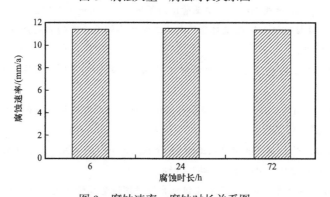

图 9　腐蚀速率—腐蚀时长关系图

从腐蚀实验结果可以看出：金属的腐蚀失重量与时间成正比，随着腐蚀时间的增大，腐蚀量随之增大，腐蚀反应速度保持不变，金属的腐蚀失重与通过试样表面的电量成正比。试验测量腐蚀量与按法拉第电解定律计算值相对误差不超过 3%。

3　结论

在分析了高压直流输电系统入地电流的特征以及不同环境条件的基础上，本文开展了不同管道材质、土壤 pH 值、土壤电阻率、泄漏电流密度、持续时间下的腐蚀试验，以研究直流电流对埋地金属管道的腐蚀规律。

通过大量腐蚀试验可以得到以下结论：其他试验条件一致时，恒定阳极电流密度下管线钢的腐蚀失重受钢材类型、pH 值以及土壤电阻率影响，较电流密度影响程度较小；管线钢的腐蚀量和腐蚀速率均随阳极电流密度的增大而增大，呈线性关系；腐蚀失重与腐蚀时间成正比，腐蚀反应速率与腐蚀时间无关。

通过对腐蚀规律的研究，验证了法拉第定律在管道受大直流干扰腐蚀下的适用性，为后续仿真计算等效入地电流对管道产生的腐蚀量提供数据支持，为提出更具适用性的直流干扰评价指标提供理论基础。

参 考 文 献

[1]房媛媛，卢剑.直流接地极的地电流对埋地金属管道腐蚀影响分析 [J].南方电网技术，2013，7（6）：71-75.

[2]刘昌，孟晓波，樊灵孟，等.直流工程接地极入地电流对埋地金属管道的影响 [J].南方电网技术，2015，9（3）：15-20.

[3]JOSE A J, RICARDO L V, DANIEL K, et al. Interference of a line-commutated converter high-voltage direct current system upon pipelines located in its vicinity [J]. International Transactions on Electrical Energy Systems, 2014, 24（12）: 1688-1699.

[4]GONG Y, XUE C, YUAN Z, et al. Advanced Analysis of HVDC Electrodes Interference on Neighboring Pipelines [J]. Journal of Power and Energy Engineering, 2015, 3（4）: 332-341.

[5]韩昌柴，曹国飞，覃慧敏，等.阀室引压管放电烧蚀失效分析 [J].天然气工业，2016，36（10）：118-125.

[6]陈海焱，刘小强.直流接地极影响地下金属管道问题研究 [J].电力勘测设计，2016（6）：56-59.

[7]程明，张平.鱼龙岭接地极入地电流对西气东输二线埋地钢质管道的影响分析 [J].天然气与石油，2010，28（5）：22-26.

[8]黄留群，张本革.高压输电线路接地极对管道强电冲击的防护 [J].石油工程建设，2010（S1）：70-73.

[9]孙建桃，曹国飞，韩昌柴，等.高压直流输电系统接地极对西气东输管道的影响 [J].腐蚀与防护，2017，38（8）：631-636.

[10]Rao H, Zhang D, Zhao X, et al. Practice and analyses of UHVDC power transmission [J]. High Voltage Engineering, 2015, 41（8）: 2481-2488.

[11]秦润之，杜艳霞，姜子涛，等.高压直流输电系统对埋地金属管道的干扰研究现状 [J].腐蚀科学与防护技术，2016，28（3）：263-268.

[12]商善泽.直流接地极入地电流对埋地金属管道腐蚀影响的研究 [D].北京：华北电力大学，2016.

[13]张玉星，杜艳霞，路民旭.动态直流杂散电流干扰下埋地管道的腐蚀行为 [J].腐蚀与防护，2013，34（9）：771-774.

[14]王新华，刘菊银，何仁洋，等.轨道交通动态杂散电流对埋地管道的干扰腐蚀试验 [J].腐蚀与防护，2010，31（3）：193-197.

[15]GB/T 16545—2015 金属和合金的腐蚀 腐蚀试样上腐蚀产物的清除 [S].

[16]李晓刚，杜翠薇，董超芳，等.X70 钢的腐蚀行为与试验研究 [M].北京：科学出版社，2006.

［17］梁平，张云霞，胡传顺 . 腐蚀产物膜对 X80 钢在库尔勒土壤模拟溶液中腐蚀行为的影响［J］. 材料工程，2012（4）: 62-67.

［18］梁平，杜翠薇，李晓刚 . 库尔勒土壤模拟溶液的模拟性和加速性研究［J］. 中国腐蚀与防护学报，2011，31（2）: 97-100.

［19］梁平，杜翠薇，李晓刚，等 . X70 管线钢在鹰潭土壤模拟溶液中腐蚀因素灰关联分析［J］. 腐蚀与防护，2009，30（4）: 231-233.

［20］王新华，王翠，王德国，等 . 充氢的 X80 高强钢在不同土壤中的电化学行为研究［J］. 中国石油大学学报（自然科学版），2015，39（1）: 142-149.

原文刊登于《腐蚀与防护》2019 年第 40 卷第 12 期

高压直流输电体系对埋地金属管道腐蚀的影响参数

古　彤[1]　白　锋[2]　刘震军[1]　李正敏[1]　曹方圆[2]　朱凤艳[1]

（1.中国石油天然气管道科学研究院有限公司；2.中国电力科学研究院）

摘　要　随着高压直流工程和长输油气管道工程建设的加快，直流接地极与埋地油气管道邻近的情况已不可避免。接地极入地电流对邻近埋地油气管道的腐蚀影响问题日益严峻，严重者已威胁到国家能源输送安全。因此，研究直流接地极入地电流对埋地油气管道的腐蚀影响十分重要。

本文通过分析高压直流输电系统对埋地油气管道直流干扰的机理，针对接地极入地电流的特征以及不同环境条件，对管道金属材料产生腐蚀影响的各项参数进行调研及分析，为直流入地电流对埋地金属管道的腐蚀影响研究深入开展提供基础参数。

关键词　高压直流输电；腐蚀；入地电流；接地极；金属管道

我国地域广阔，能源主要分布在西部区域，而人口和工业则主要集中在东部地区，因此远距离、大容量的能源输送发展战略应运而生，长输油气管道和高压直流工程也因此进入建设高峰期[1-2]。

随着西电东送、西气东输工程的建设，直流接地极与埋地油气管道邻近的情况已不可避免。而直流输电系统在运行期间会有大量电流通过接地极入地，在接地极附近形成恒定的直流电流场[3]，并伴随出现大地电位的升高。由于管道防腐层具有良好的绝缘性能，导致管/地两侧之间形成高电压差，给管道设备及人员带来危险；如果电流通过防腐层破损点流进流出管道，则会造成氢脆、腐蚀等隐患[4-5]。

目前中国是世界上直流输电工程数量最多，电压等级最高，输送容量最大的国家。随着特高压直流输电工程快速发展，接地极的额定入地电流也由 3kA 增大至 4kA 甚至 5kA，入地电流对埋地油气管道的影响问题日渐凸显[6-9]，已引起石油天然气和电力两大行业的高度关注[10]，而关于直流接地极入地电流对金属管道腐蚀的针对性研究并不多见[11-12]。本文通过分析高压直流输电系统对埋地油气管道直流干扰的机理，对直流干扰引起管道腐蚀的相关参数开展调研和分析，为接地极入地电流对埋地油气管道的腐蚀影响研究提供基础参数。

1　机理概述

1.1　入地电流

目前，我国直流输电工程均设计为双极直流输电系统，正常运行情况下多采用双极对称运行方式，当一极停运或发生故障时，可采用单极金属回路运行方式或单极大地回路运行方式。

采用双极对称运行时入地电流为正负两极间的不平衡电流，其值不超过额定电流的1%[13]，不平衡电流入地持续时间长。单极金属回路运行作为故障期间的过渡运行方式，其运行时间很短，以减少对环境的影响，并延长接地极的寿命。此外，单极大地回路运行方式仅用于直流输电工程投运之前的系统调试期间，其运行时间也很短，一般不超过一天。

入地电流经大地传导后从管道破损点流入流出的电流只是入地电流的部分值，经破损点流出管道的电流称为泄漏电流，单位面积破损点上的电流称为泄漏电流密度。

另外本文提到的等效入地电流，出自 IECTS 62344[14]，它是接地极以阴极或阳极运行时的总安时与设计寿命的比，可以用于分析接地极对附近埋地金属体的腐蚀影响。

1.2 高压直流接地极对埋地管道的干扰机理

高压直流输电系统的接地极入地电流是对管道造成干扰的主要原因之一。当接地极有直流电流流通时，在土壤中会形成一个恒定的电流场，由于管道电阻远小于土壤电阻，如果管道防腐层存在破损点，电流会经由破损点在管道上流通。

我国工程实况中，埋设于直流接地极附近的重要金属管道多为长距离输油输气管道，此类管道表面一般敷设有防腐层，目前较为常用的有 3PE、FBE 和石油沥青防腐层，其电阻率较大。若防腐层完好，通过防腐层与土壤进行交换的电流密度则很小，此时可不考虑入地电流对管道的影响；但管道表面的防腐层不可避免会有破损点的存在，且破损点处的电流密度可能较大，此时入地电流对管道的影响需要考虑。

按照接地极工作模式的不同，干扰电流在管道上流通的方向也有所不同。当接地极处于阳极工作模式时，入地电流会在靠近接地极的管道破损点处流入管道，在远离接地极的管道流出；当接地极处于阴极工作模式时，入地电流在管道上流入流出的方向与阳极运行时相反[11]。

管道受直流干扰时，在管道破损点处如果有直流电流流出，管道金属与土壤接触面上将发生腐蚀反应，且电流强度越大，持续时间越长，管道腐蚀越严重。管道破损点处的电化学腐蚀程度除受电流密度的影响外，还与其所处的土壤环境有关。此外金属在发生电化学腐蚀时，金属管道作为电化学反应中的电极，不同的金属材料对表面的极化电位偏移也可能会有影响。

根据上述高压直流对管道干扰的机理可知，影响管道腐蚀的相关参数有管道金属材质、土壤性质、泄漏电流等（图1）。

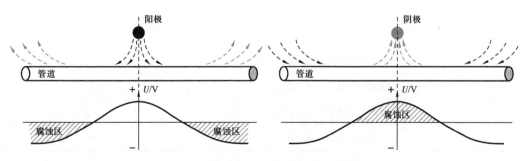

图 1　接地极对埋地管道干扰示意图

2　参数确定

根据上述干扰机理可知，影响管道腐蚀的相关参数有管道金属材质、土壤性质、泄漏电流。其中与腐蚀影响有关的土壤性质包括土壤电阻率、土壤 pH 值、土壤成分，与腐蚀影响有关的泄漏电流参数则包括其大小与持续时间。

2.1　管道金属材质

据调研，我国 20 世纪 90 年代建设的高压管线多数采用 X65 管线钢，如轮南—库尔勒，库尔勒—鄯善的管线；目前已建的大型管道工程，西气东输一线采用 X70 管线钢、西气东输二线、三线则采用的是 X80 管线钢。因此，后续腐蚀规律实验研究将主要针对 X65、X70 和 X80 三种管线钢开展[15-18]。

2.2　土壤理化性质

2.2.1　土壤电阻率

我国土壤电阻率根据各地区实际情况不同而有较大差异，山区土壤电阻率较大，可达上千欧米，而平原地区则较低，仅为几十欧米。埋地管线的腐蚀行为与所处的土壤环境密切相关，土壤电阻率越低，所含盐分越多，土壤腐蚀性越强。

我国国家标准 GB/T 21447—2018《钢质管道外腐蚀控制规范》中将管道所处环境的土壤腐蚀性根据土壤电阻率进行分级，表 1 为腐蚀性分级表。

表 1　一般地区土壤腐蚀性分级

等级	强	中	弱
土壤电阻率 /（Ω·m）	<20	20～50	>50

表 2 和表 3 分别为我国 21 个超 / 特高压直流工程接地极和 41 处腐蚀研究基地试验点的表层土壤电阻率调研结果。

表 2　国内 21 个超 / 特高压直流接地极极址表层土壤电阻率

序号	极址名称	表层土壤电阻率 /（Ω·m）
1	±800kV 共乐接地极（共用）	25.9
2	±800kV 苏州换流站接地极	28.5
3	±800kV 金华换流站金丝接地极	200
4	±800kV 晋北换流站接地极	100.8
5	±800kV 南京换流站接地极	26.5
6	±800kV 泰州换流站接地极	16

序号	极址名称	表层土壤电阻率 / (Ω · m)
7	±800kV 灵州换流站接地极	140
8	±800kV 绍兴换流站接地极	500
9	±1100kV 古泉换流站接地极	134.8
10	±800kV 哈密换流站接地极	83
11	±800kV 郑州换流站接地极	60
12	±800kV 扎鲁特换流站接地极	20
13	±500kV 德阳换流站接地极	53.7
14	±500kV 宝鸡换流站接地极	42.2
15	±400kV 拉萨换流站接地极	83.5
16	±400kV 格尔木换流站接地极	50
17	±500kV 伊敏换流站接地极	210~1250
18	±500kV 辽宁换流站接地极	20~110
19	±660kV 胶东换流站接地极	16
20	±800kV 普洱换流站接地极	115
21	±500kV 广州换流站接地极	20

表3 国内41个腐蚀研究基地试验点土壤性质

序号	站名	表层土壤电阻率 / (Ω · m)	pH 值	序号	站名	表层土壤电阻率 / (Ω · m)	pH 值
1	新疆中心站	6.7	8.5	12	广州站	420	5.2
2	尹宁站	5.5	8.4	13	成都昭觉寺	13.5	7.4
3	阜康站	4.3	8.4	14	南充站	12.3	8.2
4	乌尔禾站	5.5	8.9	15	长辛店站	16.8	7.9
5	深圳站	399	5.7	16	西安气象站	27.1	8.2
6	敦煌站	3.1	7.8	17	泸州阳一井	29	7.6
7	玉门东站	4.4	7.3	18	成都中心站	11.3	7.4
8	华南站	317	5.4	19	鹰潭站	>1000	4.6
9	大港中心站	0.28	7.8	20	三峡三斗坪	62	6.9
10	库尔勒站	2	8.9	21	格尔木站	1	8.7
11	百色站	98.1	4.7	22	成都铁中站	33.4	7.9

序号	站名	表层土壤电阻率 / (Ω·m)	pH 值	序号	站名	表层土壤电阻率 / (Ω·m)	pH 值
23	托克逊站	>1000	8.7	33	轮沙三井站	1.8	7.7
24	哈密站	232	8.4	34	大庆范家屯站	13	9.9
25	沈阳中心站	32.9	6.6	35	仪征站	16.6	7.2
26	济南站	5.8	8	36	鄯善站	>1000	8.3
27	昆明站	66	7	37	玉门镇站	176	8.6
28	泸州飞机坝	73.6	8.1	38	张掖站	17.6	7.9
29	泽普站	17	8.4	39	冷湖站	15.3	7.6
30	舟山站	27.3	8.3	40	贵阳站	84.7	5
31	拉萨站	0.018	8.5	41	西安建研院	24.4	8.5
32	大庆中心站	3.9	9.4				

对表 2 和表 3 中数据进行分析并作图，土壤电阻率分布如图 2 和图 3 所示。

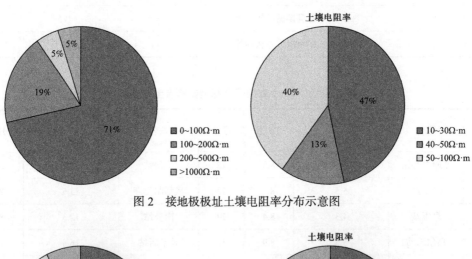

图 2 接地极极址土壤电阻率分布示意图

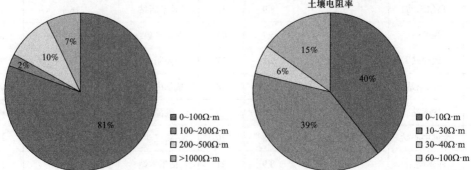

图 3 腐蚀研究基地土壤电阻率分布示意图

从表2和图2可知：21个接地极极址表层土壤电阻率中，有71%的极址表层土壤电阻率不超过100Ω·m，而在不超过100Ω·m的极址中，有47%的极址表层土壤电阻率在10～30Ω·m之间；从表3和图3可知：41个腐蚀研究基地试验点表层土壤电阻率中，有81%的表层土壤电阻率不超过100Ω·m，而在不超过100Ω·m的腐蚀试验点中，有约79%的试验点表层土壤电阻率不超过30Ω·m。结合土壤腐蚀性分级表，强腐蚀性的土壤电阻率选择10Ω·m，中腐蚀性的土壤电阻率选择30Ω·m，弱腐蚀性的土壤电阻率选择100Ω·m，另外选择500Ω·m、1000Ω·m、1500Ω·m作为土壤电阻率规律研究的补充值。

综合上述分析结果，在后续腐蚀规律研究中土壤电阻率取值为10Ω·m、30Ω·m、100Ω·m、500Ω·m、1000Ω·m、1500Ω·m。

2.2.2　土壤pH值

我国土壤pH值分布情况大致以长江为界，长江以南多为中性、弱酸性土壤，长江以北多为中、碱性土壤。

从表3和图4可知：我国土壤酸碱度以弱碱性和中性土壤为主。41个试验点pH值中，约22%处位置的pH值范围在4～7之间，约78%处位置的pH值大于7，且该范围内约78%处位置的pH值范围在7～8.5之间。

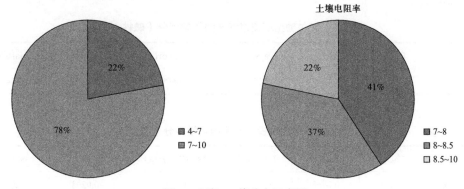

图4　土壤pH值分布示意图

我国在运直流工程极址所在土壤酸碱度以弱碱性和中性土壤为主，因此在后续规律研究中pH值分别取值4、7、8，并且重点关注pH值为8的腐蚀实验。

2.2.3　土壤模拟溶液

目前，我国使用的弱碱性土壤模拟溶液主要有库尔勒和格尔木两种[19]，其中更常用的是库尔勒土壤模拟溶液，库尔勒土壤模拟溶液是典型的碱性土壤模拟溶液，具备土壤模拟溶液的所有主要离子成分且离子成分比较均衡，广泛用于土壤加速腐蚀试验，库尔勒试验站为国家材料土壤环境腐蚀试验站网遴选出代表我国典型土壤环境的试验站之一，在腐蚀研究领域中认可度高。而格尔木模拟溶液中，NaCl、MgSO₄·6H₂O等浓度含量过高，不适宜作为普适性基底溶液。因此，本项目碱性土壤溶液选择表5中的库尔勒土壤模拟溶液作为基底溶液（表4）。

表4　典型土壤环境试验站

试验站	库尔勒	格尔木	拉萨	成都	大庆	沈阳	大港	鹰潭
土壤类型	内陆荒漠盐渍土	河源滩地	高山草甸土	水稻土	苏打盐土	草甸土	滨海盐渍土	红壤

此外，鹰潭土壤站和拉萨土壤站也是国家材料土壤环境腐蚀试验站网遴选出的代表我国典型土壤环境的土壤环境腐蚀试验站，根据二者化学组分配置的土壤模拟溶液都是我国腐蚀领域中获得高认可度的模拟介质。其中鹰潭站是东南地区红壤土的典型代表，是腐蚀领域中广泛采用具有代表性的酸性土壤模拟溶液[20]；拉萨土壤模拟溶液则是中性土壤模拟溶液的典型代表，考虑到其离子浓度低，钢材在模拟液中的自腐蚀量会相对较小，有利于腐蚀试验的研究。

综合上述分析，故在后续规律研究中采用库尔勒土壤模拟溶液作为碱性土壤模拟溶液[21-22]，鹰潭土壤模拟溶液作为酸性土壤溶液[23]，拉萨土壤模拟溶液作为中性土壤模拟溶液[24]。土壤模拟溶液的离子配比见表5、表6、表7，溶液电阻率利用去离子水稀释至指定值，溶液 pH 值则利用质量分数为 5% 的 HCl 溶液和质量分数为 5% 的 NaOH 溶液调节至所需值。

表5　库尔勒土壤模拟溶液的化学组分（碱性）

化学成分	$CaCl_2$	NaCl	Na_2SO_4	$MgSO_4 \cdot 6H_2O$	KNO_3	$NaHCO_3$
含量 /（g/L）	0.2442	3.1703	2.5276	0.6699	0.02516	0.1462

表6　鹰潭土壤模拟溶液的化学组分（酸性）

化学成分	$CaCl_2$	NaCl	Na_2SO_4	$MgSO_4 \cdot 7H_2O$	KNO_3	$NaHCO_3$
含量 /（g/L）	0.0111	0.0468	0.0142	0.0197	0.0293	0.0151

表7　拉萨土壤模拟溶液的化学组分（中性）

化学成分	$CaCl_2$	NaCl	Na_2SO_4	$MgSO_4 \cdot 6H_2O$	KNO_3	$NaHCO_3$
含量 /（g/L）	0.081	0	0.0118	0.071	0.050	0.055

2.3　泄漏电流

2.3.1　泄漏电流密度标准演算

为研究直流接地极变化巨大的入地电流对邻近埋地金属管道的腐蚀行为差异，需要设计合适的电流密度进行实验研究。

首先调研现有标准[25-26]，根据现行标准推算出管道能够接受的泄漏电流密度，将此值作为干扰电流的下限。按照电位、腐蚀速率、电流三个方向进行分类，表 8 列出了对直流干扰研究有参考价值的现行标准规范调研结果。

表 8　直流干扰研究可参考的现行标准规范

指标名称	限值要求	标准来源	备注
电位控制要求	阴极保护电位满足： $-0.85\sim-1.2V_{CSE}$； 100mV 阴极电位偏移	ISO 15589-1	有涂层管道
	需采取干扰防护措施的情况： 无阴保，管地电位正向偏移 100mV； 有阴保，不满足最小保护电位要求	GB 50991	
腐蚀速率控制要求	阴保有效时应低于： 0.0254mm/a 0.01mm/a 0.005mm/a	SP 0169 ISO 15589-1 AS 2832.1	有涂层管道
等效入地电流 / 泄漏电流密度	$1\mu A/cm^2$	IEC/TS 62344—2013 DL/T 5224—2014	裸金属管道

从表 8 中可知各标准中腐蚀速率限值中的较大者为 0.0254mm/a。根据法拉第定律，腐蚀速率与电流密度之间的关系见式（1）：

$$h=\frac{\Delta W}{\rho S}=\frac{AIt/(nF)}{\rho S}=\frac{AiSt/(nF)}{\rho S}=Ait/(n\rho F) \tag{1}$$

式中：h 为腐蚀深度，cm；A 为金属的相对原子质量，取 56；n 为价数，取 2；ρ 为金属的密度，$7.85g/cm^3$；F 为法拉第常数，96500C/mol；i 为阳极电流密度，A/cm^2；t 为阳极作用时间，s。

假设直流工程接地极全年持续以等效入地电流 I_e 向大地散流时，如需要满足该接地极在邻近埋地钢质管道上产生的腐蚀速率不大于 0.0254mm/a，按式（1）计算可得钢质管道上的泄漏电流密度需不大于 $0.0022mA/cm^2$。

按运行安时数相同，等效入地电流 I_e 的计算公式如下（接地极出现阴极运行的概率50%）：

$$I_e N = I_n\left[t_1+(t_2+t_3)\cdot0.5\right]+I_u\cdot N\cdot0.5 \tag{2}$$

式中：I_n 为接地极额定入地电流；N 为接地极设计使用寿命，60 年；t_1 为调试期单极大地运行时间，一般不超过 1 天，即 0.0027 年；t_2 为强迫停运时间，接地极年强迫停运时间概率为 0.5%，t_2=0.005N；t_3 为计划停运时间，接地极的年计划停运时间概率为 1%，t_3=0.01N；I_u 为接地极不平衡电流，1%I_n。

计算可得

$$I_e=0.0125I_n；I_n=80I_e \tag{3}$$

按式（3）额定入地电流与等效入地电流的比例关系估算，接地极额定入地电流 I_n 下，其在邻近埋地钢质管道上产生的泄漏电流密度需不大于 0.176mA/cm²。

2.3.2 泄漏电流密度仿真计算

仿真计算模型如图 5 所示，仿真计算条件如下：接地极流入电流 6kA，材料为 X70 圆钢，接地极距管道的距离为接地极上距管道最近的点到管道的垂直距离，计算时距离取 0.05km、0.1km、0.2km、0.3km、0.5km、1km、5km、10km、50km 几个数值。管道内直径 0.59m，外直径 0.61m，防腐层电阻率 $10^5\Omega\cdot m$，厚 3mm，管道全长 200km。土壤电阻率取 $10\Omega\cdot m$、$50\Omega\cdot m$、$100\Omega\cdot m$、$500\Omega\cdot m$、$1000\Omega\cdot m$、$1500\Omega\cdot m$ 几个数值。

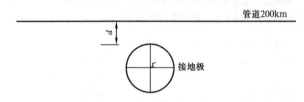

图 5　仿真计算模型示意图

需要说明的是，目前国内计算直流接地极对金属管道影响的主流计算软件为加拿大 SES 公司的 CDEGS 软件[2, 27]。该软件在分析电力系统对输油输气管道的交流干扰方面具有强大功能，被国际大电网会议推荐使用，在国际上解决了大量工程问题。但在计算直流接地极对金属管线影响方面，由于其不能考虑金属的极化效应，计算结果往往偏于保守。在准确的计算方法还未有成熟成果前，本文仍暂用 CDEGS 软件进行不同条件下管道泄漏电流密度的估算。

根据调研情况，70% 的管道防腐层漏点面积介于 $1\sim100cm^2$，常见的漏点面积 $10cm^2$，漏点面积中位数为 $6.38cm^2$。由于管道涂层缺陷的位置和大小具有随机性，通用的处理方法是引入涂层破损率的概念。目前，对于海上管道涂层破损率已有明确的标准规定。而对于陆上管道，由于环境的多变性，相关标准中没有给出涂层破损率，只能通过实测或者经验来获取。在涂层破损率难以开展实测时，也可采用经验数值，以 FBE 涂层和 3PE 涂层为例，当实际管道的涂层破损程度难以测取时，可按表 9 所列数值进行选取。

表 9　不同使用年限下 FBE/3PE 涂层的涂层破损率（经验值）

涂层类型	涂层破损率 /%			
	新建	10 年	20 年	30 年
FBE 涂层	0.003～0.007	0.1～0.3	0.2～0.4	0.3～0.6
3PE 涂层	0.002～0.003	0.03～0.05	0.03～0.07	0.1～0.3

表 10 给出了不考虑极化效应时，不同土壤电阻率和管道—接地极距离下，接地极电流在管道破损点处（$6cm^2$ 破损面积）产生的泄漏电流密度结果。

结合相关标准限值和现有计算方法的仿真结果可知：

根据阴极保护标准 SP 0169 进行计算，可知接地极在邻近埋地钢质管道上产生的泄漏电流密度需不大于 0.176mA/cm^2。考虑到电源等设备的精度和稳定性，建议以 0.3mA/cm^2 作为重点试验电流密度的下限值。

表 10　电流密度计算结果（破损面积 6cm^2，破损率 0.002%）

i $\diagdown$ d ρ	0.05	0.1	0.2	0.3	0.5	1	5	10	50
10	39.47	31.25	23.31	18.90	13.86	8.25	1.61	0.66	0.04
30	40.11	31.87	23.89	19.45	14.35	8.66	1.80	0.77	0.06
50	40.25	32.01	24.03	19.59	14.48	8.77	1.85	0.80	0.06
100	40.28	32.08	24.10	19.66	14.56	8.84	1.89	0.82	0.06
500	39.31	31.26	23.48	19.17	14.20	8.64	1.86	0.82	0.06
1000	37.95	30.13	22.58	18.43	13.63	8.28	1.78	0.78	0.06
1500	36.68	29.05	21.73	17.72	13.09	7.94	1.70	0.75	0.06

注：ρ 为土壤电阻率，$\Omega \cdot m$；i 为电流密度，mA/cm^2；d 为接地极与管道距离，km。

从表 10 的计算结果可知，当接地极与管道距离较近且接地极流过额定电流时，管道上的泄漏电流密度最高可达到 40mA/cm^2，按照等效入地电流约为额定电流的 1/80，即 0.5mA/cm^2。

根据电力行业标准 DL/T 5224—2014《高压直流输电大地返回系统设计规范》规定，接地极与管道距离需不小于 10km，结合表 10 的计算结果，10km 距离下管道上的电流密度约为 1mA/cm^2。以接地极与管道距离 1km 为常规情况的上限，结合表 10 的计算结果，以 9mA/cm^2 作为重点试验电流密度的上限值，另外将此电流密度放大至 90mA/cm^2 作为补充研究的上限。1～10km 之间可再选择一个电流密度点，如 3mA/cm^2。

综合上述分析，在后续研究中重点开展 0.3mA/cm^2、0.5mA/cm^2、1mA/cm^2、3mA/cm^2 和 9mA/cm^2，其他电流密度 40mA/cm^2、90mA/cm^2 作为规律分析的补充。

2.3.3　持续时间

持续时间是利用法拉第定律进行选择的，即某一电流密度下选取一个持续时间，利用法拉第定律计算该电流密度下的腐蚀失重[28]，如果此时计算的腐蚀失重量利用分析天平可测，则该持续时间可取。另外持续时间的选取原则为大电流短时间，小电流长时间。

在后续规律研究中电流密度选择 1mA/cm^2，3 组持续时间分别是 6h、1d、3d。

3　结论

本文首先分析了高压直流输电系统的运行方式以及入地电流的特征，然后通过分析直流干扰机理来确定接地极对管道产生腐蚀影响的参数，即管道材质、土壤电阻率、土壤 pH 值、土壤模拟溶液、泄漏电流密度以及持续时间。

通过对这些参数进行调研、计算及分析，确定了后续腐蚀试验研究的参数选值。即管道材质选用 X65、X70、X80；土壤电阻率选用 $10\Omega\cdot m$、$30\Omega\cdot m$、$100\Omega\cdot m$、$500\Omega\cdot m$、$1000\Omega\cdot m$、$1500\Omega\cdot m$；土壤 pH 值取 4、7、8，重点关注 pH 值为 8；碱性土壤模拟溶液选用库尔勒土壤模拟溶液，中性土壤模拟溶液选用拉萨土壤模拟溶液，酸性土壤模拟溶液选用鹰潭土壤模拟溶液；泄漏电流密度选用 $0.3mA/cm^2$、$0.5mA/cm^2$、$1mA/cm^2$、$3mA/cm^2$ 和 $9mA/cm^2$，$40mA/cm^2$、$90mA/cm^2$ 则作为补充研究参数。$1mA/cm^2$ 电流密度下持续时间分别是 6h、1d、3d。

参 考 文 献

[1] 房媛媛，卢剑.直流接地极的地电流对埋地金属管道腐蚀影响分析 [J].南方电网技术，2013，7（6）：71-75.

[2] 刘昌，孟晓波，樊灵孟，等.直流工程接地极入地电流对埋地金属管道的影响 [J].南方电网技术，2015，9（3）：15-20.

[3] JOSE A J, RICARDO L V, DANIEL K, et al. Interference of a line-commutated converter high-voltage direct current system upon pipelines located in its vicinity [J]. International Transactions on Electrical Energy Systems, 2014, 24（12）：1688-1699.

[4] GONG Y, XUE C, YUAN Z, et al. Advanced Analysis of HVDC Electrodes Interference on Neighboring Pipelines [J]. Journal of Power and Energy Engineering, 2015, 3（4）：332-341.

[5] 韩昌柴，曹国飞，覃慧敏，等.阀室引压管放电烧蚀失效分析 [J].天然气工业，2016，36（10）：118-125.

[6] 陈海焱，刘小强.直流接地极影响地下金属管道问题研究 [J].电力勘测设计，2016（6）：56-59.

[7] 程明，张平.鱼龙岭接地极入地电流对西气东输二线埋地钢质管道的影响分析 [J].天然气与石油，2010，28（5）：22-26.

[8] 黄留群，张本革.高压输电线路接地极对管道强电冲击的防护 [J].石油工程建设，2010（S1）：70-73.

[9] 孙建桃，曹国飞，韩昌柴，等.高压直流输电系统接地极对西气东输管道的影响 [J].腐蚀与防护，2017，38（8）：631-636.

[10] Rao H, Zhang D, Zhao X, et al. Practice and analyses of UHVDC power transmission [J]. High Voltage Engineering, 2015, 41（8）：2481-2488.

[11] 秦润之，杜艳霞，姜子涛，等.高压直流输电系统对埋地金属管道的干扰研究现状 [J].腐蚀科学与防护技术，2016，28（3）：263-268.

[12] 商善泽.直流接地极入地电流对埋地金属管道腐蚀影响的研究 [D].北京：华北电力大学，2016.

[13] 李振军.高压/特高压直流输电系统对埋地钢质管道干扰的现场测试与分析 [J].腐蚀与防护，2017，38（2）：142-150.

[14] IEC/TS 62344—2013 Design of earth electrode stations for high-voltage direct current（HVDC）links – General guidelines [S].

[15] 刘清梅，杨学梅，赵谨，等.中国管道建设情况及管道用钢发展趋势 [J].上海金属，2014，36（4）：34-37.

[16] 李鹤林.油气输送钢管的发展动向与展望 [J].焊管，2004，27（6）：1-11.

[17] 霍春勇，李鹤林.中国天然气管道用钢管技术发展与展望 [C].中国油气论坛——油气管道技术专

题研讨会，2014.

[18] 张伟卫，熊庆人，吉玲康，等.国内管线钢生产应用现状及发展前景 [J].焊管，2011，34（1）：5-8.

[19] 李晓刚，杜翠薇，董超芳，等.X70 钢的腐蚀行为与试验研究 [M].北京：科学出版社，2006.

[20] 朱敏，刘智勇，杜翠薇，等.交流电对 X80 钢在酸性土壤环境中腐蚀行为的影响 [J].材料工程，2015，43（2）：85-90.

[21] 梁平，张云霞，胡传顺.腐蚀产物膜对 X80 钢在库尔勒土壤模拟溶液中腐蚀行为的影响 [J].材料工程，2012，（4）：62-67.

[22] 梁平，杜翠薇，李晓刚.库尔勒土壤模拟溶液的模拟性和加速性研究 [J].中国腐蚀与防护学报，2011，31（2）：97-100.

[23] 梁平，杜翠薇，李晓刚，等.X70 管线钢在鹰潭土壤模拟溶液中腐蚀因素灰关联分析 [J].腐蚀与防护，2009，30（4）：231-233.

[24] 王新华，王翠，王德国，等.充氢的 X80 高强钢在不同土壤中的电化学行为研究 [J].中国石油大学学报（自然科学版），2015，39（1）：142-149.

[25] 赵晋云，潘红丽，高强，等.油气管道与高压输电线路距离的相关标准 [J].油气储运，2013，32（1）：82-84.

[26] 郝宏娜，李自力，衣华磊，等.高压输电线对埋地管道交流腐蚀相关判别的准则 [J].腐蚀科学与防护技术，2012，24（2）：86-90.

[27] 刘士利，李承彬，拾杨，等.直流接地极引起的电气化铁路牵引变压器直流电流计算 [J].高电压技术，2017，43（7）：2161-2166.

[28] 魏德军.直流接地极对地下金属设施的电腐蚀影响 [J].电网技术，2008，32（2）：75-77.

原文刊登于《腐蚀与防护》2019 年第 40 卷第 7 期

某输油管道腐蚀穿孔的失效原因分析

王　琳　范玉然　何金昆

（中国石油天然气管道科学研究院有限公司）

摘　要　国外某油田输油管道发生泄漏，经检测发现管道发生腐蚀穿孔缺陷。为了研究管道腐蚀穿孔的失效原因，对腐蚀穿孔管段进行了外观检测、材质分析以及腐蚀产物组成分析。通过金相、扫描电镜、能谱及 X 射线衍射检测等方法分析了管道腐蚀穿孔的原因。试验分析结果表明，由于穿孔处管段位于管线下坡的低点处，且油管内介质流速很低，因此在输送过程中管内油水相在穿孔处管段底部发生分层，导致管段底部的管壁与水相接触而发生较为严重的腐蚀。

关键词　输油管道；垢下腐蚀；穿孔；失效

管道输送是石油和天然气资源最便捷的运输方式之一[1-2]。近年来，随着国内外苛刻环境条件的油气田相继投入开发，油管在服役过程中极易出现腐蚀、弯曲、表面损伤、开裂等问题[3-5]，导致管道泄漏、断裂、着火等事故发生，造成环境污染或者人身伤亡。因此，有必要研究管道泄漏失效原因，对保证管道今后的安全运营具有重要意义[6]。

2019 年，非洲某油田 S 井发现 ϕ168.3mm × 5.6mm 输油管道发生泄漏，经检测发现泄漏位置位于站外管线下坡低点处的管道底部位置，如图1所示。本工作采用外观检测、管材理化性能测试及腐蚀产物分析等方法，对该油管进行失效分析，确定管道腐蚀穿孔原因。

(a)　　　　　　　　　　　(b)

图1　管道泄漏位置宏观形貌

1 油管工况分析

非洲某油田 S 井于 2011 年完井试油，截至 2019 年发生泄漏，共运行了 8 年。管道设计压力为 4.5MPa，实际运行压力为 0.8～1.4MPa。管道输送的介质为油气水，含水率为 1%～14%，管内介质流速为 0.03～0.08m/s。详细气体组分和现场水质分析结果见表 1 和表 2。其中表 1 为管道初始设计时气体条件，后期油田生产过程中间歇性检测出含有少量 H_2S。

表 1 气体组分分析结果

组分	H_2S	CO_2	N_2	C_1	C_2	C_3	iC_4	nC_4	iC_5	nC_5	C_6	C_7	C_8
摩尔分数 /%	0	5.28	2.03	88.6	2.41	0.96	0.31	0.22	0.09	0.04	0.03	0.01	0.01

表 2 现场水质分析结果

阴离子					阳离子			pH 值	总矿化度 / (mg/L)	总硬度 (以 $CaCO_3$ 计)/ (mg/L)	总碱度 (以 $CaCO_3$ 计)/ (mg/L)	水型
CO_3^{2-}/ (mg/L)	HCO_3^-/ (mg/L)	OH^-/ (mg/L)	Cl^-/ (mg/L)	SO_4^{2-}/ (mg/L)	Ca^{2+}/ (mg/L)	Mg^{2+}/ (mg/L)	K^+、Na^+/ (mg/L)					
0	833.93	0	132.53	69.86	20.58	5.2	400.31	7.49	1462.41	72.8	684.01	$NaHCO_3$
0	1212.07	0	195.3	82.19	13.72	6.24	595.38	7.77	2104.9	59.95	994.17	$NaHCO_3$
0	810.3	0	132.53	57.53	22.63	2.91	387.47	7.43	1413.37	68.52	664.62	$NaHCO_3$

2 失效油管理化检验

2.1 外观检测

由图 1 可知，管外壁未见明显的腐蚀痕迹，而管内壁有局部严重腐蚀而造成管道穿孔泄漏。管段底部沿纵向覆盖有一层较厚且起伏不平的黑色垢类物质，垢层厚度为 1～2mm，最厚处可达约 5mm，垢层宽度约为 60mm。腐蚀穿孔处的垢类物质可能在穿孔后受到管内介质冲刷而脱落。由于垢层仅在管线下坡低点处管段的底部位置出现，推测垢层可能由油管介质内的沉积物、结垢或腐蚀产物而共同形成。

穿孔位置附近垢层下的宏观形貌如图 2 所示。经观察，管段底部垢层较为疏松。某些位置处的垢层存在肉眼可见的孔洞，因此垢层对底部的管体不能起到较好的保护作用。在这些疏松的垢层下方，伴随有明显的局部腐蚀发生。观察距穿孔位置 300m 处的管段试样，如图 3 所示。在较为致密的垢层下方以及垢层以外的位置未发现明显的局部腐蚀，说明局部腐蚀（穿孔）的发生与疏松的垢层密切相关，初步判定是由垢下腐蚀而引起的严重局部腐蚀穿孔。

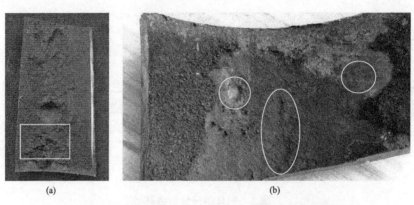

图 2　腐蚀穿孔位置附近垢层下局部腐蚀宏观照片

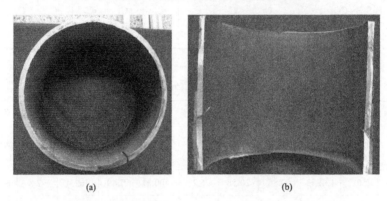

图 3　距腐蚀穿孔位置 300m 处管段宏观照片

2.2　力学性能检测

失效管段是由 API 5L B 级别钢制成的无缝钢管。依据标准对管材的拉伸性能进行了测试分析[7-8]，结果见表 3。与标准值对比可见表 3 中该管材拉伸性能符合标准要求。

表 3　管材拉伸性能

项目	屈服强度 /MPa	抗拉强度 /MPa	断裂伸长率 /%
实验测试值	386	507	33.5
标准要求最小值	245	415	12.4

2.3　管材化学成分分析

依据标准对管材的化学成分进行了测试分析[7]，结果见表 4。

表 4　管材化学成分

元素	C	Mn	P	S	V	Nb	Ti
实验值 /%	0.245	0.440	0.005	0.009	0.008	0.005	0.002
标准要求 /%	≤0.28	≤1.20	≤0.03	≤0.03	—	—	—

根据标准[7]规定，除表4中列出的管材成分要求外，管材的化学成分还要求：Nb+V≤0.06%，Nb+V+Ti≤0.15%，经对比，该管材均符合标准规定。

2.4 管材金相组织分析

管材的正常组织为细小均匀的铁素体＋珠光体。对腐蚀穿孔管段不同位置取样进行金相分析。由图4可知，管材的金相组织均由铁素体＋珠光体组织构成，且两相分布均匀，相比于其他位置，穿孔底部位置处未见组织粗大、较大的夹杂物等情况。因此，可排除由组织因素导致的局部腐蚀穿孔的可能。

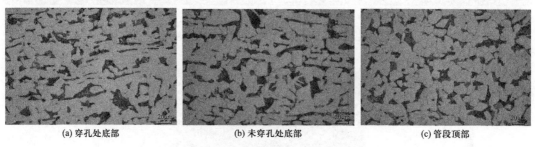

(a) 穿孔处底部   (b) 未穿孔处底部   (c) 管段顶部

图4 腐蚀穿孔管段不同位置处金相组织

3 腐蚀产物分析

管道腐蚀穿孔位置附近的表面垢层及腐蚀产物膜的XRD（X射线衍射）分析结果如图5所示。结果表明，管段底部穿孔位置的垢层主要由FeS、$FeCO_3$及SiO_2组成，且EDS（电子数据系统）的结果显示垢层中几乎未检测出有Ca、Mg等元素，因此垢层实质上是由沉降的砂石（SiO_2）和腐蚀产物（FeS、$FeCO_3$）相互掺杂而形成的，并非是由水质结垢而形成。并且，从衍射峰的相对强度来看，垢层中的组分以$FeCO_3$以及沉积的砂石（SiO_2）为主，FeS的含量相对较少。

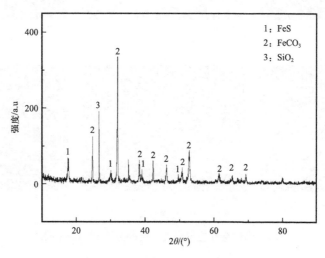

图5 腐蚀穿孔位置附近腐蚀产物膜XRD结果

对脱落的垢层进行镶嵌，采用 SEM（扫描电子显微镜）进行观察，并用 EDS 对其成分进行分析。图 6 为穿孔附近的垢层表面及截面的 SEM 背散射电子成像照片，图 7 为垢层截面的 EDS 成分面扫图，图 8 为垢层截面不同位置的 EDS 点成分分析结果。

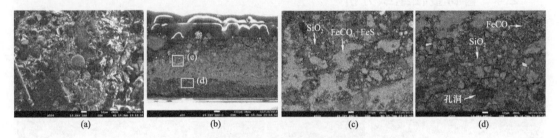

(a)　　　　　　(b)　　　　　　(c)　　　　　　(d)

图 6　腐蚀穿孔位置附近垢层的表面及截面 SEM 照片

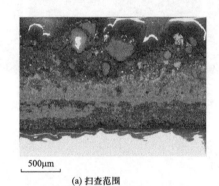

(a) 扫查范围

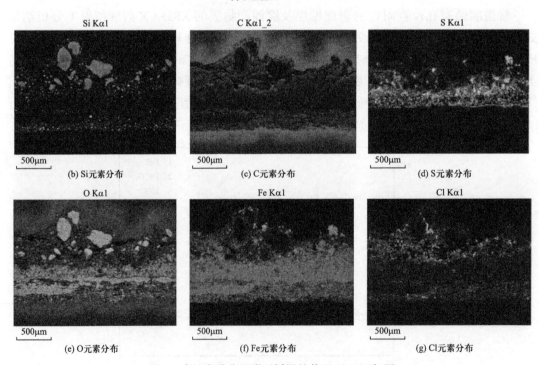

图 7　腐蚀穿孔位置附近垢层的截面 EDS 面扫图

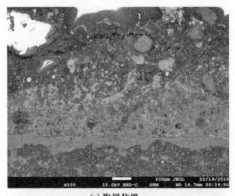

(a) 取样位置

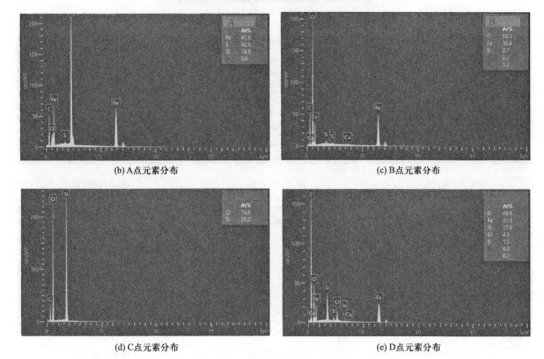

(b) A点元素分布

(c) B点元素分布

(d) C点元素分布

(e) D点元素分布

图 8　腐蚀穿孔位置附近垢层的 EDS 点分析图（图示元素含量为 AT% 原子比）

由图 6 可知，垢层截面可以分为三层，中间层最为致密，内层次之，外层最为疏松。由图 7、图 8 中的成分分析结果可知，内层及中间层以 Fe-O 元素为主（由于样品表层喷碳才能进行观察，故 C 元素未进行统计），外层以 Fe-S-O 元素为主。结合图 8 中 EDS 点分析的元素含量比例以及图 5 中 XRD 的分析结果可以推断，内层及中间层膜主要为 $FeCO_3$，外层膜主要为 $FeCO_3$ 和 FeS 的混合物，且外层膜以 FeS 为主。

另外，由图 6（c）至图 6（d）可知，内层、外层膜中均掺杂有一定量的砂石颗粒（SiO_2），这是由于在腐蚀过程中介质内的砂石沉淀至底部进而与腐蚀产物膜相掺杂而形成的。图 9 为垢层外层膜的局部放大截面 EDS 面扫图，可以看出垢层中弥散分布着大小不一的砂石颗粒。这些砂石的存在导致腐蚀产物膜不完整，不能为垢层下方的金属基体提供较好的保护作用。特别是在局部位置［如图 2（a）矩形框内］的垢层中存在肉眼可见的孔洞时，这些孔洞可以为腐蚀介质提供传输通道，促进垢层下方局部腐蚀的发生、发展，因此局部腐蚀容易发生在比较疏松的垢层下方。

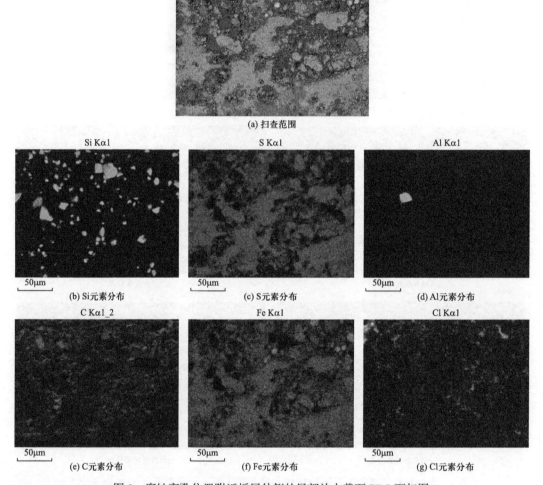

(a) 扫查范围

(b) Si元素分布　　　(c) S元素分布　　　(d) Al元素分布

(e) C元素分布　　　(f) Fe元素分布　　　(g) Cl元素分布

图9　腐蚀穿孔位置附近垢层外侧的局部放大截面 EDS 面扫图

4　失效原因分析

由于管内介质的矿化度较低，气体组分中 CO_2 含量较低、间歇性含有微量 H_2S，介质的腐蚀性较低，因此各管段内壁以均匀腐蚀为主，管壁整体的壁厚减薄较小。但腐蚀穿孔管段底部位置的壁厚减薄显著。这是由于该管段位于管线下坡的低点处，且油管内介质流速很低，因此在输送过程中管内油水相在该管段底部位置发生分层（图10），导致底部位置的管壁与水相接触而发生较为严重的腐蚀。

同时，由如图10所示的局部穿孔示意图可以看出，由于管内介质流速很低，介质内的砂石颗粒也容易在管底沉积。特别是在管线下坡低点处的管底位置。沉积的砂石颗粒与腐蚀产物膜相互掺杂，形成了穿孔管段底部位置的垢层（腐蚀产物膜 + 砂石）。另外，地势较高处管段形成的腐蚀产物膜也可能随介质流动至低点处形成沉积。垢层随时间的延长越来越厚，垢层厚度为1～2mm，最厚处可达约5mm。其他位置的管底处也会发生少量砂石的沉积，但这些管段的底部位置没有明显的油水分层，管壁不与水相接触因此腐蚀产物膜较薄，不能与砂石共同形成较厚的垢层，因此仅在穿孔管段底部位置发生了垢层沉积。

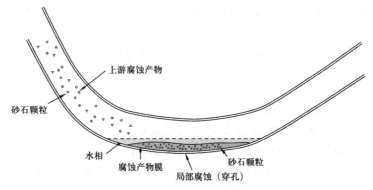

图10　失效管段底部发生局部腐蚀穿孔示意图

XRD以及EDS的分析结果表明，腐蚀产物膜外层较为疏松，由FeS和$FeCO_3$构成，内层腐蚀产物膜相对致密，主要由$FeCO_3$构成，而$FeCO_3$的形成是由介质内的CO_2所导致，其腐蚀机理见下式[9-12]：

$$CO_2+H_2O+Fe \longrightarrow FeCO_3+H_2$$

根据现场提供的信息，油田后期生产中间歇性检测出含有少量H_2S，因此可推断外层的FeS是由H_2S导致。H_2S在潮湿环境下的腐蚀机理见下式[11-12]：

$$H_2S \longrightarrow H^++HS^- \longrightarrow 2H^++S^{2-}$$

$$Fe^{2+}+S^{2-} \longrightarrow FeS$$

同时，由于腐蚀产物膜中大量砂石颗粒的存在，使得腐蚀产物膜并不完整，不能对下方的基体形成较好的保护。特别是垢层的某些位置存在较多肉眼可见的孔洞，局部垢层的不完整会促进垢下局部腐蚀的发生，因此管底发生局部腐蚀的位置多存在于有孔洞的垢层下方。失效管段的腐蚀穿孔也是由垢下腐蚀引起的严重局部腐蚀而导致的。

5　结论

通过以上测试分析，最终确定管道失效原因如下：

由于管道内壁发生垢下腐蚀引起严重局部腐蚀而造成管道泄漏。由于失效管段位于管线下坡低点处，且介质流速较低，导致油水分层，水相积聚于管底处，使得该处腐蚀较为严重；并且介质中的砂石颗粒也易于在该处沉积，砂石颗粒与腐蚀产物膜相互掺杂形成了较厚的垢层。砂石颗粒导致垢层表面存在较多孔洞，有孔洞的垢层下方更容易发生局部腐蚀，并最终导致了腐蚀穿孔。

参考文献

[1]黄维和，郑洪龙，李明菲.中国油气储运行业发展历程及展望［J］.油气储运，2019，38（1）：7-17.

[2]李少青，闫子平.浅谈管道输送技术［J］.物流技术，1996，5：36-36.

[3]龙岩，李岩，马磊，等.西部某油田修复油管的断裂原因［J］.期刊论文，2018，39（5）：359-364.

[4]冯耀荣，杨龙，李鹤林.石油管失效分析预测预防与完整性管理［J］.金属热处理，2011（S1）：15-16.

[5]徐宝军，姜东梅，王金波，等.油田集输管道腐蚀行为分析［J］.电镀与精饰，2010，32（7）：35-38.

[6]赵向东.某油田天然气输送管线泄漏原因分析［J］.焊管，2020（7）：25-29.

[7]API 5L—2008 Specification for Line Pipe［S］.

[8]GB/T 228.1—2010 金属材料 拉伸试验 第1部分：室温试验方法［S］.

[9]朱世东，刘会，白真权，等.CO_2 腐蚀机理及其预测防护［J］.热处理技术与装备，2008，29（6）：5.

[10]袁青，刘音，毕研霞，等.油气田开发中 CO_2 腐蚀机理及防腐方法研究进展［J］.天然气与石油，2015，33（2）：4.

[11]范兆廷，袁宗明，刘佳，等.H_2S 及 CO_2 对管道腐蚀机理与防护研究［J］.油气田地面工程，27（10）：2.

[12]Li D P, Zhang L, Yang J W, et al. Effect of H_2S concentration on the corrosion behavior of pipeline steel under the coexistence of H_2S and CO_2［J］. International Journal of Minerals, Metallurgy, and Materials, 2014.

原文刊登于《焊管》2022 年第 45 卷第 3 期

在役管线大修自动喷涂设备的设计与实现

贾 超

（中国石油天然气管道科学研究院有限公司）

摘 要 为了解决在役管线在进行防腐层大修时所暴露出的低效、高危、机械化程度不高的问题，利用机械学和控制理论，结合现场施工环境，设计了一套自动喷涂设备，并进行了一系列设备运行试验。通过试验得出：自动喷涂设备完全能够在油气管线正常运行不停输的状态下，安全、高效地进行机械化防腐大修作业，填补了国内外空白。

关键词 在役；管线；大修；自动喷涂

油气管道埋地使用多年后，由于防腐层自身的寿命、质量以及外部环境的影响，会遭受不同程度的老化、破坏，从而严重影响管道运行安全，因此防腐层大修工作具有很重要的意义[1-3]。然而当前，国内外无论使用何种防腐材料和防腐技术，大都采用人工作业模式，不仅效率低下，在管道不停输运行状态下，还会带来很大的安全隐患[4-8]。基于此，本文以液体聚氨酯防腐技术为切入点，研究设计了一套自动喷涂设备，为管道大修实现机械化作业奠定了基础。

1　国内外管道防腐层大修作业方式

在国内，根据不同的施工要求，管道防腐层大修会采用不同的防腐技术，但无论采用哪种方式，一般都是使用人工作业模式。比如：采用石油沥青进行大修，一般用人工来进行浇涂[9-11]；使用热收缩带[12-14]一般先通过除锈，利用中频进行预热，最后进行人工缠绕和红外收缩回火[15-16]（图1）；而利用液体涂料大修，则由人工涂刷或手持喷枪进行。

图1　人工缠绕收缩带作业

在国外，防腐层大修主要是使用液体涂料喷涂技术，采用人工涂刷或无气喷涂装备[17-19]。而这种无气喷涂装备只能应用于小处修补，无法持续爬行与管道进行大面积长段大修（图2）。

图2　无气喷涂设备作业

2　设备机械设计

喷涂设备的组成由机架、回转圈、回转支撑装置、辅助支撑装置、开合机构、回转驱动装置、鞭管跟随装置、机架锁紧装置、喷枪、喷枪角度调整器、清洗回收器、涂料汇集单元、双组分无气供料系统等构成（图3）。

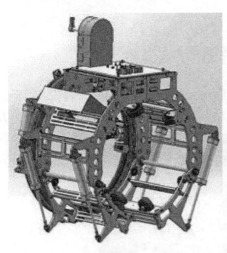

(a) 三维模型　　　　　　　　　　(b) 实物图

图3　自动喷涂设备三维模型和实物图

具体机械原理为：先将回转圈用回转支撑装置和辅助支撑装置安装在机架上；回转支撑装置和辅助支撑装置由支架、滚轮和靠轮组成，可通过简便调节来达到支撑和导向的目的，并可调节回转圈与管道的同轴度；辅助支撑装置可以手动离合，实现与回转圈的接合与脱离；打开开合机构使回转圈下部张开，将整个装置套在钢管起始位置；通过机架锁紧装置将整个装置固定在管道上（水平管道可省略，倾斜管道必须锁紧）；回转驱动装置固定在机架上，并通过驱动链轮与回转圈啮合；回转圈由回转支撑装置和辅助支撑装置引导，在回转驱动装置的驱动下沿钢管周向做 390° 往复旋转运动，运动的同时带动喷枪在涂料汇集单元和双组分无气供料系统的作用下实现喷涂。

3　设备控制系统设计

设备控制系统流程示意图如图 4 所示。

整个设备的控制系统特点为：

（1）用可编程逻辑控制器（PLC）作为控制核心，取代传统硬接线模式，便于随时根据工艺要求编写修改程序，大大降低故障率，增强抗干扰能力[20]；

（2）引入遥控远程控制，实现本地、远程控制双保险，同时，让作业人员远离污染严重的作业区，最大限度地保障了作业人员劳动卫生和人身安全；

（3）引入变频控制，使得喷枪行进速度实现可控，根据喷涂工艺参数要求，通过调整速度来满足喷涂厚度要求；

（4）本地采用触摸屏（图 5）控制，取代原来的按钮、开关方式的本地控制，一方面可以消除按钮、开关长期暴露在外所带来的失灵隐患，另一方面通过触摸屏可以对设备参数进行监控并报警，比如过流、过压等，最后，可以利用触摸屏上的人性化界面，修改变频器、PLC 等参数，既保护了 PLC 的程序，又能使操作人员在没有设计开发人员在的情况下，也能根据工艺要求修改相关数据。

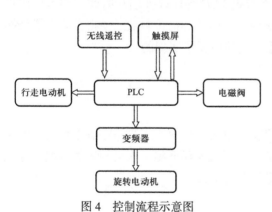

图 4　控制流程示意图

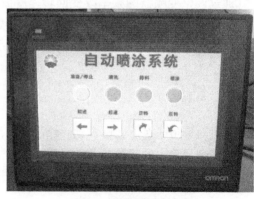

图 5　触摸屏控制界面

4　设备试验

设备设计加工后，采用液体聚氨酯涂料进行了厂内管道大修喷涂试验（图 6）。

（1）循环：喷涂前，启动设备控制系统，按下遥控中的"循环"按键，通过 PLC 程序开启"循环"电磁阀，将整个涂料罐中的料进行循环加热，当达到设定温度时（根据工艺要求来定），按下"停止"，循环电磁阀停止。

图 6　喷涂试验

（2）清洗：按下遥控器的"清洗"键，开启"清洗料"电磁阀，从而使得料管中积存的旧涂料被排出。

（3）排料：按下遥控器的"排料"键，开启两个"A料""B料"电磁阀，同时关闭"清洗料"电磁阀，将上一步清洗过程中积存在料管中的清洗料排出。

（4）喷涂：按下遥控器的"喷涂"键，保持"A料""B料"电磁阀开启状态，回转圈在回转电动机的带动下，开始进行喷涂，当喷完一圈后，会在行走电动机的驱动下，喷涂设备前进预设的距离，如此循环，完成喷涂工艺。

通过调整变频器的频率改变回转速度或者通过PLC程序改变喷涂时间，都可以使得最终的喷涂厚度满足工艺要求，此外，利用触摸屏可以调节搭接参数，使得在管道最低端的搭接面，能有一个最好的喷涂效果，这是手工喷涂所无法实现的。

5　结论

通过对管道防腐层大修自动喷涂设备的研发，解决了传统手工喷涂涂刷不均匀、效率低下、安全风险大的问题，尤其对于长段管道，可以大大降低施工人员的劳动强度，保证喷涂的质量，对管道大修的机械化发展具有里程碑的意义。

参 考 文 献

[1]许传新，程书旗，丁春霖，等.在役埋地管线防腐层大修技术［J］.腐蚀与防护，2006，27（12）：645-647.

[2]杨雪梅，刘玲莉，刘志刚，等.我国油气管道防腐层大修技术现状［J］.油气储运，2002，21（10）：7-12.

[3]何宏，江秀汉，李琳，等.国内外管道腐蚀检测技术的现状与发展［J］.油气储运，2001，20（4）：3，7-10，55.

[4] Sidney A. Taylor and Daniel P.Werner：Case Histories of Coating Removal，Surface Preparation and

Plural-component Coating Equipment of Pipeline Rehabilitation Project, The 4th European and Middle Eastern Pipeline Rehabilitation Seminar, Abu Dhabi, 1993, 4.

［5］刘玲莉，张永盛，王富才，等.管道防腐层大修案例分析及大修选段原则［J］.油气储运，2007，26（3）：23-25，62，64-65.

［6］何悟忠.管道防腐层大修问题的探讨［J］.油气储运，1999（3）：5，27-29，60.

［7］王玉梅，刘艳双，张延萍，等.国外油气管道修复技术［J］.油气储运，2005，24（12）：13-16，73，83.

［8］Dr J M Leeds, M G Catley. Large, Live Line Rehab Project Requires Detailed Planning Part 1［J］. 1994.

［9］Rosenfeld M J, Kiefner P E, Associates Inc, et al. Recommended Practices for Pipeline Repairs［M］. 2002.

［10］Ernest W. Klechka. Selecting liquid coatings for pipeline repair and rehabilitation［J］. 2000, 8（8）.

［11］Sidney A Taylor. Performing Pipeline Rehabilitation［M］. 2004.

［12］陈洪源，张国权，刘玲莉，等.冷缠胶带在管道防腐层大修中的适用性［J］.油气储运，2007，26（6）：52-53.

［13］朱琳，白树彬，许昌学，等.热收缩带机械化补口技术在长输油气管道建设上的应用［J］.油气储运，2016，37（11）：929-931.

［14］魏强邦.管道外防腐层的性能要求及管道大修材料的最新发展［J］.中国涂料，2010（10）：15-17.

［15］潘红丽，王洪涛，蔡培培，等.热收缩带补口加热机具的研制［J］.油气储运，2010，29（5）：373-375.

［16］吕新昱，安志彬，刘全利，等.大口径管道中频加热设备［J］.管道技术与设备，2015，30（6）：13-15.

［17］吴爱军.液体聚氨酯防腐喷涂技术在呼图壁储气库管道建设中的应用［J］.石化技术，2016，23（12）：60，250.

［18］崔超，董彬，李建忠，等.新型管道防腐层大修材料的研制［J］.涂料工业，2008，38（5）：61-62，65.

［19］黄蕾，方海涛，冯庆善，等.管道大修复合新涂层工艺设计与研究［J］.腐蚀与防护，2004，25（10）：445-447，454.

［20］周号，张国权，王磊，等.PLC在热收缩带补口施工技术中的应用［J］.油气储运，2013，32（3）：1-3.

原文刊登于《腐蚀与防护》2019年第40卷第9期

信息篇

长输管道自动焊数字化现状及发展趋势
——数据采集及无线传输技术

张　毅[1,2]　张　锋[2]　苗群福[3]　李华平[3]　王东坡[1]

（1.天津大学材料科学与工程学院；2.中国石油天然气管道科学研究院有限公司；
3.中国石油天然气管道局第三工程分公司）

摘　要　随着管道智能化建设的发展，在实现"管道建设全生命周期"施工要求下，自动焊技术作为一种高效焊接技术迅速推广于管道施工，长输管道自动焊接数字化成为研究重点。为此，梳理了自动焊装备数据采集和无线传输技术的现状，调研了国内外知名焊接电源厂家的群控系统、组网管理系统和云系统等大数据数字化技术进程，对比分析了自动焊装备的采集对象、焊接工艺、焊接过程的监测手段和数据传输，并展望了自动焊装备数字化技术的发展趋势。研究结果表明：（1）自动焊数据采集和无线传输属于小容量、小集群、实时性强的参数匹配性验证无反馈开环采集传输系统；（2）焊接电源的数据采集和无线传输属于小容量、中集群、实时性强的多维度带反馈的闭环采集传输系统；（3）数据采集从将单一化到多样化，数据采集分析方法将多维化，数据信息将规范化、标准化，数据采集、传输将建立实时闭环反馈系统。结论认为，大数据、人工智能时代已经到来，管道焊接也将从"经验化"过渡到"数字化"，管道自动焊技术已成为管道建设的标准要求。

关键词　长输管道；数字化；自动焊技术；自动焊装备；数据采集；无线传输；焊接电源

自动焊作为一种高效焊接技术已在国外广泛应用，随着国内自动焊技术的发展进步，自2015年以来，国产自动焊装备从技术先进性、系统稳定性、装备可靠性等方面逐步提升，被管道施工用户接受，逐渐进入国内管道建设的市场中。随着焊缝跟踪、运动控制、数字化通信等关键技术的突破，国产自动焊装备在国内长输管道施工所占比例越来越大。

2017年中国石油集团公司提出"全生命周期"管道建设的目标和要求，将管道施工技术推向新高度，从设计到采办到施工到验收提供全数字化的资料统计，建立统一平台，将过程中的数据进行实时记录、传输，通过平台进行分析、处理和存储，建立完整的数据管理系统。其中在管道施工环节，焊接过程的数字化技术对自动焊提出新要求。

为达到管道建设要求数据标准统一、感知交互多模态协同、各系统兼容数据互联、运行状态可知可控、趋势预警可防有效的目标[1]，现场焊接施工的自动焊装备必须具备实时数据采集和无线数据传输功能[2]。按照管道建设数字化技术要求，建立自动焊装备的数字化系统，势在必行。该系统通过对焊接过程参数的实时采集，远程传输，可提供真实详细的焊接数据，为长输管道施工环节的数字化提供可行的技术条件。

1 智慧管道建设的由来

2014 年 5 月 21 日中俄签署了《中俄东线天然气合作项目备忘录》，该管线于 2015 年 6 月 30 日开工，由于高钢级、大口径、高效率、高质量的建设要求，使自动焊焊接技术得以大面积推广[3-5]，中俄东线 90% 以上的管道建设采用自动焊技术。2017 年 7 月，中国石油天然气集团有限公司提出以中俄东线为智慧化管道建设的第一示范工程，设计管道"全生命周期"建设，由此掀开了智慧化管道建设的新篇章，成为热点，结合实际应用，诸多文章已开展相关定义和论述[2-25]，其中智能工地作为中俄东线施工的标杆旗帜，打响了智慧化管道建设的第一枪[26-27]。

1.1 涵盖范围

管道建设施工是一项传统工程，随着信息技术、自动化技术的融合与应用，逐步代替传统方法。近些年大数据、云服务、物联网、互联网、工业 4.0 的提出，不断促进该行业的智能化融合水平，消除孤岛环节，建立统一平台，整理、显示、分析、处理数据。将管道设计、物资采购、现场施工、工程验收整套流程数据化、可视化、可量化，开展"全生命周期"的数字化移交工作，将各阶段业务数字化移交数据进行分类、整理、共享，将管道建设过程中的数据归档[28]。

1.2 焊接过程数字化提出的要求

现场施工关键环节之一是焊接，近几年要求通过数字化手段将每道管口数据实时采集、上传，用于焊接过程的监控、查看、分析，作为管道建设竣工资料的数据存底，便于分析焊口出现的质量问题，为施工单位、监理机构及业主单位调整、监督、管控现场焊接过程提供技术支持。

1.3 焊接过程数字化存在的问题

（1）数据采集标准问题[29]：管道建设过程中尚未明确统一的采集标准，项目管理者根据自身管理经验及需求，制订不同采集标准，对设计方、施工方、监理方提出针对性的开发、使用、监管要求。

（2）数据使用问题：近几年自动焊装备已大量推广应用，但自动焊技术提升主要在"如何代替人工"方面，对于智慧化管道建设的数字化采集、无线传输技术属于初步开发阶段，目前已实现数据的采集、保存、传输链路功能，但如何有效、有用地整合数据、分析数据成为智能化技术发展的深层风向标。

2 国内外长输管道焊接过程数据采集和无线传输技术现状

2.1 国内技术现状

2017年至今，国内的自动焊装备已推广应用焊接过程的数据采集和无线传输技术[30-36]。按照建立的数据字典（表1），自动焊装备可实现焊接过程中关键参数的实时采集。

表1　数据字典表

采集参数	参数采集频率 / （ms/ 次）	采集参数	参数采集频率 / （ms/ 次）
焊接角度	<100	送丝速度	<100
焊接层数	<100	摆动宽度	<100
焊接电流	<100	摆动时间	<100
焊接电压	<100	边缘停留时间	<100
焊接速度	<100		

2.1.1 采集系统组成

（1）硬件方面。主要采用两种方式进行数据采集工作：① 结合自动焊装备控制系统加装对应传感器（包括电压传感器、电流传感器、角度传感器、位置传感器），直接获取采集参数；② 通过控制系统内部的闭环反馈计算、换算间接获取采集参数。

（2）软件方面。将采集到的焊接参数，按照规定格式进行分类和整理；通过数据传输协议，建立数据包处理数据，为数据发送做好准备工作。

2.1.2 无线传输及本地存储系统组成

现场自动焊装备通过局部区域组网，每台自动焊装备安装数据采集和无线传输设备，采用通用协议将采集数据无线传输至现场主站接收系统。主站接收系统通过4G网卡将数据无线传输回基地中。

当现场无法建立网络时，先将数据预存储于本机系统中，在有网络的地域导出数据，进行远程上传。该方式是一种数据备份措施，本地存储主要包括以下3种方式：

（1）通过控制系统内部Flash、铁电存储器、RAM等存储空间完成采集参数的本地存储工作，采用专用软件导出、打开、读取数据，没有标注和格式，只包含完整数据；

（2）通过控制系统内部建立数据库，按照规定格式存储，可通过SD卡、U盘等外部存储设备导出，数据多以 .Xlsx、.Csv 等通用格式读取；

（3）通过Internet网页登录系统，进行历史数据的查看、导出，导出的数据多以 .Xlsx 格式读取。

目前国内自动焊装备制造厂家均已开发数据采集、无线传输系统，并由中油龙慧科技有限公司（以下简称龙慧公司）开发的管道工程建设管理系统（Pipeline Engineering

Construction Management System, PCM 系统）完成对数据整理、分类、显示、分析等工作，如 CPP900 自动焊数据和无线传输系统（图 1）所示。

图 1　CPP900 自动焊数据采集和无线传输系统图

2.2　国外技术现状

20 世纪 70—80 年代，国外已大面积推广应用自动焊装备，以其焊接效率和质量的明显优势迅速推广，较为知名的国外自动焊装备厂商包括：美国 CRC-Evans 公司和法国 Serimax 公司。

（1）CRC-Evans 公司主要在陆地管道建设中使用，推出一款具有自诊断功能、实时数据记录、无线传输和卫星定位功能的轻型 P-625 型双焊炬自动焊系统。该自动焊系统依托 GPS 技术，可实时监测群组内各台自动焊动态参数变化、系统运行状态，上传质量分析性能数据。此外，通过蓝牙无线传输技术上传、下载焊接参数，为用户修改焊接参数提供便利。但由于国内自动焊技术的发展推广，从技术层面上已和国际水平相当，P-625 国内引进较少。对于之前引进的 P600 自动焊装备没有此项功能，通过国内代理机构设计外部采集和传输系统进行数据存取工作。

（2）Serimax 公司主要在海洋管道建设中使用，推出的 Saturnax 系列，具有数据监控和记录功能，在海洋上施工很少能够建立无线网络，因此 Saturnax 系列属于一种本地数据存储。

目前国外设备在国内管道建设使用过程中，其数据的采集、无线传输可通过现场局域网络传输至主站接收系统，上传于龙慧公司的 PCM 系统中。

3　焊接电源的数据采集和无线传输技术现状

（1）奥太焊接电源的奥太智能化焊机群控管理系统，可实现焊机状态实时监控、焊接参数在线控制、焊接数据海量存储以及焊接数据统计、分析。系统可选择 Wi-Fi、5G、有线网络完成连接，采用浏览器/服务器（简称 B/S）架构，可实现数据远程共享与现有 MES、ERP 等系统的对接。也可通过 App 软件实时与群控管理系统进行交互。

（2）福尼斯焊接电源的 Fronius-WELDCUBE 焊接系统，组网管理，可实现来自生产线的焊接数据记录和分析，记录焊接过程如：持续时间、电流、电压、线速、功率、焊接操作、故障、事件过滤、时间过滤等，可导出 PDF/CSV 文档；极限违规时将所涉焊缝用红色标注，即时反馈优化流程，监控系统状态，识别故障。开发的 WeldConnect 一款 APP 程序，根据输入数据信息（如：焊接工艺、母材、焊缝形状和保护气体），自动计算 TIG 和 MIG/MAG 理想焊接参数，并通过无线传输方式发送至焊接系统和相关人员。

（3）肯倍焊接电源的 ArcInfo，用于记录、展示和分析焊接数据的网页服务，将原始焊接参数数据通过直观的视觉效果进行展示。DataCatch 硬件用于收集焊机数据，并将其传输到笔记本电脑，通过 SMART READER 2D 将每台焊接电源数据传送至云端 WeldEye 管理系统，可提供 100% 的焊接过程可追溯性、实时质量控制、焊接偏差报警，可收集多型号焊接电源的焊接数据，也可通过 App 软件 WeldEye Mobile 实时与 WeldEye 管理系统进行交互。

（4）伊萨焊接电源的 WELDCLOUD 焊接云系统，用于焊接数据的分析平台，可有效跟踪每一个焊缝的关键参数，记录完整的焊接过程，实时追踪焊接质量，对整个焊接机组进行数据分析和管理，具有双向通信接收、发送焊接参数、自动报警、多机联控、历史追溯等功能。也可通过 App 软件实时与 WELDCLOUD 云系统进行交互。

（5）林肯焊接电源的焊接智能管理系统以及 Checkpoint ™软件，通过 Wi-Fi、蓝牙、服务器、云端服务器具备查看和分析焊接数据，跟踪设备使用情况、存储焊接数据、配置故障限值、数据追溯等功能，可使用在多种焊接电源机型上。

（6）米勒焊接电源的 Insight 焊接智能™，整体焊接数据解决方案，通过 Insight 焊接监测系统可提供电弧数据监测、指导、控制、报警、纠正。内置 Wi-Fi 和有线以太网连接，数据生成后会自动发送到云端进行处理、组织和安全存储。

（7）松下焊接电源的智能焊接云服务平台 iWeldCloud，依托 G 系列物联网和焊接机器人，通过 4G 网络将焊接数据实时从设备传输到云端进行数据存储、分析和统计，设备用户可通过 PC 浏览器或 App 进行监控和管理。

综上所述国内外知名的焊接电源厂家在数据可视化、可量化、可控化进行研发攻关，融合大数据、云服务、物联网、互联网技术，逐渐引入智能化算法、数据库，对比分析焊接过程的参数、方法、质量并形成反馈和指导。

4 对比分析

4.1 自动焊系统数据采集及无线传输特点分析

4.1.1 采集对象

采集管道环焊缝焊接过程中的相关参数，包括焊接参数和运动参数，其中焊接参数包括焊接电流和焊接电压，运动参数包括焊接角度、焊接层数、焊接速度、送丝速度、摆动宽度、摆动时间和边缘停留时间。按照0—6点位置的焊接过程，将焊接区域分段成12个区域，在不同的区域中采集上述参数，且全位置焊接属于多层、多道焊接方法，在每一层均会采集12个区域的相关参数，采集区域划分及多层、多道焊接示意图如图2所示，采集对象相对固定。

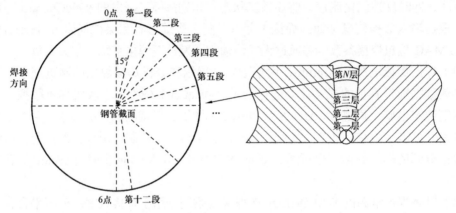

图2　数据采集区域划分及多层多道焊接示意图

4.1.2　焊接工艺

对于长输管道自动焊焊接，主体管道大部分采用窄间隙复合"V"形坡口（图3），内焊机根焊＋双焊炬热焊填充盖面，属于实芯气保下向焊焊接工艺。2017年后大部分管道均采用X80管线钢作为主体施工材料，根焊焊材选用ϕ0.9mm实芯焊丝，一般为70S型，热焊填充盖面焊材选用ϕ1.0mm实芯焊丝，一般为80S型，焊接工艺相对固定。

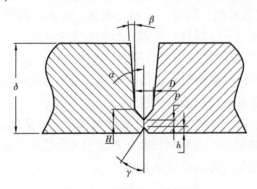

图3　窄间隙坡口示意图

α—下坡口面角度，45°±1°；β—上坡口面角度，5°±1°；γ—内坡口面角度，37.5±1°；h—内坡口高度，1.5～1.7mm；P—钝边高度，1.0～1.2mm；H—变坡口拐点距内壁的高度，4.9～5.2mm；D—单侧变坡口拐点处宽度，2.5～2.7mm；

δ—钢管壁厚，mm

4.1.3　焊接过程中的监测手段

由于长输管道焊接属于野外特殊施工作业，环境相对恶劣，对焊接作业的空间、布局、自动焊系统尺寸等均有要求。因此，对于自动焊装备本身所具有的监测手段如熔池监测、熔深监测、坡口尺寸监测等，具有局限性。在长输管道自动焊数据采集中，重点任务是采集数据字典中的相关参数，并不对焊接的外界条件、过程状态进行采集工作。

4.1.4 数据传输

由于自动焊装备主要采集为数据格式，几乎没有图像、音频等复杂格式，因此，数据传输过程中的字节占有量较小，按照 ϕ1219mm，壁厚 18.4mm 计算，单层焊接厚度为 2.5～3mm，共焊接 8 层，相关采集参数见表 2。

表 2　采集数据的相关信息表

采集参数	范围	采集参数	范围
焊接角度 /（°）	0～180	送丝速度 /（mm/min）	0～12000
焊接层数 / 层	1～20	摆动宽度 /mm	0～20
焊接电流 /A	0～500	摆动时间 /ms	0～1000
焊接电压 /V	0～35	边缘停留时间 /ms	0～1000
焊接速度 /（mm/min）	0～1000		

计算单个自动焊系统的数据采集量，按照二进制计算，16bit，所代表的最大数值为 2^{16}=65536，可包含上述 9 种采集参数的最大值。因此每一个参数选取 16bit 即 2 个字节，作为数据存储量。按照每 500ms/ 次的发送频率，焊接速度按 300mm/min 计算，从 0 点位置运动至 6 点位置焊接单层发送的总数据量为 0.1Mb。整道焊口按照焊接 8 层计算，1km 按照 83 根钢管计算，一个标段按照 100km 计算，一个焊接机组一般配备 12 台自动焊系统，传输总数据量为 160.8Gb 属于小容量数据系统。

现阶段，由于长输管道焊接材料（钢材、焊材）、坡口形式、焊接区域（全位置焊接）相对固定，数据采集的重点主要是在焊接过程中针对不同焊接层数、不同焊接区域的实时采集过程。焊接后采用 AUT/RT 的检测手段，将检测结果与不同焊层、不同焊接区域的相关参数进行对比，验证不同区域焊接参数与运动参数的匹配性，人为分析结果，并通过实际操作系统调整、优化工艺参数，保证焊接质量。自动焊数据采集和无线传输属于小容量、小集群、实时性强的参数匹配性验证无反馈开环采集传输系统。

4.2　焊接电源数据采集及无线传输特点分析

4.2.1 采集对象

焊接种类繁多，针对不同的焊接母材如碳钢、不锈钢、铝合金、钛合金或复合材料以及配套的多种焊材等。焊接电源开发设计满足多种材料的焊接技术需求，采集系统的采集对象须涵盖所涉及的所有相关参数，除了焊接过程中相关的焊接参数、运动参数外，还需获取母材信息、焊材信息、焊缝轮廓、保护气体等，采集对象根据不同工艺要求相对宽泛。

4.2.2 焊接工艺

焊接电源对应的应用市场广泛，焊接工艺繁杂，如 MIG/MAG 焊、TIG 焊、埋弧焊、激光焊、电阻焊等，对应的焊缝类型多种多样，对接焊缝、角焊缝、船形焊缝，属于全位置焊接。具有焊接数据库，可根据母材信息、焊材信息、焊缝轮廓、焊接角度等相关参数的输入，也可采用扫面焊件二维码获取相关信息，调用推荐焊接工艺，或根据自行焊接工艺特点扩充数据库焊接工艺方式，焊接工艺宽泛且包含焊接工艺库。

4.2.3 焊接过程中的监测手段

由于焊接电源一般配套使用，在车间、船厂、工厂等环境较为良好的场景，针对固定场地的焊接作业，可采用多种监测手段进行焊接外观检测、激光轮廓扫描、熔池监测等辅助工具，与焊接过程的焊接参数、运动参数进行更进一步的对比分析。因此对于焊接电源的使用场景，可多维度地分析焊接过程，优化焊接工艺。

4.2.4 数据传输

数据传输与自动焊系统数据传输方法一致，采集为数据格式，几乎没有图像、音频等复杂格式，数据采集量略大，传输协议各家自定义。但焊接电源具有远程有线或无线的数据库更新、工艺优化的反馈功能，可将新的、优化后的工艺，通过平台系统反馈传回至焊接电源系统，自动更新工艺。并可通过系统的级联、群控采用广播方式发送给所有同款电源。

现阶段，焊接电源对应的焊接材料（钢材、焊材）、坡口形式、焊接位置（全位置焊接）的相对宽泛，数据采集除了焊接参数、运动参数的实时采集，还会针对特殊的焊接工艺增加采集对象。并通过多种相关参数的信息输入，调取内部的焊接数据库，完成焊接任务。焊接过程中可采用多种监测手段，多维度地分析、优化焊接工艺，通过群控、级联的方式反馈发送至焊接电源进行自动更新。焊接电源的数据采集和无线传输同属于小容量、中集群、实时性强的多维度带反馈的闭环采集传输系统。

4.3 对比分析总结

（1）采集对象：自动焊系统数据采集对象相对单一，而焊接电源相对宽泛。

（2）焊接工艺：自动焊系统焊接工艺单一，未生成专用的焊接数据库。焊接电源焊接工艺多样化，具有专用的焊接数据库。

（3）焊接过程中的监测手段：由于应用场景的优劣，焊接电源更容易增加多种监测配套设备，多维度的分析焊接过程，优化焊接工艺，但未将监测系统数据与焊接电源、自动焊系统的数据采集、无线传输融合集成。

（4）数据传输：自动焊系统属于开环系统，焊接电源属于闭环系统。

4.4 自动焊控制系统组成

自动焊控制系统主要组成部分包括：手持盒、控制系统、焊接电源、焊接小车、轨道和保护气瓶（图4），其中控制系统和焊接电源是数据采集、无线传输的载体。

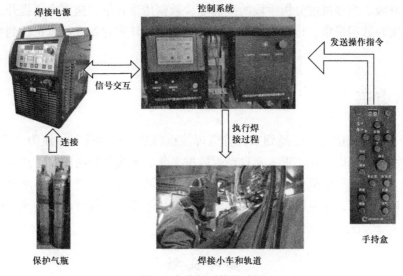

图 4　自动焊系统组成图

5　发展趋势

5.1　数据采集从单一到多样化

随着自动焊技术的推广应用，多种形式的施工场景将采用多种自动焊焊接工艺，对应数据采集、传输系统，结合焊接电源系统的多样性，扩展长输管道焊接工艺种类的多样化数据采集，随着数据的不断积累，将逐步建立起适用于长输管道自动焊装备的多种焊接工艺数据库，通过输入管径、壁厚、材质等信息，可自动调用成熟焊接工艺参数。

5.2　数据采集分析方法的多维化

随着激光技术、熔池监测技术逐渐成熟，以及 5G 技术的推广应用，数据传输容量和速度将进一步提升，在采集监测分析焊接参数，运动参数数据的基础上，增加对坡口轮廓、焊接过程的动态监测等多维度、全方位相关数据的采集、传输，并结合检测结果分析焊接质量，更加具体化和数据化。

5.3　数据信息的规范化、标准化

随着数字化管道建设的大面积推广使用，大数据积累、多维化的数据分析将逐渐成熟。关键、重要的焊接因子将趋于明晰，根据工程需求、业主监理要求，进行采集传输工作的自主定义数据采集、传输将逐渐规范化和标准化。

5.4　数据采集、传输实时闭环反馈系统

长输管道数据采集、传输闭环反馈系统将现场与基地闭环连接，通过对焊接过程的分析，优化当前焊接工艺，并通过远程推送，将优化后的工艺自动广播于现场施工机组，程

序自动更新升级。当多维度分析手段的准确性、数据传输容量、速率大幅提升，将实现焊接过程中的实时数据采集、传输、监测与动态调整的闭环实时系统，真正达到智能化焊接的初级阶段。

6 结束语

大数据、人工智能时代已经到来，管道焊接也将从"经验化"过渡为"数字化"，管道自动焊技术已实现国产化，近3年自动焊数据采集、无线传输在国家重点建设项目中的应用，证明"数字化"已成为管道建设的标准要求。随着数字化进程的不断推进，对于数据的后期处理、分析，建立影响质量的预测算法，用于指导焊接过程将会成为智能化的关键步骤。

参 考 文 献

[1] 戴丽娟.电子通信技术在助推油气管道行业"智慧管网"工程化应用研究[J].数字通信世界，2020（7）：181-182.

[2] 唐善华，杨金辉，徐春野，等.工业数据驱动技术在大型复杂天然气管网运行中的应用[J].天然气工业，2021，41（9）：135-141.

[3] 赵赏鑫.油气长输管道工程自动焊施工的技术准备要点[J].油气储运，2021，40（12）：1409-1415.

[4] 陈娟，宋锦，张悦，等.高钢级大口径油气管道在役自动焊工艺[J].油气储运，2021，40（8）：914-918.

[5] 张小强，蒋庆梅，詹胜文，等.针对中俄东线高钢级大口径输气管道自动焊的设计提升[J].天然气工业，2020，40（10）：126-132.

[6] 吴长春，左丽丽.关于中国智慧管道发展的认识与思考[J].油气储运，2020，39（4）：361-370.

[7] 刘琳，张昆，阮浩.智慧管道技术现状及发展趋势[J].智能城市，2020，6（18）：78-79.

[8] 董绍华，张轶男，左丽丽.中外智慧管网发展现状与对策方案[J].油气储运，2021，40（3）：249-255.

[9] 李彦苹.智能化油气管道建设现状及思考[J].中国石油和化工标准与质量，2020，40（15）：106-107.

[10] 钱建华，牛彻，杜威.管道智能化管理的发展趋势及展望[J].油气储运，2021，40（2）：121-130.

[11] 岳铭亮，王天宇，杨旭东，等.智能管道与智慧管网建设分析[J].中国科技信息，2020（11）：72-75.

[12] 邹永胜.山地油气管道智能化建设实践与展望[J].油气储运，2021，40（1）：1-6.

[13] 夏琦函.智慧能源时代的智能化管道系统建设[J].石化技术，2019，26（12）：149.

[14] 税碧垣.智慧管网的基本概念与总体建设思路[J].油气储运，2020，39（12）：1321-1330.

[15] 税碧垣.智慧管网总体架构与发展策略思考[J].油气储运，2020，39（11）：1201-1218.

[16] 王志付，程昊，齐鑫.探究智慧能源时代的智能化管道系统建设[J].中国石油和化工标准与质量，2018，38（24）：110-111.

[17] 聂中文，黄晶，于永志，等.智慧管网建设进展及存在问题[J].油气储运，2020，39（1）：16-24.

[18] 蔡永军，蒋红艳，王继方，等.智慧管道总体架构设计及关键技术[J].油气储运，2019，38（2）：121-129.

［19］李海润.智慧管道技术现状及发展趋势［J］.天然气与石油，2018，36（2）：129–132.

［20］王昆，李琳，李维校.基于物联网技术的智慧长输管道［J］.油气储运，2018，37（1）：15–19.

［21］李遵照，王剑波，王晓霖，等.智慧能源时代的智能化管道系统建设［J］.油气储运，2017，36（11）：1243–1250.

［22］金微子.基于智慧管道技术提升油气长输管道工程施工质量管理探讨［J］.中国石油和化工标准与质量，2020，40（4）：46–47.

［23］税碧垣，张栋，李莉，等.智慧管网主要特征与建设构想［J］.油气储运，2020，39（5）：500–505.

［24］李柏松，王学力，徐波，等.国内外油气管道运行管理现状与智能化趋势［J］.油气储运，2019，38（3）：241–250.

［25］张培宏.智慧管道时空信息云平台的设计［J］.石化技术，2020，27（7）：227.

［26］颜庆龙，叶国清，华晶，等.智能工地在中俄东线天然气管道工程的实践［J］.智能建筑，2018（9）：65–68.

［27］贾仕豪，赵弘.油气管道内退磁检测机器人结构设计［J］.石油机械，2020，48（8）：117–122.

［28］李庆，苏军，韩云涛.管道建设全数字化移交实施方案［J］.石油工程建设，2018，44（增刊1）：202–205.

［29］周晓飞，张杰，杨国辉.利用信息化手段提高长输管道施工阶段数据采集质量管理［J］.科技风，2020（4）：98.

［30］张毅，刘晓文，张锋，等.管道自动焊装备发展现状及前景展望［J］.油气储运，2019，38（7）：721–727.

［31］隋永莉，吴宏.我国长输油气管道自动焊技术应用现状及展望［J］.油气储运，2014，33（9）：913–921.

［32］闫臣，王玉雷，薛振奎.油气管道自动焊技术的发展及展望［J］.焊接技术，2016，45（5）：83–88.

［33］王少锋，胡建春.大口径长输管道CRC全自动焊接工艺研究［J］.压力容器，2013，30（8）：75–79.

［34］勒巍.X100高强管线钢CRC全自动焊接工艺技术研究［J］.焊接，2017（2）：48–53.

［35］董嘉琪，杨小龙，费纪纲，等.X80钢级长输管线自动焊接技术探讨［J］.油气田地面工程，2016，35（11）：77–80.

［36］黄培健.管道建设中CRC-Evans自动焊接设备简介与选用［J］.低碳世界，2017（24）：51–52.

原文刊登于《天然气工业》2022年第42卷第7期

基于 YOLO V3 的管道环焊缝缺陷检测

鲍 峰[1] 王俊红[1] 张 锋[1] 张 鹏[2] 倪洪源[3]

（1. 中国石油天然气管道科学研究院有限公司；2. 廊坊中油管道特种汽车运输有限公司；
3. 辽河油田建设工程公司）

摘 要 现阶段 X 射线管道环焊缝缺陷检测方式仍需要评价人员进行人工评测，不仅容易损伤眼睛，而且效率低、主观性大。采用计算机技术的实时检测和缺陷自动识别的检测方式在未来将成为主流。本文将 end–to–end 的目标识别算法 YOLO V3 引入焊缝缺陷检测领域。并根据焊缝缺陷的小面积且不规则特点，采用 K–means 算法针对焊缝缺陷库进行聚类获取新的目标候选框和 GIou 作为目标框损失函数的两种策略改进原 YOLO V3 网络结构。最后在焊缝缺陷数据集上进行原 YOLO V3 算法、改进 YOLO V3 算法的对比实验。通过分析对比各个算法模型的训练过程中的损失值和检测过程中的均值平均精度，实验表明采用两种策略改进算法相较原 YOLO V3 算法在收敛速度上有很大提升，在管道缺陷识别效果有较好的表现，尤其在裂纹、未熔合、未焊透的类别上平均精度有较大提升。

关键词 管道缺陷；目标识别；聚类算法；YOLO V3

油气管道焊接是比较复杂的工艺过程。在恶劣的工作环境、人为等作用下，焊缝内部会产生气孔、裂纹、夹渣、未熔合、未焊透等缺陷[1]。最常用的焊缝缺陷无损检测方法是 X 射线检测，主要包括胶片射线检测（RT–F）和数字射线检测（DR）。评价人员在评价胶片射线检测时易损伤眼睛，易疲劳导致主观性增大，评价效率降低。亟待寻求一种数字射线检测[2]的实时检测和缺陷自动识别方法来替代人工评价。

Zapata J 等[3]采用高斯低通和维纳滤波进行图像预处理并提取缺陷特征，运用人工神经网络（ANN）和自适应网络的模糊推理系统（ANFIS）对焊缝缺陷进行识别。Lin 等[4]提出 12 类特征值作为缺陷特征，采用基于自适应的模糊推理系统对焊接缺陷进行识别。谷静等[5]提出基于深度学习的密集连接卷积网络 DenseNet 焊缝缺陷的检测算法进行缺陷识别。陈本智等[6]采用无监督学习的气孔缺陷检测算法。费凡等[7]提出一种基于深度学习的缺陷智能检测分析框架，利用深度残差网络（ResNet）解决焊缝特征复杂多样化的问题。刘涵等[8]首先运用聚类算法（OPTICS）对焊接缺陷和噪声进行分割，对分割后图像特征组成样本图库，对样本库特征采用卷积神经网络进行训练。陈立潮等[9]采用一种复杂度较低的渐进式卷积神经网络（progressive convolutional neural network，P–CNN）对焊缝缺陷进行识别。以上大部分焊接缺陷检测算法检测精度都已达到较高水平，而检测速度没有达到理想水平。2016 年，Girshick Redmon 提出的一种 end–to–end 的目标识别算法 YOLO（You Only Look Once），经历 YOLO V1[10]、YOLO V2[11]、YOLO V3[12]三个版本的迭代，在性能上特别是速度都有较大的提升，YOLO V3 的均值平均精度（mAP）可以与 RetinaNet[13] 相当，但速度提高约 4 倍。YOLO V3 检测在目标识别检测算法中表现优异，兼具高准确率与检测速度。基于以上算法特点，为了提高焊接缺陷检测精度，兼顾检测速度，本文将 YOLO V3 算法引入焊缝缺陷检测领域。针对焊接缺陷小面积、不规则的特点，本文提出了对焊缝缺陷库进行聚类获取新的目标候选框和 GIou 作为目标框损失函数的两种改进策略，并根据改进策略优化网络结构和算法，成功将改进算法应用在本文的焊缝缺陷数据集上。

1　管道焊接缺陷数据集

管道焊缝 X 射线在转化数字图像过程中会受到噪声等因素的影响。为了获取清晰的焊缝缺陷，X 射线图像采用去噪、图像增强等进行处理。本文所有算法采用某公司收集 780 张 X 射线焊缝缺陷图像作为焊缝缺陷数据集，其中包括气孔（夹渣）、裂纹、未熔合、未焊透四类缺陷。实验将按照 3∶2 的比例随机将管道焊接缺陷图像数据集分为训练集和测试集。焊接缺陷样本设置见表 1。

表 1　焊接缺陷样本设置表

序号	缺陷类型	总样本数	训练样本	测试样本
1	气孔（夹渣）	220	132	40
2	裂纹	260	156	70
3	未熔合	200	120	80
4	未焊透	100	60	40

2　YOLO V3 算法

YOLO 系列算法一种是 end-to-end 的目标检测算法，它把目标检测任务看作回归问题来解决，输入为原始图像，输出为物体的位置和类别。该算法首先将输入原始图像按照 $S \times S$ 个网格进行划分，对落入每个网格的目标进行检测并预测出该目标的边界框、定位置信度，以及所有类别概率向量识别。从 YOLO V1、YOLO V2 到 YOLO V3，YOLO 算法逐步引入其他算法思想来提高精度和推理速度。YOLO V2 借鉴 Faster R-CNN[14] 的思想引入 Anchor Box、批量归一化、高分辨率分类器等机制提升网络性能和检测效率。YOLO V3 运用网络结构 Darknet-53，引入了多尺度融合训练、残差结构[15]、锚点框选择、分类方法等机制如图 1 所示。以上改进措施保证了深层次网络的梯度下降收敛性，加快了训练速度和检测速度。

YOLO V3 的损失函数在 YOLO V2 基础上将框的中心点误差计算、框的置信度误差计算和类别误差计算改进为二元交叉熵。YOLO V3 的 Loss 函数变为

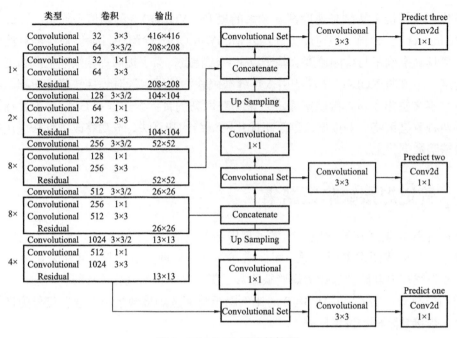

类型	卷积		输出
Convolutional	32	3×3	416×416
Convolutional	64	3×3/2	208×208
Convolutional	32	1×1	
Convolutional	64	3×3	
Residual			208×208
Convolutional	128	3×3/2	104×104
Convolutional	64	1×1	
Convolutional	128	3×3	
Residual			104×104
Convolutional	256	3×3/2	52×52
Convolutional	128	1×1	
Convolutional	256	3×3	
Residual			52×52
Convolutional	512	3×3/2	26×26
Convolutional	256	1×1	
Convolutional	512	3×3	
Residual			26×26
Convolutional	1024	3×3/2	13×13
Convolutional	512	1×1	
Convolutional	1024	3×3	
Residual			13×13

图 1　YOLO V3 网络结构图

$$
\begin{aligned}
\text{Loss} = {} & \lambda_{\text{coord}} \sum_{i=0}^{S^2} \sum_{j=0}^{B} I_{ij}^{obj} \left[\left(x_i - \hat{x}_i^{\,j} \right)^2 + \left(y_i - \hat{y}_i^{\,j} \right)^2 \right] \\
& + \lambda_{\text{coord}} \sum_{i=0}^{S^2} \sum_{j=0}^{B} I_{ij}^{obj} \left[\left(\sqrt{w_i^{\,j}} - \sqrt{\hat{w}_i^{\,j}} \right)^2 + \left(\sqrt{h_i^{\,j}} - \sqrt{\hat{h}_i^{\,j}} \right)^2 \right] \\
& - \sum_{i=0}^{S^2} \sum_{j=0}^{B} I_{ij}^{obj} \left[\hat{C}_i^{\,j} \lg \left(C_i^{\,j} \right) + \left(1 - \hat{C}_i^{\,j} \right) \lg \left(1 - C_i^{\,j} \right) \right] \\
& - \lambda_{noodj} \sum_{i=0}^{S^2} \sum_{j=0}^{B} I_{ij}^{noobj} \left[\hat{C}_i^{\,j} \lg \left(C_i^{\,j} \right) + \left(1 - \hat{C}_i^{\,j} \right) \lg \left(1 - C_i^{\,j} \right) \right] \\
& - \sum_{i=0}^{S^2} I_{ij}^{obj} \sum_{c \in \text{classes}} \left[\hat{P}_i^{\,j} \lg \left(P_i^{\,j} \right) + \left(1 - \hat{P}_i^{\,j} \right) \lg \left(1 - P_i^{\,j} \right) \right]
\end{aligned}
\tag{1}
$$

3　改进 YOLO V3 算法

3.1　基于焊缝缺陷数据集新 Anchor Box 改进策略

原 YOLO V3 算法的网络中定义的 Anchor Box 由 coco 数据集聚类而来，并不适应于本文的数据集。YOLO V3 采用 FPN 架构在多尺度上进行融合训练检测思想[16-17]。当图像输入大小为 416×416 时，YOLO V3 算法在（13×13）、（26×26）、（52×52）三个不同尺度上采用融合特征进行训练和检测。在每个尺度上都会使用三个固定的 Anchor Box。Anchor Box 的思想自 YOLO V2 以来就已经被引入。它是由训练集的真实框按照不同尺寸聚类而来。它真实体现了所处数据集的特征大小分布，避免了模型训练时盲目寻找，加速了模型的快速收敛，约束预测对象的范围。因此，本文采用 K–means 算法对焊接缺陷数据集聚类分析获取新的 Anchor Box。

为了使聚类后 Anchor Box 与训练集的真实框有更高的 Iou，K–means 算法要采用距离公式计算标注框的相似度：

$$d\ (\text{box，centroid}) = 1 - \text{Iou}\ (\text{box，centroid}) \tag{2}$$

式中：centroid 为聚类时中心边框；box 为样本中的标注框；Iou[18] 为预测框与真实框的重合程度（图2），表示缺陷的检测定位的精度。平均交并比 AIou 表示测试集上缺陷的检测定位的精度。

经过对训练集聚类得到新的 Anchor Box（7，7，17，8，16，16，8，44，27，15，43，10，33，43，139，14，190，43）替代原网络的 Anchor Box。

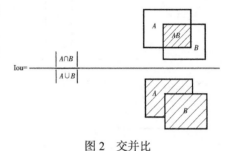

图 2　交并比

3.2　基于 Glou 改进策略

在原 YOLO V3 算法中损失函数是

$$\begin{aligned}
\text{MSE} = {} & \lambda_{\text{coord}} \sum_{i=0}^{S^2} \sum_{j=0}^{B} I_{ij}^{obj} \left[\left(x_i - \hat{x}_i^{\,j} \right)^2 + \left(y_i - \hat{y}_i^{\,j} \right)^2 \right] \\
& + \lambda_{\text{coord}} \sum_{i=0}^{S^2} \sum_{j=0}^{B} I_{ij}^{obj} \left[\left(\sqrt{w_i^j} - \sqrt{\hat{w}_i^j} \right)^2 + \left(\sqrt{h_i^j} - \sqrt{\hat{h}_i^j} \right)^2 \right]
\end{aligned} \tag{3}$$

但是 MSE 对目标框的尺度非常敏感，虽然对目标框的长宽开根号也没有根本解决这个问题。如图 3 所示三种情况下，虽然 MSE 的范数值都相同，但是它们与目标框差距却非常大。

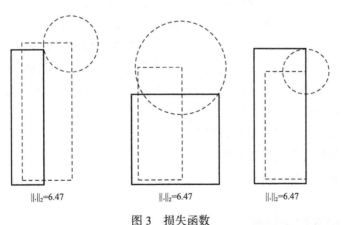

图 3　损失函数

为了消除损失函数对目标框尺度的敏感性，采用 Iou 替代 MSE 作为损失函数进行回归。预测框与真实框的交并比表示它们重合程度（图4），能从根本上解决目标框尺度敏感性的问题。虽然它们 MSE 值都相同，但是 Iou 有很大差距，更能体现目标框回归程度。

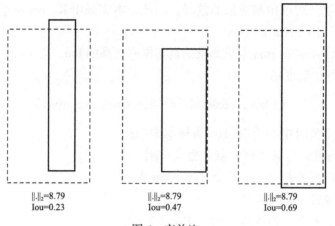

$\|.\|_2=8.79$
Iou=0.23

$\|.\|_2=8.79$
Iou=0.47

$\|.\|_2=8.79$
Iou=0.69

图 4　交并比

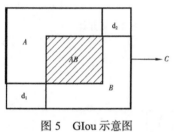

图 5　GIou 示意图

但是 Iou 也带来难以解决的问题：当预测框与真实框之间没有重合时，Iou 为 0，反映不出预测框与真实框的距离。当 Iou 作为损失函数时，梯度也为 0，无法进行优化。基于存在的问题，2019 年 Rezatofighi 等[19]提出 GIou 指标作为目标框的损失函数，图 5 为 GIou 的示意图，见式（4）[20]。C 为包含 A 和 B 最小的包围框。

$$GIou = Iou - \frac{|C \setminus A \bigcap B|}{|C|} \qquad (4)$$

通过式（4）可知 GIou 和 Iou 有以下区别：

（1）Iou 的值域为 $[0, 1]$，GIou 的值域为 $(-1, 1]$；

（2）GIou 的值总是小于 Iou 的值；

（3）Iou 只关注重合区域 $A \cap B$ 和它们本身区域 A、B，GIou 不仅关注 $A \cap B$，还考量 A、B 重合之外的区域，衡量出 A、B 距离远近。GIou 不仅保持 Iou 的目标框尺度不变性和重合情况下与 Iou 的强相关性，还解决了 Iou 为 0 时梯度不能优化的问题。为了保证损失函数非负性，本文采用 $L_{GIou}=1-GIou$ 为目标框损失函数[21]。具体的计算过程：

（1）输入预测框的坐标值（x_1，y_1，x_2，y_2）和真实框坐标值（X_1，Y_1，X_2，Y_2）；

（2）对预测框坐标值进行排序：使得 $x_2 > x_1$，$y_2 > y_1$；

（3）计算预测框、真实框及它们交集面积；

（4）找到预测框、真实框的最小包围框；

（5）计算出 Iou，GIou 和 L_{GIou}。

4　对比试验与分析

针对以上改进策略，本文在同样的实验环境、数据集和 Darknet-53 网络下，分别进行原算法及改进算法的实验。采用原网络结构的记为算法 1。由 k-means 算法获取 New

Anchor Box 策略的改进实验记为算法 2。使用 GIou 作为目标框损失函数的改进实验记为算法 3。同时采用 New Anchor Box 和作为目标框损失函数的改进实验记为算法 4。

4.1 实验环境

本文所有实验都采用 Windows10 系统，硬件环境：中央处理器为 Intel i7-8750H，内存为 32G，显卡为显存 8G 的 NVIDIA GeForce RTX 2080。所有算法都基于 Darknet-53 在 GPU 下进行训练和检测。Darknet-53 具有运算速度快，没有依赖项，移植性好等优点。

4.2 图片标注与网络训练

本文通过焊接检测领域专家采用 labelImg 工具对缺陷数据集图像进行人工标注如图 6 所示，并导出相应的 xml 位置文件。

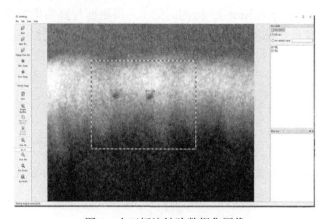

图 6 人工标注缺陷数据集图像

在实验过程中，本文所有算法采用 416×416 的输入图像，0.001 的学习率，0.9 的动量参数值，8000 次的训练。

4.3 算法收敛性对比

在网络训练时，模型能否迅速收敛并达到稳定状态是模型训练性能的重要指标之一。本文通过记录模型训练过程中每一步迭代的损失值，可以了解模型在训练过程中的状态。如图 7 所示是算法 1、算法 2、算法 3、算法 4 的模型损失可视化展示。

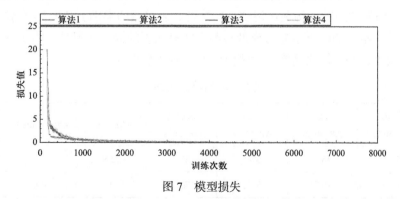

图 7 模型损失

由图损失值变化曲线可以看出，四种算法的损失曲线在前2000次急剧下降，在后续的训练过程中损失值逐步小幅震荡始终呈下降趋势直至稳定。在前2000次训练过程中，算法3和算法4的损失曲线下降的最快，证明了目标框损失函数的策略对于加快损失函数的收敛速度起到重要的作用。在训练次数200到1000过程中，算法2和算法4要比算法1和算法3的损失曲线下降略快一些，但算法1和算法3比算法2和算法4的损失曲线更加平滑和稳定。由于焊缝缺陷的标注框一般较小，相较coco数据集的标注框要小得多，经过改进策略获取New Anchor Box要比原网络中的Anchor Box要小得多，所以在训练过程中使用New Anchor Box策略的算法损失曲线下降的要快一些。

4.4 检测算法的性能对比

本文算法的性能评价指标主要有各类别的平均精度AP（Average precision），均值平均精度mAP（Mean average precision），检测时间 t_r，预测框与真实框的交并比Iou，准确率 P，召回率 R。这些评价指标大都由混淆矩阵而来，具体计算公式如下：

$$P = \frac{T_P}{T_P + F_P} \tag{5}$$

$$R = \frac{T_P}{T_P + F_N} \tag{6}$$

式中：T_P 为预测为正的正样本；F_P 为预测正的负样本；F_N 为预测负的正样本。

由以上的 P、R 绘制 $P—R$ 曲线。AP 为 $P-R$ 曲线下的面积，即 $AP = \int F_{PR} \mathrm{d}r$（$F_{PR}$ 为 $P-R$ 曲线函数），衡量训练模型在所属类型的目标检测性能。mAP为所有类别的AP平均值，即 $mAP = \frac{1}{C} \sum_{k=1}^{C} AP(k)$，表示训练模型在所有类别上的检测性能。

在本文中，选取Iou_thresh在0.5时获取各类的AP_50、mAP_50及平均每帧检测时间 t_r/fps 和AIou进行性能评价。

从表2中可以看出，采用New Anchor Box策略的算法2的AP_50比算法1除未熔合外都有显著的增长。采用GIou作为目标框损失函数策略的算法3比算法1、算法2在mAP_50上有了大的提升。在两种改进策略作用下算法4在整个测试集的均值平均精度mAP_50上有明显的提升，特别在裂纹、未熔合、未焊透的类别上AP_50有较大幅度的提升。综上所述，本文的改进策略对模型检测性能有显著的提高。但是，由于本文只是限于网络结构的改进，并未简化网络，检测时间并没有明显降低。

表2　算法评价指标对比

算法	气孔 AP_50/%	裂纹 AP_50/%	未熔合 AP_50/%	未焊透 AP_50/%	mAP_50/%	$t_r/fps/(\mathrm{ms})^{-1}$	AIou/%
1	72.4	76.7	67.1	87.5	75.9	69.4	64
2	81.6	79.3	82.2	73.8	79.2	69.2	68

算法	气孔 AP_50/%	裂纹 AP_50/%	未熔合 AP_50/%	未焊透 AP_50/%	mAP_50/%	t,/fps/（ms）$^{-1}$	AIou/%
3	81.7	88.2	80	79.3	82.3	70.1	75
4	80.6	90.3	86.1	93.7	87.7	70.3	73

可从图 8 和表 2 的 AIou 看出，GIou 作为目标框损失函数策略对于缺陷的检测定位的精度有明显的提高作用。

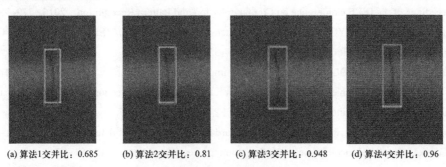

(a) 算法1交并比：0.685　　(b) 算法2交并比：0.81　　(c) 算法3交并比：0.948　　(d) 算法4交并比：0.96

图 8　各算法交并比值

5　结论

本文将端到端的 YOLO V3 算法成功地引入管道环焊缝缺陷检测领域，并实现了焊缝缺陷训练、检测与识别。通过获取新的锚定框和 GIou 作为目标框损失函数的两种策略改进算法在均值平均精度 mAP 相较原 YOLO V3 算法提高了近 12%，尤其在裂纹、未熔合、未焊透的类别上提升较大。采用获取新的锚定框的改进策略，加快了模型的训练速度，提高了训练效率。

参 考 文 献

［1］杨辉，王富祥，陈健，等 . 油气管道环焊缝缺陷适用性评价现状与展望［J］. 天然气工业，2020，40（2）：135–139.

［2］王维斌，雷铮强，杨辉 . 长输管道数字射线 DR 检测技术应用与展望［J］. 油气储运，2020，39（12）：23–29.

［3］ZAPATA J，VILAR R，RUIZ R. Performance evaluation of an automatic inspection system of weld defects in radiographic images based on neuro–classifiers［J］.Expert Systems with Applications，2011，38（7）：8812–8824.

［4］LIN B–T，HUANG K–M. An adaptive–network–based fuzzy inference system for predicting springback of U–bending［J］. Transactions of the Canadian Society for Mechanical Engineering，2013，37（3）：335–344.

［5］谷静，王琦雯，张敏，等 . 基于 DenseNet 网络的焊缝缺陷检测识别［J］. 传感器与微系统，2020（9）：129–131.

［6］陈本智，方志宏，夏勇，等．基于 X 射线图像的厚钢管焊缝中气孔缺陷的自动检测［J］．计算机应用，2017，37（3）：849–853.

［7］费凡，周永涛，周顺，等．管道环焊缝缺陷智能识别技术探究与实现［J］．石油管材与仪器，2020，35（5）：7–12.

［8］刘涵，郭润元．基于 X 射线图像和卷积神经网络的石油钢管焊缝缺陷检测与识别［J］．仪器仪表学报，2018，39（4）：247–256.

［9］陈立潮，解丹，张睿，等．基于渐进式卷积神经网络的焊缝缺陷识别［J］．计算机工程与设计，2020，405（9）：219–223.

［10］Redmon J，Divvala S，Girshick R，et al.You only look once：unified，real-time object detection［C］// Proceedings of the IEEE Conference on Computer Vision and Pattern Recognition，2016：779–788.

［11］Redmon J，Farhadi A. YOLO9000：Better，Faster，Stronger［C］// IEEE Conference on Computer Vision & Pattern Recognition. IEEE，2017：6517–6525.

［12］Redmon J，Farhadi A.YOLO V3：an incremental improve-ment［J］.arXiv：1804.02767，2018.

［13］Lin T Y，Goyal P，Girshick R，et al. Focal Loss for Dense Object Detection［J］. IEEE Transactions on Pattern Analysis & Machine Intelligence，2017，PP（99）：2999–3007.

［14］Ren S，He K，Girshick R，et al. Faster：Towards real-time object detection with region proposal net-works［C］//Advances in neural information processing systems. 2015：91–99.

［15］He K，Zhang X，Ren S，et al. Deep Residual Learning for Image Recognition［J］. 2016.

［16］M. Martínez-Zarzuela，F. J. Díaz-Pernas，M. Antón-Rodríguez，et al. Multi-scale neural texture classification using the GPU as a stream processing engine［J］. Machine Vision and Applications，2011，22（6）：947–966.

［17］Ioffe S，Szegedy C. Batch Normalization：Accelerating Deep Network Training by Reducing Internal Covariate Shift［J］. 2015.

［18］Abu Alhaija H，Mustikovela S K，Mescheder L，et al. Augmented Reality Meets Computer Vision：Efficient Data Generation for Urban Driving Scenes［J］. International Journal of Computer Vision，2017（2）：1–12.

［19］Rezatofighi H，Tsoi N，Gwak J Y，et al. Generalized Intersection Over Union：A Metric and a Loss for Bounding Box Regression［C］// 2019 IEEE/CVF Conference on Computer Vision and Pattern Recognition（CVPR）. IEEE，2019.

［20］王兵，李文璟，唐欢．改进 YOLO V3 算法及其在安全帽检测中的应用［J］.计算机工程与应用，2020，56（9）：33–40.

［21］韦若禹，李舒婷，吴松荣，等．基于改进 YOLO V3 算法的轨道扣件缺陷检测［J］.铁道标准设计，2020，64（12）：34–40.

原文刊登于《焊接》2021 年第 8 期

基于 Sammon 映射和随机森林算法的模拟电路故障诊断

于晨松

（中国石油天然气管道科学研究院有限公司）

摘　要　针对非线性模拟电路故障诊断中参数型故障元件定位的难题，提出基于 Sammon 映射和随机森林的模拟电路故障诊断方法。该方法首先对采集到的电压信号进行小波包分解并提取不同子频带的能量谱，然后利用 Sammon 映射对子频带能量谱进行优化，最后将得到的故障特征输入随机森林进行故障诊断。仿真结果表明，该方法故障诊断率高，能够有效识别模拟电路的故障元件。

关键词　模拟电路；故障诊断；特征提取；Sammon 映射；随机森林

模拟电路在现代电子产业中扮演着重要角色，《国家集成电路产业发展推进纲要》提出了提升先进封装测试业发展水平的要求，模拟电路故障诊断的重要性愈发凸显。模拟电路存在容差，具有非线性，故障诊断难度大。基于人工智能的模拟电路故障诊断方法无需构建数学模型，能够实现故障的识别和定位，因此成为研究热点[1-5]。

使用人工智能进行模拟电路故障诊断的步骤可分为故障特征提取和分类器识别。小波变换常作为提取模拟电路故障特征的工具[6-7]，但是小波分解出的子频带中含有冗余信息，会影响故障诊断的准确率，因此需要对其进行降维处理。常用降维方法有主元分析[8]和因子分析[9]，但这些方法在进行数据降维时仅去除数据之间的线性相关性，不能保持原有数据的流型结构。模拟电路故障诊断的另一个重要部分是构造分类器，常用的方法有神经网络[10]、支持向量机[11]和决策树[12]。但是神经网络迭代速度慢且易陷入局部最优解；支持向量机对噪声敏感，影响故障诊断率；决策树是一个递归过程，在计算过程中易出现过度拟合的情况。

Sammon 映射[13]是一种非线性映射，它通过非线性变换，能够直观地在低维空间展现原数据间的结构信息，得出高维数据在低维的相互关系，是一种"几何图形降维"的投影法。Sammon 映射对数据降维时，能够保留原数据中的重要信息，十分适合模拟电路故障特征的优化。随机森林[14]是一种新兴的、高度灵活的机器算法，它的本质是集成多个决策树的分类器。随机森林的输出结果是由单个决策树的输出类别的众数决定的，在分类过程中，它能够获取内部生成误差的无偏估计，具有较强的泛化能力。

综上所述，本文提出一种基于 Sammon 映射和随机森林的模拟电路故障诊断方法。本方法首先对电压信息进行小波包分解，提取各子频带的能量值作为故障特征，然后用

Sammon 映射对故障特征进行降维优化，接下来用优化后的故障特征训练随机森林，得出模拟电路的故障模式，最后用巴特沃斯带通滤波器对本文方法进行实验验证[15]。

1 故障特征提取

小波变换是 20 世纪 80 年代发展起来的信号分析方法，它能够通过平移母小波和缩放小波宽度，得出信号的时间和频率特性。小波包分解是小波变换的一种形式，它可同时对信号的低频和高频部分进行分解，能够根据被分解信号的特性，自适应地选择相应频带，使之与信号频谱相匹配，增强了对信号的处理能力，小波包分解图如图 1 所示。

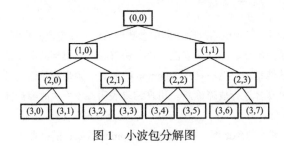

图 1　小波包分解图

小波包函数可定义为

$$\mu_{j,k}^{m}(t) = 2^{j/2} \mu^{m}\left(2^{j_t-k}\right) \tag{1}$$

式中：m 为振荡参数，$m=0$，1，2，$\cdots$；$j \in Z$ 和 $k \in Z$ 分别为尺度参数和平移参数。

由于采集到的电压信号 V 是离散的，需对其进行离散小波包分解和重构，公式如下：

$$\begin{cases} d_{j+1}^{2m}(t) = \sum_{k \in Z} h(k-2t) d_j^m(k) \\ d_{j+1}^{2m+1}(t) = \sum_{k \in Z} g(k-2t) d_j^m(k) \end{cases} \tag{2}$$

$$d_j^m(k) = 2 \left[\begin{array}{l} \sum_{\tau} h(k-2\tau) d_{j+1}^{2m+1}(k) \\ + \sum_{\tau} h(k-2\tau) d_{j+1}^{2m}(k) \end{array} \right] \tag{3}$$

式中：(j, m) 为第 j 层的第 m 个频带；$d_j^m(k)$ 为节点 (j, m) 所对应的第 k 个系数。

电压信号 V 经小波包分解后会得出子频带，需求其能量值 E_{ij} 作为故障特征，计算公式如下：

$$E_{ij} = \sum_{k=1}^{N} \left| d_i^j(k) \right|^2 \tag{4}$$

式中：$j=0$，1，$\cdots$，$2i-1$；N 为信号的长度，全部 E_{ij} 构成小波包能量谱。

$$E = \left(E_{i,0}, E_{i,1}, \cdots, E_{i,j} \right) \tag{5}$$

将得到的子频带能量谱构造成矩阵 E，即得到模拟电路的故障特征。

2　Sammon 映射

Sammon 映射能够真实地刻画原空间数据点的距离信息。在保持数据内部结构不发生变化的基础上，它能够将高维的输入空间近似地转化为低维空间，得出原数据间的结构信息。因此在使用 Sammon 映射进行降维时，可以保留原数据的重要信息，使降维结果和故障特征具有高度的相似性。

Sammon 映射可表述为：首先假设 D 维空间具有 n 个数据点 x_i（$i=1$，2，$\cdots$，n），在低维空间 d 中定义 n 个点 y_i（$i=1$，2，$\cdots$，n）（$d<D$）。设 d_{ij}^* 表示在高维空间中 x_i 和 x_j 之间的距离，d_{ij} 表示在低维空间中 y_i 和 y_j 的距离。首先在低维空间给 y_i 随机设定初始值，然后计算 d_{ij} 的值，计算公式如下所示：

$$d_{ij} = \sqrt{\sum_{k=1}^{N} \left| \left(y_{ik} - y_{jk} \right) \right|^2} \tag{6}$$

Sammon 映射是在保持高维空间数据不变的基础上，寻找映射：

$$f : X \in R^D \rightarrow Y \in R^d \tag{7}$$

这个映射使用梯度迭代运算得到最小化的目标函数，从而得出数据降维后的低维表示：

$$E = \frac{1}{\sum_{i<j} d_{ij}^*} \sum_{i<j}^{n} \frac{\left(d_{ij}^* - d_{ij} \right)^2}{d_{ij}^*} \tag{8}$$

3　随机森林（RF）

随机森林算法是由 Leo Breiman 于 2001 年提出的一种基于模式识别的学习算法，它的本质是一个包含多个决策树的分类器。随机森林通过样本训练，可以得到多个包含样本特征的随机决策树，从而完成目标分类。随机森林具有运算速度快、泛化性能强的特点，十分适合作为模拟电路故障诊断的分类器。

随机森林通过 Bootstrap 法重采样得到多个训练集，只需要通过少量的样本就可以估算出参数的分布特征。随机森林在构建决策树时，采用随机选取分裂属性集的方法，具体的流程如下（图 2）：

（1）利用 Bootstrap 方法重采样，随机产生 T 个训练集 S_1，S_2，$\cdots$，S_T。

（2）每个训练集均生成各自的决策树 C_1，C_2，$\cdots$，C_T，在每个内部节点选择属性前，

从 M 个属性中随机抽取 m 个属性作为当前节点的分裂属性集，并以这 m 个属性中最好的分裂方式对该节点进行分裂。

（3）让每棵树都完整成长，不进行剪校。

（4）对于测试集样本 X，利用每个决策树进行测试，得到对应的类别 $C_1(X)$，$C_2(X)$，$\cdots$，$C_T(X)$。

（5）采用投票的方法，将 T 个决策树中输出最多的类别作为测试集样本 X 所属的类别。

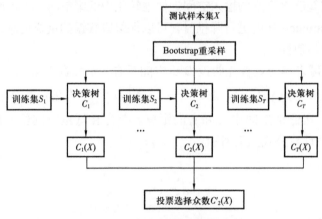

图 2　随机森林流程图

4　仿真实验及分析

本文首先在 PSPICE 9.2 软件中绘制电路图，并通过仿真得到电压信号。首先对电压信号进行小波包分解，提取子频带的能量值作为故障特征，然后用 Sammon 映射对其进行优化，得到训练样本集和测试样本集，最后将其输入随机森林进行网络训练和故障诊断，具体的流程如图 3 所示。

图 3　诊断流程图

4.1 电路仿真

为了本文使用 ITC'97 Benchmark 电路中[16]的巴特沃斯带通滤波器电路进行仿真，该电路是可用于评估算法性能的标准电路。在 PSPICE 9.2 中绘制电路图，如图 4 所示。

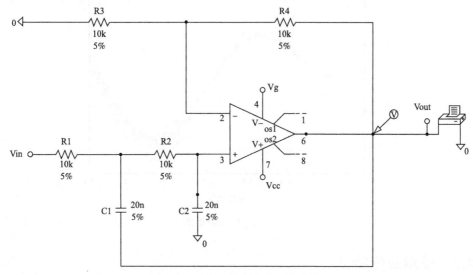

图 4 巴特沃斯带通滤波器电路图

巴特沃斯带通滤波器的 Vin 处输入正弦信号，其幅值为 1V，频率为 1kHz，用 ↑ 表示超过元件标称值的故障，用 ↓ 表示低于元件标称值的故障，电路共设置包括正常状态在内的 11 种故障模式，具体故障值设定见表 1。

表 1 巴特沃斯带通滤波器故障模式表

编号	故障类别	标称值	故障值
1	NF	—	—
2	C1 ↓	0.02nF	0.016nF
3	C1 ↑	0.02nF	0.024nF
4	R1 ↓	10K	8K
5	R1 ↑	10K	12K
6	R2 ↓	10K	8K
7	R2 ↑	10K	12K
8	R3 短路	10K	0K
9	R3 断路	10K	10^{20}K
10	R4 ↓	10K	8K
11	R4 ↑	10K	12K

使用 PSPICE 软件对巴特沃斯带通滤波器电路的正常和故障模式进行 50 次 Monte Carlo 仿真，在输入端输入激励信号，在输出端采集 300 点电压信号。仿真结束后，可以得到 11 组包含 50 个电压信号的样本数据，电压信号如图 5 所示。

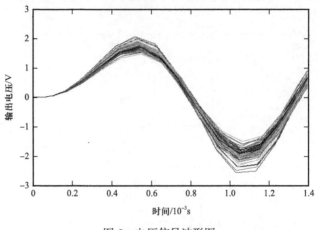

图 5　电压信号波形图

4.2　提取故障特征

Db3 小波基消失矩阶数大，能够更好地将电路故障信息分解到子频带，提高诊断精度[7]，因此本文使用 Db3 小波基对 11 组电压信号进行三层小波包分解。电压信号经小波包分解会得到 8 个子频段，使用式（4）提取子频段的能量谱，构成新的特征向量，如图 6 所示。图 6 中 x 轴表示子频带，y 轴表示故障模式，z 轴表示能量谱。

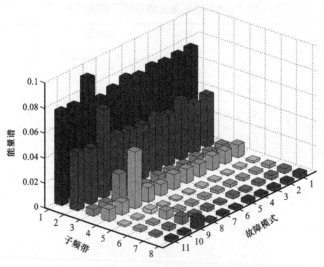

图 6　部分故障特征图

计算出的小波包能量谱仍具有冗余信息，这在增加诊断消耗的同时会降低模拟电路的故障诊断率，因此本文用 Sammon 映射对其进行优化。Sammon 映射可以保留高维数据间的结构信息，并给出一个有效的低维表示，可以有效降低故障特征中的冗余信息。

在使用 Sammon 映射前，计算得到故障特征的本质维数为 3，因此能把 8 维的故障特征降到 3 维。这有利于降低网络训练时间，提高模拟电路故障诊断的效率。经 Sammon 映射优化后，得到的故障特征如图 7 所示。由图 7 可知，经 Sammon 映射优化后，故障特征具有良好的区分度。

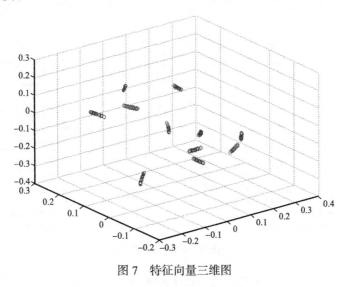

图 7　特征向量三维图

4.3　故障诊断

经 Sammon 映射优化后，故障特征为三维输入。为确定随机森林中决策树的棵数，设定其范围为 50~1000 之间，间隔为 50，得到的分类准确率和决策树棵数的关系如图 8 所示。由图 8 可知，综合随机森林的判断准确率和运行效率，随机森林的决策树棵数设定为300 棵。

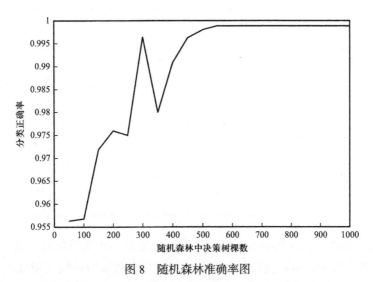

图 8　随机森林准确率图

为了证明 Sammon 映射对故障特征的优化作用，本文将未经优化的小波包能量谱输入随机森林作为对比实验。首先将 50 组故障特征分成 30 组的训练样本和 20 组的测试样本，然后将训练样本输入随机森林对其进行网络的训练，最后用测试样本对训练好的随机森林的故障诊断能力进行检验，得到的实验结果如图9所示。

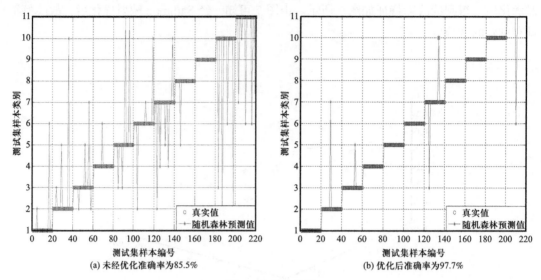

图 9　诊断结果图

将图 9 中的诊断数据进行整理，得到的结果见表 2。

表 2　故障诊断结果表

故障编号	样本数	未经优化的正确数	诊断率	经优化的正确数	诊断率
1	20	18	90%	20	100%
2	20	17	85%	19	95%
3	20	16	80%	19	95%
4	20	19	95%	20	100%
5	20	16	80%	20	100%
6	20	17	85%	20	100%
7	20	15	75%	18	90%
8	20	19	95%	20	100%
9	20	20	100%	20	100%
10	20	16	80%	20	100%
11	20	15	75%	19	95%

由表 2 数据可知，未经 Sammon 映射的小波包能量谱作为故障特征输入随机森林时，得到的故障诊断率为 85.5%；而经 Sammon 映射优化的故障特征输入随机森林后，得到的故障诊断率为 97.7%。这说明 Sammon 映射能够去掉小波包能量谱中的冗余信息，对故障特征进行有效优化，提高模拟电路故障诊断的准确率。

将本文方法和其他故障诊断方法进行对比，结果见表 3。

表 3 诊断率对比表

编号	方法	诊断率
1	小波包与支持向量机[17]	91%
2	混合粒子群算法优化 BPNN[18]	90%
3	本文方法	97.7%

由表 3 的数据可知，本文方法相比于小波包与支持向量机和混合粒子群优化反向传播神经网络（BPNN），得到的准确率更高，在模拟电路故障诊断中具有更佳的优越性。

5 结论

针对模拟电路的故障识别定位的难题，本文提出了基于 Sammon 映射和随机森林的故障诊断方法。该方法首先使用小波包对得到的电压信号进行分解并提取故障特征，然后用 Sammon 映射对故障特征进行优化，最后通过随机森林进行故障诊断。通过实验可知，本文方法具有较高的故障诊断准确率，为实现模拟电路的故障定位和识别提供了一种新的选择。

参 考 文 献

[1] 肖晓晖. 基于改进果蝇优化算法优化 SVM 的模拟电路故障诊断 [J]. 电子测量与仪器学报，2019，33（5）：57–64.

[2] 孙健，胡国兵，王成华. 基于随机投影和 NB 网络的模拟电路故障诊断 [J]. 仪器仪表学报，2019，40（2）：105–112.

[3] 胡含兵. 基于 MODWPT 与 LFDA 的模拟电路故障诊断 [J]. 电子测量技术，2019，42（7）：49–53.

[4] D. BINU，B.S. KARIVAPPA. A Survey on Fault Diagnosis of Analog Circuits：Taxonomy and State of the Art [J]. AEUE – International Journal of Electronics and Communications，2017.

[5] MICHAL TADEUSIEWICA. A method for multiple soft fault diagnosis of linear analog circuits [J]. Measurement，2018.

[6] 孙健，王成华. 基于小波包能量谱和 NPE 的模拟电路故障诊断 [J]. 仪器仪表学报，2013，34（9）：2021–2027.

[7] 袁莉芬，孙业胜，何怡刚，等. 基于小波包优选的模拟电路故障特征提取方法 [J]. 电工技术学报，2018，33（1）：158–165

[8] 卫庆，司风琪，徐治皋，等. 基于 KPCA 残差方向梯度的故障检测方法及应用 [J]. 仪器仪表学报，2017，（10）：2518–2524.

[9] 夏爽，颜学龙. 基于小波因子分析的 PSO-ELM 模拟电路故障诊断 [J]. 国外电子测量技术，2018，37（9）：46–50.

[10] 马峻，赵飞乐，徐潇，等. MRA-PCA-PSO 组合优化 BP 神经网络模拟电路故障诊断研究 [J]. 电子测量与仪器学报，2018，32（3）：73–79.

［11］吕洪爽，何玉珠. 基于 CBA-SVM 的模拟电路故障诊断方法研究［J］. 电子测量技术,2018,41（7）：6-10.

［12］邓勇，文浩. 基于倒谱和决策树的模拟电路故障诊断［J］. 电子测量与仪器学报，2017, 31（3）：430-435.

［13］晋良念，欧阳缮. 混合 Neural-Gas 网络和 Sammon 映射的数据可视化算法［J］. 电子与信息学报，2008（5）：1118-1121.

［14］冯晓荣，瞿国庆. 基于深度学习与随机森林的高维数据特征选择［J］. 计算机工程与设计,2019（9）：2494-2501.

［15］张朝龙，何怡刚. 基于核熵成分分析的模拟电路早期故障诊断方法［J］. 仪器仪表学报,2015,36(3)：675-684.

［16］CATELANI M，FORT A，NOSI G. Application of radial basis function network to the preventive maintenance of electronic analog circuits［C］// Instrumentation and Measurement Technology Conference, 1999. Imtc/99. Proceedings of the, IEEE. IEEE, 1999: 510-513 vol.1.

［17］唐静远，师奕兵，周龙甫，等. 基于交叉熵方法和支持向量机的模拟电路故障诊断［J］. 控制与决策，2009, 24（9）：1416-1420.

［18］李志华，朱卉，潘月. 混合粒子群算法优化 BPNN 在模拟电路故障诊断中的应用［J］. 控制工程，2014, 21（3）：450-454.

原文刊登于《仪表技术与传感器》2021 年第 3 期

基于 PLC 的管道防腐补口无线数据采集系统

贾 超

（中国石油天然气管道科学研究院有限公司）

摘 要 针对中国石油天然气集团公司对于建设"数字管道"的战略要求，通过该数据采集控制系统的设计，对防腐补口关键施工数据进行采集、处理及无线传输，进而保证了关键施工数据的真实有效及可追溯性，最终实现了对防腐补口质量的严格管控。该系统已应用于中俄东线天然气管道工程施工建设中，数据稳定、抗干扰能力强、传输距离远，最大程度保障了中俄东线管道施工建设。

关键词 PLC；无线；数据采集；控制系统；中俄东线；自动化；数字管道

中俄东线天然气管道工程是我国批准建设的长距离天然气输送管道工程，国内段起自黑龙江省黑河市，途经 9 省区市，止于上海市，全长 5000 余千米（图 1）。建成后，将承担每年 $380 \times 10^8 m^3$ 进口天然气的输送任务，向东北、环渤海和长三角区域供气，将有效缓解东北地区天然气短缺，改善京津冀地区大气污染现状，促进长江三角洲地区的能源结构调整，具有很重要的战略意义以及很可观的经济效益[1]。

图 1 中俄东线施工现场

随着大数据时代的到来，为顺应智能化、数字化的发展趋势，中国石油天然气集团公司提出了"标准化设计、工厂化预制、模块化施工、机械化作业、信息化管理"的"五化"及"全数字化移交、全智能化运营、全生命周期管理"的"三全"建设目标，决心以中俄东线天然气管道工程为契机，全面建设"数字管道"[2-4]。

当前，中俄东线管道工程现场防腐补口已实现机械化流水作业，有效提升了防腐补口质量及施工效率[5-12]。为实现对防腐补口的过程质量严格管控，以及关键施工数据的真实性、完整性及可追溯性，分析确定了影响补口质量的关键参数，通过研发基于PLC的无线数据采集控制系统，对关键参数进行采集、处理，并最终实现无线远程传输，将数据发送给服务器存储[13-14]。

1 系统设计

1.1 设计原理

系统设计分三步走：

（1）利用扫码枪读取管口、人员和设备的二维码信息，通过温度传感器和压力传感器分别采集管口温度、喷砂压力等数据信息（图2）。

图2 施工二维码

（2）将采集到的数据传递给PLC，通过程序进行数据加工、整理及存储在相应的寄存器中（图3）。

（3）上位机通过Modbus RTU协议，以数据收发模块组建的无线渠道，定时采集数据，实时显示在上位机界面并将数据打包发送给远程服务器端（图4）。

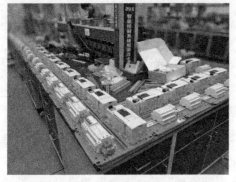

图3 以PLC作控制器的流水线组装   图4 上位机显示

1.2　硬件组成

（1）控制单元

控制器采用三菱 FX 系列 PLC，直流 24V 供电，共有 8 个输入点，8 个输出点，采用继电器输出方式。利用 PLC 作为控制器，一方面可大大提高系统的稳定性，增强抗干扰能力，另一方面，方便功能扩展，不改变硬件接线，直接通过修改程序即可实现。

此外，PLC 通过 A/D 模块扩展口连接 A/D 转换模块，通过通信扩展口依次 232 串口模块和 485 串口模块（图 5）。

（2）数据采集单元。

① 扫码枪。利用扫码枪读取管口二维码、操作工二维码、设备二维码，并将信息通过 232 通信模块传递给 PLC。

图 5　控制系统

② 传感器。采用 24V 供电，4～20mA 电流信号模式的温度传感器和压力传感器，通过二线制接线方式，分别采集管口加热温度信息和喷砂除锈压力信息，并上传给 A/D 模块。如图 6 所示。

（3）数据传输单元。

数据传输单元包括发射端和接收端两部分，二者通过 433MHz 的无线电磁波进行数据传输。发射端通过 485 端口与 PLC 相连，并装于施工现场，接收端通过 232 端口和控制室的 PC 机相连，将接收到的信息传递并存储于主机中。如图 7 所示。

图 6　传感器安装

图 7　接收端调试

1.3　程序设计

系统利用 GX-Works 2 软件进行 PLC 程序编写，分温度、压力采集和二维码采集两部分，具体流程如图 8 所示。

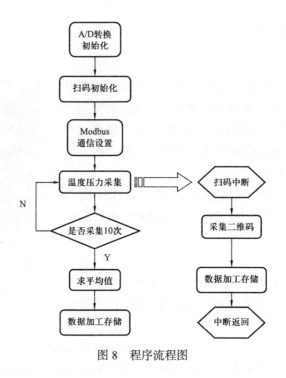

图 8　程序流程图

2　成果应用

目前，无线数据采集控制系统已在中俄东线管道局、四川油建、辽河油建等公司的喷砂除锈、中频加热设备中应用 50 余套（图 9）。实践证明，该系统安装方便、操作简单、数据传输稳定可靠、最大传输距离可达 3km，能够有效保证中俄东线机械化防腐补口关键施工数据的全数字化移交。

图 9　系统应用

3　结束语

机械化防腐补口的普及带来了施工效率的提升以及人员劳动强度的降低，施工过程中的关键数据采集更是为施工质量的把控奠定了基础，也与建设"数字管道""智慧管道"的趋势相得益彰。

参 考 文 献

[1] 王长江，刘然，贾超，等.机械化防腐补口关键数据分析及数字化移交[J].焊管，2019（1）：43-46.

[2] 岳雨若.绘制"智慧管道"新蓝图[N].石油管道报，2017-07-11.

[3] 李媛，孙兆光."两化融合"点亮"智慧管道"[N].中国石油报，2017-08-15.

[4] 杨梅博.我国油气管道步入智慧管道建设阶段[N].石油商报，2017-07-03.

[5] 朱琳，白树彬，许昌学，等.热收缩带机械化补口技术在长输油气管道建设上的应用[J].腐蚀与防护，2016，37（11）：929-931.

[6] 刘锋，曾传银.机械化热收缩带补口在西气东输三线的应用[J].管道技术与设备，2015（3）：41-43.

[7] 王长江，曾惠林，赵永强，等.自动喷砂除锈装置在西气东输三线管道工程的应用[J].流体机械，2014（3）：53-56.

[8] 龙斌，吕喜军，唐德渝，等.环保型全自动管道喷砂除锈机的研制及应用[J].石油工程建设，2011，37（6）：36-38.

[9] 王长江，乐天，尹铁，等.油气管道防腐补口自动除锈机的研制[J].石油机械，2012（2）：47-50.

[10] 周号，刘全利，刘艳利，等.移动式中频加热设备在热收缩带补口中的应用[J].石油工程建设，2015，41（5）：75-78.

[11] 吕新昱，安志彬，刘全利，等.大口径管道中频加热设备[J].管道技术与设备，2015（6）：13-15.

[12] 叶春艳，张鹏，康景波，等.热收缩带中频加热补口施工技术[J].石油工程建设，2012，38（5）：49-50.

[13] 胡松涛.长输管道防腐补口施工质量控制要点分析[J].石化技术，2016，23（7）：291.

[14] 施德海.长输油气管道防腐补口质量的控制[J].油气储运，2014（9）：1022-1023.

原文刊登于《焊管》2021 年第 44 卷第 7 期

水平定向钻数据采集及远程监控系统研究

周 号[1] 刘永刚[2] 江 勇[1] 张 倩[1] 马梓航[3] 武 涛[1] 刘艳利[1]

(1.中国石油天然气管道科学研究院有限公司；2.中石油北京天然气管道有限公司；
3.中国石油管道局工程有限公司第四分公司)

摘 要 国内油气长输管道在水平定向钻施工领域，数字化和信息化水平偏低，与工程质量密切相关的施工关键数据缺少监控与管理，长期依靠人工记录，造成诸多问题。本系统通过数据采集装置将钻机施工中的扭矩、推拉力、钻井液压力等关键施工数据进行实时采集、处理和远程无线传输，提取出有效数据，自动将这些数据绘制成对比曲线，直观地反映穿越施工情况。实现工程项目的远程监督与管理，从而科学预测后续施工和类似地质工程中可能出现的问题，提前制定措施，降低施工风险，提高施工效率。

关键词 水平定向钻；数据采集；远程；监控

国内油气管道工程建设过程中，常常伴着众多的穿越工程，为保证工程项目的工期，非开挖专业大多采用水平定向钻穿越形式[1]。目前水平定向钻现场施工中的关键数据主要依靠人工记录，容易造成人为误差、漏记、补记现象，不能充分保障采集数据的时效性、准确性；不便于 EPC 项目部管理人员对工程项目进行实时跟踪、监督和管理。

当定向钻施工工况出现变化或故障时，手工记录数据不连续、数据不真实等造成信息数据分析滞后[2]，不能及时、准确地分析施工参数变化的趋势，难以准确地分析故障发生的原因和故障发生时的施工状况，仅凭施工经验进行问题的处理，不利于施工的管理[3]。基于此，开发了一套水平定向钻数据采集及远程监控系统，降低了施工风险，提高了施工效率。

1 系统组成

水平定向钻工况数据采集及远程监控系统主要由数据采集及传输装置、数据采集处理软件、数据库、手机 App 远程监控等系统组成（图1）。

1.1 系统主要功能

（1）实时采集——实时采集钻机进尺、扭矩、推拉力、钻井液压力及其他相关数据；远程对多个项目实时跟踪、监督和管理，及时管控工程施工进度；保证数据的真实性、连续性与完整性。

（2）分析处理——将传输回来的数据进行计算、分析、处理，形成有效数据，直观反映施工情况。

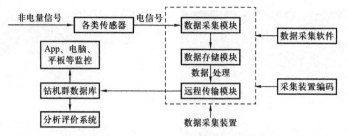

图1 数据采集及远程监控系统结构设计图

（3）电子档案——本系统的数据分析结果可直接代替手工记录作为工程竣工验收档案，且真实、完整，能够有效降低工作人员劳动强度。

（4）远程预警——公司项目管理人员和技术人员可远程对工程提出预警：采集的施工数据结合地质勘测数据，能对各进尺处的钻机扭矩、推拉力等设置报警阈值；通过分析上一工序施工数据，可对后续施工进行风险预控和工程预警；施工中出现问题时，管理人员和技术专家根据有效数据，可远程会诊。

（5）施工信息大数据库——系统不断汇总工程数据将形成国内首个穿越工程工况信息数据库；运用大数据技术可为后续工程和类似工程提供数据支持。

1.2 系统主要技术参数

（1）数据远程传输速率不小于 10kB/s。

（2）图形显示响应时间：2s。

（3）数据存储频率：2s。

（4）能以曲线图、图表等形式直观显示所采集数据。

2 数据采集及传输装置

水平定向钻数据采集传输装置包括油管三通接头、液压油管、传感器、数据采集模块、数据存储模块、数据远程传输模块等。水平定向钻机施工过程中，施工现场的关键数据通过各传感器将非电量信号实时转换为电量信号，通过采集模块将其传送给数据存储模块，然后通过开发的软件对数据进行实时分析和处理，进行图表显示以及数据存储等[4]；同时将分析后的数据自动通过远程传输模块传送到数据库中，以便于远程监控时数据的调用（图2至图7）。

图2 三通转换接头

图3 压力传感器

图 4 数据采集模块

图 5 数据远程传输模块

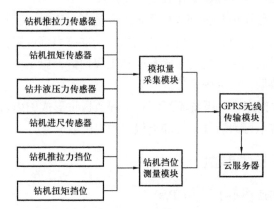
图 6 采集装置原理设计图

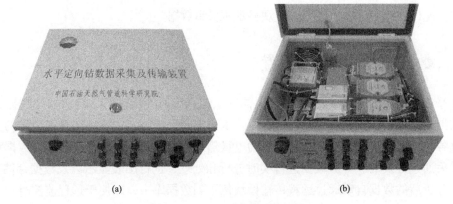

(a)　　　　　　　　　　　　　(b)

图 7 加工完成的数据采集装置

3 数据采集、分析软件

为了将采集的水平定向钻机施工关键参数通过远程传输模块安全、稳定、可靠地传输和存储到数据库中，开发了水平定向钻数据采集软件。将其安装于施工现场的数据采集装置中，可将钻机施工过程中的关键数据以最小流量、稳定地、间歇性地发送到数据库中。

3.1　开发环境

水平定向钻数据采集软件系统采用四层结构，基于微软 .NET 框架开发，编程语言 C#，可运行在 windows 系列操作系统上。另外该软件集成了 Iocomp.NET WinForm 仪表控件，可将施工过程中所采集的原始电压信号进行处理和保存，然后调用图形控件以仪表盘等方式进行实时显示，界面美观，运行速度快[5]。

3.2　数据库

数据库由主数据库 main 和工程库两部分组成。

主数据库包含数据表用户表、用户工程表。

工程库包括工程地质信息表、工程信息表、数据综合处理信息表、自动数据采集信息表、报警信息表等[5]（图 8、图 9）。

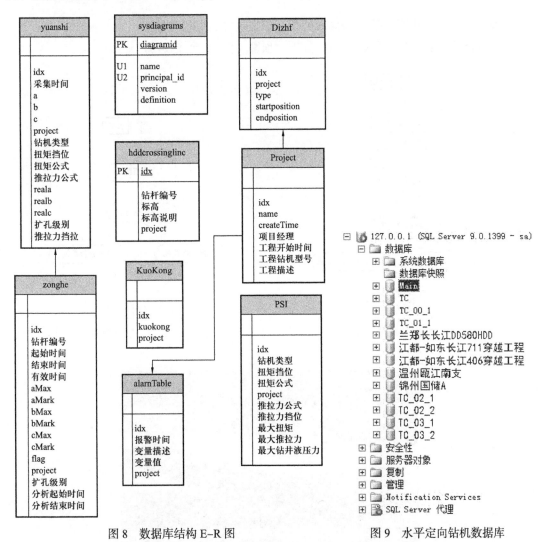

图 8　数据库结构 E-R 图　　　　　　　图 9　水平定向钻机数据库

3.3 软件组成

软件系统主要分为"采集软件"和"分析软件"两部分，其中"采集软件"安装在施工现场的数据采集装置里，"分析软件"安装在监控终端的 PC 机中（图 10）。

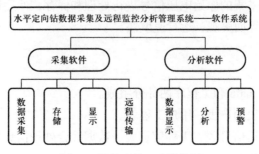

图 10 软件系统组成结构图

采集软件主要功能：数据采集、储存、本地显示、远程传输。
分析软件主要功能：数据显示、分析、预警（图 11 至图 14）。

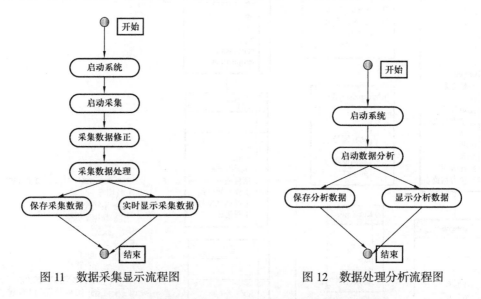

图 11 数据采集显示流程图   图 12 数据处理分析流程图

图 13 系统启动界面

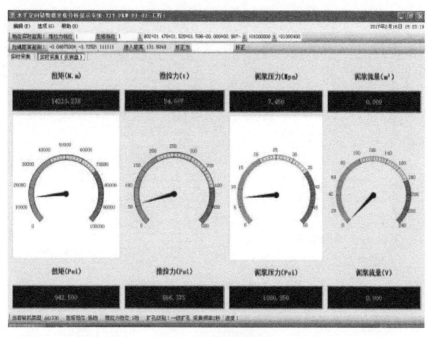

图 14　系统显示界面

4　App 远程监控系统设计

水平定向钻机施工具有施工地点不固定，分布广等特点，项目管理人员和技术人员由于数量有限，不能同时对多个工程项目的施工情况进行实地跟踪与管理，一般只会关注重点工程，产生管理漏洞，不利于项目的精细化管理。手机 App 远程监控系统能够很好地解决该问题。远程监控系统软件开发环境为 Android Studio2.2，开发语言 java，可运行于安卓手机操作系统 5.1 版本以上。为便于开发和管理，系统采用了 MVC 框架，视图、逻辑、控制三层独立。

开发的 App 远程监控系统主要包含数据显示模块、数据导出模块、工程管理模块。

（1）数据显示模块。

App 通过实时调用数据库中的数据，进行实时显示。数据的展现方式有仪表盘、曲线、表格三种形式。

（2）数据导出模块。

数据导出模块可以导出指定日期的施工数据，通过手机查看分析。选择施工日期后点击导出数据按钮可以导出到手机中，格式为 excel。

（3）工程管理模块。

App 软件设置界面可以看到该用户所管理的多个工程，管理人员和技术人员可以通过切换不同的工程，实现同时对多个工程施工情况的跟踪、监督与管理，针对风险高发区提前制定预控措施，保证工程的顺利进行（图 15、图 16）。

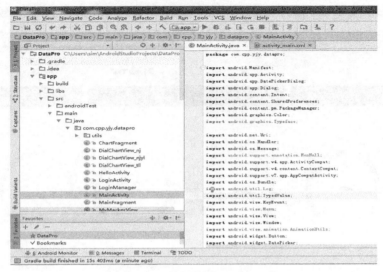

图 15　App 系统部分程序代码设计

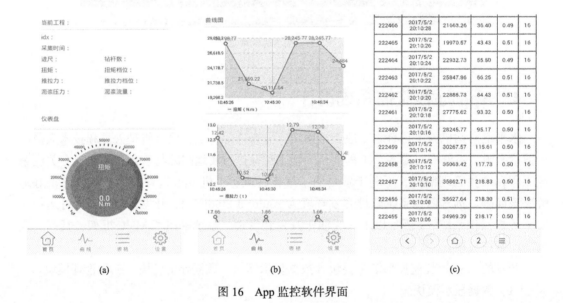

| | (a) | | | (b) | | | (c) | |

图 16　App 监控软件界面

5　工程应用及效果

5.1　工程应用

2017 年 5 月，水平定向钻数据采集及远程监控系统用于东北某大型定向钻穿越工程（图 17），系统全程记录了该工程施工中的关键数据，并根据采集到的数据绘制了对比分析曲线图，指导工程施工。

该工程所用钻机为：奥格 DD-1100；最大推力/拉力 4903kN；动力头最大扭矩 136000N·m；最大钻井液压力 8.4MPa；最大钻井液排量 2838L/min×2；最大回拖管径

2200mm；推盘最大行走速度 32m/min；入土角调节范围 10°～18°。穿越管道的直径为 1016mm，穿越水平长度为 1300m，入土角 11.3°，出土角 7°。

(a)

(b)

图 17　工程应用

5.2　应用效果

研究成果在应用过程中，项目管理人员、技术人员和远离现场的工程技术专家通过手机 App 能够及时、准确、完整地远程监控钻机导向孔、扩孔、回拖施工过程中的关键钻进参数及工程施工状况。通过实时查看工程数据、曲线对比分析图等，有效掌控了工程进度，并对施工进程中可能出现的风险进行预判，及时调整施工工艺，主动采取事前预控措施，降低了工程施工风险，提高了施工效率。

6　结论

水平定向钻数据采集及远程监控系统，满足了定向钻穿越施工数字化和信息化的市场需求，提高了企业的项目管理水平和施工能力。但目前该行业暂未制定相关标准，建议尽快申报编写，从而规范穿越施工，提高地下管道工程施工质量。

参考文献

［1］乌效鸣，胡郁乐，李粮纲，等.导向钻进与非开挖铺管技术［M］.武汉：中国地质大学出版社，2004：43-45.

［2］李晓明.水平定向钻工况数据采集系统的研究与实现［D］.天津：天津大学，2006：3-4.

［3］杨敬杰.管道定向钻穿越河流施工风险控制［J］.油气储运，2014，33（03）：315-317.

［4］周号，刘艳利，安志彬，等.工况信息数据采集系统在水平定向钻穿越施工中的应用［J］.管道技术与设备，2010，（5）：35-38.

［5］江勇，周号，廖国威，等.水平定向钻施工数据采集及处理系统［J］.油气储运，2013，32（10）：1124-1128.

原文刊登于《管道设备与技术》2020 年第 2 期

综 述 篇

油气管道环焊缝焊接技术现状及发展趋势

隋永莉

（中国石油天然气管道科学研究院有限公司）

摘　要　本文介绍了我国长输油气管道建设用管线钢管及现场焊接技术的发展和应用现状，指出了管道用钢管的焊接性特点，从半自动焊和手工焊的应用方向、管道自动焊应用和质量控制措施、无损检测方法的选择和技术进步、焊接缺欠检测和验收以及施工组织的技术进步五个方面分析了国内外的技术差异，提出了我国今后管道现场焊接技术的发展趋势。本文认为，自保护药芯焊丝半自动焊和低氢焊条手工焊仍将是管道建设的可选择方法，但自动焊技术的应用将会越来越广泛；多种检测方法综合应用及检测结果数字化处理的数字化无损检测系统将大力发展，并将越来越重视安全和经济兼顾的焊接缺欠评估手段的应用。环焊缝焊接技术应与钢铁冶金、钢管制造、焊接材料研发和施工管理等作为一个技术体系进行协调和管理。

关键词　油气管道；环焊缝；焊接技术；焊接质量；焊接缺陷；无损检测

根据我国中长期油气管网规划，2025年我国计划建设的长输管线总长将达到 24×10^4km，其中天然气、原油、成品油管道里程数分别达到 16.3×10^4km、3.7×10^4km、4×10^4km[1]。截至2019年底，我国已建油气管道的总长度超过 14×10^4km，其中天然气管道约 8×10^4km，原油管道约 3.5×10^4km，成品油管道约 3.0×10^4km。我国天然气市场主要在东部，资源地主要在西部，进口天然气的资源地主要在北部邻国俄罗斯及中亚地区，因此我国输油输气干线是以东西向及南北向的长输管线为主。随着油气管道输量和运距的不断增加，管道建设越来越多地使用了大口径（如1219mm、1422mm）、高钢级（如X70、X80）的管线钢管。

管线钢的发展历史表明，钢管强度等级的提高源于冶金成分设计和组分精确添加、轧制工艺和冷却过程精确控制等方面取得的重大技术进步。运用上述生产工艺制造的管线钢在解决冷裂纹、热裂纹方面优势明显，但在焊接过程中仍面临一些母材焊接性方面的技术难点，如焊接热影响区脆化和软化、钢管实际强度和冶金成分差异影响焊缝性能，以及环焊接头的等强韧性或高强韧性匹配要求等。

与管线钢管的快速发展相比，焊接技术的发展和应用相对滞后，焊接材料的纯净度比母材差，环焊缝的焊接在很长一段时间内都是以纤维素焊条手工焊和自保护药芯焊丝半自动焊为主。2001年西气东输管道工程建设期间，我国开始推广应用管道自动焊技术，经过近二十年的不断发展，如今在中俄原油二线管道工程和中俄东线天然气管道工程的北段和中段，管道自动焊技术的应用比例近乎100%，焊接质量得到了很大的提升。

1 我国管线钢及环焊技术的发展历程

20世纪90年代，我国面临着大规模建设高压输送管道的形势，开始考虑管线钢生产的国产化问题，并在"八五"期间建立了管线钢标准体系，研发了L360~L450管线钢管，成功应用于塔中—轮南原油管道、陕京输气管道和库部原油管道等三条管线工程。21世纪开始，随着国民经济对石油、天然气等清洁能源需求的不断上升，为满足石油、天然气年输量需求，我国开始了L485、L555管线钢的研发和应用工作，并将L485钢管应用于西气东输工程、L555钢管应用于西气东输二线管道工程，标志着我国采用大口径、厚壁厚、高压力输送管道的新篇章。我国高钢级管线钢管起步较晚，但研究开发和应用的速度较快。随着西气东输、陕京二线、西气东输二线、陕京三线等输气管线的建成，L485和L555管线钢已在国内天然气干线管道大量应用。目前，我国已开发出L630、L690和L830等更高强度等级的管线钢管，用20多年的时间走完了发达国家高钢级管线钢管40多年的研发进程（图1）。

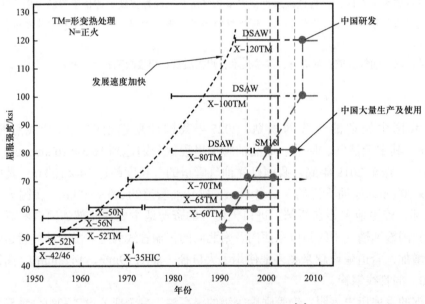

图1　国内外管线钢的发展与应用[2]

环焊缝焊接工艺经历了传统焊、铁粉低氢焊条下向焊、纤维素焊条下向焊、自保护药芯焊丝半自动焊，以及熔化极气保护自动焊的发展历程，焊接合格率的统计方法从按缺陷长度所占比例变化为按不合格焊口数量所占比例的方法，一次焊接合格率却从83%上升到了90%（部分工程甚至达到92%及以上）。另外，先进焊接方法带来的劳动强度的降低、施工效率的大幅度提高等，都标志着环焊缝焊接技术的持续改进和焊接质量的不断提高[3]（图2）。

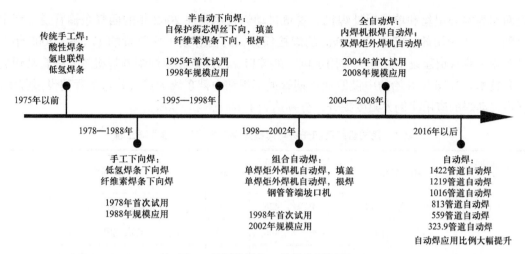

图 2　环焊缝焊接工艺的发展历程

2　管线钢及其环焊技术的工程应用

管线钢和环焊技术在我国油气管道应用的里程碑工程见表 1。1992 年至 1996 年期间首次应用了国产的 L360、L415 和 L450 管线钢管，焊接方法主要为铁粉低氢型焊条下向焊。1999 年 10 月至 12 月期间，在涩宁兰天然气管道工程中完成了 8.7km 的国产 L485 钢管的试验段工程建设，分别采用了自保护药芯焊丝半自动焊和气保护实心焊丝单焊炬外焊机自动焊工艺，以此为基础实现了 2002 年西气东输管道工程 L485 管线钢管和管道自动焊技术的规模化应用。2005 年 3 月，在西气东输冀宁支线管道工程中完成了 7.71km 的国产 L555 钢管试验段工程建设，采用了气保护实心焊丝单焊炬外焊机自动焊工艺，奠定了 L555 管线钢管规模化应用的技术基础。2008 年西气东输二线管道工程应用了 L555 管线钢管，主要焊接方法为低氢焊材根焊与自保护药芯焊丝半自动焊的组合工艺，并在工程中应用了气保护实心焊丝的内焊机和双焊炬外焊机自动焊的焊接方法。2016 年 10 月，管径 1422mm、设计压力 12MPa 的 L555 钢管在中俄东线天然气管道工程中开始应用，这是国内迄今为止钢级、管径和设计压力最大的天然气管道工程，焊接方法主要为气保护实心焊丝的内焊机和双焊炬外焊机自动焊，连头、山区等特殊焊口则采用了手工钨极氩弧焊与气保护药芯焊丝的单焊炬外焊机自动焊的组合工艺。

1988 年 10 月，由中国石油管道局引入的铁粉低氢型下向焊的环焊缝焊接工艺在中沧天然气管道建设中首次应用。1995 年 9 月，自保护药芯焊丝半自动焊工艺国内首次应用在库鄯线原油管道工程中，完成了 160km 的试验段工程。1996 年，纤维素焊条下向根焊和铁粉低氢焊条下向填充盖面焊的混合工艺在陕京线天然气管道工程中首次应用。1998 年 12 月，国产熔化极气保护自动焊技术在郑州义马煤气管道中首次应用。1999 年 11 月，中国石油管道局二公司引进的英国 NOREST 熔化极气保护自动焊技术在港京复线天然气管道中首次应用。需要指出的是，国产自动焊首次应用的根焊方法是铜衬垫内对口器的强迫成型方法，进口自动焊首次应用的根焊方法是纤维素焊条手工焊，两种自动焊的填充盖面均为实心焊丝和单焊炬外焊机。管道自动焊技术是在 2002 年的西气东输管道工程中得到了广泛应用的，完成了 670km 的焊接任务，约占焊接工作总量的 17.2%。2008 年西气东输二线管道建设中，首次应用了国产的坡口、内焊机和双焊炬外焊机等系列自动焊装备和技术。2016 年开始的中俄原油二期管道工程和中俄东线天然气管道工程建设过程中，管道自动焊的应用比例大幅度提升，分别达到了 68.8% 和 100%。

表 1　我国管线钢和先进环焊缝焊接技术应用的里程碑工程

建设时间/年	项目名称	压力/MPa	管径/mm	钢级	工程意义
1988	中沧天然气管道	6.4	426	L360	首次应用铁粉低氢下向焊工艺
1992—1996	塔中—轮南	6.4	406	L360	首次应用国产 L360
	陕京线	6.4	660	L415	首次应用国产 L415，纤维素焊条和铁粉低氢下向焊组合工艺
	库鄯线	8.0	610	L450	首次应用国产 L450、自保护半自动焊工艺试验段
1998.12	郑州义马煤气管道	6.4	426	16Mn	首次应用国产自动焊设备，铜衬垫内对口器和单焊炬外焊机
1999.11	港京复线天然气管道	6.4	711	L450	首次应用进口自动焊设备，纤维素焊条根焊和单焊炬外焊机
1999—2000	涩宁兰天然气管道	6.4	660	L450	纤维素焊条根焊和自保护半自动焊
				L485	首次应用国产 L485 试验段，分别采用单焊炬自动焊和自保护半自动焊工艺
2002—2004	西气东输天然气管道	10.0	1016	L485	规模应用国产 L485，推广使用自动焊工艺
2004—2005	西气东输冀宁支线管道	10.0	1016	L485	纤维素焊条根焊和自保护半自动焊
				L555	首次应用国产 L555 试验段，采用坡口机、单焊炬自动焊
2008—2010	西气东输二线	12.0	1219	L555	规模应用国产 L555，开始使用坡口机、内焊机和双焊炬外焊机
2015—2017	中俄原油二期	6.4	813	L450	组合自动焊应用比例达 68.8%
2016—2020	中俄东线天然气管道	12.0	1422	L555	首次应用 1422mm 钢管，自动焊应用比例达 100%

3　管道用钢管的焊接性特点

与同等强度的传统钢相比，管线钢的主要特点是碳含量和碳当量低，其强化手段不是通过增加碳含量和合金元素含量，而是通过晶粒细化来达到提高强韧性的目的。实际工业生产中所得钢的晶粒尺寸小于 50μm，最小可达 10μm，这满足了石油和天然气工业的需求，管线钢的高强度高韧性和低碳当量为其提供了优良的焊接性，降低了冷裂纹和热裂纹的敏感性倾向[4]。但由于钢的组织是超细晶粒，在焊接热作用下晶粒长大的驱动力很大，必然导致热影响区（HAZ）晶粒严重粗化，从而带来热影响区脆化和软化的问题，这将影响整个接头性能与母材性能的匹配。管道用钢管的焊接性特点有如下特征：

（1）管线钢焊接冷裂纹敏感性低。

管线钢具有超细晶粒组织，淬硬倾向小，且由于低的碳含量和碳当量，明显改善了其冷裂敏感性，减小了冷裂纹倾向，尤其是降低了焊接热影响区的冷裂纹倾向。

（2）管线钢焊接热裂纹敏感性低。

热裂纹通常是由于母材稀释而引起的，即主要出现在熔合比相对较大的根部焊道上，或出现在焊速过高所引起的过于拉长的收弧弧坑处等。管线钢的合金含量很低，夹杂物（如 S、P）含量低且偏析相对较少，通常不易发生热裂纹。

（3）管线钢焊接热影响区软化和脆化现象。

焊接加热过程中要向接头区域输入很多热量，对焊缝附近区域形成加热和冷却过程，这将导致晶粒长大或析出强化、形变硬化消失，从而引起热影响区硬度、强度、韧性、耐蚀性等的变化。焊接时热影响区的化学成分一般不会发生明显的变化，不能通过改变焊接材料来进行调整，因此，管线钢本身的化学成分和物理性能对焊接性具有十分重要的意义。

（4）管线钢不适宜采用焊后热处理工艺。

焊后热处理有可能导致管线钢晶粒长大，从而恶化管线钢管和焊缝金属的力学性能，因此很少要求对管线钢管及其环焊缝进行焊后热处理。对超细晶粒的管线钢而言，焊后热处理的唯一目的是松弛残余应力，必要时消除应力的热处理温度必须小于 600℃或考虑机械消除应力的措施。

（5）管线钢的焊缝金属具有一定的冷裂纹和热裂纹敏感性。

与管线钢的快速发展相比，当前阶段焊接材料的技术进步相对缓慢。部分焊材的碳含量、碳当量及 S、P 等杂质含量高于管线钢，不符合焊接材料应比母材更纯净的理念。由于焊接材料碳当量高，使得氢更容易固溶到焊缝金属中，导致在焊缝中出现冷裂纹。

另外，由于部分焊接材料的熔敷金属合金成分设计不当，如 S、P 等杂质元素含量较高，Ni、B 等元素含量过高或合金比例不当等，可引发焊缝金属中的横向或纵向热裂纹。

（6）高钢级管线钢的环焊接头强韧性匹配成为难点。

管线钢是通过晶粒细化、相变强化、析出强化等方法的结合，获得中间态的细晶粒组织，使其同时具备高强度和高韧性。而焊接过程受焊接冶金机理的局限，焊缝金属组织是铁素体、珠光体及粒状贝氏体等平衡态的柱状晶组织，焊缝金属需要在高强度、高韧性、高塑性等性能要求之间寻求平衡点。这使得管线钢，尤其是高钢级管线钢的环焊缝焊接，需要进行焊接材料、焊接方法及焊接工艺的合理选择，以获得与母材性能相当的焊接接头。

（7）管线钢和管件钢的焊接性具有差异性。

油气管道工程中，通常在主线路管道上使用形变热处理态的管线钢，在热煨弯管、三通、汇管、支管台等位置仍使用调质态的传统钢，称为管件钢。由于管线钢和管件钢的交货状态不同，其冶金成分、强化机制均有很大的不同，使得两者的焊接性存在较大的差异。与管线钢相比，管件钢的碳含量和碳当量较高，冷裂纹敏感性较大，需要考虑更为严格的焊接工艺措施。

4 国内外管道环焊技术的差异及展望

4.1 半自动焊和手工焊的应用方向

自保护药芯焊丝半自动焊接工艺在印度、泰国、墨西哥、俄罗斯、阿根廷、沙特阿拉伯及伊朗、伊拉克、苏丹等国家均有所应用，表2为其中的部分管道工程信息。

表2 使用自保护半自动焊的部分国外管道工程

年份	国家	项目名称	业主	输送介质	钢级	规格和里程
2018	印度	Dhamra Angul Pipeline Project	Punj Lloyd	气体	X70	36in，207km
2018	印度	Raigad Pipeline Project（H-Energy）	Offshore Infrastructure Ltd	气体	X70	30in，14.27mm，15.88mm，19.05mm，20.62mm，60km
2013	印度	BG Exploration Subsea Pipeline	Punj Lloyd	油	X60	12in，12.7mm
2013	墨西哥	Etano Pipeline	TECHINT	乙烷	X65	14in，16in，220km
2013	墨西哥	Mayakan	Arendal	气体	X65	30in，76km
2013	俄罗斯	Gazprom transgaz Chaykovskiy	LLC Podvoneftegazservis	气体	X80	42in
2012	阿根廷	Sealine Part 1-Total	Victor Contreras	气体	X60	4in，24in
2006	沙特阿拉伯	—	A. Hak	水	X65	60in，17.4mm，30km

中国石油1995年承建的突尼斯天然气管道工程和1996年建设的库鄯线输油管道工程，是我国最早的自保护药芯焊丝半自动焊应用工程。由于该方法的环境适应性好、焊接工艺性优良、合格率及施工效率高，1999年以后的油气管道建设中自保护药芯焊丝半自动焊的应用范围逐渐扩大，并成为环焊缝焊接的主要方法。2013年以后的X80、X70等高钢级管道建设中，发现自保护药芯焊丝半自动焊的焊缝金属存在着显著的低温冲击韧性离散现象。有研究成果认为，这与焊缝金属中数量较多、尺寸粗大的M-A组元，以及分布在晶界的链状M-A有关。而大量M-A组织的出现，一方面与焊材中的高Al含量相关，另一方面与母材中的淬透性元素，如Nb、Cr、Mo等元素含量相关。因此，高钢级管道建设中应谨慎使用自保护药芯焊丝半自动焊。

我国未来的油气管道建设，在口径较小、强度等级较低的管线钢管现场焊接时，自保护药芯焊丝半自动焊和低氢焊条手工焊的工艺仍将是可选择的焊接方法。另外，受地理位置、地形条件、气候环境等外界因素的限制，不利于进行管道自动焊施工的管道，也将使用自保护药芯焊丝半自动焊和低氢焊条手工焊的工艺。但在应用自保护药芯焊丝半自动焊工艺的管道段，需合理限定管线钢管的冶金成分，并严格遵守薄层多道焊的半自动焊工艺原则，以确保环焊接头的力学性能满足工程要求。

4.2　全自动焊的应用与焊接质量控制

20 世纪七八十年代，国外已采用自动焊装备进行管道建设，目前应用最广泛的国外自动焊装备包括美国 CRC–evans 公司的 PFM 坡口机、IWM 内焊机、P260 单焊炬外焊机以及 P625 双焊炬外焊机，焊接工艺主要采用内焊机根焊 + 外焊机填充盖面，在北美、欧洲、俄罗斯、澳大利亚、中东、非洲、亚洲等全世界范围的陆地管道中规模应用；法国 Serimax 公司的 PFM 坡口机、MAXILUC 带铜衬对口器、Saturnax 系列的外焊机，焊接工艺主要采用带铜衬对口器 + 外焊机根焊 + 外焊机填充盖面[5]。

中国全自动焊焊接装备的主要厂家有中国石油天然气管道局工程有限公司的 PFM 坡口机、IWM 内焊机、CPP900 W1 单焊炬外焊机以及 CPP900 W2 双焊炬外焊机、带铜衬内对口器和四川熊谷的系列自动焊装备，其技术先进性与国外基本持平，包括同步涨紧技术、快速定位技术、坡口加工技术、内根焊技术、对接搭接技术、自动控制技术、电弧跟踪技术等，在无线传输技术方面甚至超过了国外同类产品。但由于国内的加工工业、材料工业等基础工业的差别，在装备的使用可靠性和耐用性方面与国外先进水平相比存在一定差距。

从近 3 年国产自动焊装备在国家重点管道建设中的应用效果来看，管道自动焊的优势越来越显著。随着中国科技力量的不断加强，以及国家对安全、环保、高效、高质量管道建设要求的不断提升，自动焊装备将会成为管道建设的首选。

4.3　无损检测方法的选择和技术进步

油气管道工程建设过程中，常用的无损检测方法包括目视、射线、超声、磁粉、渗透检测等，每种检测方法因所依据的物理原理不同而具有特定的适用范围，仅用一种方法检测不足以得出确定的结果，也很难或无法实现被检对象的完整评估，往往需要根据不同情况同时使用两种或多种无损检测方法，才能对结构异常做出可靠判断。同时，还应选择与焊接工艺相适应的无损检测方法和检测工艺进行焊接缺欠控制，如气保护实心焊丝自动焊的主要焊接缺欠是未熔合和气孔，宜选用全自动超声波检测（AUT）方法；气保护药芯焊丝自动焊的主要焊接缺欠是气孔和夹渣，宜选用射线检测（RT）方法，或含有超声波衍射时差法（TOFD）功能的相控阵超声波检测（PAUT）方法；焊条手工电弧焊的主要焊接缺欠是夹渣和气孔，宜选用射线检测，或含有 TOFD 功能的相控阵超声波检测（PAUT）方法。

一些无损检测方法的结果记录情况较差、甚至没有（如目视、磁粉和渗透检测往往没有记录，手动超声波检测的可重复性和监督性差），因此同一道环焊缝的多种无损检测结果难以实现综合分析。当前的油气管道建设过程中越来越多地使用了数字化射线检测（DR）、数字化超声波检测（AUT、PAUT、TOFD 等）等方法，克服了检测数量大、不易存储、数据重现性差、复审难度大、检测效率低等问题，提高缺陷识别能力以及缺陷定量、定位的精度，实现检测数据的远程传输和专家诊断，减少缺陷漏判、误判。

未来的管道建设中还将大力发展数字化无损检测系统的建立，通过将目视、渗透、磁粉、射线、超声等检测结果的数字化采集、数字系统处理、缺陷识别、准确定量等数字化处理手段，实现对无损检测工艺的优化和无损检测质量的保证，提高检测质量和效率，提高管道环焊缝服役可靠性。

4.4 焊接缺陷的检测与验收

北美、欧洲的陆地和海洋管道采用自动焊方法时，使用与 AUT 方法相结合的工程临界评估（ECA）法，对环焊缝中的焊接缺陷进行评估和验收。通过 ECA 得到的缺陷临界尺寸与 DNV-OS-F101 和 AP1104 等标准中可接受缺陷的范围进行比较，ECA 的缺陷可接受范围要大于标准规定，其意义在于使得原本需要返修的焊接接头不用返修，降低了返修率，节约了成本，提高了施工效率。

中国的海洋管道工程接受 ECA 方法，但陆地管道工程目前还不接受 ECA 方法，环焊缝缺陷的检测和验收是按质量验收的方法来执行的，执行国家或行业的无损检测标准 GB/T 50818—2013《石油天然气管道工程全自动超声波检测技术规范》或 SY/T 4109—2013《石油天然气钢质管道无损检测》。这在很大程度上限制了管道自动焊效率和质量的优势发挥，同时对含有非危害性缺欠的环焊缝进行大量返修，实际上带来了更大的不安全风险。

基于断裂力学的 ECA 方法，不仅在"合于使用"的前提下保证了焊接接头的安全性，可极大提高施工效率，还在实际应用中具有较高的经济效益，是一种安全且兼顾经济性的缺陷评估手段。随着油气管道工程建设技术的不断进步，ECA 方法的应用将会越来越广泛。

4.5 管道施工组织的技术进步

为保证管道环焊缝的焊接效率和质量，应将环焊缝焊接技术与钢铁冶金、钢管制造、焊材生产、工程设计和施工管理等作为一个技术体系进行协调和管理。如钢板或卷板的冶金成分和轧制工艺设计时考虑其焊接性，在降低冷裂纹和热裂纹敏感性的同时避免热影响区软化和脆化；制管过程的管端不圆度和制管焊缝错边量、管周长偏差等满足焊接组对要求，减小对坡口加工和组对的精度影响；研发专用的焊接材料，提高焊材的纯净度和工艺稳定性，通过焊接材料的质量一致性来保证焊接过程稳定，确保焊接质量；设计和勘察过程中采取降坡、取直的设计思路，满足自动焊施工对地形的要求；合理布置检测工作站与焊接工作站的距离，保证无损检测能够及时反馈焊接质量信息。

5 结语

我国所拥有的石油天然气长输管道里程逐年增长，管道建设用钢管的强度等级、管径、壁厚和输送压力也在逐步提高，这对管道现场焊接施工技术提出了新的挑战，也使得高钢级管道环焊缝的质量与安全问题突显，成为制约高钢级管道发展的瓶颈。与国外相比，我国目前的管道现场焊接技术和质量管控上存在着技术方面的差异性。

在未来的管道建设中，自保护药芯焊丝半自动焊和低氢焊条手工焊仍将是可选择方法，但管道自动焊技术的应用将会越来越广泛。而焊接缺欠的无损检测技术，将大力发展和应用数字化无损检测系统，通过多种检测方法的综合应用及检测结果的数字化处理，提高检测质量和效率。同时，管道工程界越来越重视安全和经济兼顾的焊接缺欠评估手段的应用。

为保证油气管道环焊缝的焊接效率和质量，应将环焊缝焊接技术与钢铁冶金、钢管制造、焊接材料研发和施工管理等作为一个技术体系进行协调和管理。

参 考 文 献

［1］李秋扬，赵明华，任学军，等.国家管网|中国油气管道现状及发展趋势［EB/OL］.（2019-9-21）.
　　https：//www.sohu.com/a/342332810_174505.
［2］王晓香.我国天然气工业和管线钢管发展展望［J］.焊管，2010，33（3）：5-9.
［3］隋永莉.新一代大输量管道建设环焊缝自动焊工艺研究与技术进展［J］.焊管，2019，41（7）：
　　10-25.
［4］屈朝霞.超细晶粒钢及其焊接性［J］.钢铁，2000，35（2）：70-73.
［5］张毅.管道自动焊装备发展现状及前景展望［J］.油气储运，2019，38（7）：721-727.

原文刊登于《电焊机》2020年第50卷第9期

新一代大输量管道建设环焊缝自动焊工艺研究与技术进展

隋永莉[1, 2]

（1.中国石油天然气管道科学研究院有限公司；2.油气管道输送安全国家工程研究中心）

摘　要　管道自动焊可保障环焊缝的焊接质量和安全可靠性，是发展数字管道、智慧管道的有效手段。随着油气管道建设用钢管强度等级的逐步提高，环焊缝焊接越来越成为制约管道发展的瓶颈。本文介绍了大输量管道建设环焊缝自动焊工艺的应用现状，提出大输量管道自动焊的技术进展方向，阐述了管道自动焊质量控制的方法，认为管道自动焊的应用是一个技术体系，其应用效果将受到人员、设备、材料、工艺、监测、环境等多因素影响。只有该应用技术体系中的每一个环节都达到了技术指标要求，才能保证自动焊作业过程顺畅，机械化焊接质量可靠，实现管道自动焊施工高质量和高效率的目标。

关键词　油气管道；管道自动焊；焊接工艺；焊接技术

随着科学技术的进步与发展，越来越多的机械化、智能化产品被应用在生产和建设方面。管道自动焊的焊接质量稳定、焊接效率高、劳动强度低、工艺过程易于管控、焊接参数方便采集，是发展数字管道、智慧管道的有效手段。自2015年以来，在一些大输量、高钢级管道的工程建设中，业主明确提出要增加管道自动焊和全自动超声波检测（AUT）的应用比例，以提高环焊缝的焊接质量和安全可靠性。其中，中俄原油二线管道工程和中俄东线天然气管道北段工程的建设，自动焊和全自动超声波检测的应用比例达到了90%以上。

以往管道工程中使用的环焊缝焊接工艺主要为自保护半自动焊和焊条电弧焊，由于热输入量较大，焊接过程受人为因素影响大，使得焊缝性能受到母材冶金成分、焊接材料性能和焊接工艺的较大影响，焊缝金属低温夏比冲击韧性离散、焊接热影响区软化、焊缝金属中氢白点等是较为突出问题。与自保护半自动焊、手工焊操作相比，管道自动焊技术通过预先设置、并可微调的电弧电压、送丝速度、焊接速度、摆动宽度和频率、电弧长度等焊接工艺参数来实现焊接过程的一致性控制，大大降低了焊接过程中的人为因素，焊接热输入量低，能够有效保证焊接质量的稳定性。

管道自动焊应用的主要目标是提高焊接质量稳定性、一致性，为达到这个目标需要提前做好相关的辅助工作，如管道长度及通过段坡度、施工作业带宽度、钢管管端不圆度、焊接工艺、无损检测工艺等，管道自动焊应用是一个技术体系，其应用效果将受到人员、设备、材料、工艺、监测、环境等多因素影响。只有该应用技术体系中的每一个环节都达到了技术指标要求，才能保证自动焊作业过程顺畅，机械化焊接质量可靠，实现管道自动焊施工高质量和高效率的目标。

1 大输量管道建设全位置自动焊工艺的应用现状

1.1 内焊机与双焊炬外焊机组合的自动焊工艺

该焊接工艺采用的自动焊系统包括坡口机、内对口器与内焊机组合一体机、双焊炬外焊机等，如图1所示。焊接材料为实心焊丝，保护气体为二氧化碳与氩气的混合气，根焊电源为平特性直流电源，热焊、填充和盖面焊电源为平特性脉冲电源。目前，我国应用较为广泛的自动焊系统主要有美国 CRC P600 和 P625 系列、管道局 CPP900-W2 系列、熊谷 A610 系列。焊接坡口形式如图2所示。

(a) 坡口机　　　　　　　　　(b) 内焊机　　　　　　　　　(c) 双焊炬外焊机

图1　内焊机与双焊炬外焊机组合的自动焊系统构成

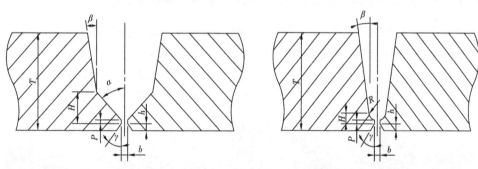

图2　内焊机与双焊炬外焊机组合的自动焊工艺通常采用的焊接坡口形式

α—下坡口角度，(°)，参考值为45°；β—上坡口角度，(°)，参考值为4°～10°；γ—内坡口角度，(°)，参考值为37.5°；h—内坡口高度，mm，参考值为1.2～1.5mm；H—变坡口拐点距内壁的高度，mm，参考值为4.3～4.5mm；P—钝边高度，mm，参考值为1.0～1.2mm；b—对口间隙，mm，参考值为0mm；R—下坡口1/4圆弧的半径，mm，参考值为2.4mm；T—钢管壁厚，mm

内焊机与双焊炬外焊机组合的自动焊工艺，焊接效率约为单焊炬外焊机的1.4～1.6倍。焊接施工时，需要在施工现场用坡口机进行焊接坡口加工，用内焊机进行管口组对和从管内的根焊焊接，用外焊机进行从管外的热焊、填充焊和盖面焊的焊接。CRC自动焊系统热焊层焊接使用了单焊炬外焊机工作站，以及与根焊相同的焊接材料。管道局和熊谷自动焊系统中热焊焊接使用的是双焊炬外焊机工作站中的一个焊炬，以及与填充、盖面焊相同的焊接材料。相比较而言，管道局和熊谷自动焊系统中无单焊炬外焊机工作站，不使用规格特殊的热焊层焊丝，这简化了自动焊备品备件和焊接材料的采购与管理，还可提高热焊层的焊接质量和效率。

这种组合自动焊工艺的焊接坡口，关键尺寸是钝边高度 P、变坡口拐点到钢管内表面的高度（$P+H+h$）和坡口表面开口宽度 F。这三个关键尺寸的微小变化都会导致坡口边缘未熔合，因此应在坡口加工环节加以严格管控，并在管口组对环节进行严格的测量把关。

1.2 内焊机与单焊炬外焊机组合的自动焊工艺

该焊接工艺采用的自动焊系统与 1.1 相似，只是填充盖面使用的自动焊设备为单焊炬外焊机。单焊炬外焊机如图 3 所示。焊接材料为实心焊丝或金属粉芯焊丝，保护气体为二氧化碳与氩气的混合气，根焊电源为平特性直流电源，热焊、填充和盖面焊电源为平特性

图 3　单焊炬外焊机

脉冲电源。目前，我国应用较为广泛的自动焊系统主要有美国 CRC M300 和 P260 系列、管道局 CPP900-W1 系列、熊谷 A300X 系列。

内焊机与单焊炬外焊机组合的自动焊工艺，焊接机组的作业较为灵活，适合于小机组或单扣作业。焊接施工时，同样需要在施工现场用坡口机进行焊接坡口加工。对于焊接坡口的精度和质量管控要求，与双焊炬外焊机组合的自动焊工艺相同，有时通过使用金属粉芯焊丝来提高焊接效率，减少侧壁未熔合。

1.3 外根焊专机与单焊炬外焊机组合的自动焊工艺

这种组合的自动焊工艺主要是采用特殊焊接电源与自动焊控制技术的相互匹配，即外根焊专机来完成单面焊双面成型的根焊焊接，又可分为有对口间隙和无对口间隙两种形式，主要设备有美国 Miller 的 PWT 系列。焊接材料为实心焊丝或金属粉芯焊丝，保护气体为二氧化碳与氩气的混合气。内对口器、外根焊专机和单焊炬外焊机如图 4 所示。

(a) 内对口器　　　　　　　(b) 外根焊专机　　　　　　　(c) 单焊炬外焊机
图 4　外根焊专用技术与外焊机组合的自动焊系统关键设备

无论有无对口间隙，这两种自动焊工艺均需在施工现场用坡口机进行焊接坡口加工，并严格管控焊接坡口的加工精度和质量。焊接坡口形式如图 5 所示。实际应用中，无对口间隙的外根焊专机自动焊工艺，与有对口间隙的相比，其焊接合格率通常较高，但操作难度更大。

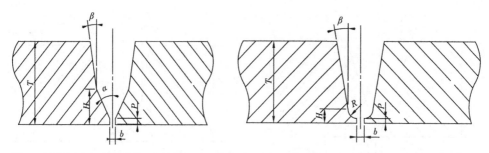

图 5 外根焊专机与外焊机（单焊炬或双焊炬）组合的自动焊工艺通常采用的焊接坡口形式 1

β—上坡口角度，(°)，参考值为 5°～15°；R—下坡口 1/4 圆弧的半径，mm，参考值为 2.4mm；H—变坡口拐点距内壁的高度，mm，参考值为 3.7mm ± 0.2mm；P—钝边高度，mm，参考值为 1.2～1.5mm；b—对口间隙，mm，参考值为 0mm；T—钢管壁厚，mm

1.4 铜衬垫内对口器与单焊炬外焊机组合的自动焊工艺

这种组合的自动焊工艺主要是采用带铜衬垫的内对口器与普通的外焊机配合，来辅助完成根焊缝焊接成型，主要设备有法国 SIRIMAX 系列和管道局 CPP900 系列。焊接材料为实心焊丝或金属粉芯焊丝，保护气体为二氧化碳与氩气的混合气。需在施工现场用坡口机进行焊接坡口加工，并对焊接坡口的加工精度和质量进行严格管控，管口组对时通常无对口间隙，焊接坡口形式如图 5 所示。

带铜衬垫内对口器的外根焊工艺，很好地解决了外根焊专机操作难度大的问题，但在应用过程中由于根焊层渗铜引发了大量争议，争议的关键点不在于铜衬垫内对口器是否可以使用，而在于能否做好焊接施工的过程管控，满足严格的对口间隙、错边量要求等。近年来，铜衬垫内对口器技术逐渐研发了陶瓷衬垫、无铜或少铜衬垫，以及无渗铜衬垫等技术，有望解决该项技术使用中的争议问题。

1.5 半自动根焊与单焊炬外焊机组合的自动焊工艺

这种组合的自动焊工艺是采用手工操作的 STT 或 RMD 等半自动焊工艺来完成根焊焊接，再采用单焊炬外焊机完成填充、盖面焊接。主要设备有美国 CRC M300C、P260 系列，管道局 CPP900–W1 系列、熊谷 A300X 系列。此外，一些老旧的自动焊设备，如英国 NOREAST 系列、加拿大 RMS 系列、意大利 PWT 系列和管道局 PAW 系列等也在零星使用。焊接材料为药芯焊丝，保护气体为二氧化碳与氩气的混合气。半自动根焊如图 6 所示。

这种组合的自动焊工艺一般要求有对口间隙，对焊接坡口加工精度和质量的要求不高，可以在管厂预制加工，坡口形式如图 7 所示。焊接施工时，焊接机组作业灵活，适合于复杂地形、地段或特殊焊口的自动焊施工，可以小机组作业或单扣作业。焊接过程中需注意保持焊接环境干燥，防止焊丝吸潮吸湿。

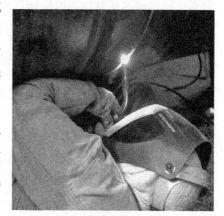

图 6 外根焊专用技术

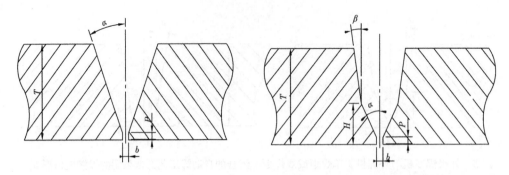

图 7　外根焊专机与外焊机（单焊炬或双焊炬）组合的自动焊工艺通常采用的焊接坡口形式 2

α—坡口面角度，（°），参考值为 22°～30°；β—上坡口角度，（°），参考值为 8°～15°；H—变坡口拐点距内壁的高度，mm，参考值为 8.0～12.0mm；P—钝边高度，mm，参考值为 1.0～1.8mm；b—对口间隙，mm，参考值为 2.5～4.0mm；T—钢管壁厚，mm

2　大输量管道自动焊的技术进展

2.1　与电弧跟踪系统相配合的视觉检测功能

随着人工智能技术的飞跃式发展，能够根据坡口实际形状、电弧燃烧状态在焊接过程中自适应调节焊炬位置和运动轨迹，减少侧壁未熔合发生概率，降低焊工操作难度的管道自动焊系统是当前迫切所需。这需要电弧跟踪技术和视觉检测技术。其中，在坡口加工过程中对坡口尺寸精度进行视觉检测是第一步，可以在进入焊接施工环节前及时发现问题立即进行坡口再加工；其次，在根焊过程对焊炬对中情况、焊接缺陷等进行视觉检测，可在发现问题后立即修复，避免出现系统性缺欠；最后，在热焊、填充、盖面焊接前对坡口实际形状进行采集，分析判断对口间隙和焊口错边量等，指导自动焊系统根据坡口形状进行焊接过程的自适应控制。

美国 CRC 公司研发了新型的自动焊系统 V-Root、V-Purge 等，集成了激光视觉焊接和检测技术，主要包括坡口加工站应用的坡口视觉检测设备、在焊接工作站应用的根焊道视觉检测设备及具有自适应焊接控制技术的视觉外焊机。四种组件均采用激光视觉技术同时工作，从而将管道自动焊接工艺的质量和速度提高到前所未有的水平。

2.2　复杂地质和气候条件下的管道自动焊系统

管道自动焊焊接质量和焊接效率已得到广泛认可，管道建设者希望能够在陡坡、沟下、河谷、水塘等复杂地质条件，以及连头、变壁厚等特殊焊口处也能够采用自动焊，确保管道系统的整体可靠性和安全性。从气候环境上，管道建设者希望自动焊装备能够适应东北、西北冬季的低温环境（-30℃），夏季沙漠地带的高温酷热（地表温度 50℃），以及西南、东南的高温潮湿等不同极端气候条件，甚至高原地区缺氧导致的发电机功率和频率不足情况下的焊接施工。

这需要管道自动焊系统的小型化、轻量化和设备稳定可靠性。适用的自动焊设备应简单、小巧、可靠、耐用，环境适应能力强，可在施工作业带较窄、作业空间受限的工况及多种极端气候环境下进行自动焊焊接，焊接工艺能适应一定坡度的上坡焊或下坡焊。对于连头、变壁厚等特殊焊口，还需要能够适应加工和组对带来的坡口形状不一致、尺寸精度差等问题。

目前已有的自动焊系统，如手工或半自动根焊与单焊炬外焊机组合的自动焊，带铜衬垫内对口器与外焊机组合的自动焊等，可部分满足上述需求，但在外焊机小型化、轻量化、环境适应性方面还需进一步提升。

2.3　海洋管道建设用自动焊系统

海洋管道建设过程中施工成本所占比例相对很小，焊接工作站固定，所以可选择施工成本高、设备环境要求高，但焊接效率快、一次合格率高的焊接方法。如激光电弧复合焊、搅拌摩擦焊、多焊车外焊机等自动焊系统和工艺。

2.4　高效率的无损检测技术

管道自动焊的应用是一个技术体系，无损检测的质量、速度和信息反馈都将直接影响管道自动焊应用的水平。管道自动焊的焊口一般采用 AUT 检测、PAUT 检测等方法进行检测，不能对焊接缺欠定性，必须看时还需 RT 作为辅助手段来判断缺欠性质，同时对检测人员能力、经验要求较高。三维成像的超声波检测评判技术将是未来的技术方向。

3　大输量管道自动焊的质量控制

3.1　人员因素

管道自动焊质量管理中，焊机操作工、坡口工和管工对焊接质量造成的影响是最难掌握、最难估计的，其对焊接质量起着决定性作用。其次，无损检测人员的水平、经验和对焊接质量的反馈速度、问题描述等，对自动焊质量起着关键作用。最后，基层管理人员的知识水平和管控能力也对自动焊质量有不可忽略的影响。影响工作质量的因素主要有质量意识差、对设备接受能力低、操作技能不熟练、对设备不爱惜、形成的不良操作习惯难以改正、粗心大意，以及机组内相互间磨合不够、焊接与检测工序配合不足等。

因此自动焊焊接施工前，应对焊接机组人员、无损检测人员和基层管理人员进行充分的技能培训和技术交流，培训形式可以为安排技术骨干到外部进行培训，回来后再对其他员工进行再培训，也可以聘请技术专家进行授课、现场技术指导等，提高整体技能和水平。其次，不断总结积累每个工程项目的经验和知识，形成系统资料并有序地传承下去。还需制定系统的管理制度，编写明确详细的操作流程，如焊接施工中的焊丝干伸长度、导电嘴伸出长度、气罩内飞溅清理频次、导电嘴更换频次、送丝管清理频次及要求、预热及道间温度检查等，无损检测的基准线检查、设备校核、试块检查、轨道安装检查等。通过严格执行规章制度、按章操作，从而养成良好的操作习惯。

3.2 设备因素

目前油气管道项目中应用的自动焊设备种类繁多、型号复杂，不同设备具有不同的操作特点，其维修保养技术，产品配件和辅助机具，焊接材料牌号、尺寸和质量，焊接坡口形式、保护气体组分及工艺要求等均存在着差异，这给采购、现场管理和设备维护带来了不便，同时也制约了管道自动焊接技术的协调发展和进步。另外，自动焊设备在具体使用中也会由于具体的设备问题影响焊接质量，具体有工程车供电电压和频率不稳定、设备电路安装接头松脱、电源或控制系统突然死机、气阀或气路故障以及设备保养不到位造成的其他故障等。

施工承包商宜在其技术能力范围内尽可能选择单一种类、型号的自动焊系统，有利于管理和维护，也有利于员工熟练掌握。自动焊设备进行及时、有效地保养对于焊接质量的影响很大，如保持整机部件整洁、紧固，无漏气、漏水、漏油等现象；电源和设备保持良好的散热通风和良好、可靠绝缘性；供气系统电磁阀、气表密封完好，气带与快速接头牢固；轨道完好，表面和接头处无异物、凸起；小车行走电动机齿轮完好，松紧把手松紧适度；各个按键及附件状态良好等。

3.3 材料因素

材料因素包括钢管材料和焊接材料。钢管管端的不圆度、局部位置尺寸偏差等会对自动焊质量造成影响。焊接材料一方面决定着环焊接头的强度、塑性、韧性、硬度等力学性能，同时也影响着缺陷产生率、焊接合格率等焊接工艺性能。影响焊接工艺性能的因素主要有送丝性能、保护气体纯度和组分等。不同生产批次焊丝的送丝稳定性，如线径偏差、焊线张力、焊线刚度、镀铜厚度等，会影响电弧燃烧稳定性，造成电弧突然性飞溅。气体纯度不足或气体比例不当，会影响熔池深度与宽度，或导致熔池中铁水猛烈翻腾。这些都会带来坡口侧壁未熔合、气孔等问题。

焊接施工过程中需严把材料到场验收关，检查每批次钢管的质量证明材料。及时进行焊丝复验，从源头上做好管控。严格按规定储存、发放焊丝，并做好详细记录。焊接过程中注意观察和分析，掌握每批钢管和焊丝的使用时间和使用情况。积极与无损检测进行沟通，及时发现问题。

3.4 工艺方法因素

工艺方法因素是焊接施工过程中的操作规程、规章制度等质量控制要求，包括设备维护、坡口加工、预热和道间温度、焊接工艺参数、对口器撤离等。

当前的油气管道建设不缺乏标准、规范，缺少的是管理过程中的细化、执行和落实。

3.5 监测因素

监测因素是指对无损检测标准、检测比例和检测进度、质量信息反馈的质量控制。自动焊施工过程中，检测进度和检测质量信息的及时与否、检测评价正确与否，是焊接机组掌握焊口质量动态的关键。保持焊接施工与无损检测进度的协调一致，实现检测信息多方互动、AUT 检测实时反馈和共同研讨焊口不合格信息对改进自动焊问题、提高自动焊质量具有重要意义。

3.6　环境因素

环境因素包括地形地貌、人文条件和温度、湿度、风速等气候环境。目前的管道自动焊内焊机、内对口器的爬行能力只能适应 15° 及以下的坡度，且通常连续长度在 50km 及以上时，自动焊的施工效率和成本优势才能得到发挥。设计阶段有否考虑采取降坡、削方、作业带布置、线路转角等措施为应用自动焊应用创造条件，减少因地形地貌和人文条件影响而造成的频繁转场和施工降效，是保障自动焊顺畅应用的先决条件。

温度、湿度、风速等气候条件超出焊接工艺规程规定时，应采取必要的防护措施，如防风保温棚、预热与道间温度管控、局部环境升温措施等。

4　结语

我国对清洁能源的需求在持续增强，大输量油气管道建设里程逐年增加，这使得管道自动焊技术的应用越来越广泛。管道自动焊可保障环焊缝的焊接质量和安全可靠性，是发展数字管道、智慧管道的有效手段。目前，我国自动焊技术正处于快速发展时期，需要在管道自动焊应用的技术体系内，规定每一个链条的技术指标，并从人员、设备、材料、工艺、监测、环境等因素进行自动焊质量管控，保证自动焊作业过程顺畅，机械化焊接质量可靠，实现管道自动焊施工高质量和高效率的目标。

参 考 文 献

[1] 任国强，张先龙，郭建明．长输管道全位置自动焊工艺对比分析 [J].金属加工（热加工），2018(12)：32-34.

[2] 楼剑军，白海涛，杜根伟．高寒地区 D1422mm 管道自动焊接作业工效及成本研究 [J].石油工程建设，2018，44（S1）：110-116.

[3] 鹿锋华，马霞，王俊红，等．管道外根焊自动焊工艺 [J].焊接技术，2018，47（7）：63-68.

[4] 毕春雨．油气管道自动焊接技术综述 [J].中国石油和化工标准与质量，2018，38（11）：145-146.

[5] 张锋，刘晓文，徐欣欣，等．山区管道自动焊设备与工艺研究 [J].电焊机，2018，48（2）：37-41.

[6] 魏华伟．油气管道焊接技术的应用和发展前景 [J].中外企业家，2018（4）：228.

[7] 黄超，徐伟中，王圆，等．长输管道全位置自动焊接技术的应用 [J].金属加工（热加工），2017（S1）：46-48.

[8] 郭春富，孙伟强，刘帛炎，等．管道全位置自动焊的研究现状及展望 [J].电焊机，2017，47（11）：77-81.

[9] 李彦德，魏立明，王国臣，等．长输管道自动焊设备及技术发展 [J].电焊机，2017，47（9）：43-45.

[10] 饶江，王小厂，张伟，等．长输油气管道自动焊接的质量控制与管理 [J].建设管理，2017,218（8），66-68.

[11] 吴宏，周剑琴．国内大口径、高钢级管道焊接及焊缝检测技术现状 [J].油气储运，2017，36（1）：

21-27.

[12] 董嘉琪，杨小龙，费纪纲，等.X80钢级长输管线自动焊接技术探讨 [J].油气田地面工程，2016，35（11）：77-80

[13] 张小强，蒋庆梅，李朝.自动焊在中俄东线天然气管道工程试验段的应用 [J].焊接技术，2017，46（9）：92-94.

[14] 薛岩，周广言，李佳，等.油气管道环焊缝自动超声检测与射线检测方法对比 [J].无损检测，2016，38（11）：45-48，73.

[15] 隋永莉，吴宏.我国长输油气管道自动焊技术应用现状及展望 [J].油气储运，2014，33（9）：913-921.

[16] 隋永莉，郭锐，张继成.管道环焊缝半自动焊与自动焊技术对比分析 [J].焊管，2013，36（9）：38-47.

原文刊登于《焊管》2019年第41卷第7期

管道自动焊装备发展现状及前景展望

张 毅[1] 刘晓文[1] 张 锋[1] 邹 鹏[2] 王宽龙[3]

（1. 中国石油天然气管道科学研究院有限公司；2. 中国石油管道局工程有限公司第一分公司；3. 中国石油集团工程股份有限公司）

摘 要 随着高钢级、大口径、大壁厚管道建设，以及对油气管道运行安全和环境保护要求的日益提高，传统的手工焊和半自动焊已不能满足施工质量和效率的要求，自动焊技术开始大面积推广应用。自动焊技术是基于坡口、组对、焊接于一体的管道施工技术，采用液压传动技术、机械制造技术、自动控制技术结合焊接工艺，完成现场管口的焊接任务，其焊接质量和焊接效率的稳定性在流水施工作业过程中优势明显。系统介绍了自动焊技术特点，阐述了国内外管道坡口机、内焊机、外焊机，以及自动焊技术的发展现状，并对未来自动焊装备的发展趋势进行了展望。

关键词 油气管道；自动焊技术；自动焊装备；坡口机；内焊机；外焊机

随着西气东输二线等重大工程的开展，中国 X80 钢管道建设长度已位居全球第一位，X80 管线钢相关技术的发展也趋于成熟[1]。对于合金含量较高的高钢级管材，采用半自动焊技术存在焊缝金属夏比冲击韧性离散的问题[2]。而采用自动焊技术，可确保环焊缝焊接接头的强度、韧性等综合性能优良，且可显著提高焊接效率，降低劳动强度，提高管道的安全可靠性，在未来势必得到广泛应用[3]。近年来中国管道企业提出了"智慧管网"的建设理念，要求设计、采购、运输、施工、检测、防腐、运行、维护全过程的数据采集、传输、存储、分析等工作均满足智能化管道的建设要求，为云数据库提供数据基础，而手工焊和半自动焊不能满足该要求，必须采用自动焊技术，因而对自动焊装备提出了更高要求。

1 技术特点

自动焊技术是一项系统工程，包括坡口加工、管口组对、根焊、外焊等环节。目前，下向焊是施工现场最常用的焊接方式，具有焊接效率高的技术优势，但要保证焊接质量，必须对坡口加工、管口组对、根焊、填充盖面等环节提出更高的技术要求。

1.1 装备组成

自动焊装备包括坡口机、内焊机、外焊机 3 部分：坡口机主要用于完成管口加工，按照坡口工艺图纸加工 "U" 形坡口、"V" 形坡口及复合形式的坡口；内焊机主要用于两个加工完成的管口组对和根焊；外焊机主要用于焊缝的热焊、填充及盖面焊接。

1.2 坡口加工

1.2.1 宽间隙坡口

早期的焊接电源采用变压器、绝缘栅双极型晶体管逆变电路，多数采用短路过渡方式，其对电弧的控制较简单，受此局限，电弧的穿透力、挺度、热输入量控制较粗犷，坡口形式主要为宽"V"形（图1）。宽间隙坡口形式具有焊缝成型美观、焊接效率和焊接质量较高等优点，是早期自动焊焊接工艺的主要坡口形式。

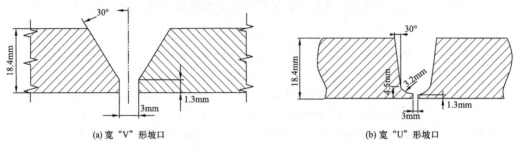

(a) 宽"V"形坡口　　　　　　　　　　(b) 宽"U"形坡口

图1　自动焊坡口加工中宽间隙坡口形式示意图

1.2.2 窄间隙坡口

随着电源技术的发展，出现了数字信息处理器，焊接电源也发展为数字化电源，实现了柔性化、精准化控制及多功能集成，其具有控制精度高、系统稳定性好、电弧特性控制方式多样化等优点，坡口形式采用复合"V"形和复合"U"形窄间隙坡口（图2）。

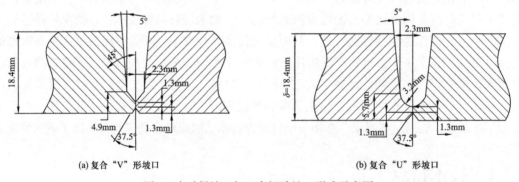

(a) 复合"V"形坡口　　　　　　　　　　(b) 复合"U"形坡口

图2　自动焊坡口加工窄间隙坡口形式示意图

窄间隙坡口形式具有金属填充量小、节省焊材、较小的焊接线能量即可完成焊接任务、对焊缝和热影响区以及母材的理化影响较小、焊接效率高、质量好等技术优势。目前窄间隙坡口已逐渐代替宽间隙坡口，成为长输油气管道上使用最多的自动焊焊接工艺坡口形式。

1.3 管口组对

1.3.1 对口间隙

对口间隙是指坡口加工完毕后两个管口组对后的间隙。对于长输管道自动焊焊接，目前多数采用实心焊丝，焊丝直径为 1mm，管口组对间隙应按工程相应的焊接工艺规程执行[4]。

1.3.2 错边量

错边量是指管口组对后，上管口与下管口纵向切面的高度差。对于长输管道自动焊焊接，管口组对的错边量不宜大于 2mm，错边宜沿钢管圆周均匀分布[4]。

1.3.3 级配

级配是指两个管口组对的匹配程度，两个相邻管端周长差不大于 6mm[4]，目的在于保证管口组对精度能够满足对口间隙和错边量的要求，以保证自动焊的焊接质量。在施焊前应完成两个管子的级配工作。

1.4 焊接

1.4.1 根焊

目前对于直径为 813mm 以上的管道，常采用内焊机根焊。通过控制多个焊炬同时完成对应位置的焊接任务，可大幅提高根焊的焊接速度、效率，保证焊接质量。由于根焊是所有焊接工作中的第一步，因此根焊的焊接速度直接决定了当日的焊接里程，采用内焊机完成根焊的纯焊接时间约 90s，远远超过半自动焊和手工焊打底的焊接时间，并且外观成形良好，焊接质量更有保证，管径越大优势越明显。目前生产的最大内焊机可适用于直径 1422mm 的管道，焊接工艺实验坡度可达到 30°[5]。

1.4.2 热焊及填充盖面

完成根焊任务后，按照薄层多道，下向焊接的方法逐次完成热焊、填充及盖面焊接工作。针对目前的自动焊技术，常用的外焊焊接装备包括单焊炬外焊机和双焊炬外焊机。在热焊层主要采用单焊炬外焊机，填充焊和盖面焊多采用双焊炬外焊机。两种外焊机在本质上没有区别，双焊炬的焊接效率高于单焊炬。目前可适用于直径 1422mm 的管道，焊接工艺实验坡度可达到 30°[5]。

2 发展现状与趋势

2.1 中国自动焊装备

中国石油天然气管道局工程有限公司在 21 世纪初自主生产了第 1 代 PAW 系列自动焊装备，是当时中国唯一一家拥有自动焊装备的企业。该设备可代替操作人员完成部分焊接过程控制，使管道焊接步入自动焊接时代，其曾广泛应用于西气东输一线、西气东输二线、陕京三线、印度东气西输、中哈、中亚、中乌、中俄等国内外重大油气管道工程（表 1）。

表 1　第 1 代 PAW 系列自动焊装备工程应用情况

时间	工程名称	管径 /mm	管材	施工里程 /km
2001—2002 年	西气东输一线	1016	X70	620
2005 年	西气东输冀宁支线	1016	X80	53
2006—2007 年	印度东气西送	1219	X70	460
2007—2008 年	俄罗斯远东太平洋管道	1220	K60	54
2008—2009 年	中亚 A、B 线	1067	X70	320
2008—2009 年	西气东输二线	1219	X80	72
2008—2010 年	阿布扎比输气管道	1219	X75	380
2012—2013 年	中亚 C 线	1219	X80	220
2013 年	西气东输三线	1219	X80	67

第 1 代 PAW 系列自动焊装备为 2000 年的产品，在当时属于先进装备。随着科学技术的不断发展，该装备技术上的不足逐渐显现出来。基于此，于 2014 年开发了第 2 代 CPP900 系列自动焊装备，该系列装备融入浮动刀座仿形、智能控制、电弧跟踪等前沿技术，更加注重系统的稳定性和可靠性。

2016 年 5 月，第 2 代 CPP900 自动焊装备陆续在漠大原油二期工程、中靖联络线、中俄东线开展工程应用（表 2）。第 2 代自动焊装备依托新材料、新技术、新工艺，其稳定性和可靠性得到了进一步提升，装备的适应温度范围扩展为 –40°～50°，焊接管径由 813mm 提升至 1422mm，适用壁厚由 12.5mm 提高至 30.8mm，并于 2017 年增加了数据存储、读取、无线传输等新功能。

表 2　第 2 代 CPP9000 自动焊装备工程应用情况

时间	工程名称	管径 /mm	管材	施工里程 /km
2016.05—2017.03	漠大原油二期	813	X70	190.0
2016.12—2017.07	中靖联络线	1219	X80	35.0
2016.11—2017.03	中俄东线一期试验段	1422	X80	8.0
2017.07—2017.12	中俄东线二期试验段	1422	X80	26.6
2018.01—2019.05	中俄东线北段	1422	X80	600.0

随着自动焊装备应用比例的逐步上升，中国相关公司也逐渐开始研发自动焊装备，四川熊谷以焊接电源起家，于 2008 年开始从事自动焊相关装备的研发和生产工作。2016 年 XG-A 系列管道全自动焊接系统已在大庆、新疆、辽河、四川等油建公司及俄罗斯管道施工企业现场使用，2017 年成功应用于中俄东线二期试验段工程。洛阳德平成立于 2005 年，

主要从事管道施工设备的专业制造，2015年成功研发了管道焊接机器人，在大庆油建公司的LNG工程中得以应用。

2.2 国外自动焊装备

20世纪七八十年代，国外已采用自动焊装备进行管道建设，其施工长度占总里程的80%以上[6]，目前应用最广泛的国外自动焊装备包括：美国CRC-evans公司的PFM坡口机、IWM内焊机、P260单焊炬外焊机以及P600双焊炬外焊机，焊接工艺主要采用内焊机根焊＋外焊机填充盖面，目前已开展X100钢级的相关焊接实验[7-8]；法国Serimax公司的PFM坡口机、MAXILUC带铜衬对口器、Saturnax系列的外焊机，焊接工艺主要采用带铜衬对口器＋外焊机根焊＋外焊机填充盖面[9]。

目前中国焊接装备的技术先进性与国外基本持平，包括同步涨紧技术、快速定位技术、坡口加工技术、内根焊技术、对接搭接技术、自动控制技术、电弧跟踪技术等，在无线传输技术方面甚至超过了国外同类产品。在装备的使用可靠性和耐用性方面，由于加工工业、材料工业等基础工业的差别，中国产品和技术与国外先进水平相比仍存在一定差距。

2.3 自动焊技术及配套装备

随着工业4.0的提出，国际上也提出了焊接4.0的概念，意味着焊接向智能化方向发展。目前自动焊装备处于焊接4.0初级阶段，数字化、信息化、新技术体现较多，而智能化体现较少。

2.3.1 焊接电源

全球著名焊接厂家生产的焊接电源（图3）有奥地利FRONIUS焊接电源最新推出的TPSI系列，芬兰KEMPPI焊接电源最新推出的X8系列，瑞典ESAB焊接电源最新推出的Aristo® 5000i/U5000i、意大利TELWIN电源和SELCO电源、美国LINCOLN电源等，这些电源均具有强大的组网管理、数据存储传输、远程数据诊断、App监管等信息互联共享功能。

(a) FRONIUS TPS600i   (b) KEMPPI X8   (c) ESAB Aristo® 5000i/U5000i   (d) TELWIN Inverpulse 625

图3 全球著名焊接厂家最新自动焊电源实物图

2.3.2 激光焊接及装备

目前，激光焊接（脉冲激光焊、等离子弧焊、连续激光焊、电子束焊）技术已应用于机械制造、航空航天、汽车工业、粉末冶金、生物医学等领域。激光—电弧复合焊技术作为当前高效、优质的焊接新技术，具有高速、高效、高稳定性、低变形、易于实现单面焊双面成形等优势[10]，通过优化激光和电弧的位置、离焦量、对口间隙等来提高焊接的成功率[11]。中国石油天然气管道科学研究院有限公司于2011年立项研究的焊接装备、工艺及方法是中国唯一用于全位置管道焊接的激光技术与装备，目前已做到8mm厚的一次焊接成形[12]。而英国TWI公司和德国VIETZ公司设计了高能光纤激光器焊接系统并进行了试验，但至今未应用于管道建设。

随着技术进步，激光器逐步小型化，美国IPG公司的最新款YLS-10000-ECO系列激光器比早期等功率的激光器体积缩小了一半，为激光焊接技术应用于管道施工现场提供了可能性。德国Blue Lasertools Gmbh公司推出的PenWelder笔式激光枪，在脉冲模式下焊接深度达到1.5mm。可焊接钛、钛合金、不锈钢、低碳钢及铝等，也可以作为切割工具使用。

2.3.3 多点焊接及装备

多点焊接技术是利用多个焊炬在环焊缝的不同位置进行焊接的一种分段焊接方式。目前管道内焊机大多采用该项技术，而对于外焊系统，焊接复杂程度远高于内焊，因此研究成果较少。法国Serimax公司推出了Externax装备［图4（a）］，用于海洋管道施工固定工位的焊接工作，适应管径100～508mm，采用了单面焊双面成型焊接工艺、实心丝焊接工艺、药芯丝焊接工艺，焊接速度为20～150cm/min。而在中国，只有中国石油天然气管道科学研究院有限公司进行过该项研究，并且研制了移动工位的多点焊样机［图4（b）］，适应管径1016～1219mm，采用实心丝焊接工艺，焊接速度40～100cm/min，目前处于实验验证阶段。

 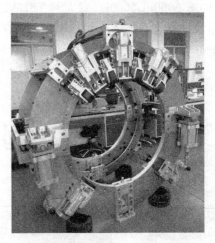

(a) Serimax公司的Externax多点焊接系统　　　　(b) 管道科学研究院的多点焊接系统

图4　多点焊接装备实物图

2.3.4　3D 焊接

3D 打印技术是 2011 年兴起的一项全新技术，目前 3D 打印技术绝大多数是增材制造，因此焊接技术可以认为是最早的 3D 打印技术。近些年研发的金属 3D 打印机，可以打印一些简易的零部件，但对于大型结构件尚存在一定的技术壁垒[13-14]，同时开发了相关的焊接电源，例如 FRONIUS 的 CMT 电源，用于铝合金的增材制造[15-16]。

2.3.5　真空电子束焊接

电子束焊接是利用加速和聚焦的电子束轰击真空或非真空中的焊件所产生的热能进行焊接的方法。电子束焊接因具有不用焊条、不易氧化、工艺重复性好及热变形量小的优点而广泛应用于航空航天、原子能、国防和军工、汽车和电气电工仪表等众多行业[17]。英国 CVE 公司的 Electron Beam Welding 技术可以在其制造的局部真空空间内完成管道全位置焊接，单层焊接深度达到 0.05～300mm。未来如果该项技术能够用于长输管道焊接，效率将会提高数十倍。

2.3.6　焊接过程在线检测

当前管道建设中，所有环焊缝检测都是在焊接结束后进行，自动焊焊口主要采用全自动超声检测技术。但已存在焊接过程中进行检测的在线检测手段，如德国 HKS 公司的焊接过程监测系统通过先进的缺陷检测技术，可检测电流、电压、送丝速度、气体流量，并直接探测出焊接过程中的气孔、焊透、电弧不稳定等缺陷；通过热成像技术对焊缝温度场进行在线扫描，从而对焊缝成形进行分析及评定，保证焊缝质量。

未来，结合先进技术手段将自动焊接与焊接检测融合，增加数据存储和远传能力，将可实现自动解读数据、识别缺陷并提供可靠结论的在线焊接检测[18]。

2.3.7　自动焊焊缝跟踪

焊缝跟踪系统已经大面积应用于汽车、航空、船舶等行业，其中，激光跟踪法和电弧跟踪法是最常用的两种方法。固定环境、固定工位的自动焊装备，采用激光跟踪法，通过对焊接过程熔池 CCD 图像进行中值滤波、小波变换、连通区域分割等图像处理，实现机器人自动焊缝跟踪[19-20]。对于现场施工流水作业的自动焊装备，目前国内外均采用电弧跟踪法，通过弧压或电流反馈，控制焊炬垂直方向保持一定高度，水平方向始终对准焊缝中心[21]。

2.3.8　数据采集及无线传输

随着智能化管道建设目标的提出，建设"全生命周期"管道提上日程。中俄东线作为智能化管道建设的试点工程，其自动焊装备必须具备数据采集和无线传输的功能。实现方法：在现场建立无线局域网络，将自动焊装备系统以 TCP/IP、MODBUS 等传输协议接入局域网中，通过传感器实时采集焊接过程中电压、电流、焊接速度、送丝速度等参数，上传至基站，经 4G 网络传送回基地，完成数据的实时显示任务（图 5），该项技术为管道建设过程中大数据的分析、整理、判断提供了基础数据来源。目前，中国制造的自动焊装备已具备该功能。

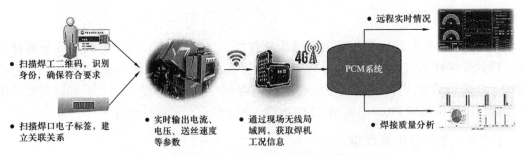

图 5 自动焊数据采集及远程无线传输系统示意图

2.4 发展趋势

2.4.1 信息技术融合

随着计算机技术、网络技术、自控技术、传感器技术的持续发展，管口焊接前的焊缝模型预估、多变量控制、模糊控制等技术将逐步引入自动焊装备中，结合局域网、互联网、无线传输、全球定位系统等先进的信息技术，可实现自动焊装备的跨平台、跨区域、远程终端的互联互通。

2.4.2 集中式走向分散式

目前自动化高端产品大多由分布式系统组成，形成级联系统链，可形成一对多、多对多等多种模式的任意组合，大幅优化系统构成，方便使用，将来在自动焊装备中也会采用该模式。

2.4.3 人机界面更趋于人性化

目前常用的人机界面采用电容屏或电阻屏，仍属于控制系统的一部分，未来的人机界面可脱离控制系统，以手机、Pad、便携式设备为终端，使用 App 应用程序为操作人员和管理人员提供更多的信息，强大的模块化软件和多客户机/服务器结构，可将实时的现场信息与监测平台互通，形成更加完善的反馈系统。

2.4.4 系统智能化

随着焊接技术、检测技术、材料技术、信息技术的发展，并与机械系统、自控系统进行多学科跨行业的融合，未来的自动焊装备将真正走向智能化。

3 结束语

随着中国科技力量的不断加强，管道自动焊装备已实现国产化，配套服务也逐渐成熟，自动焊装备正迈向智能化。从近 3 年内国产自动焊装备在国家重点管道建设中的应用效果来看，其优势越来越显著。目前国产自动焊装备相关技术水平已基本与国外持平，但基础工业制造水平与国外仍有差距。随着国家对安全、环保、高效、高质量管道建设要求的不断提升，自动焊装备将会成为管道建设的首选。

参 考 文 献

［1］张斌，钱成文，王玉梅，等.国内外高钢级管线钢的发展及应用［J］.石油工程建设.2012, 38（1）：1-4, 64.

［2］隋永莉，吴宏.我国长输油气管道自动焊技术应用现状及展望［J］.油气储运.2014, 33（9）：913-921.

［3］隋永莉，郭锐，张继成.管道环焊缝半自动焊与自动焊技术对比分析［J］.焊管, 2013, 36（9）38-47.

［4］楼剑军，白海涛，杜根伟.高寒地区D1422mm管道自动焊接作业工效及成本研究［J］.石油工程建设, 2018, 44（增刊1）：110-116.

［5］张锋，刘晓文，徐欣欣，等.山区管道自动焊设备与工艺研究［J］.电焊机, 2018, 48（2）：37-41.

［6］闫臣，王玉雷，薛振奎.油气管道自动焊技术的发展及展望［J］.焊接技术, 2016, 45（5）：83-88.

［7］王少锋，胡建春.大口径长输管道CRC全自动焊接工艺研究［J］.压力容器, 2013（8）：75-79.

［8］勒巍.X100高强管线钢CRC全自动焊接工艺技术研究［J］.焊接, 2017（2）：48-53.

［9］董嘉琪，杨小龙，费纪纲，等.X80钢级长输管道自动焊接技术探讨［J］.油气田地面工程, 2016, 35（11）：77-80.

［10］雷振，徐良，徐富家，等.激光—电弧复合焊接技术国内研究现状及典型应用［J］.焊接,2018(12)：1-6, 65.

［11］JAN F, ALEXANDER F H K. Undercuts in Laser Arc Hybrid Welding［J］. Physics Procedia, 2014, 56: 663-672.

［12］曾惠林，皮亚东，王新升，等.长输管道全位置激光—电弧复合焊接技术［J］.焊接学报, 2012, 33（11）：110-112, 118.

［13］屈华鹏，张宏亮，冯翰秋，等.金属材料增材制造（3D打印）技术的局限性［J］.热加工工艺, 2018, 47（16）：1-6, 12.

［14］刘勇，任香会，常云龙，等.金属增材制造技术的研究现状［J］.热加工工艺, 2018, 47（19）：15-19, 24.

［15］黎志勇，杨斌，王鹏程.金属3D打印技术研究现状及其趋势［J］.新技术新工艺, 2017（4）：25-28.

［16］MLHLAYANLER E, DILMAC S, GUNER A. Analysis of the effect of production process parameters and density of expanded polystyrene insulation boards on mechanical properties and thermal conductivity［J］. Materials & Design, 2008, 29（2）：344-352.

［17］陈国庆，树西，柳峻鹏，等.真空电子束焊接技术应用研究现状［J］.精密成形工程,2018,10（1）：31-39.

［18］卢泓方，吴晓南，ISELEY T，等.国外天然气管道检测技术现状及启示［J］.天然气工业, 2018, 38（2）：103-111.

［19］邹勇，李运华，蒋力培，等.基于熔池图像尖端特征规律的焊接偏差测定方法［J］.焊接学报, 2015, 36（8）：18-22, 114.

［20］GAO X D, DING D K, BAI T X, et al. Weld-pool image centroid algorithm for seam-tracking vision model in arc-welding process［J］. IET Image Processing, 2011, 5（5）：410-419.

［21］张锋，王新升，李岩，等.脉冲焊接工艺摆动电弧焊缝跟踪技术［J］.焊接, 2018（2）：39-42, 63.

激光—电弧焊复合技术在长输管道焊接中的研究进展

邓 俊[1] 皮亚东[1] 石晓松[1] 闫 臣[1] 邵 强[2] 秦 伟[3]

（1. 中国石油天然气管道科学研究院有限公司；2. 曹妃甸新天液化天然气有限公司；3. 中国
石油管道局工程有限公司第四分公司）

摘 要 激光—电弧复合焊接是一种高效焊接方法，现已成熟应用于工业制造领域，但
将该技术应用于长输管道焊接的历史还很短，且尚处于试验研究阶段，今后如能在油气长输
管道施工中应用，将极大提高管道工程效率，降低施工成本。重点介绍了国内外管道激光技
术的发展，对不同类型激光器的激光—电弧复合焊技术在油气长输管道上的研究进展和应用
进行详细回顾，并对目前该技术在应用中存在的问题进行总结分析，最后对激光—电弧复合
焊技术在管道上的应用前景进行展望。

关键词 激光—电弧复合焊；管道；全位置焊接

在过去的几十年里，电弧焊一直是长输管道最主要的焊接方法，但经过这些年对电弧
焊设备和工艺的完善，已使其在焊接效率方面的突破已接近极限，面对劳动力和自然资源
的日益匮乏，应用更加高效和节能的焊接方法替代原有的技术已成为趋势。随着科技的进
步，各种应用于管道的新型焊接方法开始出现并不断发展，其中激光—电弧复合焊接方法
由于其高效性而成为最近的研究热点。激光—电弧复合焊接技术结合了激光和电弧两种焊
接方法的优势，具有熔深大，焊接速度快，装配适应性强的特点，这些特点使激光—电弧
复合焊能够很好地满足长输管道施工对高效和节能日益严峻的挑战。

目前国外多家研究机构进行了激光—电弧复合焊技术焊接管道的试验，主要以英国
焊接研究所（TWI），美国 EWI 等机构为首[1-3]，对激光—电弧复合焊在管道应用上开展
了大量试验研究。国内的中国石油管道科学研究院和哈尔滨工业大学最早开始相关实验研
究[4-7]，对激光—电弧复合焊接技术开展管道的全位置焊接可行性和根焊焊接试验研究。
有研究表明[8]，在试验条件下其单次能焊透厚度 16mm 的管壁，从而减少焊道的层数，
同时由于激光和电弧的相互促进作用，使其焊接速度达到 2m/s，如该技术能应用于现场
油气长输管道焊接，将具有突破性的重大意义。

1 焊接用激光器的对比

最先用于管道深熔焊接的主要有两种激光，分别是二氧化碳气体激光和掺杂有钇、
铝、石榴石的钕（Nd：YAG）激光。二氧化碳激光是最早开始能够提供足够高的能量将
厚度大于 6mm 结构钢熔透的激光，而当时的 Nd：YAG 激光在提供大能量激光光束方面

有一定局限[9]。但在过去的几年中，随着 Nd：YAG 激光技术的发展，其可提供的功率也高达 10kW，使其商业化成为可能。Nd：YAG 激光器与二氧化碳激光器最主要的不同是它们所产生激光的波长不同，二氧化碳激光器所产生的激光波长为 10.6μm，需要通过复杂的反射或传输系统才能到达工作现场，而 Nd：YAG 激光器产生的激光波长为 1.06μm，这种激光可仅用一根光纤进行传输，与二氧化碳激光相比更具有灵活性。这种光纤传输激光方式的出现，为管道焊接的现场应用提供了可能。

近几年发展的大功率小体积光纤激光器开始受到关注，其激光功率产生于激光模块中，每个独立的激光模块能够产生数百瓦甚至上千瓦的功率，组合起来则能够产生 10kW 以上的功率。其产生激光的波长与 Nd：YAG 激光器的大致相同，可通过光纤传送到工作现场。Yb 光纤激光器与 Nd：YAG 激光器相比，效率更高，且其结构更为紧凑。近几年光纤激光器技术得到了飞速的发展，其中 YLR–50000（IPG）激光器最高功率可达 50kW，国内已有的激光器最高可到 30kW，光能转化率高达 30%～45%，表 1 为不同类型激光器性能比较[10]。

表 1　不同激光器性能比较

激光器类型	CO_2 激光器	Nd：YAG 激光器	光纤激光器
功率 /kW	50	1	50
波长 /μm	10.6	1.06	1.07
光束质量 /（mm·mrad）	3.75	12	2
光斑直径 /mm	0.16	0.45	0.15
光束模式	单模	多模	多模
光电转化效率	15%～30%	3%～10%	30%～45%
传输光路	光学镜片	光纤	光纤

光纤激光器已经证实了其在商业上的可行性，其应用潜力也已超过了使用闪光灯激发的 Nd：YAG 激光器，尤其是在倾向于便携性的管道焊接建设，且研究发现，相比于其他类型的激光器，用光纤激光器焊接管道焊缝，成形良好，具有很高的研究价值。

2　不同类型激光技术在长输管线上的应用

2.1　二氧化碳激光焊

最早应用于管线焊接的激光技术为激光自熔技术。Bonigonan 和 Geertsen 将二氧化碳激光焊接技术用于海底管道焊接试验，以测试二氧化碳激光焊在 "S" 形铺管船海上管道应用的可能性[11]。该系统采用的二氧化碳激光器功率高达 20kW，可一次性焊接壁厚为 20mm 的钢管。试验发现，二氧化碳激光焊用于管道全位置水平固定（5G）焊接的容差在可接受的范围内。Gainand Y[12] 等在 AXAL/ITP 也开发出了管道全自动激光焊接系统用以提高海上管道的焊接速度。该系统同样使用 20kW 的二氧化碳激器，焊接壁厚为 15.9mm 管道，焊缝的无损检测结果基本符合 API 1104《管道与相关设施焊接》标准，但其力学性能数据没有公布。

2.2　闪光灯泵浦 Nd：YAG 激光焊

TWI 最先开始研发高能 Nd：YAG 激光器在管道环焊中的应用。TWI 提高了现有的电弧焊接技术，并且高度评价了高能 Nd：YAG 激光器在降低管道建设成本上的作用。早期的试验研究内容主要是激光自熔在横焊（2G）位置的焊接。结果表明：当焊接速度较低时，其能实现厚度为 12.7mm 钢管的焊接，焊缝成形良好，当增加焊接速度到 1.0m/min 时，由于对口间隙的变化，造成焊缝成形不理想。研究还发现，激光自熔焊接焊缝的冲击韧性差。为了解决高速焊接所带来的装配间隙适应性小以及冲击韧性低的问题，需要在此焊接方法上改进升级，其中 Howse[13] 和 Booth[14] 提出了 Nd：YAG/MAG 复合焊接方法。

2.3　Nd：YAG 激光 /MAG 复合焊

Nd：YAG 激光焊接最早设计用于在陆地管线上替代 MAG 焊接填充，在激光焊之前采用 MAG 内焊根焊，填充采用 Nd：YAG 激光自熔焊接，42 激光功率为 9kW。试验人员将 Nd：YAG 激光源和电弧焊枪装配到一个复合焊炬上，进行复合焊接试验，其目的是将激光焊与 MAG 焊丝填充结合起来，提高焊接速度以及装配间隙的适应性，同时得到符合要求的微观结构和冲击韧性[13]。试验表明，选择合适的焊接参数，焊缝可一次性焊透，焊后焊缝无凝固缺陷。如果焊缝能够达到一次性焊透，则在 1m/min 的焊接速度下达到 8mm 以上的熔深是可行的。

以上试验结果表明，在管道焊接中，把高能的 Nd：YAG 激光焊和 MAG 焊接结合起来，从而形成高熔透的焊接过程在工程上是可行的，其焊缝能够满足管道规范，检测焊缝的缺陷在 BS 4515《陆地和近海钢管道焊接规范》和 API 1104《管道与相关设施焊接》标准以内。整个焊缝的硬度值在标准范围内，且具有良好的低温韧性（表 2 和表 3）。

表 2　Nd：YAG 激光 /MAG 电弧复合焊接 API 5L X60 钢管的硬度值

焊缝硬度值（HV10）		热影响区硬度值（HV10）	
平均值	最大值	平均值	最大值
245	249	240	270

表 3　Nd：YAG 激光 /MAG 电弧复合焊接 API 5L X60 钢管的夏比冲击功
（尺寸为 10mm×10mm，试验温度为 –10℃）

位置	吸收能量 /J	平均吸收能量 /J
焊缝中心	106，130，91	109
热影响区	43，140，90	91

闪光灯触发的 Nd：YAG 激光技术用于现场管道焊接的主要缺点是其低的光能转化效率和便携性，限制了其工业应用。

2.4 Yb 光纤激光 /MAG 复合焊

TWI 在 2003 年使用 7kW 功率的 Yb 光纤激光器进行了焊接试验[13-14]，该激光器的激光传送采用光纤直径为 0.3mm 的光纤。经测试，该激光器的光能转化效率为 20%，高于闪光灯激发的 Nd：YAG 激光器。该激光器中有一个独立高效的激光源，便于携带，能够用于管道焊接。在上述试验基础条件下，TWI 开始尝试焊接 API 5L X80 钢管，以调研该技术的应用潜力。该激光 / 电弧复合焊接系统由 Yb 激光器、可编程 ESAB AristoMIG 450 电弧焊机、AristoFeed 30 送丝机和 MA6 控制器组合而成，激光头安装在 Kawasaki ZX130L 的 6 轴机器人上。激光头聚焦镜片的焦距为 250mm，最小光斑直径为 0.6mm，在激光功率为 7kW 时，激光的能量密度可达 $2.5 \times 10^4 W/mm^2$。

试验所用的钢管材料为 X80，钝边厚度为 8mm，模拟了管道全位置（5G）焊接中的三个位置，如图 1 所示，分别为平焊（1G），立焊（3G）和仰焊（4G）。

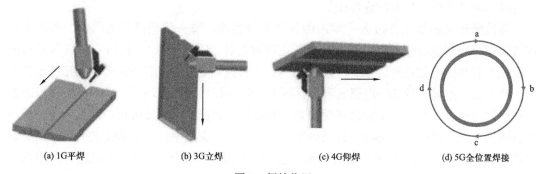

| (a) 1G平焊 | (b) 3G立焊 | (c) 4G仰焊 | (d) 5G全位置焊接 |

图 1　焊接位置

上述三个位置均采用以下焊接工艺参数：焊接速度 1.8m/min，焊丝直径 1mm，送丝速度 10m/min，脉冲电流 215A，电弧电压 25V，电弧能量 5kW，激光能量 7kW，光斑直径 0.6mm，光束焦点位置调制焊接工件表面。

焊缝经外观检测和射线检测表明，焊缝成形好，且均未发现内部缺陷，对焊缝进行硬度、拉伸和夏比冲击试验，试验结果见表 4，焊缝试样均具有较好的韧性，拉伸断裂位置均位于母材。焊缝硬度值较高，如果用于酸性服役管线，还需进一步改善其硬度值。

表 4　采用 Yb 光纤激光 /MAG 复合焊的焊缝力学性能试验结果（其中夏比冲击试样尺寸为 7.5mm×10mm，测试温度为 -10℃）

位置	-10℃ 时的夏比冲击值 /J		最大硬度值（HV10）		抗拉强度 /MPa	断裂位置
	平均	最低	焊缝	热影响区		
仰焊（4G）	73	64	380	380	700，686，696	母材
立焊（3G）	78	70	394	387	732，726，728	母材
平焊（1G）	69	65	357	413	722，732，689	母材

EWI 研究机构采用 Yb 光纤激光器进行了激光—电弧复合管道环焊缝根焊试验[15]，以印证激光—电弧复合焊应用与现场环境的可能。该机构将光纤激光和电弧焊炬整合到 CRC-Evans P450 焊接小车上，采用 4kW 激光功率，焊接速度 1.78m/min（70ipm），进行钝边为 4mm 的环焊缝试验，试验结果表明：其可完全焊透钝边，且焊接速度最高可达 2.3m/min，内外表面成形良好。

大功率的光纤激光器也越来越多的应用在管道环焊缝焊接试验，大功率激光器能一次焊透更厚的壁厚，提高焊接效率[16-17]。其中圣彼得堡彼得大帝理工大学的激光焊接研究机构采用 20kW 的 YLR-20000（IPG）光纤激光[17]，研究了焊接速度和预热温度对激光—电弧复合焊缝的微观组织及其力学性能的影响，研究表明，增加焊接速度，会增加马氏体在焊缝组织中的比例，如果减慢焊接速度，则会产生相反的效果，提供更软的微观组织，预热温度对焊缝组织和力学性能的影响则相反。

最近几年，中国石油天然气管道科学研究院有限公司同样采用 10kW 功率光纤激光器进行了 $\phi1016mm \times 17.5mm$ 和 $\phi1219mm \times 18.4mm$ 两种管径规格，4mm，6mm 和 8mm 三种钝边厚度的焊接工艺试验。试验表明，焊缝成形良好，无损检测和力学性能试验能够符合 API 1104《管道与相关设施焊接》。

高能激光材料加工在过去十年内的发展十分迅速，每一代新产品的问世，都使激光在管道焊接应用的潜能都得以提升。二氧化碳激光器和闪光灯触发的 Nd：YAG 激光器由于传输方式和效能的不利因素，不适于油气管线长途作业，而高能 Yb 光纤激光技术在市场上的引入，推进了激光—电弧复合焊接技术在管道焊接现场应用的步伐。虽然在过去的一段时间内通过大量焊接试验已证明激光—电弧复合焊技术在焊接过程中的实用性，但是毕竟该技术用于管道焊接仍处于试验阶段，而且在工业应用中，设备和工艺的可靠性是最关键的问题之一，该项技术若要在管道焊接领域的应用被完全认可，还需进行大量试验探索。

3 目前存在的问题

现阶段激光—电弧复合焊技术应用于管道焊接仍停留在实验室试验阶段，并没有广泛应用于管道工程中，其主要涉及焊接工艺、性能、设备和施工规范标准等几个方面的原因，文中重点分析了以下几个突出问题并提出了建议。

3.1 焊接缺陷

目前国际上还没有正式的激光—电弧复合焊用于管道的焊接施工标准和验收规范，但可以预见，由于激光—电弧复合焊技术能够一次焊透钝边较厚的材料，且其为单面焊双面成形，如果焊缝出现缺陷，返修难度较大，因此应要求该技术能较好地控制焊缝缺陷。

现在大量的工作焦点是研究模拟管道平焊位置的最优化激光—电弧复合焊接的参数试验，而很少有关于该技术用于管道不同位置的根焊焊缝试验以及微观组织和力学性能研究，而其中管道焊接在仰部位置极易出现内凹缺陷。中国石油天然气管道科学研究院有限公司联合哈尔滨工业大学雷正龙等针对 X70 钢管道全位置激光—熔化极活性气体保护

（MAG）电弧复合根焊焊接过程中，管道焊接4～6点位焊缝背面易出现内凹，开展了管道全位置激光—MAG电弧复合根焊焊缝成形试验研究[18]。图2为仰部位置的内凹示意图和实际焊接图，通过该试验研究虽能使仰部内凹得到控制，但该缺陷仍没有得到根本解决，完全消除激光—电弧复合焊4～6点位置的内凹问题，还需进一步的大量工艺试验研究。

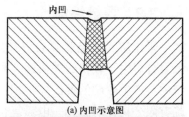

(a) 内凹示意图

(b) 实际焊接图1

(c) 实际焊接图2

图2　仰部位置的内凹示意图和实际焊接图

长输管道施工条件受现场环境和管材标准因素的限制，坡口的尺寸、对口的间隙和错边量不易准确控制在限定范围内，这些误差对大钝边厚度的激光—电弧复合焊接非常不利，容易产生气孔和未熔焊接缺陷（如图3所示为由对口间隙和错边引起的焊接缺陷），从而降低焊接质量，且由于环焊缝为全位置焊接，为保证焊缝表面和背面成形良好，要求焊枪和激光头随焊接位置的变化而变化，所以必须设置一种能在不同焊接位置设置跟踪参数可调节的跟踪系统，从而使跟踪系统更智能化，更适应管道的全位置焊接。檀朝彬等[19]通过对利用650nm激光结构光发射器与cmos光电传感器结合获取焊道图像信息，应用数字图像处理技术提取纵向偏差、横向偏差、错边量和对口间隙信息，焊道跟踪系统根据纵向偏差、横向偏差实时调整焊炬位置，保证激光焊点准确对中，提高了焊接质量，如该方法在今后现场应用中能够实现，将进一步提高现场焊接焊缝合格率。

激光—电弧复合焊由于一次焊接钝边较厚，焊接线能量大，易在焊缝区产生凝固裂纹。圣卡塔琳娜州联邦大学研究了激光—电弧复合焊缝的几何形状参数和工艺参数对凝固裂纹的形成的影响[20]，该试验通过膨胀扩张角度β来定义焊缝外形尺寸变化的剧烈程度。如图4所示，b代表焊缝水平方向最短距离，B代表焊缝水平方向最长距离，两线段构成了一个等腰梯形，h为两线段之间的距离。研究表明，凝固裂纹的产生与焊缝的膨胀扩张角度β有着极其密切的联系，膨胀扩张角度β越大，其产生凝固裂纹的长度和概率越大。该研究还发现，即使凝固裂纹的位置发生在激光区域，且离电弧区有一段距离，填充材料的成分同样能影响焊缝的凝固裂纹。

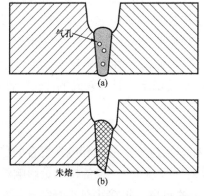

图3　间隙和错边量对焊缝成形的影响

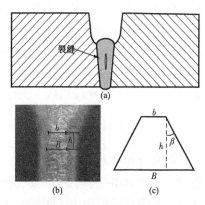

图4　焊接裂纹示意图和实际焊接图

3.2 焊缝性能

采用激光—电弧复合焊技术焊接的焊缝硬度一直是人们关注的问题之一，激光—电弧复合焊由于较快的焊接速度和冷却速度，造成其焊缝组织明显不同于电弧焊，其微观组织中会产生较硬的贝氏体组织，从而使硬度超过检测标准。中国石油天然气管道科学研究院有限公司针对激光—电弧复合焊硬度做了一系列试验，以改善接头硬度。该机构采用激光—MAG复合焊接方法焊接X80钢，如图5所示，对接头横向断面进行硬度测试，试验结果如图6所示，不预热时焊缝硬度高达330HV；将钢管预热至100℃后进行根焊，焊缝硬度显著降低，熔合线附近硬度梯度变小；当预热温度增加到200℃时，焊缝和热影响区硬度下降不明显。不过，目前现行管道标准中关于管道电弧焊缝的硬度限制是针对采用纤维素焊条焊接的焊缝，其焊缝易产生氢元素聚集，从而导致焊缝热影响区加氢裂化，然而在激光—电弧复合焊接方法中，氢元素含量被控制在一定范围内，该硬度标准是否仍然适用于激光—电弧复合焊技术，还有待进一步论证和商榷。

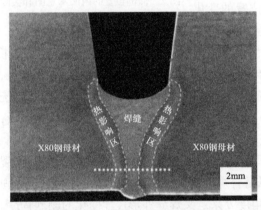

图5 接头横向断面宏观图像及硬度测量位置示意图　　　图6 不同预热温度下接头硬度分布

管道施工规范要求焊接接头在适当的环境温度范围内有足够的冲击韧性，能够满足在高寒地区的跨国管线进行焊接的条件。试验发现，在激光—电弧复合焊的夏比冲击试验中，易出现冲击值较小且离散的现象，为此，中国石油管道科学研究院通过优化焊接工艺参数和预热温度，对焊缝和热影响区的冲击性能进行了改善。该机构研究了不同预热温度和不同激光功率对焊缝冲击性能的影响，试验采用X80钢，对钝边厚度为8mm钢管进行根焊，冲击试样选取激光电弧复合焊根焊位置，试验温度为–20℃，试样尺寸为55mm×10mm×5mm，试验发现，如图7和图8所示，从不预热到预热温度为200℃时，冲击功随着预热温度的升高而增大，而激光功率对冲击韧性影响较小，该试验也表明其在–20℃时，除个别冲击值比较离散，大部分值比较稳定，且有较高的冲击韧性值。

3.3 设备的可靠性和稳定性

激光—电弧复合焊由两种热源复合而成，在焊接过程中激光和电弧复合的稳定性同样影响焊缝质量。SLV Halle公司的J. Neubert等研究发现[21]，装备技术是影响焊接缺陷的主要因素之一，在焊接过程中由于焊接小车较大的自重，焊接小车车身结构很难达到所要

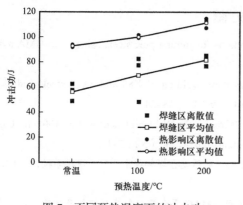
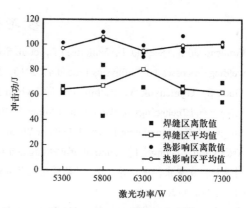

图 7　不同预热温度下的冲击功　　　　　　图 8　不同激光功率下的冲击功

求的刚度，以使其保证在环管道焊接过程中有很好的稳定性。中国石油天然气管道科学研究院有限公司对焊接小车和轨道的机械结构设计进行优化，对固定激光头和焊枪的钢板采用比刚度大的材料，尽量减少由于自重的原因造成焊接小车在绕管圈做圆周运动时产生的不稳定变化，焊接稳定性明显得到提高。设备的可靠性和稳定性直接关系到焊接过程的稳定性，设备零件加工精度和安装精度的保证为焊接过程的稳定提供了重要保障。

通过上述分析总结，目前激光—电弧复合焊在现场应用可能出现的问题，具体有以下几点解决措施：（1）从激光—电弧复合焊接熔滴过渡和焊缝微观组织角度进行深入的仰部内凹形成机理研究，找出形成内凹缺陷的主要原因；（2）针对复杂的现场环境，设置一种更智能化的焊缝跟踪系统，从而更适应现场管道的全位置焊接；（3）通过对坡口形式、坡口尺寸、焊接工艺参数以及焊前和焊后的热处理等焊接规范的研究，可避免焊接裂纹的产生，降低焊缝硬度以及提高焊缝的韧性值；（4）尽量增加设备的稳定性和可靠性为实现激光—电弧复合焊现场应用提供了装备保障。

4　总结和展望

（1）近几年发展起来的大功率小体积光纤激光器 Yb 光纤激光器，光能转化效率高，能达到 30%～45%，且结构紧凑。激光—电弧复合焊高效率和设备不易搬运的特点正好符合海洋管道建设时间成本昂贵，不需要频繁移动焊接设备的特殊要求，是以后该技术在管道焊接发展应用的主要方向。

（2）从一系列激光—电弧复合焊应用于管道焊接的研究进展可以看出，国外开始该项技术研究比较早，国内起步较晚，其中中国石油天然气管道科学研究院有限公司最先开始也是仅有的几家研究单位之一，技术和研究成果处于领先水平，目前该机构已利用激光—电弧复合技术进行管道全位置焊接试验，成功焊接了钢级 X80，管径 1219mm，钝边厚度为 8mm 厚钢管，无论是从焊缝外观还是从焊缝力学性能，均能适应长输管道焊缝合格标准。

（3）虽然这项技术刚开始的试验结果比较理想，但距离现场管道应用还有一段距离，尽快进行焊接工艺现场适应性试验，对焊缝缺陷进行有效控制以提高焊缝合格率，同时制定适合激光—电弧复合焊接技术的长输油气管道施工标准和验收规范是最根本的解决方法。

参 考 文 献

［1］Grunenwald S, Seefeld T, Vollertsen F, et al. Solutions for joining pipe steels using laser–GMA hybrid welding processes ［J］. Physics Procedia, 2010, 5: 77–87.

［2］Gook S, Gumenyuk A, Rethmeier M. Hybrid laser arc welding of X80 and X120 steel grade ［J］. Science and Technology of Welding and Joining, 2014, 19（1）: 15–24.

［3］Sungwook K, Mokyoung L. The Effects of Welding Wires on the Weldabilities of API X–100 with Laser–Arc Hybrid Welidng ［J］. Journal of Welding and Joining, 2014, 32（5）: 7–12.

［4］曾惠林, 皮亚东, 王新升, 等. 长输管道全位置激光—电弧复合焊接技术 ［J］. 焊接学报, 2012, 33（11）: 110–112.

［5］雷正龙, 檀财旺, 陈彦宾, 等. X80 管线钢光纤激光—MAG 复合焊接打底层组织及性能 ［J］. 中国激光, 2013, 40（4）: 79–85.

［6］皮亚东, 王新升, 王勤, 等. Q345 钢激光电弧复合焊横焊工艺研究 ［J］. 焊接, 2014（6）: 56–59, 72.

［7］Zhenglong L, Caiwang T, Yanbin C, et al. Microstructure and Mechanical Properties of Fiber Laser–Metal Active Gas Hybrid Weld of X80 Pipeline Steel ［J］. Journal of Pressure Vessel Technology, 2012, 135（1）, 011403–7.

［8］Seffer O, Lahdo R, Springer A, et al. Laser–GMA hybrid welding of API 5L X70 with 23mm plate thickness using 16kW disk laser and two GMA welding power sources［J］. Journal of Laser Applications, 2014, 26（4）, 042005（1–9）.

［9］Ireland C. Evolution of the Industrial Nd : YAG laser ［J］. The Industrial Laser User, 1999, Issue（14）, 20–23.

［10］Hagop I, Gregory G. High–Power Laser Handbook ［M］. New York : McGraw–Hill, 2011.

［11］Bonigon C, Geertsen C. Orbital Laser Welding : A major advance in offshore pipe laying ［A］. Proc. Conf. Deep Offshore Technology ［C］. 1998, 10–2.

［12］Gainand Y, Mas J P, Jansen J P. Laser orbital welding applied to offshore pipeline construction ［A］. Pipeline technology ［C］. 2000, 2: 327–342.

［13］Howse D S, Scudamore R J, Booth G S. Development of the Laser/MAG Hybrid Welding Process for Land Pipeline Construction ［A］. Proc. Application and evaluation of high–grade pipelines in hostile environments ［C］. 2002, 763–783.

［14］Booth G S, Howse D S, Woloszyn A C. Hybrid Nd : YAG Laser/Gas Metal Arc Welding for New Land Pipelines ［A］. Proc. Conf. International Conference on Pipeline Technology ［C］. 2002.

［15］Harris I D, Norfolk M I. Hybrid Laser/Gas Metal Arc Welding of High Strength Steel Gas Transmission Pipelines ［C］. International Pipeline Conference. 2008: 61–66.

［16］Rethmeier M, Gook S, Lammers M, et al. Laser–Hybrid Welding of Thick Plates up to 32mm Using a 20kW Fibre Laser ［J］. Quarterly Journal of the Japan Welding Society, 2009, 27（2）: 72–79.

［17］Turichin G, Kuznetsov M, Sokolov M. Hybrid laser arc welding of X80 steel : influence of welding speed and preheating on the microstructure and mechanical properties ［J］. Physics Procedia, 2015, 78: 35–44.

［18］雷正龙, 杨雨禾, 李福泉. X70 钢管道全位置激光—MAG 电弧复合根焊焊缝成形试验研究 ［J］. 中国激光, 2015, 42（4）: 51–57.

［19］檀朝彬，曾惠林，皮亚东．基于激光结构光的管道激光/电弧复合焊焊道跟踪与能量控制系统［J］．焊接，2015（7）：26-29，74．

［20］Barbetta L D，Weingaertner W L，Seffer O. Influence of molten pool geometry and process parameters on solidification cracks formation in hybrid laser–GMA welding of thick API 5L X70 steel plates［C］. 8th Brazilian Congress of Manufacturing Engineering，2015.

［21］Neubert J，Keitel S. Influence of tolerances on weld formation and quality of laser–GMA hybrid girth welded pipe joints［J］. Welding in the World Peer–reviewed Section，2011，55（1-2）：50-57.

原文刊登于《焊接》2022 年第 9 期

管线钢的历史沿革及未来展望

刘 宇[1, 2] 张立忠[3] 高维新[3]

（1. 中国石油天然气管道科学研究院有限公司；2. 油气管道输送安全国家工程研究中心；
3. 国家管网集团北方管道有限责任公司）

摘 要 管道是石油天然气长距离输送最安全和最经济的方式。过去 40 年，随着管道输量和效率等需求的不断提升，以及钢铁冶金、制造及装备的技术进步，管线钢的开发和应用取得了快速发展。本文主要从应用需求驱动、合金成分设计、制造工艺与装备、显微组织、力学性能等方面对管线钢的发展历程进行阐述，包括低碳微合金化且具有良好可焊性的化学成分设计优化、高纯净度冶金和控轧控冷（TMCP）技术发展、"珠光体—铁素体""针状铁素体""铁素体—贝氏体双相或复相""超低碳贝氏体"等管线钢显微组织特征变化，以及高强度、高韧性、高变形能力等管线钢力学性能的提升等方面。在总结管线钢历史沿革的基础上，针对超大输量、更复杂服役工况和输送介质、氢气、二氧化碳等新能源管道建设需求，结合钢铁行业最新技术发展前沿，探讨了未来管线钢的技术发展趋势与方向。

关键词 管线钢；低碳微合金化；控轧控冷；超低碳贝氏体；超大输量；新能源管道

全球社会经济的高速发展促进了石油天然气等能源需求的增长。作为石油天然气长距离输送最安全、可靠和经济的方式，油气管道的建设和运营得到了快速发展。据统计，至 2020 年底，全世界油气输送管道的总里程达到约 201.9×10^4 km，其中我国在役油气管道总里程约 14.4×10^4 km，位列世界第三位，与美国和俄罗斯仍存在较大差距[1]。根据我国《中长期油气管网规划》，预计至 2025 年，我国油气管道总里程将达到 24×10^4 km，在未来较长的一段时间，我国油气管道建设仍将保持高速发展。

管线钢是用于制造石油、天然气等输送管道并具有特殊要求的钢种，从管型方面可分为直缝焊管用钢板、螺旋焊管用钢板卷、无缝钢管三大类。直缝焊管主要包括直缝埋弧焊钢管（SAWL）和高频电阻焊钢管（ERW），SAWL 直缝焊管一般采用 TMCP 中厚板为原料，制管成型焊接主要包括 UOE、JCOE 两种方式，采用多丝埋弧内、外焊接，制管后进行整管扩径，降低焊缝应力并改善管体圆度，主要应用于外径 508mm 以上的大口径长输管道工程；ERW 直缝焊管的制管焊接无填充金属，采用高频电阻焊工艺进行直缝焊接，制管焊缝须进行焊后热处理，目前 ERW 钢管主要应用于外径 508mm 以下，钢级 X65 及以下的小口径管道工程。螺旋缝埋弧焊钢管（SAWH）以热轧或控轧控冷钢板卷为原料，采用螺旋方式成型，进行多丝埋弧内、外焊接，制管后进行管端扩径，主要应用于外径 508mm 以上的大口径长输管道工程。由于 SAWL 和 SAWH 钢管采用的原料板在轧制工艺、冶金成分等方面存在较大差异，因此具有不同的性能特点，包括强度和韧性的横、纵向差异、管体止裂性能，以及焊接热影响区脆化和软化趋势等方面。无缝钢管采用连铸圆坯或锻造圆坯为原材料，制管工序主要包括加热穿管、轧制、均整、热处理等，508mm以上大口径无缝钢管主要分为热轧和热扩两种工艺，其中大口径无缝钢管热轧工艺对装备要求较高，目前国内已成功开发出 X80 钢级、外径 1219mm 的热轧无缝钢管，并初步应用于大口径感应加热无缝弯管和热加工无缝管件的制作。未来 10～15 年我国将迎来长输管道建设高峰，预计每年将新建油气长输管道约 1×10^4km，管线钢用量约 200×10^4t/a，需求量巨大[2-3]。

焊接是管线钢应用中的关键环节，主要分为制管焊接和现场环焊两个方面。管线钢的碳含量、碳当量，以及 Cr、Mo、Ni、Cu 等合金元素与 Nb、V、Ti 微合金元素对管线钢的焊接冷裂敏感性、热影响区软化和脆化趋势等焊接性能产生重大影响。目前普遍应用的低碳微合金化 TMCP 高钢级管线钢具有良好的可焊性，其焊接冷裂敏感性较低。目前对于 X80 高钢级管线钢，现场环焊热影响区的软化敏感性、断裂韧性及环焊接头的拉伸应变能力等问题值得关注，通过管线钢冶金成分、轧制工艺、显微组织的优化设计，减小现场环焊的热影响区软化和脆化趋势，提升环焊接头的拉伸应变能力是未来重要的发展方向之一。

管道工程应用需求和钢铁冶金制造技术进步是管线钢发展的两大驱动力。管道工程应用需求的发展趋势主要包括超大输量和更复杂服役条件下的管道工程建设和运营安全需求：一是超大输量天然气长输管道建设需求，提高单管输量可采用增大管道直径或增大输送压力等方式，采用高钢级管线钢管可显著减小管道壁厚，降低工程建设中的管材成本；二是由于石油天然气输送源头往往地处偏远，管道沿线将更多途经地质条件恶劣的地区，如极寒、地震断裂带、冻土区、滑坡、高原、山地、水网等，这就对管线钢性能提出了更高的要求。另一方面，超纯净钢冶金技术、新一代控轧控冷（TMCP）等钢铁冶金制造装备和技术进步也大力推动了管线钢的发展。低碳或超低碳、超低 S、P 杂质和 O、N、H 气体含量、Nb、Ti 等微合金化的成分设计提高了管线钢的可焊性，优化显微组织并显著细化晶粒，从而使管线钢获得高强度、高韧性，以及良好的抗变形能力。

1 管线钢的发展历程

1.1 应用需求驱动

长输油气管道正向着大输量、高钢级、大口径、高压力的方向发展。20 世纪 90 年代之前，我国的油气输送管道主要采用低强度的碳素钢焊接钢管，如 A3 钢、16Mn 等，管道输送压力小于 4MPa；20 世纪 90 年代建设的陕京一线管道采用 X60 管线钢，外径为 D660mm、输送压力为 6.4MPa；20 世纪初建成的西气东输一线工程更高强度的 X70 管线钢，外径达到 D1016mm，输送压力提升至 10MPa；2010 年，西气东输二线管道工程在国际上首次大规模应用 X80 管线钢，外径为 D1219mm，输送压力达到 12MPa[4]；2020 年，中俄东线管道工程采用 X80 钢级、外径 D1422mm、输送压力 12MPa，设计年输量达到 380×10^8m^3，标志着我国 X80 管线钢的生产和应用达到国际先进水平。

油气长输管道不可避免途径地质条件或环境条件恶劣的极地、海洋、地震断裂带、冻土等特殊地段，管道面临滑坡、泥石流、大落差、移动地层、洋流等大地面位移带来的安全风险。在这种大位移或大变形的服役工况下，管道的失效由传统的应力控制转变为应变控制。因此，采用基于应变的设计思路提出管线钢的性能要求，并开发具有抗大变形能力的高强度管线钢管，是近年来管线钢重要的发展方向之一[5-7]。抗大变形管线钢具有较低的屈强比和应力比、较高的应变强化指数和均匀延伸率、"圆屋顶"型拉伸应力应变曲线，以及较高的抗屈曲应变极限等特征。目前，我国已成功开发出 X70、X80 抗大变形管线钢管，并在中缅天然气管道工程、西气东输二线等管道工程中获得成功应用。

海上油气资源的开发促进了海底管线的发展，其服役环境比陆上管线更为恶劣，因此，对海底管线钢的质量性能要求更为严格。DNV-OS-F101 标准对海底管线钢管的横向强度和纵向强度均进行了规定。随着水深的增加，对深海管线钢管的抗压溃性能要求越来越高，因此，管线钢管的壁厚均匀性、椭圆度等尺寸精度十分重要[8]。目前，海底管道用管线钢均采用 X70 及以下钢级，近年来国外建设的海底管道，最大水深达 3500m、最大外径为 D1219mm、最大壁厚为 44mm。我国南海荔湾 3-1 气田海底管线最大水深达到 1480m，采用 X65、X70 钢级、外径 559～765.2mm、壁厚 28～31.8mm 的管线钢管，是国内目前应用钢级最高、壁厚最大、输送压力最高、最大水深的海底管道工程应用项目[9]。

天然气资源开采和气田集输管线往往面临富含 H_2S/CO_2 腐蚀介质的服役环境，导致氢致开裂（Hydrogen-Induced Cracking，简称 HIC）和硫化物应力腐蚀开裂（Sulfide Stress Corrosion Cracking，简称 SSCC）等问题，集输管道和富气输送管道用管线钢应重点考虑抗 HIC、SSCC 等问题。目前，我国耐酸管线钢实现工程应用的主流钢级为 X52 和 X60，而国外发达国家采用的主流钢级为 X65。一方面，国外开发的耐酸管线钢能适应 pH 值为 2.8～3.0 的强酸性环境；而我国的 X60、X65 耐酸管线钢目前主要适用于 pH 值为 5.2 的弱酸性环境[10]。在开发 X70、X80 等更高钢级的抗酸管线钢方面，制管焊接及环焊缝焊接是极为关键的问题，焊接接头的强度匹配设计和硬度控制对于保证其抗酸性能是十分重要的。另一方面，由于管道防腐结构老化、局部损伤或鼓泡，钢管外壁与土壤和地下水中的硝酸根（NO_3^-）、氢氧根（OH^-）、碳酸根（CO_3^{2-}）和酸式碳酸根（HCO_3^-）等介质接触，导致管线钢管受到腐蚀。抗酸性介质腐蚀和土壤腐蚀管线钢的主要特征包括极低的 S、P 含量、较低的夹杂物含量和良好的夹杂物形态控制、无明显偏析和带状组织等[11]。

1.2　合金成分设计

管线钢的合金成分设计主要经历了三个阶段。20 世纪 50 年代，主要采用 C-Mn 钢和 C-Mn-Si 钢等普通碳素钢，钢级在 X52 及以下；20 世纪 60—70 年代，在 C-Mn 钢的基础上添加了微量的 V、Nb 合金元素，采用热轧与轧后热处理等工艺，提高了管线钢的强韧综合性能，开发出 X60 和 X65 管线钢；20 世纪 80 年代至今，主要采用 Nb、V、Ti、Mo、Cr、Ni、B 等元素微合金和多元合金化设计思路，通过控制轧制与控制冷却（TMCP）等新工艺技术，开发出强韧综合性能优良的 X70、X80 高强度管线钢，并实现了批量生产与工程应用[12]。

现代管线钢合金成分设计的基本特征包括低碳或超低碳、Mn 固溶强化、Nb/V/Ti 微合金化、多元合金化等[13]。低碳或超低碳设计显著提高了管线钢的焊接性，且有利于获得高韧性和良好的成型性，碳含量降低带来强度的下降，需要采用合金设计和工艺优化等进行弥补。研究表明，碳含量并非越低越好，当碳含量小于 0.01% 时，由于间隙碳原子减少和焊接热循环后 Nb（C、N）的沉淀析出造成晶界弱化，导致焊接热影响区发生局部脆化。因此，考虑使管线钢获得良好的综合性能，其较为合理的碳含量范围为 0.01%～0.05%。

管线钢中添加的 Mn 主要起固溶强化作用。在一定的碳含量下，随着 Mn 含量增加，其强度增加，且韧脆转变温度下降。另外，Mn 还促进晶粒细化，因此其作用十分重要。但 Mn 含量过高，会使韧性降低，造成严重的带状组织，增加各向异性，从而使抗氢致裂纹（HIC）性能恶化。研究表明，当碳含量为 0.05%～0.15%、Mn 含量大于 1.2% 时，随着 Mn 含量的增大，管线钢的氢致裂纹敏感性显著增大；当碳含量低于 0.05% 时，即使 Mn 含量达到 2.0%，其抗氢致裂纹性能也没有显著恶化。因此，对管线钢中的 Mn 含量控制十分重要。根据管线钢不同钢级和壁厚，推荐的 Mn 含量范围为 1.1%～2.0%。

Nb、V、Ti 微合金元素在管线钢中的作用十分重要。一是在控轧控冷过程中未溶的 Nb、V、Ti 的碳、氮化物将通过质点钉扎晶界机制阻止奥氏体晶粒长大，实现晶粒细化；二是 Nb、V、Ti 的溶质原子拖曳和应变诱导沉淀析出，以及碳、氮化物质点对晶界的钉扎作用可显著阻止形变奥氏体的再结晶，从而转变为细小的相变组织；三是降低奥氏体至铁素体的相变温度，抑制多边形铁素体，从而促进针状铁素体转变；四是控轧控冷过程中，通过微合金碳、氮化物的沉淀析出过程控制，实现沉淀强化的作用。

Mo 是管线钢多元合金化的重要元素。低碳 Mn-Mo-Nb 系微合金化管线钢是较为成熟的针状铁素体管线钢合金体系，Mo 可显著降低过冷奥氏体相变温度，从而促进针状铁素体形成。多元合金化的 Ni、Cr、Cu 等元素在管线钢合金设计中也很常见，其中 Cu 增加管线钢的抗腐蚀性；Ni 提高低温韧性同时实现一定程度的固溶强化，另外 Ni 避免 Cu 可能带来的热脆性；Cr 的添加在控轧后的加速冷却工艺中可促进针状铁素体或板条贝氏体组织转变，近年来，X70、X80 高强度管线钢成分设计出现降 Mo、增 Cr 的趋势。

综上所述，目前管线钢的合金成分设计正向着超低碳、超洁净、微合金化和多元合金化的方向发展，高纯净冶金技术、控轧控冷（TMCP）、加速冷却（ACC）、在线热处理（HOP）等工艺技术进步促进了管线钢合金成分设计的优化与创新。

1.3 制造工艺与装备

高纯净冶金、连铸、控轧控冷、加速冷却等钢铁冶金制造工艺与装备的进步在高钢级管线钢领域获得了良好的应用，有力促进了管线钢的发展进步。

高钢级管线钢对冶炼工艺的要求较为苛刻，技术难点主要包括：有害和杂质元素含量控制、夹杂物控制、气体含量控制、窄成分范围控制、铸坯冶金质量控制等方面，管线钢冶炼是高洁净度钢生产技术与高质量铸造等技术的集成：一是管线钢对硫、磷、氮、氧、氢等杂质和气体元素的严格要求和控制，需在铁水预处理、转炉冶炼、炉外精炼，包括 LF 钢包精炼、VD 真空脱气、RH 真空循环脱气等工艺，以及连铸等工序进行浇熔优化，通过系统集成生产出高洁净度的管线钢坯料；二是需采用先进的夹杂物改性技术对高钢级管线钢中的夹杂物尺寸、形态及分布进行控制，同时优化控制连铸结晶器的卷渣或二次氧化，降低管线钢中的大型夹杂数量，从而降低夹杂物对管线钢性能的危害；三是通过连铸设备和工艺的优化和完善，配合精炼工艺实现无缺陷的管线钢连铸坯生产，提高管线钢的质量稳定性[14]。

轧制和热处理是管线钢生产的关键工艺环节。早期 X60 及以下的低钢级管线钢主要采用热轧后正火的工艺；从 1970 年开始，控轧控冷（TMCP）技术的应用使高钢级管线钢得到了快速发展。控轧控冷（TMCP）是一种可精确定量控制轧制钢板的形变温度、形变量、形变道次、形变间歇时间、终轧温度及轧后冷却的先进轧制工艺[15]。1980 年之后，为进一步增加管线钢的强度和韧性，同时减少合金元素含量，实现低成本、减量化的管线钢设计，开发了以加速冷却为基础的新一代 TMCP 工艺。与传统 TMCP 低温区大压下不同，新一代 TMCP 技术在高温区进行大压下后通过超快冷设备进行加速冷却，并控制实现不同的冷却路径，从而实现减量化轧制与综合性能多样化的控制目的[16-17]。

1990 年以后，在原有 TMCP 工艺基础上，开发了一种新的所谓"非传统"TMCP 工艺技术，采用这种新工艺可实现在通过相变强化获得高强度的同时，还可以细化显微组织从而获得良好的低温韧性，即在减少合金元素情况下获得高强度、高韧性的综合性能。"非传统"TMCP 工艺制造的管线钢显微组织主要由粒状贝氏体和细小弥散分布的马氏体—奥氏体（M–A）构成，M–A 体积分数约为 7%。为了提高冷却速率，该工艺采用了加速冷却装置，以及在线热处理（HOP）感应加热设备，可对壁厚为 40mm 的钢板进行在线加热。这种工艺组合实现了常规 TMCP 工艺无法实现的一种新的轧制控制技术。采用在线热处理工艺可有助于细小的碳化物析出，从而降低自由碳含量的扩散，还可以增加组织中的位错密度，以及形成 M–A 的细小弥散分布，实现高强度、高韧性和高塑性的综合性能平衡[18]。

在超低碳管线钢（C 含量约为 0.03%）中添加约 0.10% 较高含量的 Nb，可将奥氏体再结晶温度显著提高，使钢板的热机械轧制在较高的温度区间就可达到预期的效果。高 Nb 管线钢的高温轧制提高了贝氏体的体积分数，NbC 在铁素体中的析出，在管线钢起到了更好的强化效果。这种高温轧制工艺被称为 HTP（High Temperature Processing）。HTP 管线钢中 Mo 和 V 等价格昂贵的元素添加量大大减少。另外 HTP 管线钢的终轧温度高于常规 TMCP 管线钢，因此对轧制力和轧机能力的要求显著降低。随着现代轧机的轧制能力不断提高，因此在较低温度下进行精轧已较容易实现，因此为了减小轧制力已不是添加较高 Nb 含量的最重要目的。为了使厚壁管线钢获得较高的强韧性组合，可以在采用高 Nb 设计的同时进行低温轧制，因此现代管线钢的低 C 高 Nb 钢生产技术与传统 HTP 具有较大差异，添加较高的 Nb 含量对变形奥氏体的再结晶起到了明显的抑制作用，并显著阻止再结晶奥氏体的晶粒长大，使再结晶奥氏体晶粒显著细化，有利于精轧后变形奥氏体获得更大程度的扁平化，使针状铁素体组织充分细化，从而使管线钢获得高强度、高韧性等良好的综合性能[19]。

在 TMCP 冷却工艺的精确化控制方面，国内外还开发出间断直接淬火（IDQ）和直接淬火＋回火（DQ–T）等新工艺路线。日本新日铁开发的 X120 管线钢采用 IDQ 工艺，获得了以下贝氏体为主的显微组织和高强度；DQ–T 工艺是在两阶段控轧后直接淬火，然后进行 450℃回火，从而获得良好的力学性能。在直接淬火工艺中，板坯的加热温度、轧制工艺、直接淬火时板形控制、回火温度等是重要的影响因素，直接淬火工艺确保钢板的上、下表面具有相同的冷速，避免钢板发生翘曲变形，因此直接淬火工艺对轧后冷却设备提出了很高的要求。

1.4 显微组织

管线钢的发展历程可以从其显微组织的演变进行分析总结。管线钢的显微组织按发展时期的先后大致可分为铁素体—珠光体（F-P）、少珠光体（LP）、针状铁素体（AF）、超低碳贝氏体（ULCB）、贝氏体—马氏体（B-M）、铁素体—贝氏体（F-B）或贝氏体—马氏体奥氏体组元（B-MA）双相组织等几个主要类型或发展阶段。

铁素体—珠光体（F-P）组织是 1960 年以前管线钢的基本显微组织特征，早期 X52 及以下钢级的管线钢大多数可归类为铁素体—珠光体钢，其基本成分是碳含量为 0.10%～0.20%、锰含量为 1.30%～1.70% 的碳锰钢，采用热轧及正火热处理工艺生产。F-P 管线钢中的多边形铁素体体积分数约为 70%[20]。

少珠光体（LP）管线钢包括 Mn-Nb、Mn-V、Mn-Nb-V 等典型合金体系。碳含量通常小于 0.10%，Nb、V、Ti 的总含量小于 0.10%，代表钢级包括 X56、X60 和 X65。LP 管线钢改变了铁素体—珠光体管线钢热轧及正火的生产工艺，采用微合金化钢的控轧技术。对于 LP 钢，铁素体晶粒尺寸可细化至 5μm 以下，珠光体的体积分数控制在 10% 以下。LP 管线钢晶粒细化在提高屈服强度的同时，可使韧脆转变温度下降，从而获得良好的强韧性组合。此外，LP 管线钢在控轧过程中可实现 Nb、V 氮碳化物的第二相沉淀强化从而提高强度。

针状铁素体（AF）是现代高强度管线钢的典型显微组织。20 世纪 70 年代初，国外学者就对针状铁素体进行了定义："针状铁素体是在稍高于上贝氏体的温度范围，通过切变相变和扩散相变而形成的具有高密度位错的非等轴铁素体"。管线钢中的针状铁素体实质是由粒状贝氏体、贝氏体铁素体或由它们组成的复相组织。研究表明，针状铁素体具有不规则的非等轴形貌，在非等轴铁素体间存在 M-A 组元，铁素体晶内具有高密度位错[21]。AF 管线钢通过微合金化和控轧控冷技术，利用固溶强化、细晶强化、析出强化、亚结构强化等综合效应，使管线钢获得良好的强度和低温韧性。此外，由于针状铁素体板条内存在大量高密度位错，且易产生多滑移，因此，AF 管线钢具有连续屈服行为、高塑性和良好的应变强化能力，这种特性可减少包申格效应造成的强度损失，确保管线钢管在制管成型后的强度满足规范要求。

据相关研究和应用报道，超低碳贝氏体（ULCB）钢是 21 世纪最有发展前景的钢种之一。与低合金高强度钢相比，ULCB 钢的碳含量通常低于 0.05%，在具有超高强度和高韧性的同时，还可满足严苛环境或条件下的现场焊接要求。目前，ULCB 钢已应用于天然气管道、大型舰船、大型工程机械、海洋平台等领域。已成为与传统的铁素体—珠光体钢、调质高强度钢等具有广泛应用前景的高强韧新钢种[22]。针对海底管道的工程需求，国内外钢铁企业在针状铁素体钢成分和工艺的基础上，开发出了 ULCB 管线钢。ULCB 管线钢的成分设计考虑了 C、Mn、Nb、Mo、B、Ti 的最佳组合，可在较宽的冷却速度范围内形成完全贝氏体组织。通过合金成分的优化和控轧控冷工艺的改进，可使 ULCB 管线钢的屈服强度达到 700～800MPa，目前已成功开发出 X100 钢级的超高强度 ULCB 管线钢产品。ULCB 钢的组织特征与传统贝氏体钢的差别较大，ULCB 钢的显微组织为粒状贝氏体、板条贝氏体、M-A 组元等多相混合组织[23]。研究表明，高强度 ULCB 钢理想的显微组织是无碳化物贝氏体、板条马氏体和下贝氏体，组织强化、细晶强化是其主要的强化机制[24]。

贝氏体—马氏体（B-M）组织是 X120 超高强度管线钢的典型显微组织之一，主要由下贝氏体（LB）和板条马氏体（M）组成，且均以板条的形态分布，板条内具有高密度位错。在下贝氏体板条内分布着具有六方点阵的碳化物，平行排列的碳化物与贝氏体板条长轴呈 55°～65°。马氏体板条内的碳化物呈魏氏组织的特征形态，残余奥氏体分布在马氏体板条间。贝氏体—马氏体 X120 管线钢的屈服强度大于 827MPa，-30℃夏比冲击吸收功大于 230J。贝氏体—马氏体管线钢在成分设计上选择了 C-Mn-Cu-Ni-Mo-Nb-V-Ti-B 的合理组合，该合金设计方案利用了 B 对相变动力学的影响，微量硼（0.0005%～0.0030%）的添加显著抑制铁素体在奥氏体晶界上形核，在使铁素体转变曲线右移的同时将贝氏体转变曲线扁平化，从而使超低碳微合金管线钢采用 TMCP 低温轧制（终冷温度＜300℃）和加速冷却（冷却速率＞20℃/s）工艺条件下，可获得理想的下贝氏体—马氏体组织和高强韧性能。

双相组织是大变形管线钢的典型组织特征。双相组织大变形管线钢是采用低碳或超低碳的多元微合金化设计，并进行特殊的控制轧制和加速冷却工艺，在较大的壁厚范围内分别获得贝氏体和铁素体（B+F）、贝氏体和马氏体—奥氏体组元（B+MA）双相组织。在贝氏体和铁素体双相组织中，铁素体为软相，贝氏体为硬相；而在贝氏体和马氏体—奥氏体组元双相组织中，贝氏体为软相，马氏体—奥氏体组元为硬相。因此在双相组织中，软相和硬相的合理比例设计及两相间的协调作用为大变形管线钢具备较高的应变能力提供支撑[25]。

2 管线钢的未来展望

管线钢未来发展的驱动力主要来自三个方面，一是长输管道应用需求的推动，包括超大输量天然气管道建设需求，低温、大变形、深海等更恶劣服役工况的管道服役安全需求，以及富气、掺氢/纯氢、二氧化碳等特定输送介质管道需求等；二是管线钢关键应用性能提升的需求，包括超高强度管线钢、易焊接/大线能量管线钢、抗应变时效管线钢、抗 HIC/SCC 等耐腐蚀管线钢等；三是钢铁冶金制造新技术的推动，包括合金减量化或低成本经济型管线钢、超细晶粒管线钢、高钢级大口径无缝管线钢管，以及合金优化设计、显微组织精细化调控新技术在新型管线钢产品开发中的应用等方面。

2.1 超高强度管线钢

21 世纪初期，国外就已经开发出 X100/X120 超高强度管线钢，并进行了工业试验段的建设。国内钢厂也进行了 X90/X100/X120 管线钢的试制和评价工作。由于延性止裂控制、环焊缝强韧性匹配设计及配套技术等关键应用瓶颈问题尚未得到很好的解决，因此，目前 X90/X100/X120 管线钢还没有开始进行批量规模化应用。在实现超大输量、高压输送、低成本经济型等方面，超高强度管线钢仍具有显著的优势，因此具有良好的应用前景。未来应继续加强断裂控制、环焊性能等关键应用基础研究工作，推动超高强度管线钢的发展和应用。

2.2 低温管线钢

陆上低温站场、极地、深海等环境对管线钢的低温服役性能提出了很高的要求。我国已研制开发出适应 –45℃ 的站场用管线钢管、感应加热弯管和热加工管件系列新产品，并在中俄东线北段工程中获得了成功应用。未来为了开发适应更低服役温度或低温介质输送的管线钢，需要在合金设计、冶金制造工艺、应用性能评价等方面，继续开展技术创新、产品开发和应用研究工作。

2.3 易焊接管线钢

焊接性是管线钢最重要的特性和关键应用性能之一。管线钢管的现场环焊施工环境和条件较恶劣，因此，提高管线钢的现场焊接性、焊接效率和焊接质量性能是管道工程建设重要的发展方向。现代易焊接管线钢大体可分为无焊接裂纹管线钢和高热输入焊接管线钢两大类，为了降低焊接裂纹敏感性，避免焊接裂纹的产生，目前国外将管线钢的碳当量 CE 控制在 0.40～0.48 范围，而极寒地区的管线钢则严格要求碳当量 CE 小于 0.43；对于高热输入焊接管线钢，关键是控制或阻止管线钢环焊热影响区在较高焊接热输入条件下的晶粒长大，通过微合金元素的设计可以实现这一目标。研究表明，当焊接热影响区峰值温度达到 1400℃ 时，管线钢中 TiN 仍表现出极高的稳定性，从而可有效抑制高焊接热输入下的奥氏体晶界迁移和晶粒长大过程[26]。根据管线钢管环焊施工的技术发展需求，开发现场环焊性能更好、焊接裂纹敏感性更低、更易焊接、无明显热影响区脆化和软化、更适应高效焊接的易焊接管线钢是重要的发展方向之一。

2.4 超细晶粒管线钢

超细晶粒管线钢的开发主要是基于微合金化理论和控制轧制技术的应用。在微合金化理论应用方面，管线钢在控轧过程中，微合金元素的碳、氮化物通过质点钉扎晶界机制显著抑制了奥氏体晶粒的粗化过程。同时通过应变诱导析出的第二相起到质点钉扎晶界和亚晶界的作用，从而阻止奥氏体再结晶过程，使未再结晶奥氏体转变为超细晶组织；在控制轧制技术应用方面，通过调整控轧条件，促进奥氏体内产生高密度的铁素体形核点，包括奥氏体晶界、孪晶界面和变形带等，从而显著细化管线钢相变后的组织。在控轧控冷针状铁素体管线钢中，既可通过降低再热温度、形变量和终轧温度等控轧参数，也可以通过改变轧后冷却速度等控冷参数来进行控制针状铁素体板条束的尺寸，使针状铁素体的有效晶粒尺寸显著细化。通过执行精细的控制控轧和控冷工艺，可获得具有"有效晶粒"尺寸为 1～2μm 的超细晶粒管线钢，从而使管线钢获得优良的低温韧性。建议应系统开展超细晶粒管线钢环焊热影响区软化规律及控制技术研究，从而推动超细晶粒管线钢实现规模化工程应用。

3 结语

管线钢是近年来冶金制造技术进步和工程需求结合紧密并实现快速发展的典范。近40年来，管线钢由早期的 C-Mn 钢发展至目前的低碳或超低碳微合金化钢，显微组织由铁素体—珠光体发展至针状铁素体或超低碳贝氏体，强度、韧性、应变能力、可焊性等综合性能得到了大幅提升，X70、X80 高强度管线钢在长输天然气管道工程中实现了良好的规模化应用。

未来针对超大输量天然气管道建设和运行安全需求，建议加强超高强度管线钢、低温管线钢、易焊接管线钢等产品研发和应用工作。同时应及时跟踪并充分结合钢铁行业最新的技术发展前沿，加强管线钢合金成分设计、制造工艺优化、应用基础研究等创新性工作，不断推动高性能管线钢生产制造和应用技术的进步和发展。

参 考 文 献

[1] 李秋扬，赵明华，张斌，等.2020 年全球油气管道建设现状及发展趋势 [J].油气储运,2012,40(12): 1330-1348.

[2] 2005 年和 2010 年石油行业用钢需求预测 [J].中国钢铁业, 2003（2）: 30-34.

[3] 张伟卫，熊庆人，吉玲康，等.国内管线钢生产应用现状及发展前景 [J].焊管,2011,34（1）: 5-24.

[4] 李鹤林，吉玲康，田伟.高钢级钢管和高压输送：我国油气输送管道的重大技术进步 [J].中国工程科学, 2010, 12（5）: 84-90.

[5] 高惠临.管道工程面临的挑战与管线钢的发展趋势 [J].焊管, 2010, 33（10）: 5-10.

[6] 付俊岩，尚成嘉，刘清友.中国高等级管线用钢的研究及其工业化实践 [C].第七届中国钢铁年会论文集, 2009: 243-265.

[7] 王仪康，潘家华，杨柯，等.高性能输送管线钢 [J].焊管, 2007, 30（1）: 11-81.

[8] 郑磊，付俊岩.高等级管线钢的发展现状 [J].钢铁, 2006, 41（10）: 1-10.

[9] 牛爱军，毕宗岳，张高兰.海底管线用管线钢及钢管的研发与应用 [J].焊管, 2019, 42（6）: 1-6.

[10] 徐锋，李利巍，徐进桥，等.高级别耐酸管线钢的开发现状及发展趋势 [J].钢铁研究,2014,42(4): 58-61.

[11] 姜敏，支玉明，刘卫东，等.我国管线钢的研发现状和发展趋势 [J].上海金属, 2009, 31（6）: 42-46.

[12] 王春明，鲁强，吴杏芳.管线钢的合金设计 [J].鞍钢技术, 2004（6）: 22-28.

[13] 高惠临.管线钢合金设计及其研究进展 [J].焊管, 2009, 32（11）: 5-12.

[14] 刘建华，崔衡，包燕平.高级别管线钢冶炼关键技术分析 [J].北京科技大学学报,2009,31(增刊 1): 1-6.

[15] 王海涛，吉玲康，黄呈帅，等.高钢级管线钢组织转变控制工艺的发展现状 [J].焊管,2013,36(7): 38-41.

[16] 张晓刚.近年来低合金高强度钢的进展 [J].钢铁, 2011, 46（11）: 1-9.

[17] 张圣柱，程玉峰，冯晓东，等.X80 管线钢性能特征及技术挑战 [J].油气储运, 2019, 38（5）: 481-495.

[18] 孙宏.高强度管线钢力学性能和冶金特性的最新进展 [J].焊管, 2017, 40（9）: 62-68.

[19] 刘清友.高钢级厚规格管线钢生产的理论与技术 [C].全国轧钢生产技术会, 2012.

［20］高惠临，张骁勇，冯耀荣，等.管线钢的研究进展［J］.机械工程材料，2009，33（10）：1-16.

［21］彭涛，高惠临.管线钢显微组织的基本特征［J］.焊管，2010，33（7）：5-11.

［22］李纪委，刘庆锁.超低碳贝氏体钢的研究现状［J］.天津理工大学学报，2008，24（1）：56-59.

［23］王建泽，康永林，杨善武.超低碳贝氏体钢的显微组织分析［J］.机械工程材料，2007，31（3）：
　　　12-16.

［24］徐荣杰，杨静，严平沅，等.高强度超低碳贝氏体钢显微组织电镜研究［J］.物理测试，2007,25(1)：
　　　10-13.

［25］高惠临，张骁勇.大变形管线钢的研究和开发［J］.焊管，2014，37（4）：14-29.

［26］高惠临，董玉华，周好斌.管线钢的发展趋势与展望［J］.焊管，1999，22（3）：4-8.

原文刊登于《油气储运》2022 年第 41 卷第 12 期

中外油气管道工程环焊缝焊接技术比较与展望

隋永莉

（中国石油天然气管道科学研究院有限公司）

国外油气管道的环焊缝焊接方法多种多样。北美、欧洲等地区主要以自动熔化极气保护焊为主、纤维素和低氢焊条电弧焊为辅，中东、中亚等地区和俄罗斯、印度等国家的环焊缝焊接方法有手工纤维素焊条电弧焊、手工低氢焊条电弧焊、半自动自保护药芯焊丝电弧焊和自动熔化极气保护焊等。我国 20 世纪 70 年代及以前采用传统的低氢型焊条手工上向焊工艺，20 世纪 80 年代末推广使用纤维素型焊条和低氢型焊条手工下向焊工艺，20 世纪 90 年代初应用自保护药芯焊丝半自动下向焊工艺，20 世纪 90 年代中期开始引进和研发管道自动焊技术和设备，至今自动焊已成为油气管道建设的主要焊接方法。

半自动焊和手工焊的应用。半自动焊和手工焊在印度、泰国、墨西哥、俄罗斯、阿根廷、沙特阿拉伯、伊朗、伊拉克、苏丹等国家均有应用。自保护药芯焊丝半自动焊工艺在北美地区主要用于建筑行业。

中国石油 1995 年承建的突尼斯天然气管道工程和 1996 年建设的库鄯线输油管道工程，是我国最早应用自保护药芯焊丝半自动焊工艺的管道工程。由于该焊接方法的环境适应性好、焊接工艺性优良、合格率及施工效率高，1999 年以后应用范围逐渐扩大，并成为管道环焊缝焊接的主要方法。2013 年以后的 X80、X70 等高钢级管道建设中，发现自保护药芯焊丝半自动焊的焊缝金属存在着显著的低温冲击韧性离散现象。有研究成果认为，这与焊缝金属中数量较多、尺寸粗大的马氏体—奥氏体组元，以及分布在晶界的链状马氏体—奥氏体有关。而大量马氏体—奥氏体组织的出现，一方面与焊材中的高 Al 含量相关，另一方面与母材中的淬透性元素，如 Nb、Cr、Mo 等元素含量相关。因此，高钢级管道建设中应谨慎使用自保护药芯焊丝半自动焊。

我国未来的油气管道建设，在小口径、低钢级管线钢管现场焊接时，自保护药芯焊丝半自动焊和低氢焊条手工焊的工艺仍将是可选择的焊接方法。其他受地形条件和气候环境等因素限制、不利于管道自动焊施工的地段，也可能选择使用自保护药芯焊丝半自动焊和低氢焊条手工焊。但在应用自保护药芯焊丝半自动焊工艺时，需合理限定管线钢管的冶金成分，并严格遵守薄层多道焊的半自动焊工艺原则，以确保环焊接头的力学性能满足工程要求。

自动焊的应用。20 世纪 70—80 年代，国外已采用自动焊装备进行管道建设，目前应用最广泛的国外自动焊装备包括美国 CRC-evans 公司的 PFM 坡口机、IWM 内焊机、P260 单焊炬外焊机以及 P625 双焊炬外焊机，焊接工艺主要采用内焊机根焊 + 外焊机填充盖面，在北美、欧洲、中东、非洲、亚洲以及俄罗斯、澳大利亚等陆地管道中规模化应用。法国 Serimax 公司的 PFM 坡口机、MAXILUC 带铜衬对口器、Saturnax 系列的外焊机，焊接工艺主要采用带铜衬对口器＋外焊机根焊＋外焊机填充盖面。

我国全自动焊装备主要有中国石油天然气管道局工程有限公司的 PFM 坡口机、IWM 内焊机、CPP900 W1 单焊炬外焊机和 CPP900 W2 双焊炬外焊机、带铜衬内对口器，以及四川熊谷的系列自动焊装备，其技术先进性与国外基本持平，包括同步涨紧技术、快速定位技术、坡口加工技术、内根焊技术、对接搭接技术、自动控制技术、电弧跟踪技术等，在无线传输技术方面甚至超过了国外同类产品。国产自动焊装备在国家重点管道建设中的应用效果越来越显著。随着国家对安全、环保、高效、高质量管道建设要求不断提升，自动焊方法将成为管道建设的首选。

无损检测方法的应用。常用的无损检测方法包括目视、射线、超声、磁粉、渗透检测等，每种检测方法因所依据的物理原理不同而具有特定的适用范围，仅用一种方法检测不足以得出确定的结果，也很难或无法实现被检对象的完整评估，往往需要根据不同情况同时使用两种或多种无损检测方法，才能对结构异常做出可靠判断。同时，还应选择与焊接工艺相适应的无损检测方法和检测工艺进行焊接缺欠控制，如气保护实心焊丝自动焊的主要焊接缺欠是未熔合和气孔，宜选用全自动超声波（AUT）检测方法；气保护药芯焊丝自动焊的主要焊接缺欠是气孔和夹渣，宜选用射线（RT）检测方法，或含有超声波衍射时差（TOFD）功能的相控阵超声波（PAUT）检测方法；焊条手工电弧焊的主要焊接缺欠是夹渣和气孔，宜选用 RT 检测，或含有 TOFD 功能的 PAUT 方法。

一些无损检测方法的结果记录情况较差、甚至没有（如目视、磁粉和渗透检测往往没有记录，手动超声波检测的可重复性和监督性差），因此同一道环焊缝的多种无损检测结果难以实现综合分析。当前的油气管道建设过程中越来越多地使用了数字化射线（DR）检测、数字化超声波（AUT、PAUT、TOFD）检测等方法，克服了检测数量大、不易存储、数据重现性差、复审难度大、检测效率低等问题，提高缺陷识别能力以及缺陷定量、定位的精度，实现检测数据的远程传输和专家诊断，减少缺陷漏判、误判。

未来的管道建设还将大力发展数字化无损检测系统，通过将目视、渗透、磁粉、射线、超声等检测结果的数字化采集、数字系统处理、缺陷识别、准确定量等数字化处理手段，实现对无损检测工艺的优化和无损检测质量的保证，提高检测质量和效率，提高管道环焊缝服役可靠性。

焊接缺陷的验收。北美、欧洲的陆地和海洋管道采用自动焊方法时，使用与 AUT 检测方法相结合的工程临界评估（ECA）方法，对环焊缝中的焊接缺陷进行评估和验收。通过 ECA 得到的缺陷临界尺寸与挪威船级社 DNV-OS-F101 和美国石油学会 API 1104 等标准中可接受缺陷的范围进行比较，ECA 的缺陷可接受范围要大于标准规定，其意义在于使得原本需要返修的焊接接头不用返修，降低了返修率，节约了成本，提高了施工效率。

我国的海洋管道工程接受 ECA 方法，但陆地管道工程目前还不接受 ECA 方法，环焊缝缺陷的检测和验收是按质量验收的方法、执行国家或行业的无损检测标准 GB/T 50818—2013《石油天然气管道工程全自动超声波检测技术规范》或 SY/T 4109—2013《石油天然气钢质管道无损检测》。这在很大程度上限制了管道自动焊效率和质量的优势发挥，同时对含有非危害性缺欠的环焊缝进行大量返修，实际上带来了更大的不安全风险。

基于断裂力学的ECA方法，不仅在"合于使用"的前提下保证了焊接接头的安全性，可极大地提高施工效率，并且在实际应用中具有较高的经济效益，是一种安全且兼顾经济性的缺陷评估手段。随着油气管道工程建设技术的不断进步，ECA方法的应用将会越来越广泛。

管道施工组织方法。为保证管道环焊缝的焊接效率和质量，应将环焊缝焊接技术与钢铁冶金、钢管制造、焊材生产、工程设计和施工管理等作为一个技术体系进行协调和管理。如钢板或卷板的冶金成分和在轧制工艺设计时考虑其焊接性，在降低冷裂纹和热裂纹敏感性的同时避免热影响区软化和脆化；制管过程的管端不圆度和制管焊缝错边量、管周长偏差等满足焊接组对要求，减小对坡口加工和组对的精度影响；研发专用的焊接材料，提高焊材的纯净度和工艺稳定性，通过焊接材料的质量一致性来保证焊接过程稳定，确保焊接质量；设计和勘察过程中采取降坡、取直的设计思路，满足自动焊施工对地形的要求；合理布置检测工作站与焊接工作站的距离，保证无损检测能够及时反馈焊接质量信息等。

原文刊登于《管道保护》2022年第1期

定向钻穿越技术发展趋势及展望

周 号[1] 卢宏伟[2] 江 勇[1] 张 倩[1] 武 涛[1] 刘艳利[1]

（1. 中国石油天然气管道科学研究院有限公司；2. 中国石油管道局工程有限公司第四分公司）

摘 要 随着油气管道工程建设的步伐不断加快，大口径、长距离水平定向钻穿越施工是未来主要发展趋势，施工装备和技术亟须提高。本文对国内外水平定向钻穿越技术的最新发展和趋势，进行了研究和分析：大型定向钻施工装备开始向模块化、自动化等方向发展；同时，随着数字化技术的发展，对施工过程中关键数据的认识已经逐步提高，加强了施工过程数据的管理和远程监测。新技术新装备的发展，将会提高水平定向钻在油气长输管道建设领域的施工范围和能力。

关键词 定向钻；管道；穿越；新技术；新装备；发展趋势

1 定向钻穿越设备、工艺及面临的问题

水平定向钻穿越是在不开挖地表面的条件下，铺设多种地下公用设施（管道、电缆等）的施工方法[1]。水平定向钻穿越设备一般由水平定向钻机系统、动力系统、控向系统、钻井液系统、钻具及辅助机具组成。水平定向钻穿越施工，首先按照设计曲线进行导向孔的钻进，然后利用扩孔器对导向孔进行扩孔作业，待孔直径扩大至设计尺寸，可将待铺管道拖至孔中，完成管线敷设[2]。

随着中俄东线等项目的开工建设，大口径、长距离水平定向钻穿越是未来主要发展趋势。目前最大穿越管道直径达 1422mm，最长穿越距离达 5.2km，对原有的水平定向钻穿越施工装备和技术带来巨大挑战，亟须对其进行一次技术性变革。

2 新装备与新技术发展趋势

2.1 模块化组合式钻机

我国已有多个钻机厂家生产了超大型定向钻机，如连云港黄海勘探技术有限公司制造了 1000T 水平定向钻机（主机自重 85t）、徐工制造了 1360T 水平定向钻机（主机自重 135t）、谷登制造了 1200T 水平定向钻机（主机自重 81t）等（图 1、图 2）。

但这些钻机普遍存在以下问题：

（1）主机自重大，进出场临时道路条件要求高；

（2）运输成本高，超重件运输代价大、运载车辆难找；

图1　徐工1360T水平定向钻机　　　　图2　谷登1200T水平定向钻机

（3）使用率低，转场和运行成本高，小型工程使用很不经济。

基于此，江苏地龙提出研发一种模块化组合式钻机的想法，该钻机由若干个标准推拉模块组成，可快速分装组合，无大型穿越工程师，每个模块可作为单台钻机独立工作。该方案能够有效解决目前超大型钻机自重大、功能单一、设备使用率较低等问题。

2.2　水平定向钻机自动化施工

目前，水平定向钻机的操作主要依靠司钻人员根据工程地质、钻进速度和工作经验操作钻机机械手柄和各旋钮开关完成。司钻人员的工作经验、技能水平与工程的进度和质量密切相关，施工过程中，司钻人员工作时间长、劳动强度大，长时间疲劳作业，易导致设备损坏、造成工程事故，后果严重。

在石油工业钻井技术方面，近年来国内相关单位在钻机自动化控制及管子处理装置方面持续不断地进行了探索和实践，已经从早期的机械化阶段进入了自动化阶段。

随着智能化技术的进步，定向钻自动化施工必将是未来穿越技术发展重要方向之一（图3、图4）。

图3　宝鸡机械公司自动化铁钻台　　　　图4　宝鸡机械公司双司钻控制系统

2.3　超长距离双钻机协同扩孔施工

水平定向钻长距离（不小于5km）穿越施工中，扩孔阶段一般采用主、辅双钻机协同施工。目前，钻机两侧技术人员通常利用对讲机进行通信，但对讲机长距离通信具有较大的缺陷，一是信号差，影响通话质量；二是信息传递滞后，出现紧急情况时，辅助钻机司钻人员操作时效性差，容易造成重大风险。

中国石油管道局工程有限公司研发了一套双钻机协同扩孔控制装置，主要由钻机远程控制装置、数据采集装置和数据监控软件组成，能够实时采集、远程监测钻机转速、推拉力、扭矩等关键施工参数，且可利用网络远程（不小于 5km）控制钻机的启、停，有效提高了双钻机协同扩孔的同步性和安全性（图 5 至图 7）。

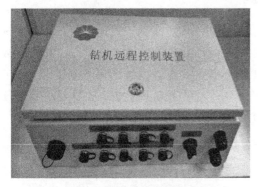

图 5　钻机远程控制装置

图 6　数据采集装置

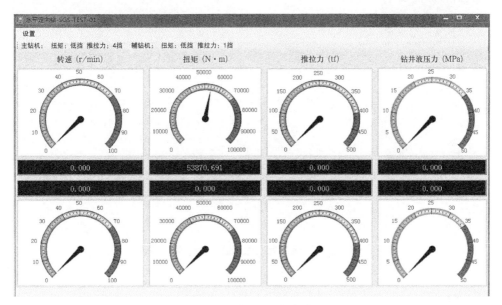

图 7　主辅钻机监控软件

2.4　钻井液性能自动检测系统

在水平定向钻穿越工程中，钻井液是施工过程中的血液，其具有冷却钻头、携带钻屑、稳定井壁、防止地层变形和减小摩擦阻力的重要作用，工程的成功与否，与钻井液有重大关系。目前钻井液性能参数的检测主要由人工操作完成，时效性和准确性较差，钻井液性能发生变化后，数据分析滞后，严重影响工程质量和进度。

中国石化胜利石油工程公司钻井工艺研究院研发了一套钻井液性能在线监测系统，该系统能够连续测量钻井液的流变性、pH 值、密度、离子含量等 10 项钻井液性能参数，具有实时测量、连续记录、自动运行和数据远程实时传输的特点[3]。

中国石油天然气管道科学研究院有限公司和美国 PHL 公司针对定向钻施工分别开发了一套钻井液性能自动检测系统，能够自动取样、自动测量钻井液马氏漏斗黏度和密度，能够显示钻井液数据和性能曲线，并能够通过软件设置钻井液检测周期。

2.5 定向钻施工数据 App 远程监测

中国石油天然气管道科学研究院有限公司以研发的水平定向钻工况信息数据采集系统为基础，开发了一套定向钻施工数据远程监控 App，该 App 能够对施工过程中的关键数据用仪表盘、曲线图、表格等方式在手机上实时显示，并具有数据查询功能。在穿越施工过程中使用该 App，项目管理人员、技术人员等可以实时查看工程数据，进行钻进趋势预测，及时调整施工工艺，采取预控措施，降低工程施工风险[4-6]（图 8）。

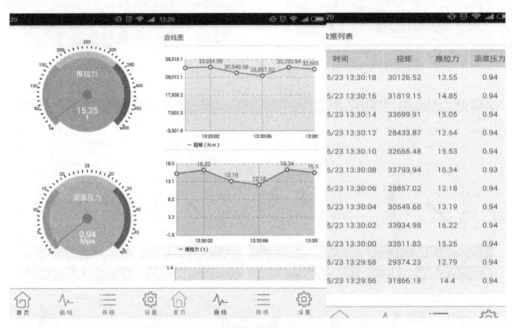

图 8 定向钻施工数据远程监控 App 软件界面

3 结论

随着我国科技的飞速发展，可以预见，如模块化组合式钻机、双钻机协同扩孔施工、钻机自动化施工等新装备、新技术将不断涌现，水平定向钻在油气长输管道建设领域的施工范围和能力将不断增强，同时穿越工程的质量和一次穿越成功率也将会得到极大的提高。

参 考 文 献

[1]杨敬杰.管道定向钻穿越河流施工风险控制［J］.油气储运，2014，33（3）：315-317.

[2]续理.非开挖管道定向钻穿越施工指南［M］.北京：石油工业出版社，2009：4-10.

[3] 张志财，刘保双，王忠杰，等.钻井液性能在线监测系统的研制与现场应用［J］.钻井液与完井液，2020，37（5）：597-601，607.

[4] 周号，刘艳利，安志斌，等.工况信息数据采集系统在水平定向钻穿越施工中的应用［J］.管道技术与设备，2010（5）：36-37

[5] 江勇，周号，廖国威，等.水平定向钻施工数据采集及处理系统［J］.油气储运，2013，32（10）：1124-1128.

[6] 周号，刘永刚，江勇，等.水平定向钻数据采集及远程监控系统研究［J］.管道技术与设备，2020（2）：42-45.

原文刊登于《非开挖技术》2021年第4期

管件防脆断控制技术现状与思考

汪 凤[1] 高晓飞[2] 卢鹏超[3] 范玉然[1] 隋永莉[1]

（1.中国石油天然气管道科学研究院有限公司；2.西藏青藏石油管道有限公司；3.中国石油
管道局工程有限公司设备租赁分公司）

摘 要 中俄东线天然气管道工程站场设计温度低至 –45℃，对管道设施防脆断能力提出
了新挑战，为了防止低温环境下服役构件发生脆性断裂，需要制定科学、合理的韧性指标要
求。系统阐述了防脆断控制技术的发展历程：经验方法→断裂分析图法→断裂力学方法。以
中俄东线天然气管道工程为例，分析了油气管道管件基于经验方法的防脆断技术现状，并对
比分析了 ASME BPVC（Boiling and Pressure Vessel Code）的防脆断控制要求，指出油气管道
管件防脆断控制措施存在的不足。基于经验的夏比冲击韧性指标应用于高韧性管线钢时，可
能存在不足以防止脆性断裂的风险，因此提出：（1）建立完善的基于断裂力学的高钢级高韧
性管件防脆断控制指标体系；（2）在现有防脆断控制指标的基础上增加 NDT（Nil–Ductility
Transition）测试要求；（3）建立基于断裂力学评估的防脆断控制要求。

关键词 油气管道；管件；防脆断；经验法；断裂分析图；断裂力学；主曲线

过去几十年，中国油气长输管道低温站场地面设施多采取保温措施，很少涉及脆断
问题，业内对于防脆断控制技术鲜有研究。中俄东线天然气管道是中国首条 X80 钢级、
1422mm 大口径输气管道[1-3]，其站场设施最低设计温度为 –45℃[4]，为中国输气管道站
场设施温度的历史最低值，是中国首次不采用保温措施的工程案例，其对现代高强钢在寒
冷地区的应用提出了挑战，激起了业界对低温设备断裂控制的研究兴趣。通过系统回顾国
内外防脆断控制技术发展历程，分析中国油气管道管件防脆断技术现状，对比国内外油气
管道管件技术规定与 ASME BPVC（Boiling and Pressure Vessel Code）的防脆断控制措施
之间的差异，探讨现有管件韧性指标应用于高钢级高韧性管线钢的局限性。基于此，提出
中国油气管道管件防脆断控制长期发展建议及短期技术措施，以期为寒冷地区油气管道管
件断裂控制提供参考。

1 发展历程

防脆断理念是在美国国家标准局对二次世界大战期间发生的上百起船舶低温失效事故
原因分析的基础上提出的[5-8]，防脆断控制技术研究随之起步。随着试验测试技术及断裂
力学的不断发展完善，防脆断控制技术经历了由基于经验的方法到基于断裂力学的方法的
发展历程。

1.1 基于经验的方法

在断裂力学发展起来之前，对于防脆断控制的要求是基于经验的总结，主要包括夏比冲击能量标准、断口形貌特征及断口变形量。

夏比冲击能量标准，即以某一固定能量确定脆化温度[6, 9-10]。早期，通过对第二次世界大战中发生的多起低温船舶失效事故总结得出，韧性高于20J则不会发生脆性断裂。之后，随着低合金高强钢铸件代替低碳钢，为安全起见，将该指标提高至27J。20世纪50年代初，英国Lloyd船级社通过World Concord油船破断事故分析，提出47J的韧性标准[7]，ISO 15590-2：2003《石油和天然气工业管道输送系统用进气弯管、管件和法兰　第2部分：管件》规定：L245以外的钢级，夏比冲击功均值应不小于材料最低名义屈服强度的1/10。

断口形貌特征，常用断口形貌转变温度（Fracture Appearance Transition Temperature，FATT）控制，最早的FATT控制指标是基于夏比冲击试样断口形貌特征确定的转变温度控制法，以断口出现50%纤维区和50%结晶区的形貌为标准[6]，称为50%FATT。长输管道经常采用80%或85%剪切断口对应的温度作为韧脆转变温度，记为80%FATT或85%FATT。20世纪50年代初，美国海军研究所Pellini等开发了落锤试验（Drop-Weight Tear Test，DWTT）方法[11-12]，自此之后，业界经过大量研究发现，DWTT试样的断口剪切面积SA与全尺寸爆破试验断口的SA基本一致，因而管线钢钢管的脆性断裂韧性要求一般以DWTT的SA为依据。目前，在以断口形貌作为脆断韧性要求时，各国管线钢标准规范采用的标准并不一致（表1，$\overline{SA}$为SA均值）。

表1　世界各国油气管道系统防脆断指标统计表

标准规范	DWTT剪切面积SA值
ASME B31.8—2016《输气和配气管道系统》	80%以上炉批SA≥40%
DNV OS-F101—2013《海底管道系统》	$\overline{SA}$≥85%，SA≥75%
CSA Z245.1—2014《钢管》	$\overline{SA}$≥60%，SA≥50%，当钢管订单由5个以上炉批构成时，每个炉批$\overline{SA}$≥85%
API 5L—2018《管线管规范》	$\overline{SA}$≥85%

断口变形特征是对侧向膨胀量的要求[6, 13-14]。当缺口试样受到冲击时，缺口一侧收缩、另一侧膨胀，将缺口两侧面边长差值作为冷脆转化温度，并以此作为防脆断指标。早期研究发现，侧向膨胀量0.38mm是某种材料冷脆转变的临界特征，因而将断口侧向膨胀量为0.38mm这一变形特征作为冷脆转变的衡量指标。

1.2 断裂分析图

由于夏比冲击试样的尺寸效应、拘束度与实际构件之间存在差异，冲击试验测得的冷脆转变温度通常远低于实际构件的冷脆转变温度，因此，不能代表实物构件的真实脆化温度。20世纪50年代初，基于落锤试验测得的NDT（Nil-Ductility Transition）及大量同类试验，Pellini 等提出了对低强度铁素体钢进行 NDT 试验应用[11]，并在 NDT 判据的基础上建立了断裂分析图（FAD）。断裂分析图出现了断裂力学的理念，考虑了构件中缺陷大小、应力、温度对断裂的影响。在断裂分析图（图1，其中 c 为厚度，σ_y 为材料名义屈服强度）中，NDT 对应无延性转变温度，断裂时的应力对应材料屈服强度的温度点；FTE（Fracture Transition Elastic）对应弹性断裂转化温度，断裂时的应力对应高于材料屈服强度且低于抗拉强度的温度区间；FTP（Fracture Transition Plastic）对应塑性转化温度，断裂时的应力对应材料抗拉强度 UTS（Ultimate Tensile Stress）的温度点。其中 DNT 通过落锤试验测得，试验方法参见 ASTME 208—2019《铁素体钢无塑性转变温度落锤试验方法》，DNT 确定后，可以根据 FTE、FTP 与 NDT 的经验关系式计算确定 FTE、FTP 温度。当钢板厚度小于 50mm 时，NDT 与 FTE、FTP 之间的经验关系式[6]为

$$FTE=NDT+33℃ \tag{1}$$

$$FTP=NDT+67℃ \tag{2}$$

构件材料的 FAD 图建立之后，可以根据缺陷大小、应力、温度中的任意两个参数，根据设计需要，确定第 3 个参数，从而达到防脆断控制的目的。

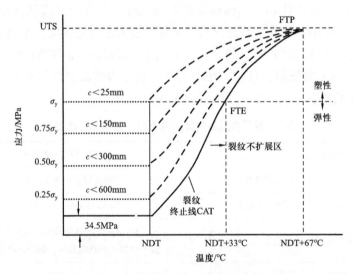

图1　构件材料的断裂分析示意图

1.3　基于断裂力学的方法

随着断裂力学分析方法的发展，研究者逐渐认识到以断裂力学的原理分析既定材料在既定温度、应力水平及既定尺寸缺陷条件下的脆断倾向，远比基于经验的方法更加科学合理。根据断裂力学原理[15-16]，对于具有给定尺寸 a 的裂纹件，在与载荷垂直的裂纹长度方向的拉应力 σ 作用下，当裂纹尖端的应力强度因子 K_I 达到材料在相应温度下的临界应力场强度因子 K_{IC} 时，裂纹开始产生并失稳扩展，材料发生脆性断裂。裂纹尖端的应力场强度因子 K_I 为

$$K_I = \sigma\sqrt{\Pi a} \tag{3}$$

材料的临界应力强度因子 K_{IC} 是材料的固有力学属性,可以试验测得。因此,基于断裂力学的防脆断控制方法即通过控制材料实际服役过程中缺陷尖端应力强度因子 K_I 不超过其临界应力强度因子 K_{IC},而达到防脆断控制的目的。实际应用中可以采取以下 3 种控制方式。

(1)对于给定材料,在容许缺陷既定的情况下,控制许用应力,确保实际服役条件下缺陷尖端的应力强度因子 K_I 不超过 K_{IC}。

(2)对于给定材料,在已明确许用应力的情况下,控制缺陷可接受指标,确保缺陷尖端应力强度因子 K_I 不超过 K_{IC}。

(3)在服役应力与缺陷容限既定的情况下,通过合理选材实现裂纹尖端应力强度因子 K_I 不超过 K_{IC}。

1.4 主曲线法

主曲线法是基于断裂力学与统计理论新兴起的方法[17]。自断裂力学发展起来之后,为了满足核压力容器设计需求,20 世纪 60 年代初,美国在大量核压力容器用钢断裂韧性试验的基础上,建立了以参考无延性转变温度(Reference Temperature,RTNDT)为参量的 K_{IC} 曲线与 K_{IR} 曲线,并将其纳入 ASME BPVC Ⅲ 1 NG—2017《锅炉及压力容器规范第Ⅲ卷核设施部件建造规则第一册分卷 NG–1 级部件》及 ASME BPVC Ⅺ—2017《核电厂部件运行和维护检查规则》中,其中 K_{IC} 曲线是在准静态与动态加载条件下测得的所有断裂韧性数据的下包络线,K_{IR} 曲线是所有准静态启裂、动态启裂及止裂的各种断裂韧性数据的下包络线。

铁素体钢在韧脆转变区内的断裂韧性呈概率分布,采用确定性下限值来描述概率分布的断裂韧性不够科学,且转变区的 K_{IC}—T(T 为温度)曲线具有相似的形状,只是相对于温度坐标的位置不同而已[18]。20 世纪 80 年代,芬兰科学家 Wallin 提出了解理断裂应力强度因子分布的三参数模型[式(4)],科学地揭示了铁素体钢在韧脆转变温度范围内断裂韧性值的概率分布规律。1993 年,确定了主曲线法中的主断裂韧性曲线 Master Curve 方法(图 2),即累计失效概率为 50% 的中值断裂韧性—温度曲线[式(5)]。该方法是基于最弱链统计方法及 Weibull 分布理论将断裂韧性分布、尺寸效应与温度联系起来,并用只含有一个特征参量(参考温度 T_0)的关系式描述断裂韧性与温度的关系曲线。其中主曲线的参考温度 T_0 依据 ASTME 1921—2015《测定铁素体钢过渡温度范围内参考温度 T_0 的试验方法》测得。

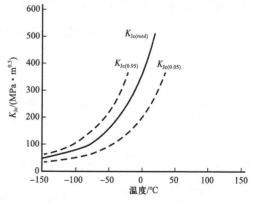

图 2 铁素体钢的主断裂韧性曲线

$$P_f = 1 - \exp\left[-\frac{B}{B_0}\left(\frac{K_{Jc} - K_{min}}{K_0 - K_{min}} \right)^4 \right] \tag{4}$$

$$K_{\mathrm{Jc}(P_{\mathrm{f}})} = 20 + \left[-\ln\left(1 - P_{\mathrm{f}}\right) \right]^{\frac{1}{4}} \left\{ 11 + 77\exp\left[0.019\left(T - T_0\right) \right] \right\} \tag{5}$$

$$K_{\mathrm{Jc}(\mathrm{med})} = 30 + 70\exp\left[0.019\left(T - T_0\right) \right] \tag{6}$$

式中：P_{f} 为累计失效概率；B 为试样厚度，mm；B_0 为参考的试样厚度，取 25.4mm；K_{Jc} 为临界积分 Jc 通过转化得到的等效断裂韧性，$\mathrm{MPa \cdot m^{0.5}}$；$K_0$ 为 P_{f}=63.2% 时的 K_{Jc} 值，MPa；$K_{\min}$ 为常数，其值为 20MPa；$K_{\mathrm{Jc}\,(P_{\mathrm{f}})}$ 为积累失效概率 P_{f} 的断裂韧性，$\mathrm{MPa \cdot m^{0.5}}$；$K_{\mathrm{Jc}\,(\mathrm{med})}$ 为累积失效概率为 50% 的中值断裂韧性，$\mathrm{MPa \cdot m^{0.5}}$。

2　技术现状

管道行业的产品分类较具体，每类产品执行相应的产品技术规定，如油气管道用钢管、管件（三通和弯头）、弯管、法兰等都各自执行不同的技术规定。同时，由于油气管道相比压力容器有特殊性，其相关技术规定自成体系。因此，以下提及的压力容器相关规范均特指区别于油气管道的情况。

2.1　油气管道管件

韧性规定的要求首次出现在管线钢标准是在 20 世纪 60 年代末期，但是应具备什么样的韧性水平，在国内外相关规范中并未在根本上得到一致解决。目前，除了诸如 AS 2885 等个别标准以外，国内外管线钢标准仍然没有对断裂控制的明确要求[19]，相比管线钢标准，油气管道管件标准的韧性指标更加粗放（表 2，其中 t 为钢管壁厚，CVN 与 $\overline{\mathrm{CVN}}$ 分别为夏比 "V" 形冲击韧性及其均值，$\overline{\mathrm{FATT}}$ 为 FATT 均值，SMYS 为名屈服强度，G 为钢级），没有明确的防脆断控制理念。当前，油气管道管件的断裂控制指标仍以基于经验的控制方法为主，不同规范对同一类型指标的要求尚存在差异，说明管道行业内对于管件断裂控制问题的认知与理解尚未达成一致。

表 2　国内外部分标准规范针对管道站场管件韧性要求统计表

标准规范	母材韧性要求	焊缝韧性要求	断裂控制理念
ASTM A860/A860M—2018《高强铁素体锻造钢对焊管件规范》	$\overline{\mathrm{CVN}}$≥40J，CVN≥34J；侧向膨胀量不小于 0.4mm	与母材相同	基于经验的方法
CSA-Z245.11—2017《钢质管件》	钢级低于 359，CVN≥18J；钢级不低于 359，则 CVN≥27J	CVN≥18J	基于经验的方法
ISO 15590-2—2003 BS EN 14870—2004《石油和天然气工业管道运输系统的感应加热弯管、管件和法兰　第 2 部分：管件》	L245 钢，$\overline{\mathrm{CVN}}$≥27J，CVN≥20J；其他钢级，$\overline{\mathrm{CVN}}$≥SMYS/10；$\overline{\mathrm{FATT}}$≥50%，FATT≥40%	与母材相同	基于经验的方法
MSS SP 75—2014《优质钢制对焊管件规范》	CVN≥27J，$\overline{\mathrm{CVN}}$≥20J；FATT，提供数据	CVN≥27J，$\overline{\mathrm{CVN}}$≥20J	基于经验的方法

标准规范	母材韧性要求	焊缝韧性要求	断裂控制理念
Ty1469-012-04834179—2008《工作压力为 11.8MPa 的干线输气管道、工作压力达 15.7MPa 的石油管道的连接件》	当 6mm<t≤10mm 时，CVN≥28J；当 10mm<t≤25mm 时，CVN≥39.2J；当 t>25mm 时，CVN≥47.2J	当 6mm<t≤10mm 时，CVN≥28J；当 t>10mm 时，CVN≥39.2J	—
SY/T 0510—2017《钢制对焊管件规范》	符合相应材料的标准	—	基于钢管不启裂控制
SY/T 0609—2016《优质钢制对焊管件规范》	$\overline{CVN}$≥27J；FATT，提供数据	—	基于经验的方法
CDP-S-OGP-PL-011—2014《油气管道工程用 DN400 及以上管件技术规格书》	YY555：$\overline{CVN}$≥60J，CVN≥45J；YY245≤G≤YY485：$\overline{CVN}$≥40J；FATT，提供数据	YY555，$\overline{CVN}$≥50J，CVN≥40J；YY245≤G≤YY485，与母材相同；FATT，提供数据	基于经验的方法

2.2 中俄东线工程实践

中俄东线天然气管道工程是中国首条 X80 钢级、1422mm 大口径输气管道，其站场设施最低设计温度 –45℃，是中国首次采用不保温或保温＋电伴热措施的工程案例。为了解决中俄东线 –45℃条件下地上管件断裂控制问题，系统梳理了国内外相关标准规范，对断裂控制指标的合理性及适用性进行充分讨论，最终在参照现有标准指标要求及以往工程经验的基础上，并结合当前国内管件产品性能水平及已有研究成果，形成了中俄东线天然气管道工程站场低温环境用管件断裂控制技术指标［（Q/SY GD 0507.1—2019《中俄东线天然气管道工程站场低温环境（–45℃）用管材、管件技术条件 第 1 部分：钢制对焊管件》]：对于 YY555 钢级 $\overline{CVN}$≥60J，CVN≥45J；对于 YY245≤G≤YY485，$\overline{CVN}$≥40J；对于 FATT，提供数据。

2.3 ASME 压力容器

早期的 ASME 压力容器规范并未涉及防止脆性断裂的控制，随着脆性断裂事故的发生，防脆性断裂问题才引起关注。初期的防脆断控制措施也是采取基于经验的夏比冲击韧性值，即冲击韧性控制在 20J 以上。随着压力容器用钢强度级别不断提高，采用传统的 "V" 形夏比冲击试样的试验结果作为材料防脆断能力衡量指标的做法所暴露出的问题日益突出。随着断裂力学的不断发展完善，压力容器行业引入基于断裂力学的防脆断理念，形成最早的 ASME Ⅲ 和 ASME Ⅷ–2，随后于 1987 年将该理念增补进 ASME Ⅷ–1，并于 1989 年正式纳入规范正文，并一直沿用至今。ASME Ⅷ规范中的防脆断控制充分考虑了材料厚度、应力工况、热处理状态、试样尺寸效应、冲击试验加载速率等的影响，分类给出了相应条件下的防脆断韧性要求。但考虑到 K_{IC} 测试过程的复杂性与工程应用的便利性，以及基于 K_{IC} 及夏比冲击韧性数值之间的经验关系，一些规范将基于断裂力学的防脆断韧性指标 K_{IC} 换算成夏比冲击韧性值，形式上仍以夏比冲击韧性来体现（图 3，其中 C_v 为 3 个试样的夏比冲击功均值）[3, 20]。

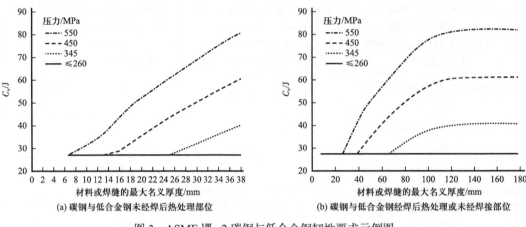

图 3   ASME Ⅷ -2 碳钢与低合金钢韧性要求示例图

ASME BPVC Ⅺ—2017 除了给出以参考无延性转变温度（RT_{NDT}）为参量的 K_{IC} 曲线及 K_{IR} 曲线以外，还增加了以 T_0 替代 RT_{NDT} 的 K_{IC} 曲线及 K_{IR} 曲线，表明主曲线法已经纳入标准规范，开始处于逐步取代 K_{IC}（RT_{NDT}）曲线法的过渡阶段。其在国内核工业领域的应用也处于起步阶段[21]。

3   技术发展讨论

冲击试验是评价材料抗冲击断裂能力的一种工程试验方法。常规冲击试验得到的冲击韧性值，包括冲击断裂过程中吸收的弹性变形功、塑性变形功、裂纹形成功及扩展功。由于普通的冲击试验不能将这些不同阶段消耗的功区分开来，不能准确预测脆性断裂扩展或止裂能力，因此，冲击韧性值只是一种综合的韧性指标，在设计中不能定量使用。如强度高、延塑性差及强度低、延塑性好的材料在冲击功值上可能相当，但两者的防脆断能力相差甚大（图 4）[22]。

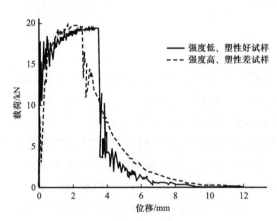

图 4   不同夏比冲击功的两个试样的示波冲击试验载荷位移曲线

同时，随着管线钢炼钢技术与轧制工艺的不断进步，采用夏比冲击试验方法表征现代高强钢韧脆转变指标的问题越发凸显。某油气管道管件 X80 钢样本出现了夏比冲击韧性 236.7J 对应的断口剪切面积约 85%，但同样温度下 CTOD 测试试样在试验过程中出现脆性断裂（图 5）。该情况下，会出现材料夏比冲击功虽然满足规范的夏比冲击能要求，但依然对脆性启裂敏感的问题。

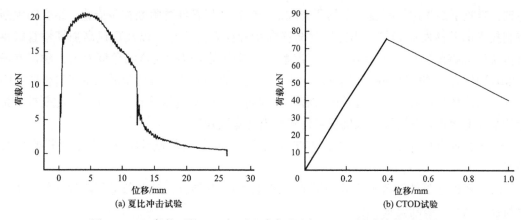

图 5 −45℃条件下某 X80 钢夏比冲击试验与 CTOD 试验结果对比图

构件是否会发生脆断，取决于裂纹尖端应力强度因子是否达到其临界值，由两方面因素决定：在外因方面，应力强度因子与结构中缺陷尺寸大小、应力工况及结构壁厚等相关；在内因方面，临界应力强度因子与材料本身韧性相关。

在当前国内外管件韧性指标体系技术水平下，中俄东线管件的防脆断韧性指标的确定无疑是合理的。但从长远发展的角度来看，相比 ASME 压力容器防脆断控制，管道行业对管件产品的防脆断控制尚存在不足，主要表现为：既有夏比冲击韧性的试验要求缺乏科学的理论依据，没有体现服役工况、缺陷及壁厚等因素的关联性，不能有效保证在服役工况下结构不发生脆断。

近几年，国外管道断裂控制领域也关注到管件防脆断控制中存在的问题，2018 年哥伦布工程力学公司（EMC²）针对该问题在 PRCI 平台发起了"高夏比冲击能的新管件/钢管材料避免发生脆性断裂的韧性规定"的研究，旨在基于主曲线的方法预测现代高韧性管线钢的断裂转变特性，研究一种新的准则替代夏比冲击的规定，实现防脆断目标。在 PRCI 2007 年项目 PR276–04502[23] 的基础上，通过大量试验研究建立了现代高韧性管线钢的断裂转变温度的主曲线[24]，为管线钢及管件防脆断控制提供了新的思路。该项目是主曲线方法在管道行业的首次尝试，是现代管道防脆断控制技术研究的本质突破，将有助于指导未来低温环境服役管道设施的防脆断设计。

4 结论与建议

通过系统梳理防脆断技术发展史、油气管道管件及压力容器防脆断控制技术现状，得出以下结论：

（1）随着材料韧性试验手段的不断进步及断裂力学理论与试验方法的不断完善，防脆断控制技术经历了纯粹基于经验的控制方法到基于断裂力学的控制方法的发展历程。

（2）油气管道管件的防脆断控制更多使用经验方法，尚未建立起具有理论基础、明确的指标体系。随着高韧性管线钢的应用，基于经验的防脆断韧性指标可能存在不足以防止脆性断裂的风险。

（3）ASME BPVC Ⅷ 规范的防脆断控制理论体系明确，具有严格的断裂力学的理论基础，吸收了最先进的断裂力学的研究成果，值得油气管件防脆断控制借鉴。结合防脆断控制技术的总体发展趋势、当前管件防脆断指标体系的不足，以及现代高强韧性管线钢与传统管线钢的韧性行为差异，从管道系统全寿命周期服役安全的角度考虑，建议参考 ASME Ⅷ 压力容器的防脆断控制理念，逐步建立完善的基于断裂力学的高钢级管件防脆断控制指标体系。这将是一个漫长的过程，短期内或可根据实际需要，在现有防脆断控制指标的基础上增补以下措施，以确保管件不会出现脆性开裂：

（1）在现有指标体系之上增加 NDT 测试要求，确保材料设计温度不低于材料的 NDT 温度。

（2）考虑在管件钢首批检验中增加材料 K_{IC} 测试并结合设计参数进行断裂评估，确保材料韧性满足防脆断要求。

（3）在断裂力学评估的基础上，结合断裂韧性与夏比冲击功 CVN 的经验转换关系设计管件防脆断韧性指标。

参 考 文 献

［1］姜昌亮. 中俄东线天然气管道工程管理与技术创新［J］. 油气储运，2020，39（2）：121–129.

［2］程玉峰. 保障中俄东线天然气管道长期安全运行的若干技术思考［J］. 油气储运，2020，39（1）：1–8.

［3］宫敬，徐波，张微波. 中俄东线智能化工艺运行基础与实现的思考［J］. 油气储运，2020，39（2）：130–139.

［4］张栋，闫锋，欧阳欣. 中俄东线天然气管道运行保障关键技术探讨［J/OL］. 油气储运：1–12［2020–08–17］. https://kns.cnki.net/kcms2/article/abstract?v=F5NaIWgMQ1ArIsD8_Uf9aGysq_5oEkxsAGxPVPbcZ2kVVOJDeVsB_jQTz8n9k75fnZiHuKv4DdxAqRSRAoAqgSy5B_ZKq6wkTsbATiWQBRF4c3f41DwJs2OFeJAYXe5SXS63ABTsB9-EiRQjrKKg7A==&uniplatform=NZKPT&language=CHS.

［5］丁伯民. ASME Ⅷ 压力容器规范分析［M］. 北京：化学工业出版社，2014：14–30.

［6］石德珂，金志浩. 材料力学性能［M］. 西安：西安交通大学出版社，1998：63–72.

［7］高惠临. 管线钢与管线钢管［M］. 北京：中国石化出版社，2012：115–118.

［8］桂乐乐，寿比南. 基于断裂力学的低温容器防脆断设计［J］. 中国特种设备安全，2017，33（3）：12–16.

［9］杨滨，轩福贞. 基于夏比冲击吸收能量的断裂韧性估算方法比较［J］. 压力容器，2016，33（1）：32–39，45.

［10］ZHU X K，LEIS B N. CVN and DWTT energy methods for determining fracture arrest toughness of high strength pipeline steels［C］. Calgary：2012 9th International Pipeline Conference，2012：IPC2012–90624.

［11］王吉会，郑俊萍，刘家臣，等. 材料力学性能［M］. 天津：天津大学出版社，2006：100–107.

［12］李鹤，封辉，杨坤，等. 断口分离对 X90 焊管断裂阻力影响试验［J］. 油气储运，2019，38（10）：1104–1108.

［13］晏利君，祝鹏，刘宇，等. 低温下 X70 大变形管线钢的冲击韧性和断口特征［J］. 材料热处理学报，2018，39（3）：79–86.

［14］黄学伟，葛建舟，赵军，等. Q690D 高强钢基于连续损伤模型的断裂破坏预测分析［J］. 工程力学，2020，37（2）：230–240.

［15］郦正能，关志东，张纪奎，等. 应用断裂力学［M］. 北京：北京航空航天大学出版社，2012：18–33.

［16］陈苹苹，刁呈岩，肖树聪.线弹性断裂力学问题的扩展自然单元法［J］.工程力学,2020,37(7): 1-7.

［17］王佳欢.基于 Master Curve 方法的加氢反应器防脆断设计及安全评定华东理工大学［D］.上海：华东理工大学，2013: 6-7.

［18］曹昱澎.压力容器用钢在韧脆转变区的断裂韧性预测方法研究［D］.上海：华东理工大学，2011: 3-5.

［19］WINDENMAIER K A，ROTHWELL A B. The practical application of fracture control to natural gas pipelines［C］. Calgary: 7th International Pipeline Conference，2008: IPC 64557—2008.

［20］American Society of Testing Materials. Rules for construction of pressure vessels，division 2，alternative rules: ASME BPVC Ⅷ 2-2017［S］. New York: ASTM，2017: 99-101.

［21］杨文斗.核电厂压力容器安全评估的新方法——主曲线简介［J］.核安全，2011（2）: 7-13.

［22］吴金辉，李云龙，李记科，等.夏比冲击功结合剪切面积评价管线钢管韧性的意义［J］.石油工程技术监督，2010，26（3）: 12-14.

［23］W I LKO W S KI G M，RU DLAND D，MI NCER P，et al. Failure initiation modes of pipe with high charpy transition temperature: PRCI Project PR-276- 04502［R］. Virginia: PRCI，2007: 1-10.

［24］UDDIN M，ORTH F，POTHANA S，et al. Toughness specification to avoid brittle fracture in new line pipe steels: PRCI Project PR-276-184501［R］. Virginia: PRCI，2019: 1-49.

原文刊登于《油气储运》2020 年第 39 卷第 8 期

表面活性剂在石油开采中的应用及其发展趋势

吴林恩[1,2]　李　硕[1,2]　何金昆[1,2]　郭晓疆[1,2]　李烨铮[1,2]

（1.中国石油天然气管道科学研究院有限公司；2.油气管道输送安全国家工程实验室）

摘　要　随着世界能源的需求量日益增加，提高石油采收率是石油行业急需研究的课题，而基于表面活性剂的性质，它在石油开采方面有了很广泛的应用。本文主要阐述了表面活性剂的结构、种类，以及其在石油开采（三次采油 EOR）中的应用，并对其发展趋势提出了几点建议。

关键词　表面活性剂；三次采油 EOR；应用

在石油开采中，为了提高采收率，降低成本，合理开采和保护资源，要大量采用表面活性剂。表面活性剂有增溶、乳化或破乳、润湿或抗黏、起泡或消泡以及分散、洗涤等一系列物理化学作用。在油田作业中的钻井、采油、集输环节，起到了很重要的作用。现有的各种油田化学产品中，表面活性剂由于其独特的功能在三次采油工程中起着举足轻重的作用，已成为不可替代的化学助剂。

1　三次采油对表面活性剂

1.1　三次采油用表面活性剂的要求

从分子结构上讲，并不是所有的表面活性剂都能用于驱油，必须满足一定的条件才能用于三次采油。只有那些与油水两相作用能力相当或者说油溶性、水溶性相当的表面活性剂才能用于三次采油中。作为化学驱用表面活性剂应具备以下条件：

（1）驱油体系与原油间形成超低界面张力（$<10^{-2}$mN/m），有较高的稳定性且界面张力窗口较宽；

（2）在底层条件下吸附滞留量要小（<1.0mg/g 油砂）；

（3）表面活性剂驱油体系的驱油效率比水驱提高 10%～15%；

（4）采出乳状液容易破乳；

（5）毒性低或者去毒，并且廉价，保存期较长。

1.2　驱油用表面活性剂种类

三次采油用表面活性剂主要有阴离子型、两性型表面活性剂和非离子型表面活性剂。

（1）阴离子型表面活性剂：常用品种有石油磺酸盐、烷基苯磺酸盐、木质素磺酸盐等，优点是浊点很高，在砂岩表面上吸附量少，但抗盐能力差，临界胶束浓度较高。

（2）非离子型表面活性剂：优点是抗盐能力强，临界胶束浓度低，但浊点低，不能用于超过其浊点的地层。目前通过改性，使其既具有以上优点，同时浊点很高，抗盐能力更强，适用于高盐高温地层。

（3）两性表面活性剂：可用于高温高盐油层，且能大大降低非离子型与阴离子型表面活性剂复配时的色谱分离效应，但是成本较高。

1.3 表面活性剂驱油机理研究

表面活性剂在三次采油中的作用机理主要是加入表面活性剂以降低油/水界面的界面张力，改变岩石润湿性，以利于吸附在岩石颗粒表面的残余油膜的剥离，提高洗油效率，并使油珠或油滴能被注入水带走。

1.3.1 降低油水界面张力原理

表面活性剂驱提高采收率主要是提高原油的洗油效率。一般通过增加毛细管数来实现提高洗油效率，而增加毛细管准数的主要途径则是降低油水界面张力。毛细管数越大，残余油的饱和度越小，驱油效率越高。

1.3.2 改变原油的流变性

原油一般以各种形态存在于地层中，比如胶质、沥青质或者石蜡状，它们都具有非牛顿流体的性质，其黏度随剪切应力而变化。表面活性剂驱油时，表面活性剂溶入原油中，吸附在沥青质点上增强其溶剂化外壳的牢固性，减弱沥青质点间的相互作用，从而降低原油的极限动剪切应力，提高采收率。

1.3.3 润湿反转机理

即改变岩石表面的润湿性。研究表明，驱油效率与岩石的润湿效率密切相关。合适的表面活性剂，可以使原油与岩石间的润湿接触角增加，从而降低油滴在岩石表面的黏附功。

1.3.4 乳化机理

表面活性剂体系对原油具有较强的乳化作用。在水油两相流动剪切的条件下，能迅速将岩石表面的原油分散、剥离，形成水包油（O/W）型乳状液，从而改善油水两相的流度比，提高波及系数。

2 三次采油用表面活性剂研究趋势及展望

表面活性剂驱在三次采油中具有巨大的潜力和广阔的应用前景。但三次采油技术的发展不仅要求它具有低的油水界面张力和低吸附值，而且要求它与油藏流体配伍，并且廉价。三次采油用表面活性剂的研究趋势主要有以下几个方面。

2.1 普通表面活性剂采油性能的强化

（1）表面活性剂的复配混合。

合适的表面活性剂体系的复配，不仅可以产生协同效应（即 1+1＞2）更好的降低体系的界面张力，而且还能降低主表面活性剂的用量。

（2）选择合适的助表面活性剂和其他助剂。

可根据助表面活性剂和其他助剂所发挥的作用、主表面活性剂的类型、介质环境、油层类型、驱油工艺等综合合理地选择，有助于驱油液各种性能的增强，提高驱油效率。

2.2 新型的多功能表面活性剂的开发和选用

主要从提高抗盐能力、增强耐热性能、降低成本三个方面进行阐述。

（1）耐盐的表面活性剂体系：这种表面活性剂有良好的增溶能力，耐高矿化度水中高浓度二价阳离子能力高，可用于注表面活性剂的高矿化度油井中，进行强化采油。

（2）耐温的表面活性剂体系：在分子结构中可引入非离子性基团的特征结构，辅以其他合适的助剂，都将有效地提高驱油时的耐温性能。

（3）降低成本：选用廉价的表面活性剂，然后将其改性。成本较低的表面活性剂主要有三类：木质素磺酸盐类、不需加助表面活性剂的表面活性剂类和羧酸盐表面活性剂类。

3 结语

（1）表面活性剂驱是一个由复合表面活性剂、聚合物、助剂的整体配合的技术，只有相互配合才能提高石油采收率；

（2）开发性能优越的表面活性剂，加强驱替机理的研究，改善表面活性剂驱的工艺，才能获得高的石油采收率。

参 考 文 献

[1]徐燕莉.表面活性剂的功能［J］.北京：化学工业出版社，2003（14）：1.

[2]郭东红，李森，袁建国.表面活性剂驱的驱油机理与应用［J］.精细石油化工进展，2002，3（7）：36-41.

[3]赵田红，郑国华，李少庆，等.三次采油用表面活性剂的研究现状与趋势［J］.化学工程师，2005，（11）：32-34.

[4]康万利，刘永健.我国复合驱用表面活性剂研究进展［J］.日用化学工业，2000，30（4）：30-33.

[5]叶仲斌.提高采收率原理［M］.北京：石油工业出版社，2007.

[6]张逢玉，卢艳，韩建斌.表面活性剂及其复配体系在三次采油中的应用［M］.石油与天然气化工，1999，28（2）：130-132.

原文刊登于《南国博览》2019 年第 4 期

2020 油气储运技术进展与趋势

车 蕾 金 坤

（中国石油天然气管道科学研究院有限公司）

摘 要 为明确油气储运技术的发展现状和研究进展，掌握技术的实际应用状况与未来发展趋势，对多家储运技术领先的国际公司、专业期刊、会议进行调研，从油气储运管道安全管理、管道检测与维护、智能管道、天然气存储等领域进行分析。在新冠疫情影响下，中国油气储运行业迎来了机遇和挑战。油气储运技术不断完善，保障油气储运过程中管道完整性与可靠性的安全管理系统、缺陷检测、维护与储存等技术有了新的突破，监检测技术不断完善，智能管道得到快速应用和推广，数字孪生等新兴技术应用效果初见端倪，油气战略储备库正在大力建设。

关键词 油气储运；安全；检测；维护

2020 年，受新冠疫情全球蔓延、国际经济、地缘政治博弈等多重影响，全球油气需求增速放缓，石油和天然气供大于求，国际油价和天然气价格大幅下跌，低油价时代的到来是中国增加油气战略储备、降低能源成本的好时机。油气储运能力是国家实施油气战略储备的重要保障，油气储运技术在实际应用中会受到多重因素影响，应用效果也存在较大差异，甚至会直接影响油气储运设施设备的安全问题。近年来，在油气储运过程中用以保障管道完整性与可靠性的安全管理系统、缺陷检测、维护与储存等技术快速发展并逐步得到科学应用。本文在分析 2020 年油气储运领域发展动向的基础上，对油气管道安全管理技术、管道检测与维护技术、智能化管道技术及天然气存储技术进展分别进行阐述，并对未来油气储运技术发展趋势进行展望，以期为制定油气储备计划及提高储运能力技术研究水平提供参考。

1 油气储运领域发展动向

1.1 需求减少导致液化天然气项目投资延缓

2020 年新冠疫情席卷全球，加之地缘政治、短期经济冲击等综合因素影响，国际商品市场波动剧烈，油气价格大跌。2020 年 6 月液化天然气价格相比 1 月初跌幅曾一度超过 40%。需求减少导致液化天然气供应商们不得不重新审视本年度战略规划和资本支出。据 S&P Global 报道，由于新冠疫情影响，供应商已很难获得稳定的长期供应合同，进而被迫寻找短期合同，项目融资愈加困难，多个液化天然气项目的最终投资决定（FID）被推迟，进入自 2006—2008 年和 2016—2017 年以来新的最终投资决定低谷期[1]。预计从 2022 年开始，全球液化天然气供应将趋紧。疲软的经济发展现状以及对未来经济前景的悲观情绪，正不断促使液化天然气公司在做出最终投资决定前不得不更加谨慎。

为应对上述问题，削减总体资本支出已成为液化天然气运营商们的主要策略。埃克森美孚、壳牌和雪佛龙等公司 2020 年的支出都降低到了预算支出的 1/3 左右。伍德麦肯兹公司削减资本支出的决定直接导致了澳大利亚 Pluto 液化天然气 2 号生产线项目最终投资决定的推迟。Energy Transfer 公司的 Lake Charles 项目的最终投资决定也由于资金状况被迫推迟到了 2021 年。最终投资决定推迟导致的后果可能不仅是项目进展的迟缓，还可能延长公司实现收支平衡所需的时间，进而引发一系列问题。

疫情的持续蔓延，在短期内对液化天然气行业造成了巨大冲击，多家巨头公司遭受严重损失，部分中小型液化天然气公司甚至面临倒闭的危险。受疫情影响，截至 2020 年 8 月，美国已有 60 多家石油和天然气公司宣布破产。减少资本支出或推迟最终投资决定等措施在目前看来也只能是短期解决方案。为了能够长期稳定发展，液化天然气公司必须制定相关战略去应对未来可能更加严酷的挑战。提高供应链效率、投资物联网和数据分析等先进技术或成为这些公司可以依赖的战略方向。

1.2 油气储运行业运营模式的颠覆性改革

2019 年 12 月 9 日，中国成立国家石油天然气管网集团有限公司（以下简称"国家管网公司"）。按照油气体制改革"管住中间、放开两头"的总体思路，国家管网公司的成立将打破上中下游一体化的油气体制，为形成 X+1+X（上游油气资源多主体多渠道供应、中间"一张网"高效集输、下游市场化良性竞争的油气市场体系）的市场格局奠定基础，对重塑天然气市场格局，推动整个天然气市场化改革都将起到重要作用。

国家管网公司成立后，从资源、消费、基础设施以及金融市场等方面影响中国天然气市场。在资源端，由于政策放开，会有更多有实力的市场主体进入上游勘探开发和进口液化天然气环节，促使大量液化天然气现货、新签中短期进口合同涌现，利好中国资源市场供应。在消费端，供气主体进一步增加，销售范围扩大，市场竞争更加充分，由此可降低天然气价格、促进天然气消费。在基础设施方面，合理收益预期下，更多社会资本进入天然气基础设施领域，将在一定程度上促进管网、液化天然气接收站、储气库等设施建设[2]。

2 油气储运技术进展

2.1 管道安全管理技术进展

油气管道会随着使用年限的增加而影响其正常运行，甚至事故频发，严重的还会造成生命财产的重大损失。油气管道安全管理对于保证管道安全平稳运行具有重要意义。

2.1.1 管道监控和保护解决方案 PipePatrol

科隆公司（KROHNE）为油气管道管理提供的 PipePatrol 方案，涵盖所有操作条件下的管道监控和保护，包括管道泄漏检测、管道被盗检测、管道应力监测、管道破损检测、管道气密性监测、批次跟踪、泵监测和预测建模等。其中比较特别的是，泄漏检测模块基于 PipePatrol E-RTTM（扩展实时瞬态模型），能够识别所输送的液体或气体，并进行泄漏检测和定位；预测建模模块能够预测管道运行状态（例如未来 24h），确定潜在隐患。此外，科隆公司还为管道管理提供工程、运营和维护服务，以满足管道运营商的需求[3]。

台塑石化股份有限公司在其 144km 长的航空煤油管道应用了 PipePatrol 软件的泄漏检测模块，在几分钟内就检测并定位了直径仅为 3mm 的泄漏点。

2.1.2　基于监测数据的地质灾害地段管道定量评估方法

"Just Surviving Wrinkle" 分析法是一种集成应变仪、在线检验等多种监测手段与应变—变形关联有限元分析的后屈曲失效分析方法，由加拿大 Enbridge 公司开发。这种方法通过对监测数据进行统计预测，结合有限元分析模拟，更好地预测穿越不稳定斜坡的管道可能出现的因压缩应变产生的屈曲褶皱，以证明管道在滑坡灾害下的安全性[4]。"Just Surviving Wrinkle" 分析法已成功应用于加拿大多条油气管道，并可应用于任何由压缩应变导致管道故障的情况。

2.1.3　管道完整性管理软件 PIRAMID

管道完整性管理是全球油气行业认可的管道安全管理的先进手段，新版管道完整性管理软件 PIRAMID 4.5.11 是一款基于管道风险和可靠性的软件，可提供定量的模型评估、完整性评价和维护计划。PIRAMID 软件考虑了包括管道内外部腐蚀、焊缝裂纹、凹陷等管道缺陷和岩土灾害、暴风雨、地震等自然灾害在内的管道主要威胁形式，可计算及时后果、长期环境后果和业务影响。该软件还可对管道缺陷测量数据进行模拟，制定明确的维修时间，提高维检修效率。此外，用户还能进行模拟维护方案的制定，通过修改完整性维护措施计算运维成本和风险，并基于风险可靠性阈值、成本优化或成本效益比得出最佳维护计划[5]。

2.2　管道检测技术进展

管道在管材制造、焊接、运输、输送介质过程中容易造成各种缺陷，影响使用寿命。对管道进行定期检测，排查管道缺陷和存在隐患，及时进行维护维修，是保障管道安全运行的必要手段。

2.2.1　管道内检测技术进展

（1）漏磁在线检测设备。美国 TD Williamson 公司设计了一种在线管道检测设备，设备采用 SpirALL® 磁通量泄漏（SMFL）技术。SMFL 技术克服了轴向在线检测高分辨磁通量泄漏（MFL）技术在检测管壁和环焊缝中仅限于轴向缺陷方面的局限性，检测器内部充磁机可产生螺旋形或横向磁场，实现 100% 的管壁磁场覆盖率，同时能够实现区分不同类型的裂纹缺陷类型和不同焊接技术等[6]。该设备已在数千千米的管道检测中得到了成功验证。

（2）裂纹检测技术进展。管道超声波检测和完整性服务供应商爱尔兰 NDT Global 公司宣布了管道裂纹检测技术方面的两项重大进展：① UCx 技术突破了裂纹深度的限制，使裂纹检测不再受裂纹深度的限制，甚至可以检测穿透管壁的裂纹。② 新的 EVO Eclipse UCx 技术首次克服了倾斜的限制，能够准确地确定倾斜裂缝的大小，例如钩形裂缝或典型的双面双弧焊（DSAW）接缝的斜面裂缝[7]。

（3)PIPECARE 双径漏磁检测清管器。PIPECARE 双径漏磁检测器可在低压、低流量、高温、无清管器收发装置等条件下轻松检测同时含有两种不同管径的管线，而不会发生卡堵情况。PIPECARE 工具工作压力范围为 0～120kPa，工作温度范围可为 –20～85℃，最小通孔为外径的 80%～85%[8]。目前，PIPECARE 已成功检测了包括瑞士在内多个国家的油气管线，包括由于复杂的陆上布线和缺乏适当的清洁措施而无法清管的 3 条战略性原油输送管线。

2.2.2 管道外部检测技术进展

（1）使用涡流阵列技术的管道表面检测。油气管道表面裂纹检测更新了一种解决方案——涡流阵列技术。目前，涡流阵列技术被使用在 OmniScan MX ECA 检测器（以下简称"ECA 检测器"）中，进行油气管道的应力腐蚀裂纹检测、近表层裂纹检测、近表层腐蚀检测、碳钢表面检测等。ECA 检测器实现了：① 数据采集指标中，数字化频率达到 40MHz，采集速率为 1～15000Hz，相比于传统表面检测器效率更高，成本更低。② ECA 检测器的校准方式与常规检测器完全相同，但应用提离、增益和零位调整原理，从而简化校准过程、节省时间[9]。

（2）基于全聚焦成像方法的纵向焊缝检测扫描仪。新型纵向焊缝检测扫描仪 AxSEAM™的创新之处在于：① 采用全聚焦成像方法（TFM），有效提高纵向长焊缝的成像质量、识别效果和检测概率。② 可同时采用相控阵超声检测技术（PAUT）和衍射时差技术（TOFD）进行检测，提高缺陷的检测概率和焊缝适用范围。③ 扫描仪采用专利圆顶轮设计，无需调整就可以检测不同管径管道。④ 结构简单、操作方便，可最大限度地减少调整次数，配合激光导光板，可时刻保持直线扫描，特别适合纵向长焊缝的检测。⑤ 搭配 Olympus 的新型 OmniScan X3 探伤仪，可以更轻松地表征长电阻焊缝中难以探测的垂直缺陷和钩状裂纹，并且可以实现远程数据采集和缺陷可视化。AxSEAM™扫描仪已获得 ISO 9001 质量管理体系、ISO 14001 环境管理体系以及 OHSAS 18001 职业健康安全管理体系的认证[10]。

2.3 管道维护技术进展

管道外表面防腐技术成熟，而内表面防腐技术难度大、发展比较缓慢。对于腐蚀穿孔严重的管道，普遍采用整体更换的方法进行维修。但这种方法工程量大、施工周期长、费用昂贵，因此不开挖的内修复技术和内表面防腐技术越来越受到青睐。

2.3.1 玻璃纤维预浸渍复合材料

获得专利的玻璃纤维预浸渍复合材料 Syntho–Glass®（以下简称"Syntho–Glass® 材料"）通过盐水或淡水活化，初始凝固时间仅为 30min（24℃），可对不同材质的管道进行出色的快速修复，使管道恢复到原始压力等级。Syntho-Glass® 材料无毒、不燃、无味、易于安装。Syntho-Glass® 安装套件提供了维修所需的所有组件，用铝箔袋密封包装，可以现场使用，无需任何测量或混合即可使用[11]。使用 Syntho-Glass® 材料进行管道修复是在至关重要的紧急维修情况下的多功能解决方案，可应用于腐蚀管、不规则管件以及三通等部件修复，对许多基材具有出色的附着力和良好的耐化学性。

2.3.2　RoCoat 聚氨酯内涂层

RoCoat 聚氨酯内涂层具有确保油气管道保持长期可靠的性能[12]。RoCoat 聚氨酯内涂层的优势：

（1）使用寿命延长至 5～30 倍。（2）通过延长维护间隔来降低维护成本。（3）出色的耐磨性，非常适合运输油砂产品。（4）对钢质基材具有优异的附着力，可防止剥离。（5）耐烃和耐化学腐蚀，确保与工艺流程兼容。（6）极限工作温度升高。RoCoat 聚氨酯内涂层已应用于加拿大艾伯塔省麦克莫离堡以北地区的直径为 32in（1in=2.54cm），管道总长度为 2.1km 的油气管道，其厚度为 35mm。

2.4　智能化管道技术进展

随着互联网、云计算、大数据等技术的发展与应用，油气管道建设逐步开始由数字管道向智能管道、智慧管网升级。以中俄东线为代表的新建管道工程为例，从管道的设计、采办、施工至运营阶段，按照"全数字化移交、全智能化运行、全生命周期管理"的要求全面推进。国际上，西门子（SIEMENS）、Sphera、Yokogawa 等多家企业不断推出基于数字孪生技术的新兴产品并投入应用。在管道运营方面，西门子开发了 Pipelines 4.0 智能管道方案，实现了管道的可视化、网络化、智能化管理；在风险管理方面，Sphera 公司推出了操作风险管理（ORM）Digital Twin 软件，利用数字孪生技术实现设备及管道的实时诊断，风险可视可控，有效提高了企业的风险管理水平；在设备预防性维护方面，Yokogawa 开发了一种在线数字孪生模型，通过实时获取当前运行数据来预测设备的未来腐蚀情况，以便及时采取控制措施提高设备可靠性[13]。

2.5　天然气存储技术进展

近年来，我国油气行业发展迅速，油气消费持续增长，与此同时，天然气基础设施建设滞后、储备能力不足等问题日渐凸显，对天然气存储技术发展的需求显得尤为突出。

2.5.1　液化天然气储罐技术进展

（1）液化天然气储罐气压升顶技术。储罐气压升顶技术的主要工作原理是使用微压空气浮升技术，通过大功率鼓风机向罐内送入压缩风，让封闭拱顶下方的气量增加至容许的浮力，将罐内地面预制好的超重拱形钢质拱顶沿混凝土外罐内壁连续、安全、平稳地浮升至罐壁顶部与承压环接合。升顶过程中需要控制升顶速度 200～300mm/min，平衡压力保持在 110mmH$_2$O 以上。在接近拱顶最后 1m 内高度，需要调整降低升顶速度至 100mm/min 左右。与常规吊装技术相比，液化天然气储罐气压升顶技术作为一种新型提升作业技术，更加适用于大型液化天然气储罐的升顶作业。同时，该技术具有施工速度快、施工成本低的明显优势，以 $20 \times 10^4 m^3$ 液化天然气储罐的升顶作业为例，在 1.72kPa 压力值下进行气压升顶作业时长仅需要 80min。该技术已应用于美国维吉公司投资的美国路易斯安那州墨西哥湾 Calcasieu 航道一期液化厂项目的 $20 \times 10^4 m^3$ 液化天然气储罐的升顶作业[14]。

（2）薄膜型液化天然气储罐。薄膜型液化天然气储罐系统的设计基于各功能分离的原则，主要部件包括主层薄膜、次层薄膜及预制泡沫板。主层薄膜的材料为 1.2mm 厚不锈钢（304L 型），次层薄膜的材料为 0.7mm 厚的复合材料。和常见的 9% 镍钢全容储罐相比，薄膜型液化天然气储罐能够有效提升储罐的安全稳定性、增大有效罐容、降低单方造价、缩短建造周期。以 $16 \times 10^4 m^3$ 的储罐为例，相同尺寸的薄膜罐可以节约投资 10%～30%、缩短建设周期 2～3 个月、增加有效容积 10%，并且具有更好的抗震性能[15]。

2.5.2 储气库技术进展

（1）地下天然气储存设施安全管理发布行业规范。2020 年 2 月 12 日，美国管道和危险材料安全管理局（PHMSA）发布了《地下天然气储存设施（UNGSF）最终规定》（以下简称《最终规定》），规定地下天然气储存设施中井下设施相关的关键安全要求，该规定成为美国联邦管理地下天然气储存设施的最低安全标准。

（2）《最终规定》参考 API RP 1170《用于天然气储存的盐穴储气库的设计和操作》与 API RP 1171《枯竭油气藏和含水层天然气储层的功能完整性》标准，给出了建立枯竭油气藏、含水层储层与盐穴地下天然气储存设施的最低安全标准要求，规定了地下储气库建设运行的地质评估、设计、钻井与注采开发过程中的安全要求。《最终规定》于 2020 年 7 月 23 日生效，应用于美国大约 200 个州际地下天然气储存设施，并作为地下天然气储存设施的最低联邦安全标准[16]。

（3）被动式地震感应系统应用于地下储气库容量优化。WellWatcher PS3 被动式地震感应系统将传感器埋在储气库地表或者安装在井筒中，通过测量开采过程中的振幅与辐射源定位，能够获得储层的地质构造、天然气流动状态与地质力学状态等重要信息，监测储气库注气过程中产生的地震波。该感应系统能够大大降低流体流动产生的噪声，从而检测到储存过程中的微震信号，实现感应信号的实时传输，在保证安全的前提下增加储气库的产能与储存压力[17]。

3 油气储运技术展望

油气储备战略性意义重大，相关变革技术不断发展。分析 2020 年油气储运行业领域国际相关动态，可以发现"智慧化"在油气储运行业开始快速应用与推广。数字孪生等新兴技术应用效果初见端倪，监检测技术不断发展，但微型缺陷识别技术还亟须提高。

3.1 现代智能化管道管理软件或将改变原有管道管理模式

近年来，智能化相关技术快速发展，开始在各行业显示出巨大的价值和作用。全球各大油气公司不断推出油气储运系统模块化管理软件或情景化引擎等，利用数字孪生技术、智能算法等，实现方便地监测、检测，准确地动态模拟和实时高质量地预测，并通过物联网获取现场数据，验证、更新结果，在测量结果不可用的情况下生成更为合理的结果等。这一类现代智能化管道管理新技术，结合数据科学和基于物理的模拟实现快速、准确和可解释的预测，或将彻底改变原有管道管理模式，是油气储运智能化发展趋势之一。

3.2 管道检测技术亟须向更高精度发展

随着油气管道运行及安全生产要求的提升，管道检测的重要性更加突出。现有管道智能检测技术已经取得长足进步，改善了检测的效率和检测质量、历史数据跟踪等问题，但是在检测精度方面，现有检测技术在管道上的应用领域仍局限于低精度的管道缺陷识别，还无法完成管道缺陷的精准识别。管理检测技术想要实现检测的自动化、数字化和智能化标准，其测量精度还需要进一步提升。在即将到来的管道互联网＋数字化时代，高精度管道检测技术必将扮演越来越重要的角色，其应用前景广阔。

3.3 超大型储罐建设推动储运行业发展

液化天然气储罐作为一种重要的储备设施，在油气储运行业得到了广泛应用。近年来，日益增长的天然气储备需求使得液化天然气储罐逐步向大型化方向发展。据报道，国内容积最大的液化天然气储罐已经获批开建，最大容积将达到 $27 \times 10^4 \mathrm{m}^3$ [18]。与此同时，储罐罐容的不断增加给传统储罐建造工艺带来一系列新的技术挑战，以薄膜型储罐技术为代表的新兴技术已经初步应用于大型液化天然气储罐的建造。理论分析表明薄膜型储罐没有容积的理论极限，为超大型液化天然气储罐的建造提供了可能性。未来，以新型储罐技术为支撑的超大型液化天然气储罐建设将会进一步推动油气储运行业的发展。

3.4 高钢级管道本质安全保障技术亟待进一步攻关

随着油气资源需求的不断增加，大口径、高钢级管道成为目前新建油气管道的首要选择。国际上对于高钢级管材的研发已经达到了 X120 等级，随着管材强度的不断提高，也给管道本质安全带来了各方面的问题。例如高钢级管材的材料力学性能与中低钢级存在明显差异，国际标准中已经发展较为成熟的管道完整性评价方法，在高钢级管道上的适用性需要进一步验证和研究；管材强度的提高会带来材料韧性的降低，导致管道发生脆性开裂，造成严重事故。因此，顺应高钢级管材的发展趋势，研究高钢级管材的完整性评价方法以及本质安全保障技术必将是未来管道行业的重点研究方向。

参 考 文 献

[1] LIANG A C. Global LNG supplies seen gradually tightening on FID delays: industry officials [EB / OL].（2020-11-10）[2020-11-11]. https: //www.spglobal.com/platts/en/market- insights/latest-news/natural-gas/111020-global-lng- supplies-seen-gradually-tightening-on-fid-delays-industry- officials.

[2] 姜慧梓. 深化油气体制改革 国家管网公司不参与开采等竞争性业务 [EB / OL]（2019-12-17）[2020-11-01]. https: // www.bjnews.com.cn/detail/157655446115630.html. JIANG H Z. Deepening the reform of oil and gas system, PipeChina will not participate in competitive business such as exploitation [EB / OL].

（2019-12-17）[2020-11-01] . https : //www.bjnews.com.cn/detail/157655446115630.html.

[3] KROHNE Group. PipePatrol : New solutions for safe and efficient pipeline management [EB / OL] . （2019-06-26）[2020-11-01] . https : //krohne.com/en/newsdetail/article/ pipepatrol-new-solutions-for- safe-and-efficient-pipeline- management-717.

[4] Pipeline Technology Journal. Safely repairing subsea flanges on flexible flowlines with a flexible bridging jumper structure [EB / OL] . （2020-09-03）[2020-11-01] . https : //www.pipeline-journal.net/articles/ safely-repairing- subsea-flanges-flexible-flowlines-flexible-bridging- jumper-structure.

[5] C-Fer. Piramid Version 4.5.11 Now Available [J] . Featrues, 2020, 5（45）: 106-110.

[6] T. D. Williamson. SpirALL magnetic flux leakage（SMFL）[EB / OL] . （2020-10-28）[2020-11-01] . http : //www.tdwilliamson.com/solutions/pipeline-integrity/inline- inspection/smfl.

[7] NDT Global. Announced two major advances in pipeline technology [J] . Pipeline technology journal, 2019, 5（11）: 146.

[8] PIPECARE Group. Solving challenges on unpiggable pipelines using dual-diameter MFL inspection technology [EB / OL] . （2019-26）[2020-11-04] . https : //www. pipecaregroup.com/solving- challenges-on-unpiggable- pipelines-using-dual-diameter-mfl-inspection-technology.

[9] Olympus. Pipeline surface inspection using eddy current array technology [EB / OL] . [2020-11-04] . https : //www. olympus-ims.com.cn/en/applications/stress-corrosion- crack-detection-pipelines-eddy- current-array.

[10] Olympus. AxSEAM semiautomatic scanner for longitudinal weld inspection [EB / OL] . [2020-11-04] . https : //www. olympus-ims.com.cn/en/scanners/axseam/.

[11] ClockSpring. SynthoGlass [EB / OL] . [2020-11-04] . https : // www.cs-nri.com/product/syntho-glass/.

[12] Rosen. Fort Mcmurray oil sands mine operator selects RoCoat to protect assets [J] . News of 2019, 2019, 25: 98-100.

[13] Siemens Energy. Pipelines 4.0 – the future of oil and gas pipelines [EB / OL] . [2020-11-06] . https : // www.siemens- energy.com/global/en/offerings/industrial-applications/oil-gas/midstream/pipelines.html.

[14] Thailand Press Release News. Venture global calcasieu pass announces successful roof raising for second LNG storage tank [EB / OL] . （2020-05-21）[2020-11-06] .http : //www.thailand4.com/.gen/2020- 05-21/e1ede699a2f50be843713585cc7b13b4/.

[15] GTT. LNG carriers [J] . GTT's references, 2020, 6（5）: 250-253.

[16] PHMSA. Issues final rule for underground natural gas storage facilities [J] . Natural gas storage facilities, 2020, 7（6）: 113-118.

[17] Schlumberger. WellWatcher PS3 passive seismic sensing system optimizes underground gas storage capacity [J] . Wellwatcher-ps3, 2019, 8（7）: 113-116.

[18] 齐鲁晚报 . 27 万立方米! 国内容积最大 LNG 储罐将在青岛西海岸开建 [EB / OL] . （2020-03-18） [2020-11-06] .https : //www.qlwb.com.cn/detail/11681930.html. Qilu Evening News.270000 cubic meters ! The largest LNG storage tank in China will be built on the west coast of Qingdao [EB / OL] . （2020-03-18）[2020-11-06] .

原文刊登于《世界石油工业》2020 年第 27 卷第 6 期

党 建 篇

推动高水平科技自立自强中发挥党组织政治优势研究

王基翔　刘厚平　于晨松　江　勇　程翘楚　张　倩

（中国石油天然气管道科学研究院有限公司）

摘　要　党的二十大报告指出，要推进国有企业在完善公司治理中加强党的领导。中国石油天然气管道科学研究院有限公司是党领导下的国有企业，也是从事管道技术攻关的科研单位，面对新时代新任务，如何将党组织政治优势转化为发展优势，激发创新活力，推动高水平科技自立自强，是必须深入思考的重大课题。本文深入分析国有企业党组织政治优势和高水平科技自立自强的内涵和辩证关系，从思想理论、组织优势、队伍优势、群众优势和监督优势等方面提出了五条转化路径，为在推动高水平科技自立自强过程中发挥党组织政治优势提供了有益参考。

关键词　党组织政治优势；高水平科技自立自强；作用发挥

1　国有科研企业党组织政治优势内涵

国有科研企业的政治优势是党的政治优势在科研企业的延伸，它涵盖党所固有的能够推动企业高质量发展的全部优势，对企业的影响和作用是全方位的。这个优势能够通过企业战略发展规划、推进党建"三基本"和"三基"工作有机融合、强化文化建设等途径发挥出来，转化为企业的领导力、凝聚力、发展力、执行力和创造力，并从总体上提升科研企业的创新能力，从而推动高水平科技自立自强。国有科研企业党组织的政治优势主要包含以下五个方面的内容。

1.1　理论政策优势

理论优势是指与时俱进的马克思主义理论体系成果和理论品质，包括毛泽东思想、邓小平理论、"三个代表"重要思想、科学发展观和习近平新时代中国特色社会主义思想，它们为企业发展提供了科学的指导思想和强大的精神动力。政策优势指国有科研企业党组织在贯彻执行党的路线、方针、政策方面的载体作用，他们在深刻理解把握党和国家方针政策的基础上，能够立足新发展阶段，贯彻新发展理念，打造科技创新策源地。

1.2　组织协调优势

国企党组织的组织协调优势是把个体党员的优势有效地整合并协调起来的载体，对企业的改革、发展和稳定起到保障作用。党的组织协调优势具体体现在：一是把方向，党委前置研究讨论重大事项，确保企业顺利、快速地做出正确的决策。二是管大局，协调企业与社会、与政府有关部门的关系，协调部门之间、员工之间的关系，保证企业稳定发展。三是保落实，统一思想，强化部署，增强企业执行力，提高科研攻关效率。

1.3 党员队伍优势

党员是国有企业职工队伍中的骨干和中坚力量，是企业优秀的人力资源，是国有科研企业提高创新能力的优势所在。国有科研企业的党员学历高、能力强，具有无私奉献的精神、良好的职业道德、高强的业务技能及工作水平，他们是国有科研企业改革发展、科研攻关、开拓市场的中流砥柱，是企业发展力和创造力的源泉。他们保持高度的政治觉悟，过硬的业务技能，将起到典型示范作用，带动广大职工共同提高素质、努力奉献、创造佳绩。

1.4 群众工作优势

职工群众始终是推进企业改革发展的力量源泉，党最大的政治优势就是密切联系群众，走群众路线。国有科研企业党组织群众工作优势是党的宣传教育和幸福企业建设的有机统一，发挥好这一优势，有利于更好地动员、组织和领导工会、共青团等组织和广大职工群众开展工作，有利于充分调动他们生产工作的积极性、主动性和创造性，使企业的人力资源优势得以充分的发挥，增强党的各项方针政策在企业的落实力。

1.5 保证监督优势

国有企业党组织参加企业重大决策，能够发挥保证监督优势，加强领导班子建设，促进企业科学管理，完善企业决策、执行和监督体系，增强企业的竞争力。国有企业党组织能够坚定不移地贯彻执行党的理论路线方针政策，持续健全完善纪律制度保障体系，确保本企业的科研生产工作符合党和国家的大政方针，把握好政治方向。

2 高水平科技自立自强的重大意义

党的二十大报告中指出，"加快实现高水平科技自立自强"。这是以习近平同志为核心的党中央立足当前、着眼长远、把握大势，确保实现新时代新征程党的历史使命做出的重大战略抉择，为新时代科技发展指明了方向，必须坚持科技是第一生产力、人才是第一资源、创新是第一动力，深刻认识推进高水平科技自立自强的重大意义。

2.1 实现高水平科技自立自强是国家强盛和民族复兴的战略基石

当今世界百年未有之大变局加速演进，科技创新是其中一个关键变量。各主要国家纷纷把科技创新作为国际战略博弈的主要战场，围绕科技制高点的竞争空前激烈，谁牵住了科技创新这个"牛鼻子"，谁走好了科技创新这步先手棋，谁就能占领先机、赢得优势。党的十八大以来，以习近平同志为核心的党中央把科技创新摆在国家发展全局的核心位置，以改革驱动创新、以创新驱动发展，科技自立自强不仅是发展问题更是生存问题，以高水平科技自立自强的"强劲筋骨"支撑民族复兴伟业，这是面向未来的现实要求。

2.2 实现高水平科技自立自强是应对风险挑战和维护国家利益的必然选择

习近平总书记强调：石油能源建设对我们国家意义重大，中国作为制造业大国，要发展实体经济，能源的饭碗必须端在自己手里。当前，国际环境错综复杂，不稳定性不确定性明显增加，国有企业作为国民经济的重要支柱和主导力量，要充分发挥先锋模范作用和引领带动作用。关键核心技术是要不来、买不来、讨不来的，只有加快实现高水平科技自立自强，把发展的主动权牢牢掌握在自己手中，才能从根本上保障我国产业安全、经济安全、国家安全。

2.3 实现高水平科技自立自强是贯彻新发展理念、构建新发展格局、推动高质量发展的本质要求

戴厚良董事长在中国石油天然气集团公司科技与信息化创新大会发出了"着力高水平科技自立自强，建设国家战略科技力量和能源与化工创新高地"的号召。中国石油天然气管道科学研究院有限公司作为国内唯一的管道科研机构，承担国家重大管道工程科技研发和装备保障重任，突破制约产业发展的关键核心技术，打造科技骨干型企业，有效应对这"五个转变"，持续提升保障油气储运安全的能力，是体现国企担当、发挥科技创新支撑和引领作用的使命职责。

3 发挥党组织政治优势与推动高水平科技自立自强的辩证关系

3.1 推动高水平科技自立自强是党组织发挥政治优势的目标和内容

习近平总书记指出，科技是第一生产力、人才是第一资源、创新是第一动力，构建新发展格局最本质的特征是实现高水平的自立自强，必须要强调自主创新，全面加强对科技创新的部署。因此，打造强大的国有科研院所，推动高水平科技自立自强，是发挥党组织政治优势的目标和使命。

国有科研院所作为落实创新驱动发展战略、建设科技强国的重要力量，其科研工作既是政治性的业务工作，也是业务性的政治工作。企业党组织把党的理论政策优势、党员队伍优势、组织协调优势、群众工作优势及保证监督的优势充分发挥出来，能够为推进高水平科技自立自强提供坚强的政治保证、思想保证和组织保证。

3.2 发挥党组织政治优势是推动高水平科技自立自强的有力保障

实现高水平科技自立自强需要企业具有强大的创新能力，包括创新力、想象力、凝聚力、思辨力、内驱力和执行力等因素。企业党组织通过发挥政治优势，能够提供强大的领

导力、组织力和影响力，从而起到"塑造人、提高人、凝聚人"的作用。一是发挥党的理论政策优势和群众工作优势可以增强企业的创新力和凝聚力，党的政策方针路线可以为企业的发展提供科学的指导，有利于将党的组织优势转化企业的发展优势和竞争优势。党的群众工作优势有利于调动企业员工的积极性、主动性和创造性，为增强企业的凝聚力发挥巨大作用。二是发挥组织协调和党员队伍优势可以增强企业的执行力，通过坚持党建"基本功"与抓好科研"主业务"有机统一，实现"一盘棋"谋划，可以充分发挥先锋模范作用，组织党员干部在突破关键核心技术"卡脖子"难题中当先锋、打头阵，在重大科技项目中挑重担、做奉献。三是发挥党的保证监督优势可以增强企业的控制力，通过强化政治监督、推进党风廉政建设，能够巩固拓展作风建设成效，加强对权力运行的监督，持续提升企业治理能力，有利于营造风清气正的良好氛围。

4 在推动高水平科技自立自强中发挥党组织政治优势存在的问题

坚持党的领导、加强党的建设，是国有企业的"根"和"魂"，发挥党组织政治优势就是要强化党建引领，推进党建与科研生产深度融合。党的十八大以来，国有科研单位的党建工作质量持续提高，各级领导干部"抓好党建是最大的政绩"的意识得到增强，党建基础愈发坚实，组织凝聚力愈发提升。但是科研单位具有攻关周期长、人员学历高等鲜明的业务特点和团队特点，面临新阶段、新格局，发挥党组织政治优势仍存在"抓手少""融入难"等问题，主要表现在以下几点。

4.1 融入目标不够明确

发挥企业党组织的政治优势要坚持融入中心，服务大局，通过强化思想引领，来统一思想，统一意志，统一目标。但是部分科研单位没能根据企业实际，把党组织发挥作用的目标与提高科技创新能力的目标统一起来，仍然存在党建和科研两个标准、"两股劲"、"两层皮"现象。

4.2 决策界面不够清晰

部分单位领导班子统筹谋划企业发展顶层设计不够，党委议事制度不健全，党政会议职能不明晰。在处理与董事会、经理层等方面的关系时，角度把握不准，分寸掌握不当，出现不到位、越位的现象，导致党组织不能有效地参与重大问题的决策，监督乏力，不能很好地驾驭企业的发展方向。

4.3 制度建设不够完善

一些科研单位找不准融入中心的结合点、切入点和着力点，党建与业务工作没有深度融合为一个系统工程，缺乏统一、规范的制度体系，造成党建与业务工作内容相偏离、考核相分离，使得业务工作方向不明确，党建工作落实不具体。

4.4 队伍建设有待提升

有些党务干部对自身角色认知模糊，缺乏系统思维和换位思维，盘活党建与科研攻关融合"大棋局"的组织力有待进一步提升；加之不能很好地处理专、兼职工作间的矛盾关系，不敢创新、不想创新、不会创新，往往依靠老经验办新事情，跟不上形势任务变化，导致党建与科研工作向心力不足。

4.5 活动载体有待丰富

基层党组织"三会一课"、主题党日不同程度存在重表面轻实效、重形式轻内容的现象。组织生活习惯于以说教式、灌输式等传统模式开展党建工作，不能有效贴合"需求侧"，这种供需关系的不平衡，容易导致党建工作仅仅是"上热下冷"的"有形覆盖"，不利于推动党建与科技研发工作深度融合，实现"有效覆盖"。

5 推动高水平科技自立自强中发挥党组织政治优势的路径探索

习近平总书记指出，构建新发展格局最本质的特征是实现高水平的自立自强，必须更强调自主创新，全面加强对科技创新的部署。研究院党委以打造科技骨干型企业为目标，坚持"融入科研抓党建，抓好党建促科研"的原则，探索了引领力、执行力、带动力、凝聚力和管控力五条路径，推动党组织的政治优势向高水平科技自立自强的有效转化。

5.1 抓学习，强思想，将党的思想理论优势转化为引领力

研究院党委始终把学习贯彻习近平新时代中国特色社会主义思想作为首要任务，把学习成效转化为高水平科技自立自强的政治自觉和行动自觉。

5.1.1 加强政治建设，把准科技自立自强的前进方向

坚持把学习贯彻习近平新时代中国特色社会主义思想作为首要政治任务，坚定执行党的政治路线，打造"一体两翼"的发展思路，忠实履行为管道工程建设提供科技支撑的责任使命。严格落实"第一议题"和中心组学习制度，组织全体员工收看党的二十大开幕式，开展专题宣讲，用习近平总书记系列重要讲话精神统一思想、凝聚共识。

5.1.2 加强思想教育，推动党员干部观念认识上台阶

坚持以"三会一课"、主题党日等形式加强党员思想建设，引导全院党员干部牢记党的嘱托，坚定理想信念，切实把科技研发工作放在关系国家油气输送安全的重要地位。依托"转观念、勇担当、新征程、创一流"主题教育活动，开展"形势、目标、任务、责任"宣讲，帮助党员完整、准确、全面贯彻新发展理念，激发拼搏奋进、攻坚克难的科研热情。

5.1.3 加强文化熏陶，营造党建与业务融合良好氛围

把握新时代国有企业的战略定位和历史使命，深入推进"红色精神进党课、党日活动进基地、红色故事进支部"的"三进"学习教育，强化学习研讨，引领全体党员感悟石油精神、铁人精神，传承听党话、跟党走的红色基因。深化新时期企业文化建设，建立完善"网站、微信、抖音"三位一体传播矩阵，旗帜鲜明地宣传研究院发展成就，讲好研究院故事。

5.2 把方向，管大局，将党的组织优势转化为科技创新的执行力

研究院党委坚持党的领导、加强党的建设，推进党建"基本功"和科研"主业务"有机统一，持续打造高质量发展的"红色引擎"。

5.2.1 推进党的领导与公司治理有机融合

秉持"党建科研一盘棋"的观念，梳理新形势下党建及企业治理的体系和格局，整合目标、任务、制度、职责、流程等各要素，统筹部署谋划党建与科研生产各项工作，推进顶层融合。坚持"四同步、四对接"原则，将党建工作融入科研管理体系，增强党建与科技研发、装备生产的匹配性，以抓党建方法抓科研工作，以党建考核的方式检验科研成果。

5.2.2 充分发挥把方向、管大局、保落实作用

坚持党对国有企业领导的重大政治原则，把定战略、谋发展作为党委重要任务，修订完善《"三重一大"决策制度实施细则》，建立健全决策事项清单，厘清决策界面，将党建规划与科研发展方向同步搭建，建立党建与科研生产协同推进的运行体系，集中智慧，科学谋划，打造"党建引领科研、科研促进党建"的良好发展局面。

5.2.3 强化党建考核"指挥棒"作用

将党建考核作为硬指标，调整优化科研单位考核标准，推动考核指标更加合理，考核方式更加高效，考核结果更加准确。探索党建、业务一体化考核机制，压实党建责任，推进党建考评与科研业绩挂钩，激发党员干部在技术攻关、提质增效、市场拓展、安全生产的引领作用。

5.3 重科研、促提升，将党员队伍优势转化为技术攻关的带动力

5.3.1 推进党建"三基本"建设与"三基"工作有机融合

坚持"双向进入、交叉任职"，配齐配全党支部班子，严格落实"一岗双责"。秉承"互帮互促"的原则，开展党支部互联共建，进一步强化沟通交流，突出思维碰撞，实现工作互动、资源互享、经验互借、优势互补。持续推进"一二三"党员教育，以党支部品牌建设为一个支点，以线上、线下两种学习方式，推动党委、支委、普通党员三个层面学习全覆盖。

5.3.2 推进深度融合，激发创新潜能

结合党员责任区、党员示范岗、党员先锋岗"三岗"联创活动，深入开展"亮身份、争先锋"实践活动，充分发挥党员先锋模范作用。针对重大科研项目，成立了以党员为核心的技术攻关小组，集中力量打好关键技术攻坚战，研制出 CPP900 系列自动焊、全自动超声波检测和数字 X 线摄影等施工利器，为国家重点管道工程建设提供装备保障。开展"专家上一线"活动，组织党员骨干深入现场解决施工难题，以优质服务推进"科研—设计—施工"的深度融合。

5.3.3 打造特色党建品牌

按照"党委引导、支部负责、党员参与"的原则，以基层党支部为单位，结合具体业务工作特点，打造了"焊卫融耀""精·检测 心·管道"等特征契合、辨识度高、具有一定示范性和影响力的特色品牌，固化和发扬党组织建设成果，充分调动党员将党建和科研生产融合的积极性。

5.4 强人才、聚人心，将群众工作优势转化为幸福企业建设的凝聚力

5.4.1 扎实推动人才强企工程

实施人才价值提升和科技人才有序接替工程，开展人力资源摸底和定岗定员，系统谋划、分类施策，强化人才队伍梯次搭配，确保科技自立自强事业接续传承。明晰人次发展通道，按照"以能力定职级、以职级定工资、以绩效定奖金"的思路，开展"三通道、五序列"职级体系建设，不断优化人力资源配置，为企业高质量发展积蓄澎湃动力。

5.4.2 打造高端科研团队

坚持把技术骨干培养成党员、把党员培养成技术骨干，全力形成"攻关前沿有党员、重要岗位有党员、急难险重有党员"的良好态势。采用"领军人才＋创新团队"模式，成立以全国技术能手、集团公司技能专家牛连山为核心的省级创新工作室。结合"师带徒"活动，加快青年员工成长成才，涌现出以"冀青之星"刘晓文和"管道局十大杰出青年"苏鑫为典型代表的青年科研骨干。

5.4.3 强化幸福企业建设

扎实开展"我为员工办实事"实践活动，全年慰问困难员工 15 人次，发放补助款 2.7 万元，完成办公楼窗户更换、充电桩安装和"职工之家"升级改造，坚定推进发展成果全员共享。积极发挥群团作用，广泛开展健身运动、职工书画展、联欢会等文体活动和"学雷锋""社区包联"等志愿活动，丰富了员工业余生活，激发党建强大活力。

5.5 遵党纪，守党规，将党的监督优势转化为企业发展的管控力

5.5.1 持之以恒推进全面从严治党

制定《落实全面从严治党主体责任清单》，出台《党建工作责任制实施细则》，有效落

实"两个责任"，持续压实管党治党责任；组织召开党风廉政建设与反腐败工作会议，签订党风廉政建设责任书 112 份，一体推进"三不"体制建设。

5.5.2 建立风险防控体系

以监督和制约权力运行为核心，坚持风险导向，通过开展识别风险、划分风险等级、制定防控措施，建立风险防控体系。督促各党支部逐级逐层开展岗位风险识别，在抓好本单位风险防控的同时，切实承担起管理范围内廉洁风险防控的主体责任。

5.5.3 完善监督机制

建立现代企业制度下的内部监督制度，制定《研究院内部审计管理办法》，聘用集团公司入库的会计师事务所，对重点科研课题经费和工会经费使用情况开展审计，在筑牢制度防线、扎紧制度牢笼的同时，也进一步提升了精细化管理的水平。

6 结语

国企科研单位是科技强国建设的主力军和突击队，只有始终坚持发挥党组织的政治优势，持续推进党建与科研深度融合，才能有效提升企业的治理力、创新力和影响力。中国石油天然气管道科学研究院有限公司将持续探索党建工作与科研生产中心工作深度融合的方式方法，切实把党的政治优势、组织优势和群众优势转化为科技研发的引领力、创新力和凝聚力，加快实现管道科技高水平自立自强，为国家重点管道工程建设提供科技支撑。

党建工作与科研生产深度融合研究

王基翔　刘厚平　于晨松　马时音　曹　喆　程翘楚　刘　辉

（中国石油天然气管道科学研究院有限公司）

摘　要　"加快建设科技强国，实现高水平科技自立自强"，是习近平总书记站在中华民族伟大复兴的战略高度，对广大科技工作者发出的伟大号召。中国石油天然气管道科学研究院有限公司是党领导下的国有企业，也是从事管道技术攻关的科研单位，面对新时代新任务，如何推进党建与中心工作深度融合，激活科研人才活力，提升自主创新能力，是必须深入思考的重大课题。本文深入分析国有企业科研单位推进党建与科研生产深度融合的理论依据和面临的各类问题，提出了"思想为先、组织发力、人才强企、载体驱动"四条路径，为党建工作融入科研生产提供了有益参考。

关键词　党的建设；科研生产；深度融合

1　党建工作与科研攻关深度融合的理论探析

1.1　融合的理论支撑

国有企业作为中国特色社会主义的物质基础和政治基础，是党执政兴国的重要支柱和依靠力量。在 2016 年召开的全国国有企业党的建设工作会议上，习近平总书记强调：坚持党的领导、加强党的建设，是我国国有企业的光荣传统，是国有企业的"根"与"魂"，是我国国有企业的独特优势。国有企业要坚持服务生产经营不偏离，把提高企业竞争力、实现国有资产保值增值作为国有企业党组织的出发点和落脚点，以企业改革发展成果检验企业党组织的工作和战斗力。这一论述为推进国有企业党建工作与生产经营深度融合奠定了主基调。

1.2　融合的内涵

国有企业所属科研单位作为落实党中央创新驱动发展战略的重要力量，科技创新能力是其核心竞争力，推进党建与生产经营深度融合就是推进党建与科研攻关深度融合。以党建工作带动党支部发挥战斗堡垒作用、党员发挥先锋模范作用，能够从根本上促进思想统一，凝聚发展合力，推动科研单位出成果、出人才。同时伴随着创新和实践能力的提升，党建工作的开展也有据可循，更有抓手，便于推进党建工作内容显性化、措施清晰化、考核具体化。两者相辅相成、相得益彰，在推进企业高质量发展的过程中起到了相互促进的作用。

1.3 融合的必要性

党的十九届五中全会明确提出，要坚持创新在我国现代化建设全局中的核心地位，把科技自立自强作为国家发展的战略支撑，提升企业技术创新能力，激发人才创新活力，完善科技创新体制机制。中国石油天然气管道科学研究院有限公司作为国内唯一的管道科研机构，承担国家重大管道工程科技研发和装备保障责任，充分发挥党组织在科技研发工作中的政治核心作用，有效地将组织优势转化为企业发展优势和技术攻关优势，既是贯彻落实党中央和全国国有企业党的建设工作会议精神的具体体现，也是充分发挥创新驱动的必然要求，更是进一步发挥企业党委领导作用、实现管道科技高水平自立自强的生动实践。

2 党建工作与科研攻关深度融合存在的问题

党的十八大以来，国有科研单位的党建工作质量持续提高，各级领导干部"抓好党建是最大的政绩"的意识得到增强，党建基础愈发坚实，组织凝聚力愈发提升。但是科研单位具有攻关周期长、人员学历高等鲜明的业务和团队特点，面临新阶段、新格局，推进党建工作与科研攻关深度融合仍存在"抓手少""融入难"等问题，主要表现在以下几点。

2.1 融合制度有待完善

一些科研单位党建与业务工作没有深度融合为一个系统工程，缺乏统一、规范的制度体系，造成党建与业务工作内容相偏离、考核相分离，最终导致业务工作方向不明确，党建工作落实不具体。没有将党建考核结果确定为考评科研领导班子工作业绩的重要依据，在党建工作"实起来、硬起来"上还有明显差距，仍然存在科研和党建两个标准、"两股劲"、"两层皮"现象。

2.2 融合思维有待转变

部分领导长期从事科技研发工作，认为抓科研工作立竿见影，能够形成有效的科研成果，而抓党建则看不见、摸不着，从而存在重科研轻党建现象。在推动党建与科研攻关融合的过程中，存在思想不重视，态度不积极、不坚决等问题，对加强党建工作行动迟缓，缺乏具体的推进举措。

2.3 融合能力有待提升

有些党务干部对自身角色认知模糊，缺乏系统思维和换位思维，盘活党建与科研攻关融合"大棋局"的组织力有待进一步提升；加之不能很好地处理专、兼职工作间的矛盾关系，不敢创新、不想创新、不会创新，往往依靠老经验办新事情，跟不上形势任务变化，从而找不准融入中心的结合点、切入点和着力点，导致党建与科研工作向心力不足。

2.4 融合活动有待增强

基层党组织"三会一课"、主题党日不同程度存在重表面轻实效、重形式轻内容的现象。组织生活习惯于以说教式、灌输式等传统模式开展党建工作，不能有效贴合"需求侧"，这种供需关系的不平衡，容易导致党建工作仅仅是"上热下冷"的"有形覆盖"，不利于推动党建与科技研发工作深度融合，实现"有效覆盖"。

3 党建工作与科研攻关深度融合的策略研究

国企所属科研单位是国家和企业打造原创优势科技资源的"发动机"，是提升原始创新能力的重要"孵化器"，其党建工作和业务发展目标一致、理念相通，存在互融基础。研究院党委以"融入科研抓党建，抓好党建促科研"为原则，探索了"思想为先、组织发力、人才强企、载体驱动"四条路径，搭建了党建工作与科研生产的互融体系。

3.1 坚持党建引领，推动互融共促

3.1.1 加强政治建设，把握党建与科研生产融合的正确方向

研究院党委坚持把学习贯彻习近平新时代中国特色社会主义思想作为首要政治任务，坚定执行党的政治路线，打造"一体两翼"的发展思路，忠实履行为管道工程建设提供科技支撑的责任使命。建立"第一议题"制度，第一时间跟进学习、研究落实，确保习近平总书记重要讲话和指示批示精神在研究院落地生根、结出硕果。

3.1.2 加强思想教育，推动党员干部观念认识上台阶

坚持树立党建工作融入科研生产的理念，以"三会一课"、主题党日等形式加强党员思想建设，引导全院党员干部牢记党的嘱托，坚定理想信念，切实把科技研发工作放在关系国家油气输送安全的重要地位。依托"转观念、勇担当、强管理、创一流"主题教育活动，常态化开展党史学习教育，激发党员攻坚克难的科研热情，既推动业务工作开展，又检验党建工作质量，有效解决党建与业务工作"两张皮"问题。

3.1.3 加强文化熏陶，营造党建与业务融合良好氛围

引领全体党员深刻感悟石油精神、大庆精神、铁人精神和"管之道"企业文化，把握新时代国有企业的战略定位和历史使命，通过运用党的新理论、新方法，找准科研业务方向，解决科研实际问题，指导科研业务实践。深入推进"红色精神进党课、党日活动进基地、红色故事进支部"的"三进"学习教育，强化深度研讨和学习总结，引导党员干部铭记历史，弘扬优良传统，传承听党话、跟党走的红色基因。深化新时期企业文化建设，建立完善"网站、微信、抖音"三位一体传播矩阵，旗帜鲜明地宣传研究院发展成就，讲好研究院故事。

3.2 强化顶层设计，推进体制融合

3.2.1 推进党的领导与公司治理有机融合

研究院党委秉持"党建科研一盘棋"的观念，梳理新形势下党建及企业治理的体系和

格局，整合目标、任务、制度、职责、流程等各要素，统筹部署谋划党建与科研生产各项工作，推进顶层融合。坚持"四同步、四对接"原则，将党建工作融入科研管理体系，增强党建与科技研发、装备生产的匹配性，以抓党建方法抓科研工作，以党建考核的方式检验科研成果。

3.2.2 充分发挥把方向、管大局、促落实作用

坚持党对国有企业领导的重大政治原则，坚持把定战略、谋发展作为党委重要任务，修订完善《"三重一大"决策制度实施细则》，建立健全决策事项清单，厘清决策界面，将党建规划与科研发展方向同步搭建，建立党建与科研生产协同推进的运行体系，集中智慧，科学谋划，打造"党建引领科研、科研促进党建"的良好发展局面。

3.2.3 强化党建考核"指挥棒"作用

将党建考核作为硬指标，调整优化科研单位考核标准，推动考核指标更加合理，考核方式更加高效，考核结果更加准确。探索党建、业务一体化考核机制，压实党建责任，推进党建考评与科研业绩挂钩，激发党员干部在技术攻关、提质增效、市场拓展、安全生产的引领作用。优化岗位分红方案，加大对科研人员倾斜力度，现精准激励，激发创新活力。

3.3 发挥人才效能，增强发展动力

3.3.1 坚持"党管干部、党管人才"

坚持"双向进入、交叉任职"原则，注重配齐既懂科研业务，又善做党建工作的"双优"复合型领导干部；发展党员向科研业务骨干倾斜，逐步实现中层管理岗位和科研关键岗位党员"全覆盖"。坚持党务干部与行政干部双向培养机制，围绕科技创新、提质增效、市场营销、深化改革，开展形式多样的主题活动和教育培训，将科研业务知识融入党课教育，技能业务学习纳入党建目标管理，鼓励党务工作者多方面参与科研工作，技术干部多渠道具备党建管理能力，打造一支精党建、强科研、懂管理、会经营的复合型党务干部队伍。

3.3.2 扎实推动人才强企工程

深入贯彻新时代党的组织路线，落实国有企业领导人员"二十字"标准，从严把住政治关，强化能力素质要求，大力选拔政治坚强、本领高强、意志顽强、愿干事、能干事、干成事的干部。强化知识管理与传承、科研生产一线锻炼、技术交流与合作、培养过程督导、人才考核与评价，不断壮大专家人才队伍，扩大青年骨干人才储备，实现科技人才有序接替。通过职业资格考试、职业技能鉴定、适应性培训等方式，构建多层次、多角度、多渠道的技能人才培训体系。

3.3.3 打造高端科研团队

院党委高度重视人才梯队建设，积极发挥党员带头作用，坚持把技术骨干培养成党员、把党员培养成技术骨干，全力形成"攻关前沿有党员、重要岗位有党员、急难险重有

党员"的良好态势。结合"师带徒"活动，充分发挥党员骨干的"传帮带"作用，促进青年员工能力提升，涌现出以"冀青之星"刘晓文和"河北省国资委青年岗位能手"苏鑫为典型代表的青年技术能手。采用"领军人才＋创新团队"模式，成立以全国技术能手、集团公司技能专家牛连山为核心的省级创新工作室，通过理论学习与实际操作相结合的方式，强化科研队伍建设，打造人才、创新双轮驱动的高质量发展模式。

3.4 丰富党建载体，促进融合实效

3.4.1 推进党建"三基本"建设与"三基"工作有机融合

持续优化基层党组织设置，配齐配全支部班子，严格落实"一岗双责"，抓科研必须管党建，抓党建必须管科研。秉承"互帮互促"的原则，开展党支部互联共建，通过共同开展组织生活、共同研究解决实际问题等方式，进一步强化沟通交流，突出思维碰撞，实现工作互动、资源互享、经验互借、优势互补。创新党员教育培训形式，持续推进"一二三"党员教育，以支部品牌建设为一个支点，以线上、线下两种学习方式，推动党委、支委、普通党员三个层面学习全覆盖。

3.4.2 推进深度融合，激发创新潜能

结合党员责任区、党员示范岗、党员先锋岗"三岗"联创活动，深入开展"亮身份、争先锋"实践活动，充分发挥党员先锋模范作用。针对重大科研项目，成立了以党员为核心的技术攻关小组，集中力量打好关键技术攻坚战，研制出 CPP900 系列自动焊、AUT 和DR 等施工利器，为国家重点管道工程建设提供装备保障。开展"专家上一线"活动，组织党员骨干深入现场解决施工难题，以优质服务推进"科研—设计—施工"的深度融合。

3.4.3 打造特色党建品牌

按照"党委引导、支部负责、党员参与"的原则，以基层党支部为单位，结合具体业务工作特点，打造了"焊卫融耀""精·检测　心·管道"等特征契合、辨识度高、具有一定示范性和影响力的特色品牌，固化和发扬党组织建设成果，充分调动党员将党建和科研生产融合的积极性。同时充分利用多媒体平台，融合品牌宣传效应，开展了"喜迎二十大党建风采展"活动，将科研工作进行品牌化的融合展示，有效放大和提升科技研发、技术服务、成果推广等业务领域的工作质效，更好地体现以党建引领实现科研生产"1+1＞2"的作用。

4 结语

国企科研单位是科技强国建设的主力军和突击队，只有始终坚持和加强党对科技事业的领导，持续推进党建与科研深度融合，才能有效提升以科技领导力、组织力和影响力为核心的企业治理能力。中国石油天然气管道科学研究院有限公司将持续探索党建工作与科研生产中心工作深度融合的方式方法，切实把党建成效转化为企业发展优势，凝聚起最广泛的力量和共识，加快实现管道科技高水平自立自强。

党建领航促发展 "焊"卫管道创荣耀

王基翔 江 勇 闫 洁 周 伦

（中国石油天然气管道科学研究院有限公司）

1 实施背景

施工装备与非开挖技术中心党支部坚持以党建工作高质量推动中心工作高质量发展，有力发挥了基层党支部的战斗堡垒作用。随着油气管道施工对装备的新要求以及自动焊技术不断推陈出新，需要不断的技术创新来进行产品的优化升级，提高产品技术含量和质量水平，保持强有力的竞争力。同时面对中国石油天然气集团有限公司（以下简称"集团公司"）在严峻复杂经营形式下提质增效的新要求，迫切需要管道施工装备在保持技术优势的前提下，更加注重与油气管道施工具体场景的适应融合，提高施工质量与效率。这暴露出目前科技创新能力不够足、科研与施工融合不够深的现实问题。

面对上述困难和问题，党支部结合本中心党员占比高的特点，充分发挥党组织的凝聚力和党员的先锋模范作用，针对问题认真分析，制定具体提升方案，开展了以"科研'熔'入工程，创新'焊'卫品牌"为主题的系列活动，打造了符合自身发展特点的党建品牌——"焊卫融耀"，统一大家思想，真抓实干，紧密围绕工程应用实际，推动自动焊系列装备技术创新和整体质量提升工作不断前进。

2 理论依据

加强基层党组织建设是推动国有企业发展的重中之重。习近平总书记强调：坚持党的领导、加强党的建设，是我国国有企业的光荣传统，是国有企业的"根"和"魂"，是我国国有企业的独特优势。党支部是党的基础组织，是党在社会基层组织中的战斗堡垒，是党的全部工作和战斗力的基础，基层党组织是贯彻落实党中央决策部署的"最后一公里"。在新时代，只有加强基层党支部工作，才能够更好地发挥基层党组织的优势，为党的全面发展奠定更牢固的基础、提供更强力的保障。

当前更加需要增强创新第一动力。习近平在科学家座谈会上指出：党的十八大以来，我们高度重视科技创新工作，坚持把创新作为引领发展的第一动力。同时强调，当今世界正经历百年未有之大变局，我国发展面临的国内外环境发生深刻复杂变化，我国"十四五"时期以及更长时期的发展对加快科技创新提出了更为迫切的要求。加快科技创新是推动高质量发展的需要，是实现人民高品质生活的需要，是构建新发展格局的需要，是顺利开启全面建设社会主义现代化国家新征程的需要。

3 基本做法

管道施工装备与非开挖技术中心党支部按照研究院以"科技研发为立院之本、技术成果推广与服务为发展的两翼"的发展定位,以"焊卫融耀"党建品牌为抓手,始终坚持融入中心不偏离,发扬和传承自动焊精神,推动中心工作。"焊"代表自动焊装备与自动焊精神,"融"代表党建工作融入中心工作,推进科研与施工的深度融合,即发扬和传承自动焊精神,实现党建工作与科研工作的融合与促进,不断推动管道自动焊装备的科技创新,提升CPP900自动焊装备的品质,保障能源通道的建设,捍卫管道科技的荣耀、捍卫管道局在引领管道施工技术上的荣耀。

3.1 党建引领技术创新,打造自动焊装备优质品牌

3.1.1 党建统一思想,激发创新活力

通过创建党建品牌,统一了大家的思想,凝聚了力量、确定了目标,激发全员创新活力。一是党支部在中心内部广泛树立先进典型,强化榜样引领作用,成立了以劳模、集团公司青年英才、技术(技能)专家为带头人的技术攻关团队,对重点关键技术进行攻关,以此带动整个团队成员的技术创新能力。二是在课题立项和研发中大胆启用骨干党员担任课题长,提供充足的研发平台和研发空间,充分调动广大党员的工作热情。三是广泛开展五小创新和技术革新等活动,充分调动集体智慧,做好小改小革,营造全员创新创造的良好氛围。

3.1.2 开展"三人行"活动,打造优质产品

党支部组织开展"三人行"活动,鼓励推动普通党员人人上讲台,宣讲党史、学习党课、开展技术方案研讨、讲解安全生产知识、分享车间5S管理经验和现场技术服务经验等,坚持科研人员与现场技术服务人员密切配合、共同创新、团结协作的工作模式,发挥集体力量。支部党员通过调研、研讨等方式集思广益,确立科研攻关方向,明确攻关目标,找准定位,开展技术攻关、施工一线现场试验和科研成果升级完善,加快科技成果转型,实现科技成果创收创效。在"三人行"活动中迸发出很多新的思路和想法,提出了多种切实可行的提高设备质量以及服务质量的方案,通过这些活动的开展,产品质量和服务质量有了大幅度提升,使CPP900自动焊设备真正做到了出厂免检,有力保障了油气管道建设的需求。

3.2 党建融入中心工作,推动科研施工深融合

3.2.1 基层党建搭桥梁,三位一体促融合

党支部搭建了科研、生产和技术服务三个部门之间的桥梁,做到"科研服务生产,生产支持服务,服务反馈科研"的内循环工作模式,三者相辅相成,打造了一个科研有创新,生产有活力,服务有激情的优质团队。团队本着"完善技术、树立品牌、着眼市场"

的宗旨，从产品质量、生产效率、技术服务等方面进行全面管控，结合施工现场实际情况，不断提升装备的可靠性和稳定性。秉持"人无我有，人有我优，人有我精"的理念，坚持问题导向，急现场之所急，想现场之所想，针对现场所需，持续进行结构升级，系统换代。对内强化技术团队整体素质建设，不断提升科研技术水平、基础设施建设，对外积极开拓市场、提升产品口碑。为推动研究院技术进步和产业化进程持续努力。

3.2.2 支部联建强引领，科研施工互融合

与管道自动焊施工所在支部开展联建。以"联合共建"为载体，积极探索新形势下从严治党的新思路、新途径、新方法，围绕中心、服务大局、统筹兼顾、整体推进，通过活动开展，改进组织生活、丰富活动内容、增强活动实效，不断提高基层党组织的创造力、凝聚力和战斗力，努力形成互带互动、优势互补、资源共享、共同发展的基层党建工作新格局，通过联合共建促进双方共同发展、共同提高，实现双方在生产经营中的互相促进。针对现场施工中反馈的问题，联合进行技术提升和改进，推动科研与施工的深度融合，实现科研与施工的无缝衔接，共同推进技术进步，形成管道局管道施工核心竞争力。

3.2.3 党员先锋领团队，保障施工重融合

党支部成立了以集团公司技能大师牛连山为带头人的河北省创新工作室，建立了工程服务保障团队，主动与施工项目深度融合，从施工方案、施工工艺、施工装备、现场服务等方面自始至终认真听取各方意见，为施工项目和机组提供全方位的服务，为施工项目提供最大化助力，先后服务于唐山LNG、青藏管线、中俄东线中段、北京燃气南港项目、京石邯等工程，2020年参与现场技术服务的人员共计30余人次。青藏成品油管道工程地处青藏高原，施工环境具有海拔高、气压低、含氧量低、低温多风的特点，对施工作业人员及焊接工艺和设备均提出了极大的挑战，技术服务人员在高海拔地区施工现场和机组人员同甘共苦，一起保设备、摸工艺；和后方专家远程会诊，一起想办法，保现场，克服了高原缺氧，社会依托差等困难，有力保障了国家重点管道工程的顺利实施。技术服务人员以专业的技术能力、吃苦耐劳的工作精神，获得了工程单位的一致好评。

4 主要成效

管道施工装备与非开挖技术中心党支部通过建设"焊卫融耀"品牌，不断推进党建工作与科研生产经营工作深度融合，切实发挥基层党组织作用，鼓励党员干部践行实干精神，以高质量党建引领和保障企业高质量发展。

4.1 科技创新结硕果

以党员先锋模范为带头人的技术攻关团队潜心研发，砥砺前行，在管道自动焊技术及装备研发领域闯出了中国人自己的品牌。攻克了高钢级管道焊接技术这一难关，提高了油气管道焊缝质量水平，降低了一线工人的劳动强度；研制出我国第一套1422mm大口径长输管道自动焊施工装备，为中俄东线天然气管道建设提供了装备保障；自主研发的第三代

CPP900 管道自动焊全数字控制系统取得重大突破，解决了多年来核心控制元件依赖美国进口的"卡脖子"难题，通过与智能控制系统深度融合，保证了焊缝的跟踪精度，达到国内领先、国际先进水平；开展高原、低温环境小口径自动焊装备及配套工艺研究、为青藏管线的顺利施工提供了技术与装备保障；针对地形起伏较大、弯管较多的施工段研制了适用弯管的柔性内焊机和柔性管道内对口器，提高了自动焊装备在山区管道施工的适用性。

4.2 产品优质拓市场

2020 年 CPP900 全系列产品获得欧盟 CE 认证工作，提升了 CPP900 自动焊装备的市场准入能力，为今后进入国际市场奠定了良好的基础。在积极巩固系统内市场的基础上，开拓了多个系统外市场，成功中标中国化学工程第十三化建自动焊采购项目，实现了中国石油、中国石化系统的首次突破。中国石化石油工程建设集团公司 2020—2021 年度双枪自动焊和内焊机成功招标框架协议，为进入中国石化市场打下了基础，并积极与中国石化建设单位对接，实现了在中原建工的市场推广。同时还借助管道国际大会的召开，积极将研究成果对外发布，提高了研究院的知名度，并于多家单位达成了合作意向。

4.3 深度融合创佳绩

2020 年在新冠疫情的背景下，党支部带动全体员工迎难而上，加班加点复工复产，逆势而上。2020 年 CPP900 管道自动焊装备已在唐山 LNG 项目、北京燃气南岗项目、中俄东线南段、青藏管道等工程实现了工业化应用，累计装备 20 个机组，现场焊接一次合格率达到了 95% 以上，受到用户单位和业主单位的一致好评，全年累计实现产值 2 亿元。先后获得集团公司自主创新产品 3 项，集团公司科技进步特等奖 1 项，集团公司一线生产创新大赛二等奖 1 项，获得中央企业青年文明号、河北省工人先锋号、管道局示范党支部等荣誉称号。

施工装备与非开挖技术中心党支部不断引导部门党员职工认清形势，增强忧患意识、坚定信心主动迎战，激励党员职工坚定信念、担当作为，化压力为动力，不断把党组织的政治优势转化为企业发展优势，把党组织的活力转化为企业发展活力，实现党建提升与企业发展的双赢目标。

原文获得 2021 年度河北省"四创"活动三等奖

强化人才队伍梯队建设，助推科技人才有序接替

刘厚平　朱先忠　马时音

（中国石油天然气管道科学研究院有限公司）

摘　要　随着社会的不断发展，人才在社会发展中的作用日益重要。尤其对于高新科技型企业，注重科技人才梯队建设，形成科技人才有序接替是企业持续发展、保持常青的关键。研究院以"控制职能管理人员、优化服务保障人员和操作技能人员、补强专业技术人员"基本原则，推进定岗定员工作，建立多通道人才职级体系，推进专业技术岗位人才分类实施、分层建设，优化人力资源配置，实现人才发展通道更多元、更畅通，人才结构更合理，有力助推科技人才有序接替工程建设。

关键词　科技人才；人才队伍梯队；职级通道建设；人才有序接替

为聚焦科技自立自强和企业高质量发展，确立人才引领发展战略地位，落实《管道局党委人才强企工程实施方案》工作部署，组织实施科技人才有序接替等专项工程，中国石油天然气管道科学研究院有限公司（以下简称"研究院"），积极推进人才队伍建设，完善人才结构配置，加强科技人才队伍梯队建设，按照"以能力定职级、以职级定工资、以绩效定奖金"的整体思路，推进多通道人才职级体系建设，建立职级、职等双向评价体系，实现各岗位序列人才分类实施、分层建设，不断优化人力资源配置。该项举措一方面能够引导专业技术人员积极思考自身优势，主动匹配发展通道，进而提高技术、技能人才成长速度，引领员工职业发展；另一方面优化人才结构，完善人才队伍梯队配置，助推企业科技人才的有序接替。

1　明确产业结构布局，精准把握人才需求

根据从 2016 年研究院"产研并举"发展思路到 2020 年研究院以科研为主体、以技术服务与技术推广为两翼（以下简称"一体两翼"）发展的总体布局的形成，研究院不断探索着科技创新，谋划着生产经营高质量发展，围绕研究院"十三五"以来各项业务及经营效益发展情况，通过综合研判对研究院各项业务进行宏观分析。

（1）企业业务发展布局。

研究院是国内唯一从事油气管道领域科学技术研究、装备产品制造和技术服务的专业机构，围绕着管道施工技术全产业链发展方向，从管道焊接技术、管道施工装备与非开挖技术、管道材料技术、管道防腐技术、管道无损检测技术、管道安全评估及风险评价技术、试验检验技术以及标准信息技术等方面开展技术攻关与成果推广。针对当前管道市场

的挑战，努力营造"创新是原动力，推广是硬道理，创效是真本事"的发展氛围，结合研究院"一体两翼"发展定位，进一步加强加大"三大融合"的发展要求，着手通过规章制度和人才强企策略加快企业向国内领先、国际一流的管道科技企业迈进。

（2）明确人才现状及需求。

研究院现有职工三百余人，通过对现有人员的业务分布、岗位类别、年龄结构、学历结构、职称情况等进行分析盘点，针对企业管理、专业技术、操作技能三类岗位人员进行现状摸底。根据研究院发展转型，结合各业务匹配，目前研究整体专业技术人员缺员严重、断层现象明显，尤其30~40岁人员，高层次人才结构不合理。因此针对研究院主营专业焊接、检测、材料、防腐和施工技术等专业，一是建设起能够既在业界有威望，同时能把脉研究院长远发展的顶端专业技术人才；二是建立起能够支撑业务发展、能承上启下的中坚专业技术力量；三是引进培养一批后续发展的专业技术人员，通过建立引才、用才、育才、留才机制，建设有序接替科技人才。

2 完善人才成长通道建设，激发创新创效活力

（1）开展人才结构摸底，摸清人员需求底数。

根据研究院"一体两翼"发展总体布局，针对科研、技术服务与技术推广等业务发展情况及发展方向对研究院整体业务发展进行综合分析研判，在人才队伍总量、层次结构、专业分布等进行深入分析研判，预判产业转型升级实施阶段的各专业、层级人才需求与储备数量，建立了研究院人才梯队建设模型，为人才引进、培养以及职级体系建设奠定基础。内部深挖、找突破，研究院充分开展了业务发展和人员结构分析与人才盘点工作，进一步摸清人才现状、理清人才缺口、理顺人才培养方向，根据现有人才状况，摸清紧缺专业技术人才80余人，需进一步加大人才引进力度。

（2）充分开展定岗定员，分类实施人岗匹配。

根据现有各部门职责、工作流程、管理幅度，结合研究院整体发展趋势，统筹开展了全院岗位梳理，并对机构、岗位、人员进行了适度优化调整。研究院按照"严格控制职能管理人员、优化服务保障和操作技能人员、补强专业技术人员"的基本原则，以效益、效率定员方式核定各基层单位总定员，推进人岗匹配，为分类实施人才通道建设、统筹开展全员绩效体系建设以及培养培训体系建设等提供了基础依据。

（3）全面建立职级体系，拓宽人才成长通道。

研究院按照"以能力定职级、以职级定工资、以绩效定奖金"思路，通过横向拉宽、纵向延伸的方式，建立涵盖管理、专业技术、操作技能三个通道和企业管理、科研开发、监造、试验检验、操作技能五个序列的"三通道、五序列"三层二十一等职级体系框架，形成"纵向有阶梯、横向可贯通"的人才发展路径，并结合海氏岗位评估法等研究制定了《研究院各岗位序列职级管理办法》《研究院各序列岗位评聘管理办法》等文件，明确不同序列岗位间的对等关系和各通道的转换机制，使各序列岗位人才管理相互嵌套、互相推动，实现人尽其才，才尽其用。

（4）建立全员绩效体系，激发创新创效活力。

紧跟研究院"三通道、五序列"职级体系建设，以重点突出、分类实施、差异考核为原则，建立了涵盖企业管理、专业技术、操作技能三通道人才绩效考核体系，各通道人才绩效考核实施差异化指标设置、分层分类实施，建立健全全员绩效考核体系建设，充分发挥绩效导向作用，整体按照60%量化指标、40%定性指标设置结构，推动考核差异化结果；同时通过实施考核结果强制分布措施，加大考核结果与薪酬兑现、职级晋升、中长期激励、评优选先硬性"四个"挂钩政策，优化岗位分红方案，进一步明晰分红人员选拔程序、明确激励兑现规则，提高员工创效活力。对排名靠后人员除了降低薪酬兑现外还实施提醒谈话及降级处理等，通过考核激励实现人员能上能下、薪酬能增能减。

3 加强专业技术人才梯队建设，夯实创新创效根基

针对人员总量不足、梯队结构仍不合理，整体上目前高层次人才严重不足、中层人才相对稳定、青年人才略显不足的情况，加大对青年人才的培养和专家人才队伍的建设。

（1）用好"选用育留"机制，重点培养有为青年。

① 选人方面。研究院根据企业发展目标和发展战略，进一步厘清业务现状、盘清人员底数、摸透人员结构，找准高质量转型发展所需专业和人才缺口，确保主干专业人才得到有效补充，为精准招聘提供完备信息；充分开展招聘录用人员专业知识筛查与能力验证，通过充分分析研判入职新员工的学科基础、专业方向和能力水平，按照业务对口和个人意愿双向选择岗位，为新员工在新岗位上切实履职尽责打好基础。

② 用人方面。针对新员工思维活跃、渴求创新的特点，指导用人部门给新员工铺路子、搭台子、压担子，安排他们参与重点技术攻关工作，助力他们实现技术融入和业务突破，近两年先后有五位新入职员工作为主要研发人员参与重点课题研究。另外，研究院定期开展新员工谈心谈话，依据年度考核开展新员工履职评价，对绩效优异的员工重点关注并持续赋能，对履职不适的员工及时调岗锻炼，近3年有4名新员工获得局级及以上表彰，有2人通过调整岗位明显改善绩效。

③ 育人方面。研究院高度重视新员工培养，通过"师带徒、述职考核、表彰奖励"一套新员工培养制度，帮助新员工快速成长，为企业技术人才序列注入新鲜血液。注重培养储备青年技术人才，动态建立了优秀青年数据库，重点掌握35周岁以下优秀青年的岗位、职级、荣誉、工作业绩等情况，持续推动青年在重点科研课题、技术服务项目中开展"号、手、岗、队"活动；积极申报中国石油青年科技人才、廊坊市青年拔尖人才、组织开展"五小"创新成果，提升青年创新意识和创新能力；推动落实"推优入党"工作，为党组织输送新鲜血液，提升青年人才政治站位等；通过培养模式创新，实施分阶段、分步骤培养，促进青年快速成才。

④ 留人方面。建立"三通道、五序列"职级体系制度文件，帮助指导新员工找准位置，明确职业发展方向和目标，努力实现职业发展愿景，为员工成长做好制度保障；加强薪酬向科技人才倾斜、向新入职员工倾斜，重点实施科技人才岗位分红中长期激励政策，通过绩效与中长期激励结合方式保障薪酬；注重培育优秀企业文化，坚持弘扬清风正气，

体现人文关怀，持续改善员工办公条件，提升员工宿舍和食堂管理水平，组织形式多样的文体活动，使员工感受到获得感、幸福感、安全感；通过制度保障、事业规划、薪酬激励、文化塑造提高青年对工作的认同感、对企业的归属感。

（2）建立人才培养新模式，培养选树后备人才。

以人才结构分析为基础，摸清科技人才底数，对标两级专家、一级工程师、高级职称评审标准，精准定位后备领军人才；建立高端科技人才储备库，通过构建合理有效的"倒逼"机制，以"压任务、推人才"的方式，变被动培养为主动培养，推动现有技术人才向领军人才加快发展。研究院通过政企协调联动方式，以"企业主动、政府推动、上下联动"的方式打造特色科技领军人才队伍。2022年，1人被聘为第六批廊坊市市管优秀专家，1人荣获"廊坊市最美科技工作者"荣誉称号，1人被评为第二批"廊坊市青年拔尖人才"，涌现出"冀青之星"和"河北省国资委青年岗位能手"等先进典型。

（3）用好政策选树人才，培养打造专家人才队伍。

用好用足上级各项政策，建立专家人才动态数据库，为专家培养选准目标和方向，集中优势资源，通过培训培养、交流锻炼等方式，不断壮大专家人才队伍，构建形成集团、局、院三级专家梯队。研究院在建立差异化考核评价，分岗分级制定专业技术岗位序列评价标准，明确不同岗位序列价值。同时，注重不同等级序列人才的作用发挥，通过"二级工程师及以上人员注重其传帮带培养、解决企业重大技术问题、带队伍和统筹协调等能力，三级工程师及以下人员注重与岗位匹配的实干能力，通过考核导向打造接替有序的专业技术人才队伍"等方式促进专家队伍的建立。此外，研究院按照专家队伍建设工作规划，建立专家队伍权责机制，从科研和生产维度明确专家职责清单，并组织定期考核与统一兑现，充分促进了专家队伍作用的发挥。

为满足产业转型与升级的需求，下一步研究院将持续强化人才梯队建设，按照管道局人才强企工程整体部署，推进研究院人才强企人才价值提升工程、科技人才有序接替工程走实走深，推进研究院各序列岗位人才培养选树，通过落实完善"三通道、五序列"三层二十一等职级通道建设，全面开展专业技术序列人才业绩、能力评价，建立专业技术人才补强短板、弥补缺漏工作措施，进一步完善"选用育留"机制，助推研究院科技人才有序接替及人才活力提升。

基层党建深度融入基层管理实践研究
——以管道局研究院检测党支部为例

刘全利　周广言　赵丹丹　薛　岩　皮亚东　吕新昱

（中国石油天然气管道科学研究院有限公司）

摘　要　基层管理是推进国家管理能力和管理体系现代化的落脚点，面对全面从严治党的新形势新任务，对照新时代党的建设总要求，国有企业党建工作要以习近平总书记在全国国有企业党的建设工作会议上的重要讲话为根本遵循，按照新形势下国企党建"四个坚持"的总要求，做实做细基层党建工作。管道局研究院检测技术中心党支部紧扣科研型支部高质量发展的主题，在探索基层党建深度融入基层管理方面积极行动，通过实践取得了一些有益经验，从组织设置、制度建设、目标措施、考核激励四个方面营造了高质量发展的良好环境。

关键词　国有企业；基层党建；深入融合；管理实践

1　基层党建深度融入基层管理的必要性

（1）有利于增强基层活力与战斗力。

基层党建深入融入基层管理，能够提升党的活力，将党支部、党员、群众有机结合起来，发挥党支部引领党员群众的主体作用，激发党支部和全体党员的创新活力，从而增强团队的凝聚力。同时通过企业文化的创新，增强团队素质，提高团队形象，增强员工自信，实现企业文化与员工发展的和谐统一，在党内形成归属感与凝聚力，进而提升党组织的战斗力。

（2）有利于提高基层的管理能力。

把基层党建工作融入经营管理，可以让广大党员干部得到系统的党建知识培训和学习，提高自身理论素养及对经营任务目标的承担能力，更好地发挥党员的先锋模范作用，增强组织和领导中心健康发展的能力。在自身全面发展的同时可以带动身边的人共同学习进步，从而锻造一支高素质的基层党务工作者队伍，提高管理水平。

（3）有利于促进经营效益。

将基层党建融入基层经营管理，做到正确处理增长与风险控制的关系，使风险监控有效覆盖经营管理的各个环节和各个关键风险点，让广大党员干部坚守制度底线，实现安全营运，从而促进经营效益。研究院是创新型企业，检测涵盖了软件、硬件、机械设计多个专业，核心竞争力就是专业技术人才，党员干部就是其中的先进代表，在经营管理中重视基层党建工作，可以充分发挥基层党支部的优势，通过"三会一课""组织生活会"等组织制度建设，达到教育党员、管理党员和监督党员的作用，提高党员的工作积极性和责任心，使得他们在工作中研发创新、提高工作效率、提高经营效益。

2 基层党建工作的基本原则

（1）坚持求真务实的工作原则。

党建工作都要坚持实事求是的工作态度，必须以党支部的工作内容和技术创新为基本点，根据党员干部的特点和专业发展的特殊性，加强党建工作和科研生产的深度融合，党支部参与影响中心发展的重大问题决策，不断提升党建工作的科学性、合理性，才能抓好党建促发展，以党建为抓手，在党组织的带领下，凝心聚力，共谋基层专业发展。

（2）坚持为民服务原则。

党的宗旨就是全心全意为人民服务，新时期的党建工作也必须坚持以服务人民群众、服务生产经营为原则，树好为民服务的旗帜，抓住为民服务这一核心内容，才能保证党的建设走得正、走得实。站在群众角度思考问题，一切以群众利益为重、以中心整体发展利益为重，不断完善、提高党支部的服务能力，并时刻牢记这一点，为检测技术中心的全体员工提供满意的服务。

（3）坚持清正廉洁的原则。

干部清廉、组织清正、作风清明是永葆党的青春与活力的重要保证，要做好新形势下的党建工作，只有不断加强干部队伍的作风建设，强化干部队伍整体素质水平，建立风清气正的发展环境，牢固树立立党为公、执政为民的执政理念，才能更好地提升基层组织的影响力、凝聚力。

3 基层党建深度融入基层管理的内涵

在新形势下，面对转型升级高质量发展的新要求，企业要加快推进党建工作深入融入基层管理，切实把党的政治优势转化为企业的发展优势和竞争优势，提高企业的核心竞争力，实现高质量发展。如何实现基层党建与基层管理的并重共举、齐头并进、相互促进，需要与时俱进和久久为功的探索。现结合工作实际，从组织设置、制度机制、目标措施、考核激励四个方面，阐述检测技术党支部在党建与生产经营深度融合方面的做法和思考。

3.1 组织设置上融合

管道检测技术中心党支部是研究院 8 个党支部之一，党支部书记由中心主任担任，党支部委员会由纪检委员、组织委员组成，其中纪检委员由中心年轻的副职担任，党支部和行政两套班子一体化建设，落实了"抓生产必须抓党建"的要求，确保党建责任落实无盲区、全覆盖。

3.2 制度机制上融合

检测技术中心党支部，把推动生产经营中心任务落实作为主要目标和议事决策的重要内容，把党建制度纳入党支部制度建设，推进党建制度与生产经营制度有机衔接，同时，构建党建工作与生产经营目标同向、措施同行、激励同步的"三同"管理机制，推动党建工作与生产经营目标任务、工作过程和考核评价上的深度融合。

围绕《中国共产党支部工作条例（试行）》规定的事业单位和国有企业党支部的重点任务，按照管道局和研究院的各项要求，以"学习型、服务型、创新型"党支部建设为目标，将生产经营工作任务和各项指标目标纳入党建制度要求，督促党员立足岗位创先争优。在项目实施中建立"党员先锋岗"等作为党建工作与生产经营深度融合的具体抓手，建立实施党建工作与生产经营的统一领导、统一部署、统一管理、统一考核的机制，使党支部所在的部门特别是二级生产经营单位成为创先争优、清正廉洁的模范。总结融合发展探索实践中的先进经验案例，形成行之有效的成果固化成制度，通过制度机制保障深度融合的持续深入。

3.3 目标措施上融合

检测技术中心党支部对照与院党委签订的《全面从严治党目标责任书》要求，将生产经营中心目标任务和全面从严治党目标任务作为党支部和中心的共同目标，从源头上保证党支部建设和中心生产经营目标一致和党支部工作靶向不偏、发力精准。按照时间节点细化党支部及其支委成员的职责任务，按时完成"三会一课"和具有自身特点的主题活动，保证"铁人先锋"App信息化平台党员登录比例、"三会一课"上线率100%。坚持以提升中心党支部班子成员的事业心为着力点，抓好基层建设，以增强干部员工的责任心为着力点抓好基层工作，结合生产经营、安全管理、宣传教育等职责，落实好一岗双责，形成党支部书记把控全局、党支部委员分工负责具体落实、检测技术中心全体党员积极参与的工作格局，形成党支部工作合力，推动中心各项工作的持续发展。

3.4 考核激励上融合

把生产经营任务完成情况纳入党支部考核，把党支部工作情况纳入部门和生产经营绩效考核，形成党支部、行政协力谋发展的工作局面。重点抓好党支部书记考核，党支部书记作为党支部的主心骨，一定要有坚定的政治立场、较高的政治水平、出色的管理能力，要有责任有担当，一定要将学习贯彻习近平新时代中国特色社会主义思想作为首要政治任务，不但要长期坚持，还必须在学懂、弄通、做实上下功夫，充分发挥党员的先锋模范作用和党支部的战斗堡垒作用。目前，中心生产经营的主力几乎全部是党员，承担了大量急难险重的任务，特别是在近年检测党支部研发AUT和DR无损检测设备过程中，党员干部和技术骨干充分发挥党员的先锋模范作用和党支部的战斗堡垒作用，同时做好宣传教育工作，对提升单位形象和促进个人发展有着积极的推动作用，激发干事创业的热情，取得更好成绩。

4 基层党建深度融入基层管理的主要做法及成效

4.1 打造"精·检测，心·管道"党建品牌

研究院管道检测技术中心党支部现有党员 11 名、预备党员 1 名，党支部委员会由党支部书记、纪检委员、组织委员组成。检测技术中心党支部以习近平新时代中国特色社会主义思想与党的十九届六中全会精神为主题贯穿于基层工作的始终，致力于打造"精·检测，心·管道"党建品牌，围绕管道检测业务，以精良的设备、精湛的技术、精准的结果以及暖心于职工、诚心于客户、中心于管道、用心于市场，推进党建工作与中心生产经营工作深度融合，不断将党支部的政治优势、组织优势和群众工作优势转化为基层的创新优势、发展优势、竞争优势，以高质量党建引领基层工作的高质量发展。

4.2 突出政治引领，把准基层工作发展之舵

检测技术中心党支部始终把党的政治建设摆在首位，全面落实"三基本"建设和"三基"工作有机融合，坚持把党的领导融入基层工作的各环节，将党支部作为基层决策重大问题的前置程序。设置中心宣传栏，公开公示党支部的年度/季度/月度工作计划与重点、重大决策、学习教育计划、先进光荣榜等内容，将完成急、难、险任务作为基层党支部发挥战斗堡垒作用的切入点和发力点，让党旗飘扬在"阵地"，让党员冲锋在"火线"。

4.3 突出技术创新，铸就基层工作之魂

聚焦于国家、集团、管道局级科研项目与数字检测技术领域的技术创新，检测技术中心党支部创建了"刘全利无损检测技术专家创新工作室"，由技术专家带领设备骨干、科研人员与青年员工组成，建立了一套完善的创新管理体制创新工作室在科研生产主战场与科技创新最前沿冲锋在前、创新在前、吃苦在前，获得省部级、局级科技进步奖 15 项，完成软件著作权登记 10 项、获得发明专利 8 个，承担国标及企业标准 20 项、发表论文 30 余篇。

4.4 突出设备生产与市场服务，凝聚基层工作之基

需求是技术发展的方向，市场是设备最好的炼金石，检测技术中心党支部组建了两支党员突击队，带领青年员工常年奔赴管道一线，推广"刘全利无损检测技术专家创新工作室"的成果全自动超声波检测设备和数字射线检测设备及相关检测技术服务。2020—2022年研制的全自动超声波检测装备已广泛用于中俄东线、蒙西管道、山东管网西干线、西三中、西四线等工程项目，产生了良好的社会效益和经济效益，已累计推广应用 40 余套，设备现场应用稳定可靠，已全面替代进口产品。研制的全自动超声波检测校验平台用于对全自动超声波检测设备进行自动检测，是国内唯一一个全自动超声波检测校验平台。2022年研发的 X 射线静态成像数字射线检测设备已在西四线进行工程应用，党员突击队长期驻扎管道一线设备测试。

2022年上半年新冠疫情的爆发，对检测支部的无损检测上岗考试和全自动超声波检测工艺评定工作的开展带来了极大的不便与影响。在检测支部的统筹安排协调下，大量工作由廊坊总部转为现场，党员和技术工程师们发扬"战疫情、保工期、比贡献"的精神，奔赴驻扎管道现场，确保了各项工作的顺利开展。

4.5 突出廉洁自律，筑牢基层工作之堤

管道检测技术中心党支部始终严守纪律和规矩，落实研究院从严治党的主体责任，确保廉洁安全促发展。实施党风廉政建设责任清单管理，建立党支部生产经营工作廉洁风险库与基层党员领导干部廉洁档案，推进全面从严治党向纵深发展。对于中心工作的重大财务支出、重大科研项目资金开展专项监督，保障监督体系实现全业务覆盖，同时深化反腐倡廉宣传教育，通过观看反腐教育视频，签订反廉政建设责任书等特色活动，营造基层风清气正的良好政治生态。

4.6 突出关爱关怀，夯实基层工作之力

为了发挥党支部的凝聚力，鼓舞士气、激励引导，检测党支部坚持"以人为本"的理念，致力于通过丰富多彩的党建活动把党组织的温暖送到每个党员的心上。

首先是开展丰富多彩的党建活动，如红色观影、参观红色基地、支部联建等，培育共同的价值观，增强党员们的认同感、归属感、荣誉感。其次是对困难党员、老党员等需要帮助的加大帮扶力度，尤其是在疫情期间，对家中有老人、小孩、孕妇的职工建立台账，设置专人定时联系解决生活困难。组织党员重温入党誓词，使党员不忘初心、牢记使命，为基层发展建言献策。树立党员模范先锋，带动青年员工与全体职工的积极性，让全体员工有归属感，让党组织有向心力。

基层党建工作与基层管理深度融合是一个长期的大课题。做好企业党建工作要始终遵循习近平总书记指出的：坚持党的领导、加强党的建设，是我国国有企业的光荣传统，是国有企业的"根"和"魂"，是我国国有企业的独特优势。进一步促进基层党建与基层管理及生产经营中心工作的深度融合，双向发力，以高质量党建推动企业高质量发展，以企业高质量发展成果检验党组织工作成效。充分发挥党建工作在基层工作中的引领作用，凝聚改革发展的人心士气，激发全体党员干部的工作积极性，全面助推地勘工作转型升级高质量发展。

"根"深促叶茂，"魂"固方致远。站在新的历史起点，管道检测技术中心党支部将继续充分发挥党建引领作用，不断提升创新力、控制力、影响力和抗风险能力，推进基层党建深度融入基层管理，用优异的发展业绩为党的二十大胜利召开献礼！

党员发挥先锋模范作用标准研究

尹　铁　闫　洁　于金柱　张　毅　刘晓文

（中国石油天然气管道科学研究院有限公司）

管道施工装备与非开挖技术中心党支部现有党员 25 人，占总人数的 70%，其中硕士以上学历 12 人，高级职称以上 10 人，是一支高学历、高素质的党员队伍。党支部坚持党建工作与中心工作同频共振、互融共进，牢固树立"融入生产抓党建，抓好党建促生产"的理念，以建机制、强队伍、勇创新、拓市场为抓手，持续加大创新力度，强化人才引领，加快成果转化，推动自动焊系列装备技术革新和质量提升，有力为国家重点管道工程建设提供装备保障。

1　实施背景

在我国石油石化行业发展历程中，以"大庆精神""铁人精神"为核心的石油精神，一直都是石油石化行业的灵魂和根基，同时也是中华民族精神的重要组成部分。"铁人精神"作为宝贵精神财富已成为激励广大共产党员攻坚克难、奋勇拼搏的强大精神动力。从永不言弃、百折不挠的新中国第一代钻井工人"铁人"王进喜，到攻克一道道技术难关的油田科研人员代表"新时期铁人"王启民，再到把大庆精神、铁人精神带出国门的第三代"大庆新铁人"李新民，"铁人"不仅是他们身上闪亮的标签，更是新时代党员干部学习的榜样，党员发挥先锋模范作用的标杆。

发挥党员先锋模范作用是我国国有企业的重要特征，更是一个显著优势。在国有企业改革发展阶段，如何有效开展党建工作，推动整个企业实现创新发展成为企业需要面对的重大课题，国有企业需要从加强党建工作的针对性、实效性、持续性方面入手，不断强化党员队伍建设，全面提升党员素质，立足本职岗位发挥党员先锋模范带头作用，为实现企业高质量、高速度发展贡献力量。

当前集团公司仍处于重要的发展战略机遇期，面对我国发展阶段之变、国际格局调整之变、能源行业转型之变，新的形势和任务要求各级党组织和全体干部员工进一步转变观念、改革创新、担当作为，汇聚起开新局创佳绩的强大力量。党员只有积极投身于科研生产、经营管理和改革创新，发挥骨干、带头和桥梁作用，去影响和带动周围群众共同发展，才能在企业经营发展中发挥积极作用和表率作用，充分发挥基层党组织政治引领作用。

研究院施工装备与非开挖技术中心党员占比较高，党员作为部门骨干力量和生力军，大力开展保持共产党员先锋模范作用工作，成为党支部党建工作的重要组成部分。充分发挥党员的先锋模范作用，不仅是筑牢基层战斗堡垒的基础，同时也是发挥基层组织优势的有力举措，更是推动企业发展的根本力量。

2 理论依据

习近平总书记强调：全党同志要强化党的意识，牢记自己的第一身份是共产党员，第一职责是为党工作，做到忠诚于组织，任何时候都与党同心同德。党员是党的肌体的细胞，党员领导干部以及普通党员都应时刻牢记自己是共产党员这个第一身份，要发挥好共产党员的先锋模范作用。

党章明确规定，共产党员发挥先锋模范作用是每一名共产党员的重大使命，党员队伍建设作为党建设事业的基础，充分发挥党员的先进性为党从一个胜利走向另一个胜利提供了重要保证。每个共产党员都应该严格遵循党章要求，自觉履行党员义务，加强党性修养，发挥先锋战士作用。广大党员要做到不忘初心、牢记使命，不断增强"四个意识"，坚定"四个自信"，始终在思想上政治上行动上同党中央保持高度一致，坚定理想信念，学好用好党的创新理论，赓续红色血脉，发扬光荣传统，发挥先锋模范作用，团结带领全国各族人民，更好立足新发展阶段、贯彻新发展理念、构建新发展格局，全面做好改革发展稳定各项工作，汇聚起全面建设社会主义现代化国家、实现中华民族伟大复兴中国梦的磅礴力量。

3 主要做法

3.1 打造党建阵地，为党员发挥先锋模范作用打牢基础

一是健全组织机构，完善工作机制。管道施工装备与非开挖技术中心党支部选用既懂科研、又会管理经营的"复合型"人才担任党支部书记，充分发挥班子成员"领头雁"作用，建立健全党支部工作组织机构，完善支部委员岗位设置，建立基层党支部工作制度，健全科研生产管理流程。切实做到组织到位、责任到位、措施到位。二是规范党员管理，抓好发展工作。持续加强正面宣传引导，积极做好思想政治引领工作，不断增强党组织的感召力吸引力，引导先进分子积极向党组织靠拢。严格把关入党积极分子和预备党员资格，把政治素质高、群众认可、工作能力强的员工吸收到党组织中来，不断充实后备力量。抓好党员管理工作，积极应用"铁人先锋"党建系统，促进党员管理规范化、信息化。三是抓好纪律建设，提高廉洁意识。将民主评议党员工作放在心中、扛在肩上、抓在手里，强化对党员的组织和群众监督。通过案例和典范给干部员工树立牢固的廉洁思想，充分发挥廉洁榜样的力量，进一步强化党员干部的责任意识、廉洁意识、法律意识，提高党员拒腐防变的能力，并且使党员干部从反面案例中吸取教训，筑牢思想道德法律防线。

3.2 抓好思想建设，为党员发挥先锋模范作用激发动力

管道施工装备与非开挖技术中心党支部深刻认识到观念是行动的先导，是更好开展工作的关键。抓好思想教育是加强党的建设的有效途径，通过思想教育提升党员自身素质，才能更好发挥先锋模范作用。一是开展常态化教育，夯实理想信念。党支部坚持以习近平新时代中国特色社会主义思想为指引，利用集体学习、个人自学和专题研讨等方式，深入学习习近平总书记系列重要讲话精神，认真落实"三会一课"、组织生活会、谈心谈话、民主评议党员、主题党日等制度，使党员学习教育规范化、标准化，不断提高思想觉悟，增强党性锻炼，创新工作思路，改进工作方法。持续开展党史学习教育活动，组织党员职工学习党史，高标准高质量完成学习教育各项任务，做到学有所思、学有所悟、学有所得。二是开展特色主题活动，引领党建工作。党支部通过创新形式、丰富内容和突出载体作用等方式，多次开展诵读"红色经典"、参观"红色基地"、组织"红色观影"等特色主题党日活动，引导和启迪支部党员牢固树立大局意识、责任意识、担当意识，传承红色基因，坚定理想信念，振奋党员力量。同时，团结动员全体员工立足岗位建功立业，不断开拓中心工作新局面。三是开展多种形式学习，激发创新活力。运用新媒体新技术，积极探索"党建＋互联网"的新模式，创新党员参加组织生活方式，增强党内政治生活的吸引力和感染力。推广"学习强国""铁人先锋"App，努力让每名党员筑牢信仰之基，补足精神之钙，把稳思想之舵，扬好工作之帆。通过立足工作实际，交流学习感悟，讨论落实措施，全面贯彻"一切成本皆可降，一切质量皆可提"发展理念，激发全员创新活力，构建全员创新模式，树立全员市场意识，紧密联系中心工作实际，把自己摆进去、把职责摆进去、把工作摆进去，找准结合点和着力点，凝心聚力把各项决策部署不折不扣落到实处。

3.3 坚持人才引领，为党员发挥先锋模范作用提供保障

一是强化梯队建设，打造过硬队伍。党支部高度重视人才梯队建设，坚持把技术骨干培养成党员、把党员培养成技术骨干。结合"师带徒"活动，充分发挥党员骨干的"传帮带"作用，促进青年员工能力提升。采用"领军人才＋创新团队"模式，成立以全国技术能手、集团公司技能专家牛连山为核心的省级创新工作室，通过理论学习与实际操作相结合的培训方式，打造技术攻关团队，助力研究院人才、创新双轮驱动的高质量发展模式。二是发挥示范作用，争做岗位先锋。党支部结合党员责任区、党员示范岗、党员先锋岗"三岗"联创活动，深入开展"亮身份、争先锋"实践活动，党员把自己作为一面旗帜，勇挑重担，攻坚克难，处处体现党员的先进性，充分发挥党员先锋模范作用，全力形成"技术攻关有党员、关键岗位有党员、困难面前有党员"的良好态势。促进党员在科研工作和生产经营中发挥应有的先锋模范作用。三是党建引领业务，推进互融互促。党支部始终坚持党建引领，要求支部党员紧紧围绕中心工作和岗位职责，将业务素质、自身能力提升视作支部发展和进步的必要条件，提高自我要求，主动谋划工作、增强创新意识，充分发挥先锋模范带头作用。积极探索新形势下的新思路、新途径、新方法，不断提高基层党组织的创造力、凝聚力和战斗力，做好组织生活与业务互融互促，支部发展与党员个人

发展相融合，支部活动与中心工作相结合。通过推动党建与业务经营深度融合，切实将党建工作成效体现在业务发展成果上。

4 取得效果

4.1 党员先锋冲在前，科技创新获佳绩

针对重大科研项目，成立了以党员为核心的技术攻关小组，集中力量打好关键技术攻坚战，为了攻克高钢级管道焊接技术这一难关，不断推动自动化管道焊接技术进步，提高油气管道焊缝质量水平，降低一线工人的劳动强度，技术人员潜心研发，砥砺前行，完成了中国石油天然气集团公司《第三代大输量管道设计关键技术研究及装备研制》课题研究，研制出我国第一套1422mm大口径长输管道自动焊施工装备，为中俄东线天然气管道建设提供了装备保障；自主研发第三代CPP900管道自动焊全数字控制系统，解决了核心元件"卡脖子"难题，通过与智能控制系统深度融合，保证了焊缝的跟踪精度，达到国内领先、国际先进水平。已实现大规模工业化应用，累计装备34个机组，现场焊接一次合格率达到了95%以上；开展高原、低温环境小口径自动焊装备及配套工艺研究，有力保障了青藏管线的顺利施工；研制了适用弯管的柔性内焊机和柔性内对口器，提高了山区管道的施工能力。

4.2 党员先锋领团队，保障施工拓市场

为推进"科研—设计—施工"的深度融合，开展"专家上一线"活动，组织党员骨干深入现场解决施工难题，从施工方案、施工工艺、施工装备、现场服务等方面自始至终认真听取各方意见，为施工机组提供全方位服务，为施工项目提供最大化助力，为工程建设提供强有力的技术保障。党员先锋技术服务队先后服务于唐山LNG、青藏管线、中俄东线中段、北京燃气南港项目、京石邯等多个重点工程，充分发挥了党员先锋模范作用，让党旗在施工一线高高飘扬，为工程建设顺利进行保驾护航。

在市场开拓上，支部党员身先士卒，勇当先锋，借助管道国际大会和国家管网展会等平台，发布科研成果，提升知名度；推动CPP900自动焊装备通过欧盟CE认证，提升市场准入能力；开拓多个内外部市场，创造产值4亿余元。

4.3 党员先锋强引领，匠心筑梦创一流

党支部通过充分发挥党员先锋、党员先行引领作用，形成"党员做表率、人人创效益"的良好氛围。通过党员的先锋模范作用带动周围职工群众做好各项工作，将精力集中在精细管理、产品质量提升上，结合施工现场实际情况，不断提升装备的可靠性和稳定性，使CPP900系列自动焊装备的产品质量、工作质量、服务质量得到切实保证。在日常工作中，党员带头科研攻关，通过设计模块化创新实践，提升研发设计质量；党员带头生产经营，通过精细化、规范化、标准化管理，加强产品质量管控；党员带头技术服务，通过优化技术服务水平，提升服务品质，保障现场施工顺利进行。

在疫情封控期间，支部党员响应号召勇当先锋，主动担当，积极作为，在多个社区担任志愿者，引导广大群众服从大局、遵守疫情防控各项规定，自觉维护社会秩序，充分体现了党员的先锋模范作用。

同时，党支部树立争创一流的干事导向，凝练出"自动焊精神"，打造了"焊卫融耀"党建品牌，树立了 CPP900 自动焊装备"质量信得过"品牌形象，党支部近年来荣获中央企业青年文明号、集团公司先进基层党组织、河北省工人先锋号、管道局示范党支部等多个荣誉称号，党支部内涌现出"管道局劳模""管道局优秀党员""管道局十大杰出青年"等多个优秀党员代表。

管道施工装备与非开挖技术中心党支部将持续发挥基层支部先锋模范作用，号召广大党员带头增强"四个意识"、坚定"四个自信"、做到"两个维护"，时刻与人民群众保持联系，工作上严谨细致、精益求精，作风上雷厉风行、抓紧快办，自我要求上廉洁自律、甘于奉献，高质量、高标准、高效率做好各项工作，带领职工群众把各项工作推向前进，积极奋进新征程建功新时代，为管道局实现高质量发展做出更大贡献。

企业文化对青年科研人员培育和引导的探索

闫振宇　　雷菲菲

（中国石油天然气管道科学研究院有限公司）

摘　要：在管道科学研究院，80后甚至90后已成为各项工作的中坚力量，他们几乎都有共同特点"高学历""高素质""高活力"。正因为这"三高"使得他们逐渐成为技术服务、科技创新、市场开发的主力军，新时期科研文化建设的排头兵，成为研究院未来发展壮大的希望。管道科学研究院作为青年科研人员梦想远航平台的同时更需要正确引导青年人的航行轨迹。

关键词：企业文化；青年培养

1　青年员工的普遍新特征

要正确培养青年科研人员的文化素养就要首先认清青年人的普遍新特征。研究院团委在2018年5月对全院120名35周岁以下员工进行了问卷调查，结果如下：70%的人认为工作是一种需要，而不仅仅是为了生存；50%的人喜欢与同事共同工作；80%的人认为马斯洛"需要层次论"中列出的5种需要（生理、安全、归属、自尊与自我实现）中，自我实现需要最重要，仅10%的人认为生理需要最重要；65%的人认为，工作环境的各种因素中，良好的人际关系最为重要；70%的人希望自己的上级像朋友一样，共同协商工作；40%的人认为应在一个单位干下去；60%的人认为生活和工作占有同样重要的地位；60%的人认为，除了工资外，选择单位主要考虑能否不断获取新的知识与技能。通过对上述数字的解读，可以发现青年员工的新特征正在凸显：

（1）他们不喜欢集权式的领导，更喜欢良师益友般的上级；

（2）他们思想相对独立，崇尚权威却不迷信权威；

（3）与工作相比，他们更多地注重生活；

（4）与父辈们相比，他们对单位的忠诚趋于弱化。

同时，由于科研单位的青年员工工作时间短、阅历有限导致普遍处事稚嫩工作浮躁，工作和生活中激烈的竞争也给青年科研人员带来较大压力，导致其中大部分人的理想与现实产生较大落差有时会让他们感到迷茫，因此青年员工的思想中常常会有矛盾与冲突之处。下面就青年人最突出的两点来展开说明。

1.1　更加独立，更倾向"单兵作战"

1985年以后出生的青年人，绝大多数都是家中的独生子女，亲缘关系由于精简而稀疏导致个性相对独立，不甘于随大溜的青年性格独立，善于创新，勇于打破常规；但另一方面，身边同龄人相对减少，导致部分青年人人际关系处理不当，沟通能力、团队协作意识等方面有所欠缺。科研单位有着高技术、高责任心并且需要团队高度合作的工作性质，"精诚合作，开拓创新"是研究院最核心文化。这就要求每一位青年科研人员具有"正直的工作作风，严谨的工作态度，团队协作的工作习惯"。然而团结协作的能力，正是青年人缺乏的。

1.2　更加自我，更喜欢"张扬个性"

网络新媒体的出现极大地改变了青年人的生活及工作方式。互联网技术的普及和新媒体的大量出现，使得青年人从单一的信息接收者，变成了发布者和接收者的双重身份。互联网和新媒体已经成为青年人成长的重要环境，成为青年人员学习、生活、娱乐、认识社会、参与社会的重要途径，正在从根本改变着他们的生活方式、思维方式和工作方式。据调查显示，在"中国石油天然气管道科学研究院内网""中国石油天然气管道局内网""中国石油集团公司内网"关注度已经远远超过"石油管道报""中国石油报"等传统媒体成为青年人了解企业、管道局及中国石油信息的最重要渠道。与此同时青年人在通过网络接受外部新鲜信息的同时，也渴望展示自己，彰显个性，例如通过抖音、快手等新媒体青年人可以随时随地将自己的喜怒哀乐各种心理变化通过照片、视频等形式实时展现到公众眼前。

网络和新媒体的普及是一把"双刃剑"，在发挥积极作用的同时，由于传播广、控制难，各种消极的思想也极易在网上蔓延。现今应将培育青年人文化素养方法的重心偏向互联网及新媒体，如果不重视这块新型的传播、宣传、教育阵地，必将使青年人员文化素养的培育陷入被动境地。

2　结合青年员工新特征做好青年科研人员文化素养的培育

下面结合上述提到的青年科研人员突出新特点谈谈如何做好青年科研人员文化素养的培育。发挥石油文化的"引领"作用，培育青年科研人员的共同价值观念，形成强大向心力，增强青年人的团队合作力。

2.1　企业文化是凝聚人的文化

好的企业文化可以营造出和谐的人文环境、团结合作的人际关系，形成强大的向心力，使员工秉持共同的价值理念，奔向共同的前行目标。

例如，研究院团委为进一步提高广大青年人业务素质，弘扬石油文化，同时考虑到青年人喜爱新鲜事物、缺乏团队合作等特性，参考户外真人秀活动，策划实施"科研running man"活动，活动不以部门和支部进行划分，而是采取随机分配的方式进行组队，以凸显活动的注队协作性。在活动项目的设置上，参考野外拓展训练中的无敌风火轮、有轨电车、珠行万里、动感颠球等项目加入多个集体娱乐项目，将这些项目的名称改成有研究院特色文化的名称，比如珠行万里改名为能源通道等。每一个环节对应相应分数，最后得分高的队伍获胜。比赛过程还拍摄制作成片，在"院网站""管道局"网站中播出。

通过举办这种符合年轻人特点的活动方式，使年轻的科研人员学中带玩、玩中带学，在充满轻松和趣味性的环境下又不缺失比赶超的激烈氛围，使青年员工在潜移默化中学习了企业文化同时增强了团队合作力。发挥石油文化的"管理"作用，为青年人搭建展示自我的平台，完善成长机制，满足青年员工自我价值实现的需要。

2.2　企业文化就是管理文化

如何为青年人制定有效的管理手段，首先要清楚管理对象的需求是什么。美国心理学家马斯洛提出，人的需求从低到高包括生理、安全、情感、尊重、自我实现5个层次。其中，"生理、安全"需求是必需的，也是容易自我实现的，"情感、尊重"尤其是"自我实现"这三个层次个人是很难独立实现的。这就需要以企业文化为载体，搭建让青年人施展才华的平台。满足青年员工自我价值实现的需要。

例如，研究院团委为进一步提高青年人综合素质，加快复合型人才建设，增强团组织的吸引力和企业文化的凝聚力，给有一技之长的青年人以自我展示的平台。开展了"青工讲述活动"，讲述活动以青年员工对自己所从事岗位的工作职责、工作标准、工作流程、岗位风险及防范措施、岗位工作的个性化理念、岗位目标等并结合研究院核心文化、弘扬新时代石油精神、习近平总书记系列重要讲话进行全面系统的讲述。同时将活动通过微信公众号、朋友圈等互联网新媒体进行实时传播。

通过这一活动引导青年员工立足岗位，熟悉岗位职责，不断增强文化素养，让企业文化素养的培育从青年员工避讳的领导集权式的硬性灌输转化成为青年员工主动学习自觉转化学习成果，而研究院作为青年员工的良师益友起到正确导向作用，将研究院的文化内容让青年员工转化为自己的理解方式，用一部分青年员工通过讲述的方式来培育更多的青年员工，同时借助互联网等新媒体的传播能力扩大展示舞台，努力提升青年人企业归属感和荣誉感，为青年科研人员价值的自我展示和自我实现搭设正确的平台。

3　结论

青年人作为当今研究院各项工作的主力军，如何正确培养青年科研人员文化素养不是决策者拍脑门儿制定的，只有得到广大青年人的高度认同和积极响应，企业文化才能真正为青年科研人员自身综合素质成长保驾护航。因此，应将企业文化素养培育与青年人的价值紧密结合，深入改革企业文化素养培育方式，从而实现企业与青年人"共赢"的共同愿景。

原文刊登于《石油政工研究》

夯实党建基础 加快企业发展
推进党建工作与中心工作相融合

闫振宇[1] 许远斌[2] 张 燕[1]

（1. 中国石油天然气管道科学研究院有限公司；2. 昆仑信息公司）

摘 要 近年来，中国石油天然气管道科学研究院有限公司党委，在党中央、集团公司精神指引下，认真贯彻落实上级各项决策部署，充分发挥政治核心作用，积极融入生产经营工作，深入加强党的建设，在思想政治工作、党风廉政建设等方面均取得了新成效，展现出新形势下干事创业的新面貌，为研究院科学稳健发展提供了坚强有力的思想和政治保障。但同时，企业内部依然存在着党建工作开展不平衡、党建落实不够到位、成效不够明显等问题。通过认真调研和深入思考制约发展难题，积极探索党建工作中的新方法、新路子，显得尤为迫切和重要。

关键词 融合；党建；中心工作；考核

1 党建工作与中心工作融合存在的问题

研究院党委始终坚持以习近平新时代中国特色社会主义思想为指导，以深入学习贯彻党的十九大精神为重点，以"两学一做"学习教育和"不忘初心牢记使命"主题教育为契机，以落实党建工作责任制为抓手，坚决落实上级党组织的各项决策部署，在党建工作和科研工作方面均取得了一定的成效，但是，对照新形势下全面从严治党的要求，在实际工作中，仍然存在把党建同科研工作割裂开来，单纯以党建抓党建，致使党建工作不到位，党组织战斗堡垒作用和党员先锋模范作用无法得到充分发挥的问题。主要表现在以下几个方面。

1.1 思想意识不到位是问题的根源所在

部分党支部负责人在思想认识上与党委的要求还存在一定差距，重科研轻党务的现象时有发生，抓党建工作主体责任意识不够主动，党内政治生活制度执行不够规范，原则性不强。

有的认为"抓不好"，觉得党建工作任务软、内容虚，缺乏必要和有效的抓手，工作中难以找到很好的突破口；有的认为"抓不了"，觉得日常经营生产工作任务繁重，党建工作过多、过频会干扰中心工作的正常开展，容易造成矛盾、引起误解。因此，党建工作被置于"说起来重要，做起来次要，忙起来不要"的尴尬境地。

1.2 考核机制不健全是问题的直接原因

在以往的工作中，科研、技术推广和技术服务等工作是硬任务，党建考核是软指标，特别是党建考核机制尚不完善，个别党支部负责人作为"一岗双责"的兼职党务工作者时，往往重行政身份而轻党务身份，在党建工作上的精力投入明显不足，出现了"一手软，一手硬"的现象。

1.3 工作态度不积极是问题的主要表现

有的党支部负责人认为党建工作任务不实，开展难度较大，短期成效不显著，导致面对党建工作和科研工作时态度截然不同，对党建工作的态度依然停留在完成任务的阶段，没有坚持"围绕生产抓党建，抓好党建促发展"的思想原则，为抓而抓，偏离了服务中心工作的核心，与中心工作相脱节、相割裂甚至相互排斥。

有的仍然认为党务就是上传下达精神，存在做好党员服务与科研工作沾不上边，与担任职务无关的错误思想，以致在实际工作中就党建抓党建，融入中心、服务大局也就无从谈起。

以上问题直接影响到企业党建工作整体功能的发挥，使党委的主体责任难以完成；影响到企业党建工作全面开展的布局，使"党建工作走在基层党组织建设前头、走在中心工作前头"的要求难以实现，如果任凭这种问题长期存在并蔓延下去，将不利于各项工作的落实，不利于企业的健康稳健发展。

2 党建与中心工作互相融合的实践及探索

针对存在的问题，研究院党委将党建工作全面融入中心工作，着力推进党的思想建设、组织建设、作风建设、制度建设，把党的政治优势、组织优势真正转化为企业的创新优势、竞争优势和发展优势。具体而言，就是在党建工作和中心工作的互相融合上下功夫。主要做法有以下几种。

2.1 思想融入是前提

研究院党委坚持中心组学习制度，以持续推进"两学一做"学习教育常态化制度化为载体，重点组织全体党员干部对习近平新时代中国特色社会主义思想精神实质和丰富内涵进行了学习，对党的十九大报告进行了解读学习，深入开展了"不忘初心、牢记使命"主题教育活动，精心组织开展了"形势、目标、任务、责任"主题教育活动，进一步提高全体干部员工的政治意识和责任意识，组织动员广大干部员工认清形势、埋头苦干，为研究院改革发展奠定良好思想基础，引导全体干部员工深刻认识到，党建工作是党的建设的重要组成部分，党组织在国企生产经营活动中发挥着政治核心、监督指导的重要作用，肩负着把方向、管大局、保落实的重要职责，要切实增强政治意识、责任意识和创新意识，从思想上消除党建工作"不需抓""不好抓""不便抓"的认识误区，自觉把党建摆在工作的首要位置。

2.2 制度融入是保障

把企业党组织的机构设置、职责分工、工作任务纳入企业的管理体制、管理制度、工作规范之中。研究院党委以完善制度落实为抓手，为加强党的建设提供根本保障。根据上级党组织重点工作要求并结合研究院实际，进一步进行修订和完善了党群工作各项制度，形成了一套适合研究院工作实际的《研究院党群工作制度》汇编，对干部选拔、人才管理、会议制度进行了严格的规范。为了便于各项制度的贯彻落实，制定了党委工作要点、党风廉政建设和反腐败工作要点、群团工作要点和宣传工作要点，编制了年度党建重点工作分解大表，层层落实了党建工作责任，形成了党委履行主体责任、班子成员分工负责、职能部门牵头抓总、相关部门齐抓共管、全体党员积极参与的"大党建"工作格局，形成了定期工作考核机制，全面落实党委工作部署。

2.3 工作融入是目的

企业党组织研究、部署、开展工作要与中心工作实现同部署、同推动、同落实。研究院党委积极研究和探寻党建工作规律，不断创新工作理念，统筹规划全局，分清轻重缓急，既突出重点，又整体推进，自觉做到党建与中心工作互融互促互进。多措并举，激发活力，促使各级党组织在挖掘自身潜力、丰富党建内涵、扩大党建效应等工作上做深做细，形成品牌效应，以品牌带全盘，全面提高企业党建工作科学化水平。

研究院党委坚持创新思维，开拓进取，积极加强各级党组织建设，引导全体党员立足岗位，结合深入推进"两学一做"学习教育常态化制度化，践行"四合格四诠释"等活动，围绕促进企业生产经营，开展了丰富多彩的组织生活：开展第三代管道自动焊关键技术研发和CPP900推广应用劳动竞赛，有效促进第三代管道自动焊技术研发及CPP900在中俄东线以及今后管道工程中的推广应用；开展党组织书记讲党课活动，用新的视角阐述了以毛泽东为首的老一辈革命家在新中国成立后带领中国人民奋发图强的丰功伟绩；"七一"期间，在党支部范围内深入组织开展了"五个一"活动，即重温一遍入党誓词、唱一次红歌、开展一次组织生活、上一次党课、开展一次困难职工慰问。开展"五小成果"创新活动，全年共征集"五小创新成果"21项，其中9项获局级奖励，创造利润五十余万元，深入挖掘广大干部员工的智慧力量，为企业持续科学稳定发展出谋划策；打造了以"石油精神"为核心的"自动焊创新精神"，以党建文化品牌奠定了管道科研人攻坚克难坚实的思想基础。

3 结论

推进党建工作与中心工作相融合，就是要依靠思想觉悟、依靠制度体制、依靠工作方法，坚持把党建工作纳入整体工作中全盘考虑，统筹安排，在实际工作中将党建工作和业务工作融为一体，实现工作目标的深度融合。使党建与中心工作在规划、部署、实施、督导、考核等各个环节上结合起来，真正把党的政治优势转化为竞争优势和发展优势，保障企业稳健和谐发展，全面开创研究院高质量发展新局面。

原文刊登于《石油政工研究》